LAND DES BAAL

Syrien – Forum der Völker und Kulturen

LAND DES BAAL

SYRIEN – FORUM DER VÖLKER UND KULTUREN

Mit 76 Farbabbildungen
auf 43 Tafeln
sowie
275 Schwarzweißabbildungen

VERLAG PHILIPP VON ZABERN · MAINZ AM RHEIN

Frontispiz: Detail der Goldschale aus Ugarit (Kat.-Nr. 146)

Die Ausstellung wurde vorbereitet vom Museum für Vor- und Frühgeschichte, Berlin

Sie wird veranstaltet
in Berlin in der Großen Orangerie des Schlosses Charlottenburg
vom 4. März bis 1. Juni 1982
im Krönungssaal des Rathauses zu Aachen vom 19. Juni bis 19. September 1982
in der Kunsthalle in Tübingen vom 8. Oktober 1982 bis 2. Januar 1983
im Liebieghaus in Frankfurt vom 21. Januar bis 10. April 1983
in der Prähistorischen Staatssammlung in München vom 29. April – 24. Juli 1983

Katalog:
Entwurf, Bearbeitung und Redaktion: Kay Kohlmeyer/Eva Strommenger
Autoren:
Ali Abou Assaf
Janine Balty (J. B.)
Adnan Bounni
Hans-Günter Buchholz
Marianne Eaton-Krauß (M. E.-K.)
Heinz Gaube
Volkert Haas
John F. Healey
Kay Kohlmeyer (K. K.)
Cord Kühne
Hartmut Kühne
Walter Mayer
Assad Mahmoud
Michael Meinecke (M. M.)
Viktoria Meinecke-Berg (V. M.-B.)
Joseph Nasrallah (J. N.)
Klaus Parlasca (K. P.)
Wolfgang Röllig (W. R.)
Dorothée Sack
Eva Strommenger (E. S.)
Christine Strube (C. S.)
Kassem Toueir
Thilo Ulbert

Photographien der Ausstellungsstücke:
Ingrid Strüben außer Nr. 5. 7. 36–39. 68. 74. 75. 113. 155. 229 (von Jürgen Liepe)

ISBN 3-8053-0576-1/Printed in Germany/Imprimé en Allemagne
Satz: Hagedornsatz, Berlin-Lankwitz
Lithos: Rolf Fischer, Eppertshausen
Bindearbeiten: Klemme & Bleimund, Bielefeld
Papier: Papierfabrik Scheufelen, Lenningen
Gesamtherstellung: Zaberndruck, Mainz am Rhein

SCHIRMHERRSCHAFT

Nadjah al-Attar
Minister für Kultur und Nationale Angelegenheiten der Arabischen Republik Syrien

Gerhart Rudolf Baum
Bundesminister des Inneren, Vorsitzender des Stiftungsrates der Stiftung Preußischer Kulturbesitz, Bonn

Helmut Engler
Minister für Wissenschaft und Kunst des Landes Baden-Württemberg

Jürgen Girgensohn
Kultusminister des Landes Nordrhein-Westfalen

Wilhelm A. Kewenig
Senator für Wissenschaft und Kulturelle Angelegenheiten, Berlin

Hans Krollmann
Kultusminister des Landes Hessen

Hans Maier
Staatsminister für Unterricht und Kultus des Landes Bayern

EHRENKOMITEE

Schtewi Seifo
Botschafter der Arabischen Republik Syrien, Bonn

Afif Bahnassi
Generaldirektor der Antiken und Museen der Arabischen Republik Syrien, Damaskus

Heribert Wöckel
Botschafter der Bundesrepublik Deutschland, Damaskus

Werner Knopp
Präsident der Stiftung Preußischer Kulturbesitz, Berlin

Stephan Waetzoldt
Generaldirektor der Staatlichen Museen Preußischer Kulturbesitz, Berlin

Kurt Malangré
Oberbürgermeister der Stadt Aachen

Eugen Schmid
Oberbürgermeister der Stadt Tübingen

Walter Wallmann
Oberbürgermeister der Stadt Frankfurt/Main

ARBEITSKOMITEE

Kassem Toueir, Direktor der Forschung und Ausbildung, Damaskus
Fayez Homsi, Direktor der Planung, Damaskus
Adnan Djundi, Direktor der Museen, Damaskus
Bachir Zouhdi, Direktor des National Museums Damaskus
Wahid Khayata, Direktor des Museums Aleppo
Khaled Assad, Direktor des Museums Palmyra
Assad Mahmoud, Direktor des Museums Dair az-Zur

Heinz Gaube, Tübingen
Kay Kohlmeyer, Berlin
Hartmut Kühne, Berlin
Michael Meinecke, Damaskus
Klaus Parlasca, Erlangen
Wolfgang Röllig, Tübingen
Eva Strommenger, Berlin
Christine Strube, Heidelberg

Inhalt

Geleitworte

Botschaft des mächtigen Baal,
Wort des gewaltigen Helden:
‚Beseitige den Krieg auf Erden,
Vertreibe den Streit im Land;
Gieße Frieden ins Innere der Erde,
Vermehre die Freundschaft inmitten der Felder!'*

Syrien, Wiege der Kultur, wird seit der Morgendämmerung der Geschichte beschrieben und gepriesen. Bodenfunde bezeugen die Leistungen Syriens im Altertum. Tontafeln mit Keilinschriften aus Städten des 3. Jahrtausends v. Chr. informieren über die soziale, politische und kulturelle Entwicklung der Menschheit.

Im 7. Jahrhundert v. Chr. wurde Syrien von den Iranern als „Asuriya Arabaya" bezeichnet, als das Land der Assyrer, wo diese sich bis hin zum Gebiet der arabischen Stämme ausbreiten. Daraus entstand der arabische Name as-Suriya al-Arabiya („das arabische Syrien"). Bewohner der arabischen Halbinsel nannten dieses Land asch-Scham, was „der Norden" bedeutet, das heißt also, der Norden des arabischen Kernlandes. Dementsprechend ist Jemen das „südliche" Land – gelegen in entgegengesetzter Richtung.

Die Syrer, die Bewohner des Landes asch-Scham, sind arabischer Herkunft. Schon im 3. Jahrtausend v. Chr. hatten hier die Amoriter, die Vorfahren der heutigen Einwohner, städtische Zentren gegründet, zum Beispiel in Hariri (alt: Mari), Chuwaira, Atschana (alt: Alalach), im Lande Jamchad (Hauptstadt: Halap/Aleppo), in Mardich (alt: Ebla), im Lande Jarimuta um das heutige Lattaqiya, in Mischrifa (alt: Qatna) und in Amrit. Unsere frühen akkadischen Vorfahren in Mesopotamien nannten das große Gebiet, welches alle diese kleineren Einheiten umfaßte, „Amurru", „Land des Westens". Gegen Ende des 2. Jahrtausends v. Chr. erschienen hier die Aramäer. Ihr Name kommt gelegentlich auch vor in Verbindung mit den Bergen und mit dem Land an den beiden großen Flüssen. Aramäische Stadtstaaten sind Sam'al, Adini, Aram-Ma'kah, Halap/Aleppo und Dimaschqa/Damaskus. Viele der damaligen Städte und Dörfer bestehen bis zum heutigen Tage und tragen auch noch ihren aramäischen Namen. Daß in jener Zeit unser Land als „Aram" bezeichnet wurde, ist auch im Alten Testament belegt. Der syrische Küstenstreifen trug einen anderen Namen: „Kana'an", was „Ebene" bedeutet. Die kana'anäische Kultur umfaßt die Ugariter, Phönikier und südlich die eigentlichen Kana'anäer. Sie war eine gleichzeitige Schwesterkultur der Aramäer.

Die Sprache der Syrer ist das Arabische. Allerdings hatte dieses viele unterschiedliche Vorläufer, die sich in den einzelnen Regionen durch die Jahrtausende entwickelten: Akkadisch, Amoritisch, Eblaitisch, Kanaanäisch, Ugaritisch und Aramäisch sind die ausgeprägtesten. Zum Schluß verbreitete sich das heutige Arabisch mit dem Islam über weite Gebiete.

Die Schrift des Arabischen und seiner Dialekte hat sich aus den Hieroglyphen und der Keilschrift über die alphabetische Keilschrift und das einfache Alphabet bis zu den arabischen Buchstaben entwickelt, die wir heute benutzen. Auch die lateinische Schrift hat ihren Ursprung in den orientalischen Alphabeten, von denen verschiedene auf Tontafeln in Ugarit und auch in Byblos gefunden worden sind. Hier lernten die Griechen und von diesen die Römer jenes System.

Entdeckungen von Meisterwerken der Bildenden Kunst und der Architektur aus den untergegangenen Städten haben uns schon reiche Kenntnis der alten syrischen Kultur beschert. Je mehr wir darüber erfahren, umso mehr verstehen wir die besondere Eigenart der in diesem geographischen Gebiet hergestellten Kunstwerke.

Die Entdeckung tausender beschrifteter Tontafeln hat es dem Philologen ermöglicht, viele Einzelheiten des täglichen Lebens, der Literatur, Religionen, Mythen, der Organisation von Politik und Verwaltung, der Thronfolge, des Rechtslebens und des Erziehungssystems zu erfahren.

Geschichte begann in dem Gebiet vom Tigris und Euphrat bis zum Mittelmeer und bis an den Nil. Syrien war der Kern dieser Region, ein ständiger Treffpunkt der Kulturen Mesopotamiens und Ägyptens, während es zugleich seine kennzeichnende Eigenart entwickelte. Unsere Kenntnis des alten Syrien beruht nicht auf Mythen und Legenden des Alten Testamentes, sondern auf unwiderlegbaren Dokumenten, die seit 1860 bei systematischer archäologischer Forschung entdeckt worden sind. Französische Expeditionen hatten damit unter der Leitung von E. Renan begonnen. Er unternahm Grabungen mit dem Ziel, die phönikischen Städte an der Mittelmeerküste zu erforschen. Etwas später setzte dann die Untersuchung der assyrischen und aramäischen Kulturen in Nord-Syrien ein, in Sendschirli (alt: Sam'al) und in Marasch. Die wichtigsten Grabungen

* Aus dem ugaritischen Baal-Mythos übersetzt von Marvin H. Pope (M. H. Pope/W. Röllig, Syrien. Die Mythologie der Ugariter und Phönizier: Wörterbuch der Mythologie – I [Stuttgart 1965] 266).

vor dem Zweiten Weltkrieg waren die von D. G. Hogarth und Sir Leonard Woolley in Karkemisch am Euphrat (1908–1920) und von Max von Oppenheim in Tall Halaf (1911–1929). Es folgten dann die Untersuchungen in Arslantasch, Hama, Mari, Alalach, Braq, ʻAin Dara, Mardich (alt: Ebla), Aschara (alt: Terqa), Chuwaira, Salankahiya, Qannas, Aruda, Maskana, Halawa, Hadidi, Mumbaqat, und schließlich Habuba, das von E. Strommenger ausgegraben wurde.

Grabungen mit prähistorischer Zielsetzung wurden vor allem an den Ufern des Orontes, des Chabur und des Kabir durchgeführt, ferner in Jabrud, der Oase von Damaskus und dem Gebiet um Palmyra. Schwerpunkte der Klassischen Archäologie sind Palmyra, Bosra, Apamaea, Ras al-Basit, Schahba, Rusafa (Sergiopolis) und Cyrrhus. Als wichtige Projekte zur Erforschung des islamischen Syrien sind Unternehmungen in Rusafa, Qasr al-Hair asch-Scharqi, Qasr al-Hair al-Gharbi, Usais, Qalʻat Djaʻbar, Raqqa und Rahba zu nennen. An vielen dieser Orte wird gegenwärtig noch gearbeitet.

Archäologische Forschungen haben erstmals Reste von Lagerplätzen aus dem Acheuléen um 200 000–120 000 an den Ufern des Euphrat, des Orontes und des Kabir freigelegt. Siedlungen in Muraibit werden in das Mesolithikum datiert. Einige der ältesten Wandmalereien der Welt wurden aus dem 6. Jahrtausend v. Chr. in Buqras am Euphrat gefunden.

Frühbronzezeitliche Fundstätten kennen wir in Mari, Chuwaira, Habuba, Ebla und Ugarit. So ist uns die menschliche Entwicklung von 200 000 bis zur hellenistischen, römischen und byzantinischen Periode überliefert. Wir können also die gesamte vorislamische Geschichte Syriens rekonstruieren.

Im Jahre 661 wurde Damaskus erste Hauptstadt des arabisch-islamischen Weltreiches, das sich schließlich vom Ganges bis zum Atlantischen Ozean erstreckte.

Der Reichtum des kulturellen Erbes unseres Landes hat uns veranlaßt, die Zahl der Museen in Syrien innerhalb weniger Jahre wesentlich zu vermehren. Jede Stadt in Syrien besitzt jetzt mindestens ein Lokalmuseum, das zumeist Funde aus der jeweiligen Region beherbergt.

Aus vier dieser Museen wählten wir Meisterwerke von historischem und künstlerischem Wert für eine Ausstellungsrundreise aus. Viele der europäischen Besucher werden bei dieser Gelegenheit erstmals Gegenständen des Handwerks und der Kunst aus der ältesten Kulturregion der Welt begegnen. Denn in Syrien gibt es die ältesten gebauten Häuser, die in das 9. Jahrtausend v. Chr. zu datieren sind. Man hat hier älteste Sprachüberlieferung, ließt das älteste Alphabet (14. Jahrhundert v. Chr.), die älteste Notenschrift und man kennt von dort die Reste ältester Religionen – vom Volks- und Naturglauben bis zum Monotheismus.

Wir besuchen jetzt mit unserem kulturellen Erbe die Welt des Westens. Dabei erfuhren wir die Unterstützung und Hilfe unserer Kollegen, die es ermöglichten, die Botschaft dieser Ausstellung zu übermitteln. Wir sind ihnen dafür in Dankbarkeit verbunden.

Afif Bahnassi
Generaldirektor der Altertümer und Museen
der Syrisch-Arabischen Republik

In der Ausstellung „Land des Baal" begegnen wir Denkmälern aus zehn Jahrtausenden menschlicher Kultur, die im Gebiet der Syrisch-Arabischen Republik geschaffen worden sind: Neben Meisterwerken der Kunst auch andere Dokumente geistiger Höchstleistungen, wie etwa Zeugnisse von der Entwicklung des Alphabets. Auf beiden Aspekten gründete sich die Weltgeltung der syrischen Museen.

Die Ausstellung enthält Leihgaben aus vier Sammlungen. Die älteste unter ihnen ist die des Nationalmuseums in Damaskus. Es wurde im Jahre 1919 gegründet und ist seit 1936 in einem Neubau untergebracht, der allen Anforderungen eines modernen Museums gerecht wird. Die Art, wie hier die Architektur des Gebäudes mit Bauelementen aus klassischer Antike und islamischer Zeit verbunden ist, gilt auch heute noch als vorbildlich.

Das 1928 gegründete Nationalmuseum in Aleppo gehört ebenso wie das von Damaskus zu den größten altorientalischen Sammlungen der Welt. Der Eingang seines 1966 bezogenen Neubaus ist wie das Portal des sogenannten „Tempelpalastes" von Tall Halaf gestaltet und weist damit auf einen Schwerpunkt der Sammlung hin: Aleppo ist vor allem reich an Werken aus dem vorklassischen Orient.

Seit 1961 gibt es in Palmyra ein großes, in einem zweckmäßigen Neubau untergebrachtes Lokalmuseum, das in enger Verbindung mit der Stadtruine steht und dadurch seinen kennzeichnenden Schwerpunkt erhält. Aber auch wichtige vorgeschichtliche Objekte aus den neuesten Grabungen in

der Umgebung finden jetzt Eingang in diese Sammlung, die zudem durch eine inhaltsreiche und hervorragend dargebotene volkskundliche Abteilung ergänzt wird.
Als mit Abstand kleinstes Museum beschließt diese Reihe das erst 1976 gegründete von Dair az-Zur. Es ist vorerst nur in einem großen Raum der Stadtverwaltung untergebracht. Die Planung für den Museumsbau ist jedoch schon weit fortgeschritten. Jährlich wächst der Bestand dieser neuen Sammlung beträchtlich dadurch, daß sie alle Funde aus den zahlreichen Grabungen der Region erhält. Dair az-Zur schickt uns die einzigartigen Tiergefäße und andere Gegenstände von höchster Qualität aus dem neolithischen Buqras (Nr. 5–15).
Diese vier Sammlungen, aus denen die Leihgaben dieser Ausstellung stammen, zeigen die Breite der syrischen „Museumslandschaft". Heute kann man sich in jeder größeren Stadt des Landes über die Geschichte ihres Bezirkes informieren und man findet dort nicht nur die neuesten Forschungsergebnisse, sondern auch Fundstücke von Weltgeltung.
Dem Generaldirektor der Antiken und Museen der Syrisch-Arabischen Republik, Herrn Dr. Afif Bahnassi, sind wir zu besonderer Dankbarkeit verpflichtet. Er ermöglichte es, daß syrische Museumsschätze auf einer fast eineinhalbjährigen Rundreise in fünf deutschen Städten gezeigt werden können und daß Berlin die Reihe dieser Ausstellungen eröffnet. Er gestattete uns auch, eine Auswahl der Leihgaben zu treffen, die ein breites Bild von den alten Kulturen Syriens vermittelt und dabei zugleich die Ergebnisse jüngster Forschungen mit einschließt. So zeigt die Ausstellung nicht nur altbekannte Hauptwerke, sondern bietet auch größtmögliche Aktualität und vieles bis dahin völlig Unbekannte.
Bei den vorbereitenden Arbeiten gewährten uns die Mitarbeiter der leihgebenden Museen jede nur mögliche Hilfe und Unterstützung. Ihnen allen gilt unser Dank, vor allem den zuständigen Direktoren in Damaskus Sultan Muheissen, Adnan Djundi, Bachir Zouhdi und Muhammad Khouli, in Aleppo Wahid Khayata M. A. und Antoine Soleiman, in Palmyra Khalid Assad und Dr. Ahmed Taha und in Dair az-Zur Assad Mahmoud M. A. Nicht geringen Anteil am Gelingen haben auch die Mitarbeiter der Generaldirektion der Antiken und Museen, Dr. Ali Abou Assaf, Fayez Homsi und Dipl. phil. Kassem Toueir.
Unser Dank gilt allen Mitarbeitern dieses Kataloges, die hier eine allgemein verständliche Einführung in die reiche Kulturwelt Alt-Syriens bieten und dabei zugleich den aktuellen Stand der wissenschaftlichen Diskussion berücksichtigen. Besonders zu danken haben wir den auswärtigen Kollegen, welche die schwierige Auswahl der ausgestellten Werke in den syrischen Museen getroffen haben, Professor Dr. Klaus Parlasca, Erlangen (Römische Zeit), Professor Dr. Christine Strube, Heidelberg (Frühchristliche Zeit) und Dr. Michael Meinecke, Damaskus (Islamische Zeit). Für die Auswahl zum Alten Orient und die Organisation der Ausstellung sind die Mitarbeiter unseres Hauses Dr. Kay Kohlmeyer und Dr. Eva Strommenger-Nagel verantwortlich. Sie war der eigentliche „spiritus rector" der Ausstellung.
In vertrauensvoller Zusammenarbeit der syrischen und deutschen Kollegen wurde diese Ausstellung vorbereitet. Wenn sie nun in Berlin Premiere hat, so ist dies ein Zeichen für die besonders enge und langjährige Zusammenarbeit der Staatlichen Museen mit denen der Syrisch-Arabischen Republik sowohl auf dem Gebiet der Forschung als auf dem der Fortbildung. Wir hoffen, daß diese enge Verbundenheit künftig fortgesetzt und weiter ausgebaut wird.
Daß es möglich geworden ist, eine derart umfassende Repräsentation syrischer Kultur den Bürgern der Bundesrepublik Deutschland zeigen zu können, verdanken wir nicht nur den syrischen Fachkollegen, sondern vor allem der Kultusministerin der Syrisch-Arabischen Republik, Frau Dr. Nadjah al-Attar, die der Planung dieser Ausstellung von Anfang an stets größtmögliche Unterstützung gewährte.

Stephan Waetzoldt
Generaldirektor der Staatlichen Museen
Stiftung Preußischer Kulturbesitz

S. 10: Kat.-Nr. 8. 9 (s. S. 25) ▷
S. 11: Kat.-Nr. 11–14 (s. S. 25 ff.) ▷▷

Einleitung

Ehe wir eine Einführung in die Geschichte und Kultur, insbesondere die Bildende Kunst „Syriens“ geben, sind einige klärende Worte zur Bestimmung dieses Namens vonnöten, denn derartige historische Begriffe sind oft unterschiedlich zu verstehen, sei es völkisch, kulturell, geographisch oder politisch. Im Fall von „Syrien“ ist seit altersher der geographische Aspekt vorrangig; seit 1944 ist jedoch ein staatlicher hinzugekommen und damit auch ein Staatsvolk. Das eigenständig Syrische läßt sich in der Kultur nicht für jeden Zeitabschnitt abgrenzen. Wenn man also von „Syrien“ spricht, ist darauf zu achten, ob man den modernen Staat oder den geographischen Begriff meint, der seit altersher international eingeführt ist und sich aus den Verhältnissen im Altertum herleitet.

Beginnen wir mit der Entstehung des Begriffs im 1. Jahrtausend v. Chr., wobei gesagt sei, daß die folgende Erklärung nicht in allen Einzelheiten gesichert ist:

Als die iranischen Meder gegen Ende des 7. Jahrhunderts v. Chr. das Assyrische Reich eroberten und dessen Kerngebiet, das nördliche Zweistromland, zur medischen Provinz machten, nannten sie diese Region zwischen Euphrat und Tigris nach der Stadt Assur wohl „Asura“ – eine Bezeichnung, die in dieser Form allerdings nicht überliefert ist, indirekt aber erschlossen werden könnte. Sechs Jahrzehnte später machte Kyros III., der Große, aus dem Haus der Achämeniden das Medische Reich zu einem Persischen, verlor allerdings Nordmesopotamien zunächst an die Könige von Babylon beziehungsweise an deren Vasallen. Als jedoch bald darauf auch das Spätbabylonische Reich in seine Hände fiel (539 v. Chr.), wurde die alte medische Bezeichnung „Asura“, verkürzt vielleicht „Sura“, für das nördliche Zweistromland wieder aufgenommen. Dies scheint der persische Ausdruck „Athura“ (aramäisch „Atur“) zu beweisen. Die ganze Provinz wurde nun aber im Westen bis zum Mittelmeer und zur ägyptischen Grenze am Sinai ausgedehnt. Zur verwaltungsmäßigen Untergliederung nahm man vermutlich eine Dreiteilung vor: Das eigentliche „Athura“ (Nordmesopotamien), sodann das Gebiet zwischen Euphrat, Taurus, Mittelmeer und Libanon, vielleicht persisch „Arbaya Athuriya“ genannt, und schließlich südlich des Libanon Palästina.

Dies war die Entwicklung des Namens im Orient; in Europa – und das ist für unsere Begriffsbildung entscheidend geworden – verlief sie anders. Hier benötigten im 6. und 5. Jahrhundert v. Chr. die griechischen Geographen und Geschichtsschreiber Hekataios und Herodot eine Bezeichnung für das fruchtbare Gebiet zwischen dem Mittelmeer, den Bergketten des Taurus, dem Euphrat und der Wüstensteppe im Südosten und nannten es kurzerhand „Syria“ – so nach dem (allerdings nur erschlossenen) Ausdruck „Sura“ beziehungsweise „Suriya“, der Provinzbezeichnung im Achämeniden-Reich. Das Land zwischen dem mittleren Euphrat und Tigris war in diesem Begriff also nicht miteingeschlossen. Es hieß bei den Griechen zunächst „Assyria“. Hierfür kommt dann unter Alexander dem Großen die Bezeichnung „Mesopotamien“ – „Zwischenstromland“ auf. Heute nennt man im allgemeinen das gesamte Gebiet zwischen den Strömen Euphrat und Tigris „Mesopotamien“, wobei das südmesopotamische Babylonien also miteingeschlossen wird. Als Ostgrenze des geographischen Begriffes „Syrien“ gilt seit Herodot stets der Euphrat. Er trennte vom 1. Jahrhundert v. Chr. bis zum 2. Jahrhundert n. Chr. das Römische Reich von dem der Parther. Im 3. bis 6. Jahrhundert n. Chr. entsprach die römische Reichsgrenze gegen die Perser etwa der des heutigen syrischen Staates in Mesopotamien.

Der moderne Staat, die Syrisch-Arabische Republik, umfaßt im Süden nicht das gesamte Kulturland an der Ostküste des Mittelmeeres bis nach Ägypten, sondern nur dessen nördliche Hälfte. Dieses „eigentliche Syrien“ war schon bei Herodot von Palästina und Phönikien (beides zusammen das alte „Kana'an“) unterschieden worden. Im Osten dagegen greift der syrische Staat weit über den Euphrat nach Obermesopotamien aus.

Das Gebiet des heutigen syrischen Staates umfaßt recht unterschiedliche Kulturlandschaften (Abb. 1.2)[1]:

Ganz im Westen liegt die Küstenebene am Mittelmeer. Sie erhält ausreichend Regen; der Anbau von Obst und Gemüse ist hier seit eh und je sehr ertragreich.

Im Osten wird die Küstenebene Syriens und des heutigen Libanon von Nord nach Süd durch die Bergkette des Djabal al-'Aqra (1729 m), des Djabal Ansariya (1562 m) und des Libanon (3083 m) abgeschlossen. Landeinwärts folgt eine zweite Kette: der Djabal Simana (870 m), der Djabal Zawiya (877 m), der Anti-Libanon (2629 m) mit dem Qalamun (1850 m) und der Hermon (2814 m). Diese Gebirge

waren im Altertum weitgehend dicht bewaldet. Nur an wenigen besonders unzugänglichen Stellen sind bis heute Reste davon bewahrt. Die syrische Regierung bemüht sich mit offensichtlichem Erfolg um großflächige Aufforstung.
An weiteren Gebirgen sind im Süden der Djabal ad-Druz (1800 m) zu nennen, dann die sich vom Hermon/Antilibanon nordostwärts erstreckenden Palmyra-Ketten (1405 m) mit dem Djabal Bischri (865) und schließlich in Nordmesopotamien der Djabal Abd al-Aziz (920 m).
Weite Ackerfluren dehnen sich im nördlichen Innersyrien zwischen den Bergen und dem Euphrat. Allerdings nehmen die Niederschläge im allgemeinen von Westen nach Osten hin ab. Nur im Westen ist der Ackerbau krisensicher. In weiten Gebieten des Ostens gedeihen Sommerfrüchte dagegen allein mit künstlicher Bewässerung, und der Ackerbau kann in trockenen Jahren ohne Ertrag sein.
Deshalb ist hier die Landwirtschaft eng an die Flüsse gebunden, die aus den Bergen Kleinasiens reichlich Wasser bringen. Die bewässerten Gärten und Felder an Euphrat, Balich, Chabur und dessen Nebenflüssen garantieren gute Erträge. Das Euphrat- und Chaburgebiet erhält in seiner nördlichen Zone zudem so viel Regen, daß hier Feldbau ohne Bewässerung möglich ist.
Etwa die Hälfte des syrischen Staatsgebietes wird von Wüstensteppen und Wüsten eingenommen. Hier reicht die jährliche Regenmenge von weniger als 200 mm allenfalls zu beduinischer oder nomadischer Viehwirtschaft. Nicht nur die Entwaldung der Berge und die darauffolgende Bodenabschwemmung hatte schwere Schäden zur Folge, sondern auch die Überweidung der Wüstensteppe. Diese war früher mit einer dichteren Pflanzendecke überzogen, zu der auch Bäume und Holzgewächse gehörten. Wenn jedoch die Ackerfluren sich bis zur äußerst möglichen Grenze in die Steppe erstrecken und die Herden auf eine geringere Weidefläche beschränken, so ist die Gefahr gegeben, daß gerade die genießbaren Pflanzen durch zu starkes Abweiden ausgerottet werden. Die Holzgewächse werden sowohl von Seßhaften als auch von Nomaden und Beduinen als Feuerungsmaterial abgeschlagen. Der heutige Zustand ist vor allem eine Folge der Ausdehnung des Siedlungslandes in den vergangenen hundert Jahren.
Trotz der verhältnismäßig geringen und inselhaft verteilten Ackerflächen ist der Staat Syrien auch heute noch vorwiegend ein Agrarland. Seinen Westen, Norden und Osten rechnet man zum sogenannten „Fruchtbaren Halbmond“, dem traditionsreichen Kulturlandgürtel, der die syrisch-arabische Wüste in weitem Bogen umgibt. Er erstreckt sich von Palästina bis zum südlichen Kleinasien, über Mesopotamien bis zu den Randgebirgen des Iran. Vor allem die regenreiche Zone dieser Region gilt als eins der Ausgangsgebiete von Ackerbau und Viehzucht (s. S. 16f.).
Diese besondere Situation wollen wir mit dem Haupttitel der Ausstellung „Land des Baal“ kennzeichnen. Baal, ein

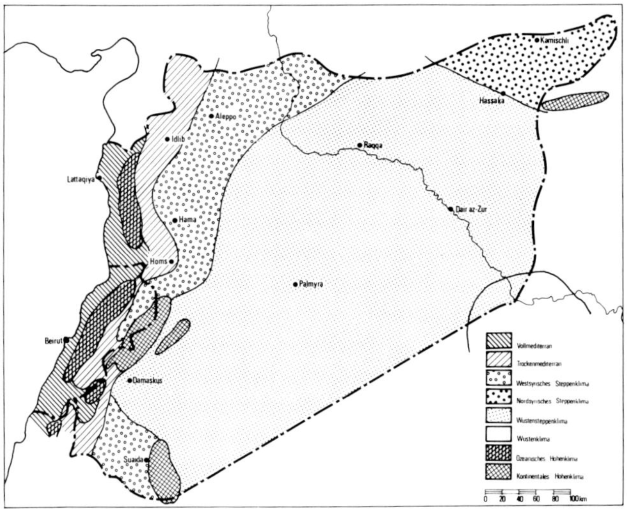

Abb. 1 Klimaregionen

semitisches Wort, das „Eigentümer, Herr, Ehemann“ bedeutet, erscheint im Alten Testament unter anderem in Verbindung mit Ortsnamen (z. B. „Baal Hermon“) als Bezeichnung von Lokalgöttern. Insgesamt gelten die „Baalsgötter“ als Gegenspieler des Jahwe. In andern Quellen ist Baal der mächtige Sturm- und Wettergott, der Land und Herden Fruchtbarkeit schenkt. Seine Gunst ist gerade

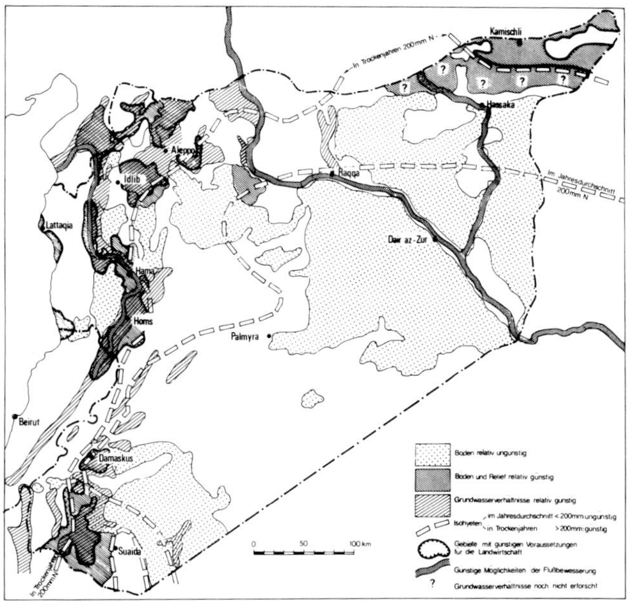

Abb. 2 Möglichkeiten der Bodennutzung

in jenen Gegenden lebenswichtig, wo die Landnutzung vorwiegend vom Regen abhängt. Es ist daher begreiflich, daß Baal in der Mythenwelt Syriens eine bevorzugte Stelle einnimmt. Vor allem aus Ugarit ist uns vieles davon überliefert (s. S. 331 f.).

Der zweite Teil des Ausstellungstitels „Syrien-Forum der Völker und Kulturen" soll auf einen andern wichtigen Aspekt hinweisen: auf die ganz außergewöhnliche geopolitische Lage Syriens an den wichtigsten Fernhandelsrouten des Altertums und zugleich am Schnittpunkt auswärtiger Interessensphären. Die Landschaft Syrien wurde dadurch nicht nur zu einem Gebiet wichtiger kultureller Errungenschaften, sondern auch zu einem Forum des Austausches von Waren und Kulturgütern. Dies machte Syrien immer wieder begehrlich für benachbarte Staaten ebenso wie die fernen Europäer. Der Reichtum des bebauten Landes und der Städte zog viele Einwanderer ins Land und bewog Nomaden, seßhaft zu werden. Immer neue Anteile in der Bevölkerung wurden aufgenommen und trugen das Ihre zur kulturellen Entwicklung bei.

Einen Überblick über die wechselvolle Geschichte und die kulturellen Leistungen im Gebiet des heutigen syrischen Staates zu geben, ist keine leichte Aufgabe.

Mit seiner nordmesopotamischen Region gehört Syrien historisch und kulturell zum Zweistromland. Die Landschaft zwischen Euphrat und Mittelmeer bildet zudem eine Brücke zwischen Kleinasien, Mesopotamien und Ägypten. Fremde Einflüsse wurden hier aufgenommen und prägen die kennzeichnende Kultur der hochentwickelten Städte. Diese verdanken einen wesentlichen Teil ihres Reichtums ihrer Lage an den wichtigsten Handelsrouten, die sowohl dem Transitverkehr dienten als auch dem Transport überall begehrter Produkte des eigenen Landes. Dies alles prägt die traditionelle Weltoffenheit Syriens.

Eine Ausstellung kann nur einige Aspekte aus der angebotenen Vielfalt vermitteln. Angesichts des überwältigenden Reichtums von Kulturdenkmälern, insbesondere Werken der Bildenden Kunst, in syrischen Museen war eine strenge Auswahl notwendig. Sie wurde unter folgenden Voraussetzungen getroffen:

1. Es sollte ein Querschnitt durch die Geschichte des Staatsgebietes unter Berücksichtigung der verschiedenen Kulturlandschaften und ihrer besonderen Lebensbedingungen geboten werden.
2. Es sollte in diesem historischen Rahmen die Funktion Syriens als Mittler zwischen den verschiedenen Kulturen des alten Orients und Europas dargestellt werden. Dabei erweisen sich die Länder Vorderasiens zumeist als die Gebenden.

Die Ausstellung ist in neun Zeitabschnitte von der Vorgeschichte bis zum Islam gegliedert, deren jeder mit einigen kennzeichnenden Fundorten vertreten ist. Allein aus diesen stammen die ausgewählten Objekte[2]. Sie bilden zusammengehörige Gruppen, die auf dem Hintergrund ihrer Herkunft – Kulturlandschaft, Stadt, Gebäude oder bestimmte Person – erklärt werden. Damit treten sie in eine möglichst enge Beziehung zu jenen Menschen, die sie einst anfertigten oder benutzten. Ihre Funktion und ihr gesellschaftlicher Stellenwert werden deutlich. Wir hoffen, daß auf diesem Wege die Begegnung mit den Werken einer uns fremden Vergangenheit zu einem interessanten Erlebnis wird.

Zugleich möchten wir einen Einblick in die jüngsten Forschungen geben. Ein beachtlicher Teil der Objekte ist erst vor wenigen Jahren durch Bodenforschungen aufgedeckt und wiedergewonnen worden. Viele von ihnen tragen die Spuren von Beschädigungen, z.B. durch Brandkatastrophen (Nr. 8). Daneben stehen andere – wie der Goldschmuck aus reichen Gräbern von Tall Mardich (Nr. 100 bis 103) –, welche so gut erhalten sind, als seien sie eben erst hergestellt worden.

Dieses Ausstellungskonzept konnten wir nur Dank der außergewöhnlichen Großzügigkeit unserer syrischen Kollegen verwirklichen. Sie ließen uns eine Auswahl nach eigenen Vorstellungen treffen. Es sei hier eine persönliche Bemerkung gestattet: Viele der Autoren dieses Kataloges sind oder waren in Syrien als Feldforscher tätig. Ihre Mitarbeit an dieser Ausstellung soll ein Zeichen des Dankes an ihr Gastland sein, das sie stets offen und freundschaftlich empfangen hat und ihnen großzügig beste Arbeitsmöglichkeiten bot.

Der Katalog gliedert sich in zwei Abschnitte. Der erste führt durch die Ausstellung. Dabei informiert er über die historischen Epochen, die ausgewählten Fundorte und die gezeigten Objekte. Nicht aus jedem Zeitraum gibt es jedoch geeignete Werke, die ihn charakterisieren könnten. Viele Lücken sind durch weitere Forschungen noch zu schließen. So erklären sich unvermeidbare zeitliche Sprünge.

Der zweite Abschnitt enthält eine Reihe voneinander unabhängiger Aufsätze, die näher in einige interessante Aspekte des Themas einführen.

Bei einem Vergleich der Daten, welche verschiedene Autoren für ein und dasselbe Ereignis der altorientalischen Geschichte nennen, findet man sehr unterschiedliche Zahlen. So wird die Regierungszeit des Königs Hammurapi von Babylon von einigen um 1728–1686, von andern um 1792 bis 1750 bzw. 1930–1888 v. Chr. angesetzt. Es gibt eine „kurze", eine „mittlere" und eine „lange" Chronologie. Die beiden extremen Systeme weichen in ihren Datierungen um zwei Jahrhunderte voneinander ab. Dies ist eine Folge unterschiedlicher Ausdeutungen der gegenwärtig verfügbaren Quellen. Erst neue Urkunden könnten dieses strittige Problem entscheiden.

Ab etwa 1500 v. Chr. steht die absolute Chronologie weitgehend fest. Viele Urkunden des „Amarna-Zeitalters" erläutern die Beziehungen zwischen den Staaten Altvorderasiens und Ägyptens. Die ägyptische Chronologie ist durch ein astronomisch festgelegtes Datum bis etwa um 2000 v. Chr. gesichert. Auch in der vorhergehenden Zeitspanne des 3. Jahrtausends sind die ägyptischen Herrscher und ihre Regierungsjahre noch durchgehend in Königslisten überliefert. Diese in Ägypten weit zurückreichende Tradition erlaubt es auch, die ungefähre Zeitstellung der frühsumerischen/ frühgeschichtlichen Schriftkultur zu erschließen. Sie ist auf Grund kultureller Beziehungen mit einer bestimmten Periode des vordynastischen Ägyptens gleichzusetzen. Die Autoren dieses Kataloges sind nun hinsichtlich der Chronologie keineswegs einer Meinung. Da die Übersichtlichkeit für den Benutzer jedoch eine einheitliche Regelung erfordert, haben wir die Zahlen der „langen Chronologie" als erste angegeben und dort, wo die abweichende Meinung des jeweiligen Autors wichtige historische Konsequenzen hat, dessen eigene Datierung in Klammern angeschlossen.[3] Im Kapitel über den Islam ist oft die muhammedanische Jahresangabe nach der Hidjra (der Flucht Muhammads von Makka nach Madina im Jahre 622) zugesetzt. Da die Muslime Mondjahre von 354 Tagen verwenden, entsprechen etwa 33 solcher Jahre 32 Jahren unserer christlichen Zählung, der das julianische Jahr von 365 1/4 Tagen zugrunde liegt.

K.K./E.S.

Anmerkungen

1 Genaueres zur Landeskunde Syriens bietet E. Wirth, Syrien. Eine geographische Landeskunde (Darmstadt 1971).

2 Nur in einigen Sonderfällen mußten wir von diesem Prinzip abgehen. Die Auswahl der Objekte trafen für den Alten Orient Kay Kohlmeyer und Eva Strommenger, die Römische Zeit Klaus Parlasca, die Frühchristliche Zeit Christine Strube und die Islamische Zeit Michael Meinecke.

3 Unsere Zahlenangaben beruhen weitgehend auf den Berechnungen von W. Nagel in: Strommenger/Hirmer, Mesopotamien, und auf W. von Soden in: Propyläen Weltgeschichte – I (Berlin 1961) 584 f. und – II (Berlin 1962) 68 f.

Die Ausstellung – Ein Gang durch die syrische Kulturgeschichte

Vorgeschichte

Als ein Teil des sogenannten „Fruchtbaren Halbmondes“ waren im 9. bis 7. Jahrtausend v. Chr. einige Gebiete des heutigen Syrien Schauplatz von Veränderungen menschlicher Lebensweisen, die bis in unsere Zeit hineinwirken: Seßhaftigkeit und Nahrungsmittelproduktion durch Ackerbau und Viehzucht. Gruppen von Jägern und Sammlern, die mehr oder minder mobil gelebt hatten, ließen sich an geeigneten Plätzen für längere Zeit nieder und erbauten dort solidere Unterkünfte. Aus Ansammlungen weniger kleiner Hütten wurden Dörfer von bald 2–3 ha Grundfläche.

Die Menschen konnten nur unter bestimmten natürlichen Bedingungen seßhaft werden: in einer geeigneten klimatischen, pflanzlichen und tierischen Umwelt, die ganzjährig ein ausreichendes Nahrungsangebot bereithielt. Der geographische Raum, in dem dieser Prozeß ablief, umfaßt vor allem die gras- und wildreichen unteren Lagen der Gebirge vom Balkan und Kleinasien bis nach Afghanistan und Palästina, aber auch benachbarte Flußtäler und Oasen.

Neben anderen neuen Forschungen haben die sehr präzisen Ausgrabungen in Muraibit (s. S. 17 f.) gezeigt, daß Seßhaftigkeit und produzierende Wirtschaft nicht ursächlich und zwangsläufig miteinander verbunden waren. Denn die Bewohner des etwa um 8500 v. Chr. begründeten Dorfes von Muraibit ernährten sich lange Zeit hindurch von Jagdwild, Fischen und gesammelten Pflanzen, ehe sie um 7700 v. Chr. zur Aussaat von Grassamen übergingen. Diese neue Art der Nahrungsversorgung basiert vor allem auf der Zusammenarbeit einer größeren Gemeinschaft, wie sie sich in einer Dauersiedlung zusammenfand. Hier führte das ständige Zusammenleben zu neuen Formen der sozialen Struktur, und erst diese bot tragfähige Voraussetzungen für längerfristig geplante Gemeinschaftsarbeit. Es ist daher wohl auch kein Zufall, wenn wir aus der Zeit des beginnenden Ackerbaus erstmals eine monumentale architektonische Anlage kennen, nämlich die Befestigung der Ortschaft von Jericho in Palästina, die gegen Beginn des 8. Jahrtausends von den Einwohnern gemeinschaftlich errichtet worden ist.

Nicht alle Menschen wurden seßhaft. Andere lebten weiterhin als umherschweifende Jäger und Sammler, später auch als Viehzüchter, die mit ihren Herden von einem Weideplatz zum andern zogen und dabei vor allem jene Landstriche nutzten, die für den Ackerbau mehr oder minder ungeeignet sind. Unsere archäologischen Quellen berichten wenig über diese Gruppen, obgleich ihre Bedeutung für die Geschichte des Vorderen Orients bis in die Neuzeit nicht gering zu achten ist.

Lange bewohnte Siedlungsplätze hinterließen deutlichere Spuren und erregen daher die Aufmerksamkeit der Forscher häufiger als gelegentliche Lagerplätze. Daher sind die jüngeren Kulturen Vorderasiens weit besser bekannt als ihre steinzeitlichen Anfänge.

Zwei vorgeschichtliche Siedlungen, Buqras am Euphrat (s. S. 18 ff.) und Ramad (s. S. 20 f.) in der Oase von Damaskus, verdeutlichen uns, was gegen Ende des 7. und am Beginn des 6. Jahrtausends auf die in Muraibit beobachtete Entwicklung folgte. Die unterschiedlichen landschaftlichen Bedingungen führten zur Spezialisierung in der Nahrungsproduktion. Zum Ausgleich der Trockenheit wurde gelegentlich künstlich bewässert. In einer großen Ortschaft wie Buqras sind die mehrräumigen Häuser an Straßen planmäßig nebeneinander gereiht (Abb. 4). Der Hausgrundriß folgt einem festgelegten Schema. Farbiger und plastischer Wandschmuck (Abb. 5) sowie schön verzierte Geräte (Nr. 7–14) zeugen von der Kunstfertigkeit und dem Luxusbedürfnis der Bewohner.

Waren die ältesten Geräte des Menschen in Technik und Form weltweit noch sehr einheitlich, so beginnt mit der seßhaften Lebensweise eine zunehmende Differenzierung. Technologische Verbesserungen und Spezialisierung führen zu größerer Vielfalt auch in der formalen Gestaltung des Gebrauchsgutes. Solche Unterschiede ermöglichen es der Altertumsforschung, im weiten Rahmen vorgeschichtlicher Kulturen enger zusammengehörige Gemeinschaften zu erkennen. Wir werden sehen, daß wir im Falle von Buqras und Ramad sehr weitreichende Verbindungen verfolgen können. Einige mögen auf einer kulturellen Gemeinsamkeit beruhen, andere durch den Fernhandel bedingt sein, der Rohstoffe und Luxusgüter bereits über weite Strecken beförderte.

Als gegen Beginn des 6. Jahrtausends die Keramik ein wichtiger Gebrauchsartikel wurde (Nr. 18), entstand ein Handwerkszweig, dessen leicht formbarer Werkstoff eine große

Fülle an Variationen in Gestalt und Dekor ermöglicht. Schon bald gab es lokale Traditionen mit kennzeichnenden Erzeugnissen, die durch Nachahmung und Handel verbreitet werden konnten. Keramik wurde stets in größerer Menge hergestellt. Abgesehen von ihrer Zerbrechlichkeit ist sie praktisch unzerstörbar und daher in unübersehbarer Fülle erhalten geblieben. Alle diese Gründe lassen sie zu einer besonders wichtigen Quelle der Altertumsforschung werden. Ehe uns schriftliche Aufzeichnungen über Sprachen und politische Organisationsformen informieren, ist es vor allem die Keramik, deren unterschiedliches Aussehen Gruppierungen von Menschen gleicher Kultur anzeigt.

E. S.

Muraibit

Lage: Am linken Ufer des mittleren Euphrat.
Alter: Phase I = 8500–8200 v. Chr.; Phase II = 8200–8000 v. Chr.; Phase III = 8000–7600 v. Chr.; Phase IV = 7600–6900 v. Chr.
Forschungen: 1964 und 1965 (University of Chicago) und 1971–1974 (Centre de recherches d'écologie humaine et préhistoire, Frankreich).
Veröffentlichungen: J. Cauvin: AAAS 22 (1972) 105 ff.; – AAAS 24 (1974) 47 ff.; – Cauvin, Les premiers villages; – M.C. Cauvin/D. Stordeur, Les outillages lithiques et osseux de Mureybet, Syrie (Fouilles Van Loon 1965): Cahiers de l'Euphrate 1 (Paris 1978); – J. Cauvin, AASOR 44 (1979) 19 ff.; – O. Aurenche in: J. Cl. Margueron (Hrsg.), Le Moyen Euphrate, 21 ff.

Die Ausgrabungen im Tall von Muraibit führten zu grundlegenden neuen Erkenntnissen über die erste Seßhaftigkeit des Menschen und den Beginn von Ackerbau und Viehzucht.
Um 8500 v. Chr. siedelten hier bereits Menschen in dauerhaften, wenngleich noch bescheidenen Rundhütten. Diese waren teilweise in den Boden eingetieft und mit Holz, Gestrüpp und Lehmschlag bedeckt. Ihre Bewohner hatten sich in einem Gebiet niedergelassen, in dem sie das ganze Jahr hindurch reiche Nahrung fanden: Fische und Muscheln bot der Euphrat, in den Pappel- und Tamariskenwäldern der Flußaue standen Sauen und Damwild, in den anschließenden Steppenzonen Gazellen, Onager und Ure. Dort wuchsen auch Wildgräser, die geerntet wurden, und schließlich gab es eine reichhaltige Vogelwelt. In der unmittelbaren Umgebung fand man Flint(=Feuerstein)-Knollen zur Herstellung der Geräte für Jagd, Ernte, Zubereitung der Nahrung und Hausbau. Sie waren oft aus vielen sorgfältig gearbeiteten winzigen Einzelelementen zusammengesezt, sogenannten „Mikrolithen", die in eine Fassung aus Holz oder Knochen eingelegt wurden. Es gab Messer- und Sichelklingen, Bohrer, Pfeilspitzen und Schaber. Beile dienten zum Holzhacken (Nr. 4), Reibschalen zum Mahlen von Wildgrassamen, Ahlen aus Knochen zur Verarbeitung von Fellen. Die Menschen schmückten sich mit Muscheln und Anhängern aus polierten Steinen. Auch einfache Steingefäße zeugen schon von einem gewissen Luxus.
Erste Hinweise auf religiöse Vorstellungen dieser seßhaften Jäger und Sammler wurden in der zweiten Siedlungsphase (II) gefunden: das Bruchstück einer menschlichen Figur, die sehr einfach aus weichem Kalkstein geschnitzt war, und im Innern eines Hauses eine Lehmbank, die einen Rinderschädel umschloß.
Phase III ist mit 150 qm auf einer wesentlich größeren Fläche erforscht als die älteren Schichten. Ein großes Rundhaus war durch Brand zerstört worden und durch die Hitze gut konserviert (Abb. 3).
Es war in den flußwärts gerichteten Westhang des Talls eingetieft, so daß seine Ostwand gänzlich aus dem Erdreich

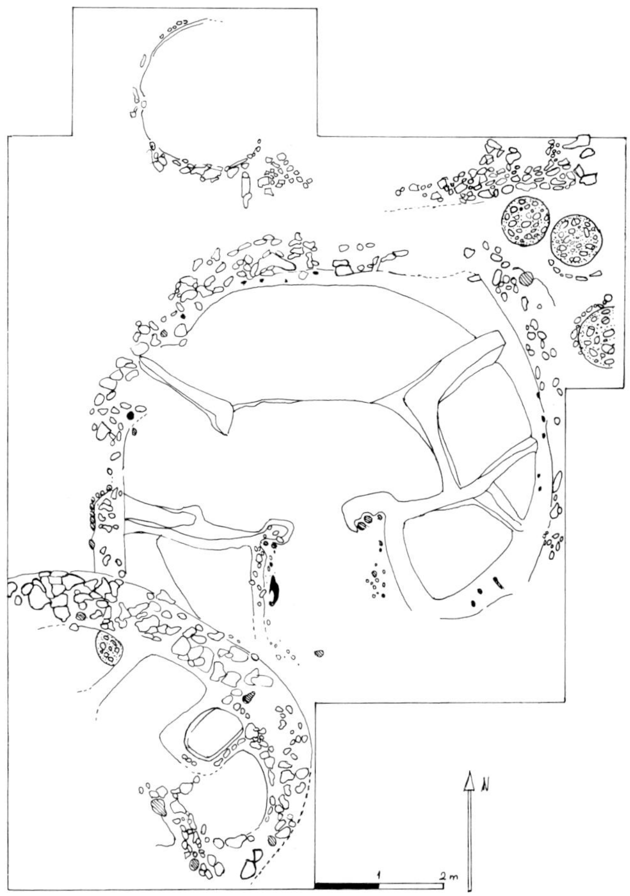

Abb. 3 Rundhäuser in Muraibit

gebildet wurde. Diese war im Rauminnern durch dicht nebeneinander gestellte, senkrechte Pappelpfosten mit Lehmputz versteift. Die Westwand war weitgehend oberirdisch aus Stampflehm aufgebaut. Auch sie wurde durch Pfosten gestützt, die jedoch hier an der Außenwand standen. Das Hausinnere war mit kleinen 70 cm bis 1 m hohen Mauern aus Lehm und horizontal übereinandergelegten hölzernen Planken oder Steinplatten unterteilt. Es zeigen sich hier die ersten Ansätze zur Ausbildung eines mehrgliedrigen Hauses, in dem bestimmte Funktionsbereiche voneinander getrennt wurden. Reste des Daches waren beim Brand auf den Fußboden gefallen, wodurch sich seine Konstruktion genau ermitteln ließ. Es bestand aus Holzstützen mit einer Abdeckung aus Stampflehm.
Eine Gruppe solcher Häuser bildete das Dorf von Muraibit. In den Freiräumen zwischen ihnen wurden Herdgruben und steingepflasterte Arbeitsflächen gefunden. Bemerkenswert ist der hohe technische Standard der Architektur, die schon vorgefertigte Baustoffe unterschiedlicher Art verwendete. Sogar Reste von Wandmalereien mit geometrischen Mustern waren in zwei Häusern erhalten.
In diesem Zusammenhang ist es ferner erwähnenswert, daß damals in einer ähnlichen Ansiedlung in Palästina bereits eine beachtliche Gemeinschaftsleistung volllbracht wurde: der Bau einer mächtigen Befestigungsanlage in Jericho. Offensichtlich waren mit dem Anwachsen der Ortschaften neue Organisationsformen gefunden worden, die das Zusammenleben größerer Menschengruppen ermöglichten.
Unter den Steingeräten der Phase III von Muraibit gab es keine Mikrolithen mehr. Pfeilspitzen und Schaber wurden dagegen zahlreicher. Gegen Ende dieser Phase stellte man erstmals polierte Beile aus hartem Stein her. Bisher ganz vereinzelt sind fünf kleine Keramikgefäße aus der Zeit um 8000 v. Chr. Sie waren weder zum Kochen noch zur Vorratshaltung geeignet, dienten daher wohl kaum praktischen Zwecken. Das Zeitalter der Gebrauchskeramik begann erst viel später, in der 2. Hälfte des 7. Jahrtausends v. Chr. Neue Jagdmethoden führten in Phase III zur Bevorzugung der rentableren Fleischtiere der Steppe, der Onager und Ure. Dies mag ebenso auf neue Organisationenformen mit kollektiver Arbeit der Gemeinschaft zurückgehen wie eine andere Veränderung, die etwa um 7700 v. Chr. vor sich ging: Wildgräser säte man nun in dorfnahen Feldern aus und betrieb somit erstmals Ackerbau.
Weibliche Figuren wurden aus Stein (Nr. 1.2) und Terrakotta sowohl stark schematisiert, als auch naturnäher geformt. Hinweise auf einen Ahnenkult geben nicht nur zwei Bestattungen unter dem Hausfußboden, sondern auch mehrere menschliche Schädel, die im Innern eines Hauses auf Podeste gestellt waren.
Bereits gegen Ende der Phase III kündigt sich eine Veränderung der Bauformen an. Kleine rechteckige Zellen von etwa 1,50 m Seitenlänge wurden wohl als Vorratsräume verwendet. Das erste rechteckige Wohnhaus gab es dann in der folgenden Phase IV. Damals scheint der Ur domestiziert worden zu sein.
Insbesondere auf Grund ihrer Steingeräte sind die ersten Ansiedler von Muraibit (Phase I) der Gruppe der sogenannten „Natuf-Kultur“ zuzurechnen, die bislang vor allem aus Palästina bekannt war, aber auch die Region des mittleren Euphrat mit einschloß und im Süden bis an den Nil reichte. Am Beispiel von Muraibit können wir jetzt eine ungebrochene Entwicklung von der Jagd- und Sammelwirtschaft zur ersten Nahrungsmittelproduktion verfolgen. Diese vollzog sich hier offensichtlich ohne Fremdeinflüsse von außen im Verlauf einer zweitausendjährigen Geschichte. E. S.

Buqras

Lage: Etwa 40 km südlich der Stadt Dair az-Zur am rechten Ufer des mittleren Euphrat, gegenüber der Mündung des Chabur.
Alter: 6 Schichten aus der Zeit von 6400–5900 v. Chr.
Forschungen: 1965 (französische) und seit 1976 (Universitäten von Amsterdam und Groningen).
Veröffentlichungen: H. de Contenson/W. J. Van Liere: AAAS 16 Band 2 (1966) 181 ff.; – P. A. Akkermans/J. J. Roodenberg/M. Van Loon/H. T. Waterbolk: AfO 26 (1978/79) 152 ff.

Von Muraibit gelangt man euphratabwärts 40 km unterhalb von Dair az-Zur nach Buqras, wo eine etwas jüngere Siedlung mit ähnlich aufsehenerregenden Funden erforscht worden ist. Ihr annähernd 3 ha großes Gelände war eng bebaut mit mehrräumigen Lehmziegelhäusern, die sich an schmalen Straßen nebeneinanderreihten (Abb. 4). Sie sind in einem recht einheitlichen Grundrißschema angelegt: Ein Haus enthielt meist drei größere längliche Zimmer zum Wohnen sowie eine einfache oder doppelte Reihe von drei kleinen Räumen mit Vorratsbehältern als Speicher und Küchen. Aber auch die Wohnräume besaßen Vorratsbehälter, dazu Herde und Öfen. Ihr weißer Wandputz trug gelegentlich Malereien in rotem Ocker, z. B. Reihen von Laufvögeln (Abb. 5). Auch ein aus Lehm reliefiertes rot angestrichenes Menschengesicht mit eingelegten Augen wurde gefunden.
Diese beiden Arten des Raumschmuckes erinnern an die Häuser im annähernd gleichzeitigen Çatal Hüyük im südlichen Anatolien[1]. Ebenso zeigen zahlreiche Erzeugnisse des sehr qualitätvollen Kunsthandwerks von Buqras in ihrer formalen Gestaltung enge Beziehungen mit jener nördlichen Region. Figuren ähnlich der sitzenden Frau Nr. 5 sind auch in Çatal Hüyük gefunden worden. Gleiches gilt für

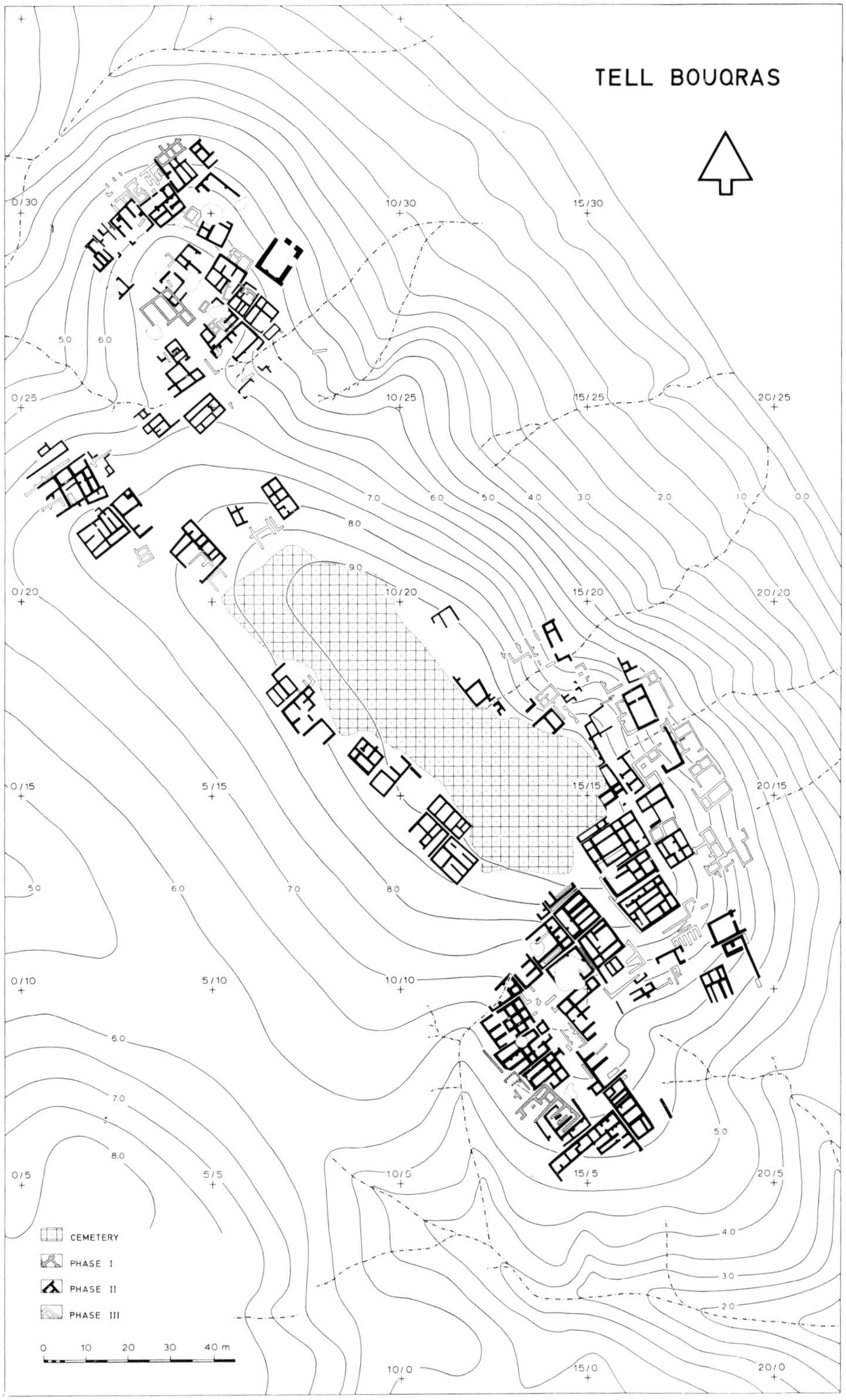

Abb. 4 Die Siedlung in Buqras

Tiergefäße aus Keramik, die sich mit Nr. 8 und 9 vergleichen lassen. Becher mit kleinen Füßen wurden in Çatal Hüyük aus Holz geschnitzt, in Buqras aus schön geädertem Stein gemeißelt (Nr. 13. 14). Solche und ähnliche Steingefäße fand man unlängst auch im nördlichen Iraq, in Sawwan (Samarra) am mittleren Tigris[2] und in Umm Dabaghiya westlich von Hatra[3]. Es zeichnet sich somit eine große

Abb. 5 Wandmalerei in Buqras

Gemeinschaft verwandter Kulturen ab, die um 6000 v. Chr. Südanatolien, Nordmesopotamien und die Gebiete am Mittellauf des Euphrat und Tigris umfaßte. Die Ähnlichkeit der kunsthandwerklichen Erzeugnisse in diesem weitausgedehnten Gebiet ist zum Teil überraschend groß.
Wie Sawwan und Umm Dabaghiya liegt auch Buqras am Rande der Steppe außerhalb jener Zone, in der ausreichender Regen einen krisenfesten Feldbau ohne Bewässerung gewährleistet. In Sawwan ergänzte man das Regen- durch Tigriswasser, und die Bewohner des kleinen Dorfes von Umm Dabaghiya spezialisierten sich auf das Erjagen von Onagern und Gazellen der Steppe. Die Leute des viel größeren Buqras waren vor allem Viehzüchter. Sie hielten Ziegen, Schafe, Rinder und Schweine. Nebenbei betrieben sie etwas Ackerbau und gelegentlich jagten sie Gazellen und Ure.
Im Wohnschutt der Häuser von Buqras fanden die Ausgräber keine Reste von Tongefäßen. Nur auf der Oberfläche des Siedlungshügels liegen Scherben einer dunklen polierten Keramik, wie sie unter anderem auch aus der jüngsten Schicht von Tall Ramad bekannt ist (Nr. 18). E. S.

1 Mellaart, Çatal Hüyük 67 ff.
2 F. el-Waily, Sumer 20 (1964) Abb. 2.
3 D. Kirkbride, Iraq 35 (1973) Taf. VIII b.

Ramad

Lage: Bei der Ortschaft Qatana etwa 20 km südwestlich von Damaskus auf einem Basaltplateau am Fuß des Hermon.
Alter: Schicht I = 6250–6000 v. Chr.; Schicht II = 6000–5800 v. Chr.; Schicht III = 5800–5500 v. Chr.
Forschungen: 1963 bis 1973 (Direction générale des antiquités et des musées Syriens und Commission des recherches archéologiques des französischen Außenministeriums mit dem Centre nationale des recherches scientifiques).
Veröffentlichungen: Zahlreiche Vorberichte insbesondere W. J. Van Liere/H. de Contenson: AAAS 13 (1963) 179 f.; – AAAS 14 (1964) 109 ff.; – AAAS 16 Band 2 (1966) 167 ff.; – H. de Contenson: AAAS 17 (1967) 17 ff.; – AAAS 19 (1969) 25 ff.; – AAAS 20 (1970) 77 ff.; – AAAS 24 (1974) 17 ff.; – Archaeology 24 (1971) 278 ff.

Die mit Buqras annähernd gleichzeitige und ebenfalls etwa 3 ha große Siedlung von Ramad lag in einer ganz anderen Landschaft, nämlich in einem fruchtbaren Grasland mit Mandel- und Pistazienbäumen, das günstige Bedingungen für den Ackerbau bot. Schon die ersten Bewohner bauten Getreide und Linsen an und betrieben nebenher die Jagd auf Gazellen und Rotwild. Sie wohnten in sehr einfachen, annähernd ovalen, halb in den Boden eingetieften Hütten aus Stampflehm. Aus Ton wurden Säugetiere und Menschen nachgebildet. Depots von Schädeln in Schicht I und II weisen auf eine über den Tod hinaus bestehende enge Beziehung zu den Vorfahren hin. Dabei hatte man die entfleischten Knochen mit einer kalkhaltigen Paste übermodelliert, das Schädeldach rot, die Augen durch weißen Kalk hervorgehoben.
Es wird vermutet, das große menschliche Lehmbilder wie unsere Nr. 16 (Abb. 6) als Ständer solcher Ahnenköpfe dien-

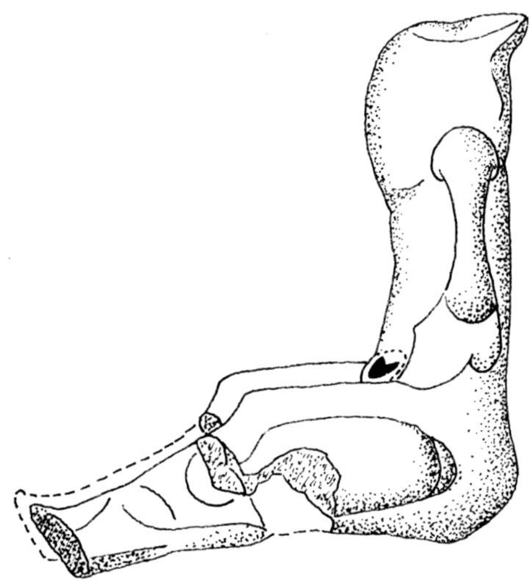

Abb. 6
Rekonstruierte
Lehmfigur
aus Ramad

ten. Erwähnenswert ist auch eine Perle aus gehämmertem Kupfer, die auf Handelsverbindungen bis zum Herkunftsgebiet dieses Metalls in Kleinasien hinweist.
In Schicht II wurden einräumige Häuser mit rechteckigen Grundrissen errichtet. Ihre Baumaterialien waren Steine für den Sockel und Lehmziegel für das aufgehende Mauerwerk. Eine Paste aus gebranntem Kalk und Asche verwendete man zum Formen von Gefäßen. Sie wurden durch bloßes Trocknen ohne Brand hart. Manchmal erhielt ihre Außenwand eine Verzierung mit roten Bändern. Die reichen Aschereste dieser Schicht haben zum heutigen Namen der Ruine „Tall Ramad" = „Aschenhügel" geführt.
Die Bewohner der Schicht III stellten erstmals Gefäße aus gebranntem Ton her, also regelrechte Keramik. Ihre Oberfläche wurde geglättet oder durch Einritzen verziert. Ein Haus ist aus dieser Zeit nicht erhalten geblieben; es gibt nur zahlreiche Gruben. Dies veranlaßt den Ausgräber zu vermuten, die Bewohner von Ramad seien damals zu einer halbnomadischen Lebensweise übergegangen und hätten ihren Lebensunterhalt vor allem mit der Zucht von Haustieren, Ziegen, Schafen, Rindern und Schweinen, bestritten. Aber auch Getreide- und Gemüseanbau ist aus jener Zeit in Ramad belegt. E. S.

1

1 Stehende weibliche Figur

Muraibit
Phase III, 8000–7600 v. Chr.
Weißer Kalkstein
Höhe: 9,5 cm
Aleppo 64/1
Lit.: J. Cauvin: AAAS 24 (1974) 48 Abb. 3.

Menschenbilder wurden in Muraibit aus Ton modelliert oder aus weichem Kalkstein geschnitzt. Sie konnten stark vereinfacht, aber auch recht naturnah gestaltet sein.
Die ältesten Darstellungen des Menschen sind weiblich. Da man nicht davon ausgehen darf, daß die Bewohner des Jäger-und-Sammler-Dorfes Ebenbilder von sich selbst schufen, neigt man dazu, solche Werke als Gottheiten zu erklären, deren weibliches Geschlecht auf den Aspekt der Fruchtbarkeit hinweist. In Muraibit wäre demnach eine solche Fruchtbarkeitsgöttin bereits vor der Einführung des Ackerbaus bekannt gewesen. Erst tausend Jahre später, etwa um 7000 v. Chr., trat eine männliche Gottheit neben sie. Diese blieb jedoch offensichtlich von untergeordnetem Rang. E. S.

2 Idol

Muraibit
Phase III, 8000–7600 v. Chr.
Weißer Kalkstein
Höhe: 12 cm; Dicke: 3,3 cm
Aleppo
Lit.: J. Cauvin: AAAS 22 (1972) 110 Abb. 6.

Dieses Idol gehört zur Gruppe der sehr schematisierten Menschengestalten. Aus einem ovalen Stein ist mit einem Flintgerät der obere Teil eines Gesichtes herausgeschnitten. In Höhe der Nase wird die Skulptur durch eine horizontale Kerbe geteilt. Nur zwei vertikale Riefen auf der Vorderseite

2

gliedern die untere Partie. Wir wissen nicht, welche Formenmerkmale eines menschlichen Kopfes oder Körpers diese waagerechten und senkrechten Kerben wiedergeben sollen. Die Beschränkung auf die oberen Teile eines Gesichtes bei der Darstellung eines menschengestaltigen Wesens erinnert an jüngere große Steinstelen Obermesopotamiens[1]. Sie repräsentieren ganz offensichtlich trotz der unvollständigen Ausarbeitung eine menschliche Gesamtfigur. Gleiches möchten wir auch bei dieser kleinen Skulptur aus Muraibit annehmen; wir haben sie deshalb als „Idol" bezeichnet. E. S.

1 H. Th. Bossert, Altsyrien (Tübingen 1951) Nr. 419.

3 Schale

Muraibit
9./8. Jahrtausend v. Chr.
Weißer Kalkstein
Höhe: 3,4 cm; Durchmesser: 8,8 cm
Aleppo [MB 74.2979]

In den frühen Dörfern vorderasiatischer Jäger und Sammler, Ackerbauer und Tierzüchter wurden neben Behältern aus vegetabilem Material auch solche aus Stein hergestellt. Diese kleine Schale mit leicht gewölbtem Boden ist ebenso wie die beiden vorhergehenden Skulpturen aus weichem Kalkstein geschnitten und anschließend geglättet. E. S.

4 Steingeräte

Muraibit
9./8. Jahrtausend v. Chr.
Obsidian (a), Flint („Feuerstein") (b und c)
Länge: 9,6 cm/13,2 cm/7,1 cm
Aleppo [MB 72.4025/MB 71.598/MB 73.1215]
Lit.: Vgl. M. C. Cauvin/D. Stordeur, Les outillages de Mureybet, Syrie (Fouilles Van Loon 1965): Cahiers de l'Euphrate 1 (Paris 1978) 29 ff. Abb. 13–23.

Ein Bohrer, ein Beil und ein Schaber sind Beispiele des reichen Inventars an Steingeräten von Muraibit.

3

4 ▷

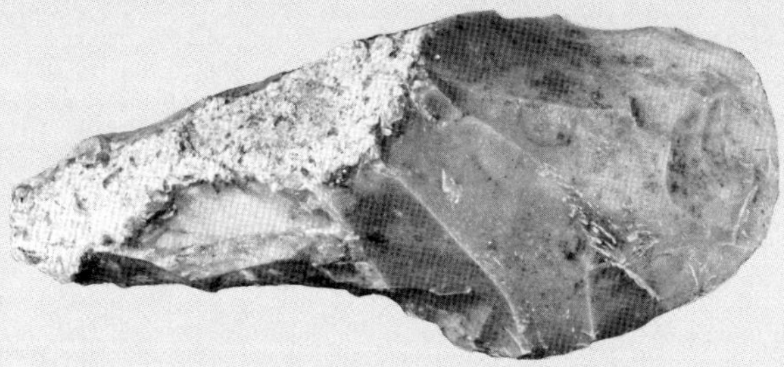

Der Bohrer ist aus einer Klinge hergestellt, die von einer Obsidianknolle abgespalten wurde. Am spitzen Ende hat man auf beiden Seiten sogenannte „Retuschen" angebracht, dicht aneinander gereihte Absplitterungen, durch welche die Kanten eine größere Schärfe erhielten.
Ein besonders kennzeichnendes Gerät war das Beil, welches in allen Schichten verwendet wurde. Seine Klinge ist auf einer Seite flach, auf der andern gewölbt und an den Schlagkanten retuschiert, gelegentlich – wie bei unserm Beispiel – auch auf der flachen Seite. Die Schneide dieser ältesten Beile aus dem Vorderen Orient war rund, die Rückseite verjüngte sich, um eine gute Verbindung mit einem Stiel zu ermöglichen.
Häufig waren in allen Schichten von Muraibit auch runde Schaber, deren Kanten durch eine einseitig angebrachte Retusche geschärft sind. E. S

5 Körper einer weiblichen Figur

Buqras
6400–5900 v. Chr.
Kalkstein
Höhe: 4,4 cm; Breite: 5,4 cm; Tiefe: 4,5 cm
Dair az-Zur [BJ 145/2162]
Lit.: Vgl. Mellaart, Çatal Hüyük Abb. 51.53.

Die Frau sitzt mit untergeschlagenen Beinen. Ihr Kopf, der rechte Arm und das rechte Knie sind abgebrochen. Aber

5

selbst in diesem fragmentarischen Zustand erkennt man noch die hohe Qualität des Bildwerkes und seine kennzeichnenden formalen Besonderheiten. Verglichen mit der Frau von Muraibit (Nr. 1) sind die einzelnen Körperpartien plastischer herausgearbeitet, vor allem das Gesäß, die Brüste und die Arme. Dabei wurde auch die Unterseite, die beim Aufstellen der Figur nicht sichtbar ist, ebenso modelliert wie alles andere.
Weibliche Figuren wie diese kennen wir aus dem etwa gleichzeitigen Çatal Hüyük in Südanatolien. E. S.

6 Kopf einer kleinen menschlichen Figur

Buqras
6400–5900 v. Chr.
Terrakotta, geschmaucht
Höhe: 2,9 cm; Breite: 2 cm; Dicke: 2,4 cm
Dair az-Zur [BJ 132/2161]

Dieses kleine, sorgfältig gearbeitete Köpfchen gehörte zu einer Figur, deren Körper nicht erhalten blieb. Außer der Bruchkante am Hals sind die Schädelkalotte, die linke Wange und das linke Ohr beschädigt. Die Wiedergabe des Gesichtes ist wesentlich genauer als bei den älteren Beispielen aus Muraibit (Nr. 1 und 2). In den tiefen Augenhöhlen erkennt man deutlich die Bearbeitungsspuren eines Kugelbohrers. Man darf vermuten, daß die Augäpfel einst durch farbige Einlagen wiedergegeben waren, welche dem Gesicht eine stärkere Ausstrahlung verliehen. Vergleichsweise naturalistische Darstellungen des menschlichen Kopfes sind bisher aus dem vorgeschichtlichen Alten Orient sonst nicht bekannt. E. S.

6

7

7 Gazellenkopf von einem Gerät

Buqras
6400–5900 v. Chr.
Terrakotta
Höhe: 4,6 cm; größte Breite: 0,8 cm; Tiefe: 3,1 cm
Dair az-Zur [BJ 121/2159]

Der Gazellenkopf war möglicherweise Teil eines Gerätegriffes. Er ist am Hals und an den Hörnern abgebrochen.

Augen und Nüstern treten plastisch hervor. Die Oberfläche ist fein poliert. E. S.

8 Gefäß in Gestalt eines Hasen
(Abb. s. Farbtaf. S. 10)

Buqras
6400–5900 v. Chr.
Alabaster, verbrannt
Höhe: 9 cm; Länge: 17,5 cm; Breite: 9,4 cm
Dair az-Zur [BJ 100/2136]

Dieses Tiergefäß hat offensichtlich im Altertum im Feuer gelegen und ist daher schwarz angeschmaucht, rissig und stellenweise verformt.
Der Hase ist recht naturalistisch gestaltet, wenngleich nur die wesentlichen Details ausgearbeitet wurden. Dabei hat der Bildhauer der Unterseite ebenso viel Aufmerksamkeit geschenkt wie den gemeinhin allein sichtbaren seitlichen und oberen Partien. Die Augen sind ringförmig mit einem Bohrer eingetieft.
Gefäße wie dieses und das folgende waren gewiß nicht für den gewöhnlichen Hausgebrauch bestimmt. Man darf vermuten, daß sie als Opfergaben einer überirdischen Macht dargebracht wurden. Dabei mag die symbolische Qualität des Hasen in seiner sprichwörtlichen Fruchtbarkeit begründet gewesen sein.
Ähnliche Tiergefäße – allerdings aus Terrakotta – kennen wir aus dem südanatolischen Çatal Hüyük. E. S.

9 Gefäß in Gestalt eines Igels
(Abb. s. Farbtaf. S. 10)

Buqras
6400–5900 v. Chr.
Weißer Alabaster
Höhe: 6,6 cm; Länge: 14,2 cm; Breite: 7,6 cm
Dair az-Zur [BJ 119/2138]
Lit.: Vgl. H.-G. Buchholz: BJV 5 (1965) 66 ff.

Teile des Rückens dieses igelförmigen Gefäßes sind im Altertum zerbrochen. Leider konnten nicht alle Bruchstücke bei der Grabung gefunden werden. Die Einzelheiten des Tierkörpers sind noch feiner modelliert als bei dem Hasen (Nr. 8). Allerdings ist die Andeutung der Stacheln durch eingeritzte Kreuzschraffur recht schematisch ausgeführt. Auf der Unterseite erscheinen die kurzen Beine als Stummel.
Dem Igel schrieb man vermutlich übelabwehrende Kräfte zu, da er Schlangen erbeuten kann und mit großer Widerstandskraft gegen das Gift dieser Reptilien ausgestattet ist. Schon früh galt der Igel als ein nützliches Tier. E. S.

10 Reibstein mit Reliefverzierung

Buqras
6400–5900 v. Chr.
Kalkstein
Höhe: 3 cm; größte Länge: 14,2 cm; Breite: 7,1 cm
Dair az-Zur [BJ 131/2168]
Lit.: Vgl. Mellaart, Çatal Hüyük Taf. VI Abb. 31.

Die gewölbte Oberseite dieses länglich-ovalen Reibsteins schmückt das Relief eines Vierbeiners. Dieser ist so schematisch dargestellt, daß sich seine Art nicht ermitteln läßt. Einziger Hinweis sind die eingebohrten Punkte, die ein Fell, vielleicht das eines Panthers, andeuten mögen. Mit Relief verzierte Reibsteine wurden in Buqras mehrere gefunden, allerdings trug nur dieses eine Exemplar figürlichen Dekor. Auch im Falle dieses Reliefs lassen sich gewisse Parallelen mit Funden aus Çatal Hüyük erkennen. Vergleichbare Tiere mit gepunktetem Fell wurden dort als bemalte Lehmmodellierungen auf Raumwänden beobachtet. E. S.

11 Hohe Schüssel *(Abb. s. Farbtaf. S. 11)*

Buqras
6400–5900 v. Chr.
Gestreifter marmorartiger Stein
Höhe: 10,9 cm; Durchmesser: 11,2 cm
Dair az-Zur [BJ 91/2100]

Dieses fein polierte Gefäß ist derart aus einem Stein gearbeitet, daß die streifige Maserung horizontale Bänder bildet. Die farbige Gliederung seiner Oberfläche wird in ihrer Wirkung durch die ganz einfache Kontur der Wandung unterstrichen. E. S.

12 Niedrige Schüssel *(Abb. s. Farbtaf. S. 11)*

Buqras
6400–5900 v. Chr.
Gestreifter marmorartiger Stein
Höhe: 4,5 cm; Durchmesser: 7,1 cm
Dair az-Zur [BJ 62/2120]

10

Wie bei der vorherigen, so verläuft auch bei dieser Schüssel die Maserung des Steines horizontal. Das Gefäß unterscheidet sich jedoch von Nr. 11 durch seine Proportionen und durch einen verdickten Rand. E.S.

13 Niedriger Becher mit Füßen

(Abb. s. Farbtaf. S. 11)

Buqras
6400–5900 v. Chr.
Gesprenkelter marmorartiger Stein
Höhe: 4–4,3 cm; Durchmesser: 5,3 cm
Dair az-Zur [BJ 102/2146]

14 Hoher Becher mit Füßen

(Abb. s. Farbtaf. S. 11)

Buqras
6400–5900 v. Chr.
Grauer geäderter Marmor
Höhe: 6,6 cm; Durchmesser: 3,3–3,4 cm
Dair az-Zur [BJ 111/2140]
Lit.: Vgl. el-Wailly/Abu es-Soof: Sumer 21 (1965) Taf. XXVIII. XXXIV; – Mellaart, Çatal Hüyük Taf. 111.

Verschiedenartige, durch Farbe und Maserung besonders attraktive Steine wurden zu Bechern verarbeitet. Sie sind

unterschiedlich proportioniert, jedoch stets mit einem verdickten Rand und kurzen Füßen ausgestattet.
Sehr ähnliche steinerne Becher kennen wir aus Sawwan am mittleren Tigris und verwandte holzgeschnitzte Gefäße aus Çatal Hüyük im südlichen Anatolien. Insbesondere eine so spezielle Form wie diese ist geeignet, kulturelle Beziehungen ebenso wie weitreichende Handelsverbindungen aufzuzeigen. In jedem Fall stellt sich die Frage, ob solche Stücke lokal angefertigt oder durch den Handel von anderswo hierher gelangt sind. Dies läßt sich nur bei besonders günstigen Fundumständen beurteilen, zum Beispiel wenn man an einem Ort außer den fertigen Produkten auch unfertige, Rohmaterial und Werkzeuge findet. Weder in Sawwan noch in Buqras wurde Entsprechendes bisher beobachtet. Von künftigen Forschungen dürfen wir noch interessante Aufschlüsse erwarten. E. S.

15

15 Poliertes Steinbeil

Buqras
Oberfläche, 6000 v. Chr.
Grüngrauer Stein (Diorit?)
Länge: 12 cm; Breite: 6 cm; Dicke: 3,3 cm
Damaskus [B. 65. 2. 91]

Die Politur von Steinen wurde bei der Herstellung von Schmuckanhängern bereits im 9. Jahrtausend v. Chr. angewendet. Auch Steingefäße (Nr. 11–14) wurden fein geglättet. Eine derartige mühevolle Arbeit blieb zunächst auf sogenannte „Luxusgüter" beschränkt. Erst später wurden auch Geräte, wie dieses Beil, poliert. Verglichen mit dem älteren Beil von Muraibit (Nr. 4) ist das von Buqras ein weiter entwickeltes und verbessertes Produkt. In Muraibit gab es solche polierten Beile seit dem Ende der Phase III gegen 7700 v. Chr. E. S.

16

16 Hockende Menschenfigur

Ramad
Schicht I, 6250–6000 v. Chr.
Lehm, schwach gebrannt
Höhe: 25 cm; Tiefe: 16 cm; Breite: 8,5 cm
Damaskus [R. 67. 4. 94]
Lit.: H. de Contenson: AAAS 17 (1967) 20 f. Taf. III.

In Ramad Schicht I und II wurden Gruben mit Depots von Schädeln beobachtet. Die Schädel waren zunächst entfleischt und dann mit einer kalkhaltigen Paste übermodelliert, um ihnen das Aussehen von Lebenden zu geben. Augen konnten durch weißen Kalk besonders hervorgeho-

17

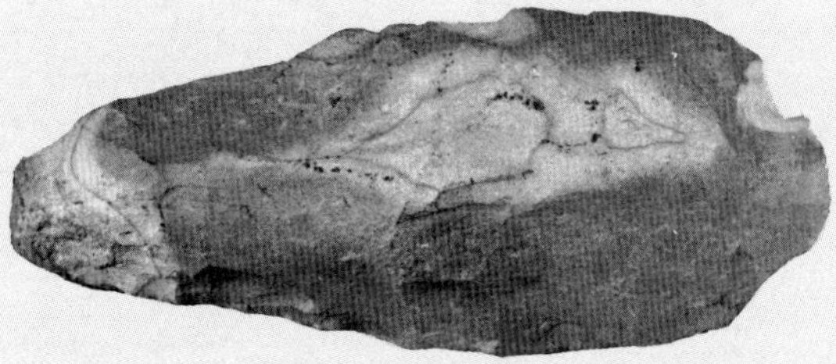

18

19 ▷

ben werden. Eine rote Bemalung deutet wohl das Haupthaar an.
Als man ein solches Depot von etwa einem Dutzend Schädeln in der Werkstatt des National Museums zu Damaskus reinigte, fand man darunter auch die Bruchstücke von zwei menschlichen Figuren unbekannten Geschlechtes, aus Lehm modelliert und bedeckt mit einer dünnen weißlichen Schicht, die Reste roter Bemalung trug. Die besser erhaltene dieser beiden Figuren wird hier gezeigt. Ihre vorgestreckten Beine sind unterhalb der Knie abgebrochen (Abb. 6), und auch die rechte Seite fehlt. Hier ist die Bruchstelle derart abgeflacht, daß man vermuten könnte, die Figur sei an etwas (an einer Wand?) befestigt gewesen. Der linke Arm ist henkelartig angesetzt und seine Hand in Taillenhöhe auf den Körper gelegt. Der Kopf ist nur eine zylindrische, oben abgeflachte Verdickung. Man hat vermutet, daß solche Figuren als eine Art Ständer für die mit ihnen zusammen gefundenen Ahnenschädel gedient hätten. Diese wären auf den deshalb so wenig durchmodellierten Kopf der Figur aufgesetzt gewesen (vgl. den Befund von Muraibit oben S. 18). Später wären dann die menschengestaltigen Basen mit den Schädeln in ein gemeinsames Depot gelangt. E. S.

17 Steinschüssel

Ramad
Schicht I, 6250–6000 v. Chr.
Beige-rötlich marmorierter Stein
Höhe: 4,9 cm; Durchmesser: 9,8 cm
Damaskus [R. 67. 37. 85]
Lit.: Vgl. H. de Contenson: Archaeology 24 (1971) 280.

Dieses ganz ähnlich wie Nr. 12 geformte Steingefäß verbindet Ramad mit Buqras. Wie wir bereits gesehen haben, waren solche aus ausgewähltem Material und mit großer Sorgfalt hergestellten Gegenstände damals überall beliebt. E. S.

18 Keramikschüssel

Ramad
Schicht III, 5800–5500 v. Chr.
Keramik
Höhe: 9,8 cm; Durchmesser: 15,5–16 cm
Damaskus [R. 63. 288. 78]
Lit.: H. de Contenson: Archaeology 24 (1971) 284.

In den beiden ältesten Schichten von Ramad gab es noch keine Gefäße aus gebranntem Ton. Diese kommen erst in Schicht III auf. Es waren dunkelfarbige, handmodellierte Schalen von einfacher Gestalt, deren Oberfläche fein geglättet sein konnte.
Diese Art der Keramik gehört zu einer weit verbreiteten Sorte, deren Fundstätten sich von Palästina bis nach Anatolien erstrecken (sogenannte „dark faced burnished ware“). E. S.

19 Steingeräte

Ramad
Schicht I, 6250–6000 v. Chr.
Flint
Länge: 14,3 cm/7 cm/10,5 cm
Damaskus [R. 68.1/R. 63.188/R. 69.49]
Lit.: Vgl. H. de Contenson: Archaeology 24 (1971) 278 ff.

Beil, Pfeilspitze und Sichelklinge gehörten zum Haushalt der Bewohner von Ramad. Die Pfeilspitze zeigt an ihrem vorderen Ende feine Retuschen, die an den Seiten einen sägeartigen Umriß bilden. Auch die Sichelklinge hat bei der Nachbearbeitung eine solche Sägezahnretusche erhalten. An ihrer Oberfläche erkennt man sogenannten „Sichelglanz“, der anzeigt, daß dieses Gerät in der Tat beim Ernten von Wildgräsern oder Getreide verwendet worden ist. E. S.

Frühgeschichte

In der ersten Abteilung der Ausstellung begegneten wir Menschen der Vorgeschichte, die erstmals dauerhafte Häuser bauten und zunächst in kleinen Dörfern, später aber – wie zum Beispiel in Buqras – in ausgedehnten Siedlungen mit geraden Straßen lebten. Ihre vielräumigen Häuser sind in diesem Ort nach einem einheitlichen Grundrißschema angelegt und die sogenannte „materielle Kultur“ zeugt von einem technisch wie künstlerisch hochentwickelten Handwerk.
Etwa zweieinhalb Jahrtausende nach dem Ende der Ansiedlung von Buqras erlebte das syrische Euphrat-Tal und das gesamte Obermesopotamien eine neue und entscheidende Entwicklungsphase. Diese vollzog sich in engem Kontakt

mit den großen Städten der südlichen Flußlandschaften von Sumer und Elam. Hier entstand seit der Mitte des 5. Jahrtausends v. Chr. eine Hochkultur mit Schrift, monumentaler Architektur und Bildkunst, die alle Grundlagen für das künftige Geschick Altvorderasiens schuf. Als in den Jahren 1937/38 im obermesopotamischen Tall Braq (s. S. 33f.) ähnliche Bauformen und Bildwerke wie im frühsumerischen Uruk gefunden wurden, mochte man noch nicht auf eine Ausdehnung des sumerisch-elamischen Kulturbereiches so weit nach Norden schließen. Braq erschien eher als eine Art Handelskolonie weitab von den städtischen Zentren des Südens. Nachdem nun aber Ausgrabungen am nordsyrischen Euphrat in Djabal Aruda, Habuba-Kabira-Süd und Qannas (s. S. 30ff.) gezeigt haben, daß damals hier eine zahlreiche Bevölkerung in gut gebauten und befestigten Städten ansässig war, deren Architektur mit den Formen des Südens völlig übereinstimmt und die ebensolches Tongeschirr herstellte, wie es dort üblich war, ist die Forschung gezwungen, die bisherigen Schlüsse neu zu überdenken. Es würde zu weit führen, alle Übereinstimmungen in den Kulturgütern des Nordens und des Südens aufzuzählen. Tatsächlich gibt es nur einen Unterschied, und dieser ist begründet durch die wirtschaftliche Überlegenheit des Südens: Die offiziellen Bauten in Uruk, der Hauptstadt Frühsumers, waren weit größer und reicher ausgestattet als am nordsyrischen Euphrat und in Braq. Die Qualität der Produkte hauptstädtischer Werkstätten war oft merklich höher als in der „Provinz".

Die engen Gemeinsamkeiten zwischen Norden und Süden zeigen sich auch im Gebrauch eines Schriftsystems, das zur Kontrolle von Wirtschaft und Handel in den Städten Sumers und Elams entwickelt worden war und dann von den nordmesopotamischen Partnern übernommen wurde. Im gesamten Zweistromland herrschte damals eine einheitliche Kultur, die in den folgenden Jahrtausenden eine gemeinsame Entwicklung durchlebt.

Anlaß zur Ausdehnung des Einflusses von Sumer und Elam war gewiß der Fernhandel, denn im südlichen Stromland wurden beträchtliche Überschüsse aus Ackerbau und Viehzucht produziert; es gab aber keine Bodenschätze. In den großen Städten Sumers und Elams benötigte man vor allem Kupfer aus Kleinasien, Steine aus den umliegenden Bergländern und Bauhölzer, von denen einige vielleicht damals schon aus den Gebirgswäldern am Mittelmeer bezogen wurden. Städte wie Habuba Kabira-Süd/Qannas waren jedoch keine bloßen Handelsstationen. Sie lagen in einer fruchtbaren Landschaft, in der sie sich mit Nahrungsmitteln ausreichend versorgen konnten. Es gab auch verschiedenartige Handwerke (Töpferei, Metall- und Steinbearbeitung), und schließlich deutet alles darauf hin, daß die Gegend ein gewisses politisches Eigenleben führte: Offensichtlich sind die Tempel und anderen Gebäude auf dem Djabal Aruda die Reste einer regionalen Zentralverwaltung. Ähnliche Verhältnisse dürfen wir wohl auch bei Braq annehmen, in dessen Umgebung inzwischen eine Fülle gleichzeitiger, möglicherweise untergeordneter Ansiedlungen festgestellt worden sind.

Westlich des Euphrat-Tales wurde der kulturelle Einfluß des Südens merklich geringer. Unsere Funde beschränken sich zur Zeit weitgehend auf die Keramik. Ihr Formenschatz basierte im Euphrat-Tal fast ausschließlich auf südlichen Vorbildern, während er weiter im Westen mit Erzeugnissen der lokalen Tradition vermischt ist. Im übrigen wissen wir nichts über die Menschen am Euphrat und ihr Verhältnis zu ihren westlichen Nachbarn, auch nichts über die Sprachen mit denen sie sich verständigten. Dies ändert sich erst in der folgenden Periode, in der die historische Überlieferung einsetzt.

E. S.

Habuba Kabira-Süd/Qannas und Djabal Aruda

Lage: Am rechten Ufer des mittleren Euphrat
Alter: 3500–3300 v. Chr.
Forschungen: Habuba Kabira-Süd 1969–1975 (Deutsche Orient-Gesellschaft); Qannas 1967–1973 (Comité Belge des recherches historiques); – Djabal Aruda 1975–1979 (holländische Expeditionen).
Veröffentlichungen: Habuba Kabira-Süd: MDOG 102 (1970) 27ff.; – MDOG 103 (1971) 5ff.; – MDOG 105 (1973) 5ff.; – MDOG 108 (1976) 5ff. – E. Strommenger, Habuba Kabira. – Qannas: Syria 52 (1975) 157ff.; – AASOR 44 (1979) 79ff. – Djabal Aruda: Phoenix 23 (1977) 42ff.; – Akkadica 12 (1979) 2ff.

Zu den bedeutendsten Fundplätzen, die im vergangenen Jahrzehnt in Vorderasien untersucht wurden, gehören gewiß Habuba Kabira-Süd / Qannas und Djabal Aruda. Sie zeugen von hoher wirtschaftlicher und kultureller Blüte des nordsyrischen Euphrat-Tales in enger Verbindung mit den ältesten Schriftkulturen von Sumer und Elam um die Mitte des 4. Jahrtausends v. Chr. (s. S. 29f.).

Das Zentrum der Gegend am nordsyrischen Euphrat lag in beherrschender Position auf einem Bergplateau des Djabal Aruda, hoch über dem Flußtal. Dort wurden zwei Tempel und einige große Häuser ausgegraben, die wohl gewissen gemeinschaftlichen Aufgaben der Bevölkerung aus der Umgebung dienten. Hier dürfen wir den Sitz des Oberherren und auch der wichtigsten Gottheiten annehmen. Der Großteil der Bevölkerung lebte jedoch in flußnahen Siedlungen, denn hier war die Versorgung mit Lebensmitteln und Wasser wesentlich leichter als auf dem 60 m hoch gelegenen Felsen des Djabal Aruda. Zudem bot das Tal seinen Bewohnern die Lebensgrundlage, die zum einen im Fernhandel über Fluß- und Landwege bestand, zum anderen in Acker- und Gartenbau. Eine der flußbezogenen Talsiedlun-

Abb. 7 Modell der Stadt in Habuba Kabira-Süd/Qannas

gen – Habuba Kabira-Süd / Qannas - ist dank umfangreicher Grabungen gut bekannt (Abb. 7):
Im Schutze einer starken Befestigungsmauer erstreckte sich am Euphrat ein dicht bebautes Gelände mit Wohnvierteln und Werkstätten. Ein zentraler Bezirk enthielt Bauten für Kult und Verwaltung. Südlich davon gab es einen bewässerten Garten.

Die Stadtmauer war 3 m breit, mit Bastionen oder Türmen bewehrt und außen durch Vor- und Rücksprünge gegliedert. Eine schwächere Mauer schützte ihr Vorfeld. Zwei Tore boten Zugang zur Stadt. Nur die untersten Lehmziegel der wohlgeplanten und schnurgerade verlaufenden Mauer blieben erhalten. Im Süden sind auch ihre letzten Spuren der Erosion durch Regen und Wind zum Opfer gefallen.

Abb. 8 Haus mit anschließender Bebauung in Habuba Kabira-Süd

Daher war hier der weitere Verlauf des Befestigungssystems nicht zu ermitteln. Nimmt man die größtmögliche Ausdehnung der Stadt an, so umfaßte sie etwa 18 ha.
Wir können im Stadtbild ganz deutlich die wenigen Hauptstraßen erkennen. Sie besitzen eine geschlossene Randbebauung und sind mit Kies gut befestigt. Ein Netz schmaler, oft blind endender Gassen diente als Zugang zu den Grundstücken.
Die Häuser waren dicht aneinandergebaut und verhältnismäßig groß. Sie besaßen einen Hof, um den sich verschiedene Gebäudeteile gruppierten (Abb. 8): Ein „Mittelsaalhaus“ zum Wohnen, Breiträume zum Empfangen von Gästen und verschiedenartige Wirtschaftsräume. Ein „Mittelsaalhaus“, die architektonische Leitform der Zeit, ist eine dreischiffige Anlage, bestehend aus einem großen mittleren Raum mit einer Reihe gleichbreiter Nebenräume an jeder Langseite. Auffallend ist die symmetrische Gestaltung durch geregelte Anordnung der Türen und Wandnischen. Auch im Kult- und Verwaltungszentrum (Tall Qannas) gab es solche „Mittelsaalhäuser“, von denen einige als Tempel gedient haben mögen. Nur ihre größeren Ausmaße unterscheiden sie von den üblichen Wohnhäusern.

Vorrichtungen zur Stadtentwässerung durch Rohrleitungen sowie offene und geschlossene Kanäle zeugen ebenso wie die Befestigung, die Gestaltung des Stadtzentrums und das System der Hauptstraßen von einer übergreifenden Planung und hohem technischen Können.
Einige der ausgegrabenen Häuser sind durch Brand zerstört worden. Dabei hat die zusammenstürzende Decke das zur Zeit der Katastrophe in den Räumen befindliche Inventar zugedeckt. So erfahren wir Genaueres über die zum Haushalt gehörigen Geräte und ihre Anzahl, soweit sie aus dauerhaftem Material gefertigt waren. Rollsiegel (Nr. 20.21), mit Zahlen beschriebene Tontafeln (Nr. 22.23), gesiegelte Verschlüsse (Nr. 25–27) und Tonbälle (Nr. 24) sind Zeugen eines regen Wirtschaftslebens, bei dem es galt, Eigentum vor fremdem Zugriff zu schützen.
Die wirtschaftliche Blüte des Euphrat-Tals um den Djabal Aruda war nur von kurzer Dauer, kaum länger als 100 bis 150 Jahre. Vielleicht deutet der Mauerbau um die Stadt von Habuba Kabira-Süd/Qannas auf eine äußere Bedrohung, die schließlich dazu führte, daß die seßhafte Bevölkerung ihre Häuser aufgab. Erst mehrere Jahrhunderte später erstanden wieder feste Siedlungen in diesem Gebiet. E. S.

Braq

Lage: Nord-Mesopotamien, etwa 1 km westlich des Djaghdjagh, eines Nebenflusses des Chabur, 43 km nördlich der heutigen Stadt Hassaka.
Alter: Ende 6. bis Mitte 2. Jahrtausend v. Chr.
Forschungen: 1937 und 1938 (British Museum und British School of Archaeology in Iraq) und seit 1976 (Institute of Archaeology, University of London).
Veröffentlichungen: M. E. L. Mallowan: Iraq 9 (1947) 1 ff.; – Ch. Ziegler: MDOG 82 (1950) 1 ff.; – M. E. L. Mallowan, Mallowan's Memoirs (London 1977) 125 ff.; – D. Oates: Iraq 39 (1977) 233 ff.

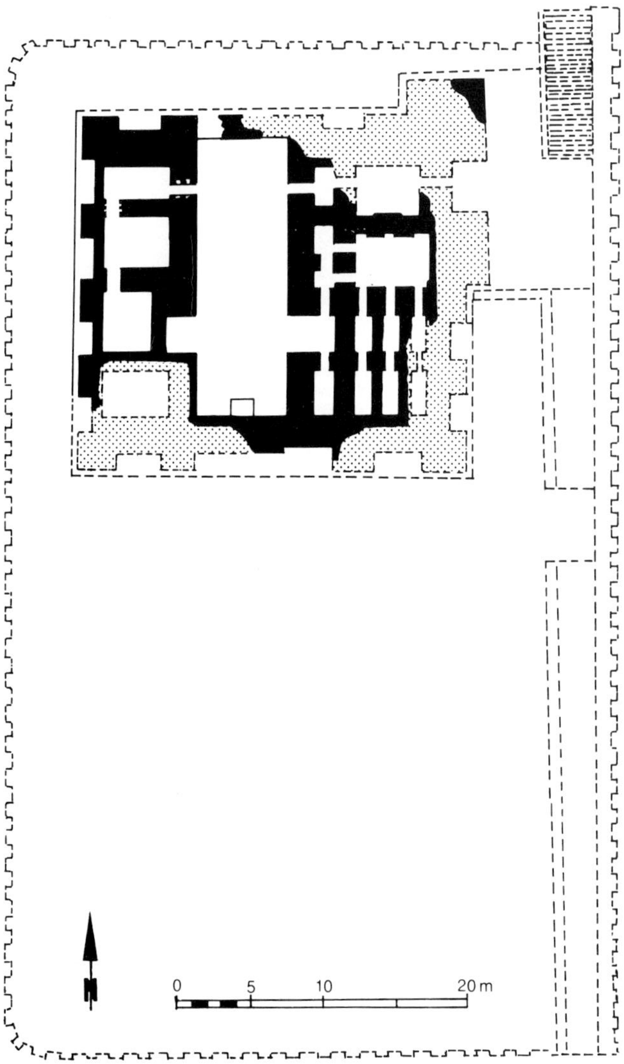

Abb. 9 Terrasse mit Tempel in Braq

Die Ausgrabungen in Braq zeigten erstmals den prägenden Einfluß der ältesten Schriftkultur von Sumer und Elam auf das kulturelle und wohl auch politische Leben in weiten Teilen Mesopotamiens. Die Geschichte dieses mächtigen Ruinenhügels beginnt jedoch schon lange vorher, spätestens im 6. Jahrtausend v. Chr., als hier Menschen siedelten, die jene schön bemalte Keramik herstellten, welche wir heute nach ihrem ersten bedeutenden Fundort als „Halaf-Ware" bezeichnen. Die Ausgrabungen drangen allerdings nicht bis in die Anfangszeit von Tall Braq vor; seine Höhe von bis zu 40 m ließ dies nicht zu. Nur gelegentliche Scherbenfunde auf der zerklüfteten Oberfläche des 800 x 600 m großen Ruinenhügels bieten Hinweise auf seine frühe Geschichte.
Uns interessiert hier besonders die Besiedlung in der zweiten Hälfte des 4. Jahrtausends v. Chr. Reste von ihr konnten nur in der südlichen Randzone der Ruine auf einer geringen Fläche ergraben werden, nämlich dort, wo die jüngere Überbauung nicht sehr hoch erhalten war. Hier fand man eine Terrasse mit einem Tempel (Abb. 9). Glückliche Umstände bewahrten uns einiges von seiner kostbaren Ausstattung, so daß unsere Vorstellungen vom Aussehen dieses Bauwerkes weit über die bloße Form des Grundrisses hinausgehen. Dieser ist nach dem bekannten Schema des „Mittelsaalhauses" (s. S. 32) gestaltet. Dabei erhielt jedoch nur der Hauptraum durch gegenüberliegende Nischen und Türen eine symmetrische Gestalt. Der Zugang lag im Westen, wo eine Treppe auf die Terrasse hinaufführte. Alle aus Lehmziegeln erbauten Wände waren weiß getüncht. Der Mittelsaal hatte einen Bodenbelag aus Schilf und Asphalt. An seiner südlichen Schmalwand stand ein 1 m hohes Podest aus Lehmziegeln, das ebenfalls geweißt war. Seinen oberen Abschluß bildete der Fries Nr. 35, der eine Fassadengliederung durch Nischen und Stiftmosaik nachahmt. Die Raumwände schmückten anscheinend Rosetten, die aus schwarzen, weißen und roten Steinelementen zusammengesetzt waren (Abb. 10). Auch ein Stück Kupfer-

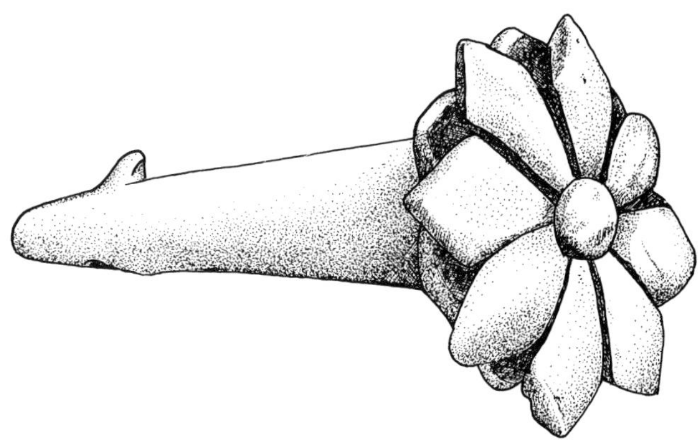
Abb. 10 Wandschmuck aus dem Tempel in Braq

blech mit der getriebenen Darstellung eines Auges könnte von der Wandverkleidung stammen. Außen, an der Fassade des Tempels, fand man Reste eines Mosaiks aus rot gefärbten Terrakottastiften.
Die wertvollen Funde im Hauptraum verdanken wir der Tatsache, daß sie vom zusammengebrochenen Dach verschüttet worden sind. Sie blieben daher an Ort und Stelle, als man das übrige Einrichtungsgut ausräumte und den Neubau des Tempels vorbereitete. Hierzu wurden die Räume mit Lehmziegeln massiv ausgefüllt, um somit ein solides Fundament für den neuen Bau zu schaffen. Von dem jüngeren, darauf errichteten Tempel blieben nur geringe Spuren erhalten.
Jedoch wurden Reste älterer Vorgänger im Innern der 6 m hohen Terrasse festgestellt. Sie sind noch weitgehend unerforscht. Aus dem sogenannten „Grauen Tempel“ –, bezeichnet nach der Farbe seines Ziegelmaterials – kennen wir jedoch eine Fülle kleinerer Gegenstände, die einst bei seinem Zusetzen an Ort und Stelle verblieben waren: Augenidole wie Nr. 41–43, Stempelamulette (Nr. 36–39), Tierfiguren (Nr. 44–47) und Menschenmasken (Nr. 40). Dieser Reichtum hatte offensichtlich bereits im Altertum die Begehrlichkeit der Nachfahren erregt. Sie trieben Raubschächte in das Massiv der Terrasse, um die in ihr verborgenen Schätze zu erreichen. Da es einen großen Aufwand an Zeit und Geld bedeutet hätte, die Terrasse Schicht für Schicht zu untersuchen, benutzten die Ausgräber diese Raubgänge, um in das Innere vorzudringen, wo sie auch Objekte aus dem „Grauen Tempel“ bargen. Wegen der Fülle der „Augenidole“ wird das Terrassenheiligtum heute allgemein als „Augen-Tempel“ bezeichnet.
Der „Augentempel“ gehörte zu einer größeren Siedlung, die bisher noch nicht untersucht wurde. Ihre Anlage und Architektur entsprach gewiß der von Habuba Kabira-Süd/Qannas und Djabal Aruda (s. S. 30 ff.). Wir dürfen annehmen, daß damals auch in Braq ein wichtiger Handelsplatz bestand, der zugleich als regionales Zentrum für die Ortschaften der dicht besiedelten Gegend eine Rolle spielte.
Eine ähnliche Funktion hatte die Stadt auch noch zur Zeit des Königs Naram-Sin von Akkade (um 2400 v. Chr., als sich über der Ruine des „Augentempels“ ein stark befestigtes magazinartiges Gebäude erstreckte, das noch die Könige der III. Dynastie von Ur (2250–2040 v. Chr.) benutzten. In den Jahrhunderten um die Mitte des 2. Jahrtausends war Tall Braq jedoch nicht mehr auf seiner gesamten Fläche besiedelt. Bald danach wurde es ganz verlassen. E. S.

20/21

20 Rollsiegel mit Skorpionen

Habuba Kabira-Süd
3500–3300 v. Chr.
Rötlicher Kalkstein
Höhe: 2,5 cm; Durchmesser: 2,5 cm
Aleppo [M II: 123]
Lit.: E. Strommenger, Habuba Kabira Abb. 43 unten.

Gegen Mitte des 4. Jahrtausends kam das walzenförmige Rollsiegel in Gebrauch. Es trat zunehmend an die Stelle des althergebrachten Stempels. Beim Sichern und Beurkunden von Eigentum galt die Abrollung ebenso wie der Abdruck des persönlichen Siegels auf tönernen Verschlüssen oder Schrifttafeln etwa so viel wie heute eine Unterschrift. Rollsiegel wurden in Mesopotamien und seinen Nachbarländern während der langen Spanne von mehr als dreitausend Jahren hergestellt. Da jeder mit Geschäften im weitesten Sinne befaßte Bürger ein Siegel benötigte und keins mit einem andern im Dekor übereinstimmen durfte, ist die Anzahl der einst vorhandenen Siegel unübersehbar. Der dadurch überlieferte Reichtum an Darstellungen und Bildthemen aus allen Zeiten und Landschaften der Vorderasiatischen Hochkultur ist für uns heute die ergiebigste Quelle beim Erforschen der Kunstgeschichte und ihrer Bildmotive. Die Rollsiegel aus Habuba Kabira-Süd gehören zu den ältesten. Als erstes Beispiel zeigen wir ein Siegel mit Skorpionen, die verhältnismäßig grob in den Zylindermantel geschnitten sind, beim Abrollen jedoch ein recht eindrucksvolles Figurenband ergeben.
Der Skorpion galt wegen seines giftigen Stachels als übelabwehrendes Tier. Später kennen wir ihn als Symbol der Göttin Ischchara (s. S. 334). E. S.

21 Rollsiegel mit Tierszene

Habuba Kabira-Süd
3500–3300 v. Chr.
Anthrazitfarbener Stein
Höhe: 2,4 cm; Durchmesser: 2,15 cm
Aleppo [BB X: 7]
Lit.: E. Strommenger: Journal für Geschichte 2 (1980) Heft 4 Abb. S. 42 unten.

Dieses Siegel trägt eine vielfigurige Darstellung: drei ziegenartige Tiere mit unterschiedlichen Hörnern schreiten nach links. Über ihnen schweben zwei liegende Vierbeiner mit zurückgewandtem Kopf und ein sitzender Mensch. Verschiedene kleine Motive füllen die freien Flächen unten: ein Dreieck, eine Pflanze und ein Gefäß. Verglichen mit dem vorherigen Beispiel ist dieser Dekor etwas feiner ausgearbeitet, vor allem durch Verschleifen der Kanten. Inhaltlich führt uns das Bild in die Welt der Herden, einen wichtigen Zweig des Wirtschaftslebens. E. S.

22 Gesiegelte Tontafel

Habuba Kabira-Süd
3500–3300 v. Chr.
Ungebrannter Ton
Größe: 5,5 x 5,2 x 1,2 cm
Aleppo [M II: 127]
Lit.: E. Töpperwein: MDOG 105 (1973) 25 f. Abb. 4.

Die eine Seite dieser kleinen Tontafel ist flach und glatt, die andere – ebenso wie die vier Kanten – mit Abrollungen eines Siegels bedeckt. Seine Darstellung ist nur unvollständig in den weichen Tafelton eingedrückt. Abb. 11 zeigt, was Dessa Rittig aus den vielen Teilabrollungen ermitteln konnte: ein Gefäß, aus dessen Hals zwei Schlangen emporsteigen, einen Löwen, fliegende Vögel und einen hockenden Menschen vor einem Gefäß mit seitlich herabhängenden Getreidehalmen.
Nach dem Siegeln wurde die Tafel mit Zahlen „beschrieben". Sie erhielt Gruppen von vier bzw. drei länglichen Eindrücken und einen senkrechten Einstich, alle mit einem Griffel aus Rohr oder Holz angebracht. Diese älteste Stufe der mesopotamischen Schrift kennt nur solche Zahlzeichen. Ihr Wert ergab sich aus der Anzahl der Eindrücke und deren Form, bzw. aus der Stärke des verwandten Griffels. Hier ist also eine bestimmte Anzahl von Objekten unbekannter Art aus dem Eigentum eines Mannes gemeint, der durch das abgerollte Siegel identifiziert werden konnte. Erst später wurden die Objekte selbst durch bestimmte, gelegentlich bildhafte Zeichen, genauer angegeben. Zur Zeit der Stadt Habuba Kabira-Süd war die Entwicklung zu einer solchen ausgeprägten Schrift jedoch noch nicht vollzogen. E. S.

22

Abb. 11 Rekonstruierte Siegelabrollung aus Habuba Kabira-Süd

23 Gesiegelte Tontafel

Djabal Aruda
3500–3300 v. Chr.
Gebrannter Ton, stellenweise schwarz geschmaucht
Größe: 9,2 x 8 x 2,8 cm
Aleppo [JA'DD 370-3 (24)]
Lit.: Antiquités de l'Euphrate 82 oben rechts.

23

24

Auch diese Tontafel ist zuerst gesiegelt und dann beschrieben worden. Beide Seiten und alle Kanten sind dicht mit Abrollungen bedeckt. Dargestellt ist eine Reihe von Rindern und Bogenhornziegen. Zwischen und über ihnen füllen Gefäße sowie am Stiel verschlungene Getreidehalme den freien Raum. Der Schreiber hat drei unterschiedlich starke Griffel verwendet, die er senkrecht – den mittelgroßen auch schräg – in den Ton eindrückte, um so die Wertigkeit der Zahlen zu bezeichnen. Dieses Schreibsystem war gewiß in einem ausgedehnten geographischen Raum bekannt und einheitlich geregelt, denn es diente zur Verständigung der Handelspartner auf weite Distanzen, möglicherweise über Sprachgrenzen hinweg. E. S.

24 Gesiegelter Tonball

Habuba Kabira-Süd
3500–3300 v. Chr.
Ungebrannter Ton
Durchmesser: 6,3 cm
Aleppo [M II: 33]
Lit.: E. Töpperwein: MDOG 105 (1973) 26 f. Abb. 5.

Diese innen hohle Tonkugel diente als Begleitdokument bei einer Warenlieferung. Die Art der Ware ist durch kleine Tonsymbole in ihrem Innern bezeichnet. Ihre Form bedeutet z. B. „Öl" – wie vermutlich in unserm Falle. Die Menge der Ölbehälter entspricht der Anzahl der Symbole. Damit der Überbringer nichts von der transportierten Ware unbemerkt unterschlagen konnte, wurde eine Kugel aus Ton um die Symbole geformt und diese dicht mit Abrollungen bedeckt, welche der Absender mit seinem Siegel anbrachte. Danach drückte er auch die gleiche Anzahl der Symbole in

Abb. 12 Rekonstruierte Siegelabrollung aus Habuba Kabira-Süd

die noch weiche Oberfläche. Wenn nun der Empfänger die Ware mit diesem Begleitdokument erhielt, konnte er auf den ersten Blick die Anzahl und Art der Ware sowie den Absender überprüfen. Traten jedoch Zweifel an der Ehrlichkeit des Überbringers auf – er hätte ja Veränderungen an der Außenwand des Tonballes vornehmen können –, so wurde dieser geöffnet und heraus kam die korrekte Menge

Kat.-Nr. 29. 35 (s. S. 42. 49 f.) ▷

der Tonsymbole. Ebenso wie das Zahlensystem der Tontafel war auch die Bedeutung dieser Symbole über den weiten Verkehrsraum des damaligen Handels bekannt.
Eine gekrümmte Oberfläche bietet keine gute Grundlage für die Abrollung eines Siegels. Daher ist in diesem Fall dessen Darstellung nur ganz unvollkommen zu ermitteln (Abb. 12). Zu erkennen ist ein Gefäß mit seitlich herabhängenden Getreidehalmen und eine aufgerichtete Ziege.

E. S.

25 Gesiegelte Tonbulle

Habuba Kabira-Süd
3500–3300 v. Chr.
Ungebrannter Ton
Länge: 7,5 cm
Aleppo [M II: 140]
Lit.: E. Strommenger, Habuba Kabira Abb. 57.

Bestimmte Waren wurden vor fremdem Zugriff ähnlich wie unsere Wertpakete gesichert. Dabei modellierte man um den Knoten einer Verschnürung einen länglichen Tonklumpen, den der Absender siegelte und gelegentlich auch noch mit einer Zahlenangabe versah. Wer unberechtigt den Knoten auflöste, konnte ohne das Siegel den ursprünglichen Zustand der Verpackung nicht wiederherstellen.
In den Häusern von Habuba Kabira-Süd fanden sich viele solche Bullen, die hier beim Empfang von Gütern aufgebrochen worden waren und dann in den Abfall gerieten. Dieses erste Beispiel ist genau in der Längsachse gebrochen, so daß man auf der Innenseite den Abdruck der Schnüre und des Knotens deutlich erkennen kann.

25

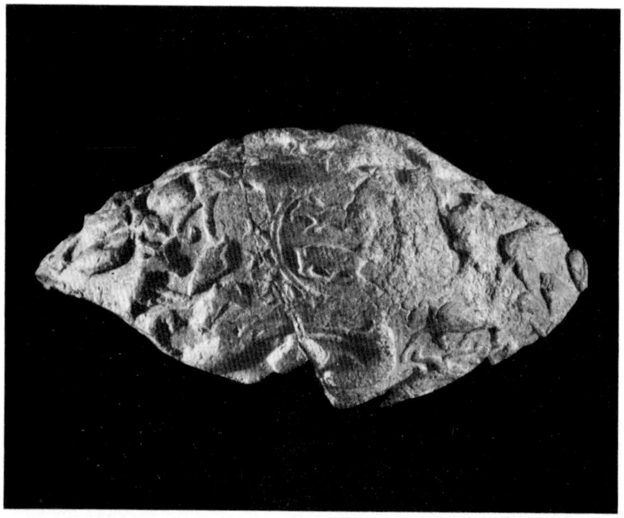

Abb. 13 Rekonstruierte Siegelabrollung aus Habuba Kabira-Süd

Das nicht ganz vollständig zu rekonstruierende Siegelbild (Abb. 13) zeigt zwei liegende Tiere in einer runden Umzäunung, während andere Mitglieder der Herde im umgebenden Feld weiden. Zwischen ihnen hockt ein Mensch, der mit einem Gefäß hantiert. Vielleicht verarbeitet er Milchprodukte.

E. S.

26 Gesiegelte Tonbulle

Habuba Kabira-Süd
3500–3300 v. Chr.
Ungebrannter Ton
Länge: 8,1 cm
Aleppo [M II: 139]
Lit.: E. Töpperwein: MDOG 105 (1973) 30 f. Abb. 8.

Diese ziemlich vollständig erhaltene Bulle trägt die Abrollung eines Siegels von hoher künstlerischer und handwerklicher Qualität (Abb. 14). Zwei Ziegen sind Rücken an Rükken aufgerichtet, wobei ihre Schwänze in ein Schlangenmuster übergehen. Unter ihnen steht ein Gefäß. Neben dieser

26

27

Gruppe liegen zwei Löwen; im freien Raum dazwischen steht ein Raubvogel.
Die Komposition solcher hervorragend geschnittenen Siegel bevorzugt gelegentlich eine symmetrische Ordnung von Gruppen und stets eine gleichmäßige Verteilung der Dekorelemente über die Bildfläche.
Anders als bei den übrigen Bullen aus Habuba Kabira-Süd ist hier auch die unverzierte Grundfläche des Siegelzylinders einmal abgedrückt. Dadurch entstand eine glatte Eintiefung mit kreisförmigem Umriß. E.S.

Abb. 14 Rekonstruierte Siegelabrollung aus Habuba Kabira-Süd

27 Gesiegelte Tonbulle

Habuba Kabira-Süd
3500–3300 v. Chr.
Ungebrannter Ton
Länge: 6,5 cm
Aleppo [M II: 138]
Lit.: E. Töpperwein: MDOG 105 (1973) 27 ff. Abb. 7.

Die einzige unbeschädigte Bulle aus Habuba Kabira-Süd ist mit Abrollungen eines besonders schön geschnittenen

Abb. 15 Rekonstruierte Siegelabrollung aus Habuba Kabira-Süd

Kat.-Nr. 54 (s. S. 66 f.)

Kat.-Nr. 57 (s. S. 68)

◁ Kat.-Nr. 36–39 (s. S. 51 f.)

Kat.-Nr. 56
(s. S. 67 f.)

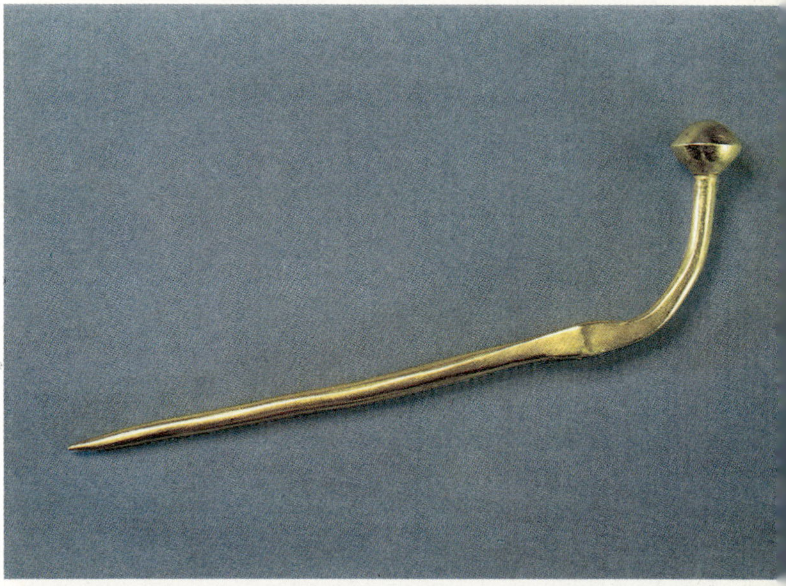

Kat.-Nr. 58
(s. S. 68)

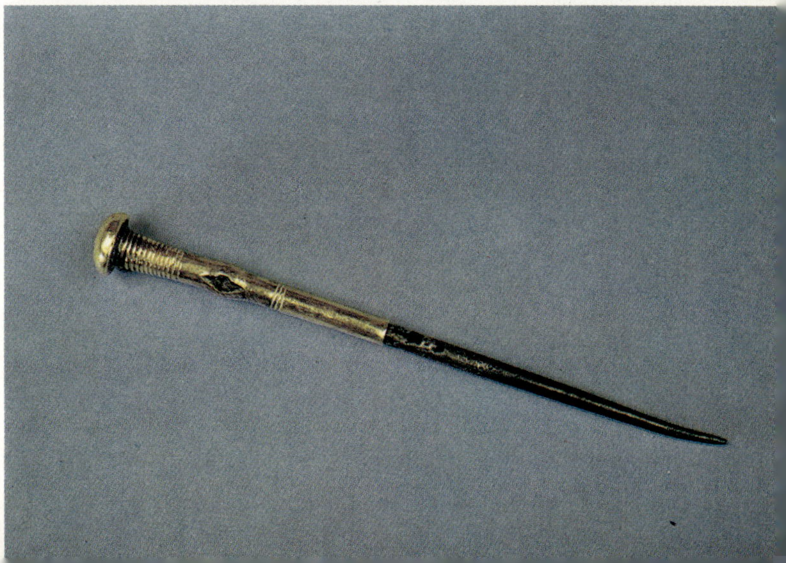

Kat.-Nr. 59
(s. S. 69 f.)

◁ Kat.-Nr. 55 (s. S. 67)

31 Kleine Flasche

Qannas
3500–3300 v. Chr.
Alabaster
Höhe: 13,4 cm; größter Durchmesser: 6 cm
Aleppo [TK 74/1269]

Aus dem gleichen durchscheinenden Alabaster wie das vorherige Gefäß besteht auch dieses Fläschchen. Seine Außenfläche ist fein geglättet, im Innern erkennt man noch die längs verlaufenden Spuren eines Schnitzmessers. Einige Scherben der Wandung fehlen, und der Fuß ist abgebrochen. Auch diese Form ist unter den damaligen Töpfereiprodukten sehr häufig belegt. E. S.

31

32 Achtösengefäß mit Stempeldekor

Habuba Kabira-Süd
3500–3300 v. Chr.
Keramik
Höhe: 34 cm
Aleppo [M V: 6.10]

Zu den hervorragenden Erzeugnissen der Töpferei von Habuba Kabira-Süd gehört dieses leider nicht ganz vollständig erhaltene Gefäß. Plastische Bänder führen paarweise vom Boden zur Schulter. Sie sind durch Kerben als Schnüre gekennzeichnet und enden oben jeweils mit einer Öse. Es scheint so, als wäre hier eine Tragvorrichtung aus Kordeln nachgeformt, die unterhalb des Halses zusammengezogen werden konnte. Die großen Flächen zwischen den Schnurpaaren sind vor dem Brand gleichmäßig durch Abdrücke rautenförmiger Stempel verziert worden. Dabei verwendete man Stempel mit und ohne Innenzeichnung. Eine Reihe eingeritzter Dreiecke auf der Schulter verbindet die Ösen miteinander. E. S.

33 Ringförmige Kanne für Trankopfer

Qannas
3500–3300 v. Chr.
Keramik
Höhe: 44 cm; größter Durchmesser: 33 cm
Aleppo [TK 74/1207]

Tongeschirr wurde meist in Serien hergestellt, so daß jeder Typus in großer Zahl vorhanden war. Gelegentlich entstanden jedoch Sonderformen, die nur eine einzige Werkstatt oder gar eine Person produzierte. Hierzu gehören zum Beispiel auch die Katalognummern 32 bis 34.
Unsere merkwürdig geformte Kanne war gewiß nicht für den gewöhnlichen Hausgebrauch bestimmt; eher diente sie bei kultischen Zeremonien zum Darbringen von Trankopfern. Dem entspricht ihre Fundstelle im Kult- und

32 ▷

Verwaltungszentrum der Stadt. Bei ihrer Herstellung hatte der Töpfer zunächst einen breiten Tonstreifen geformt, den er dann zu einer Röhre und diese wieder zu einem Ring umbog. Die Stoßkanten wurden verstrichen, unten befestigte er einen hohen Standfuß und oben an zwei in den Ring eingedrückten Löchern einen Einguß und eine Ausgußtülle. Schließlich wurde die gesamte Oberfläche mit Hilfe eines spachtelartigen Instrumentes geglättet. E. S.

34 Kanne für Trankopfer in Gestalt eines Igels

Djabal Aruda
3500–3300 v. Chr.
Keramik
Höhe: 24 cm; Länge: 28 cm
Aleppo [JA'DD 300 (34)]
Lit.: Antiquités de l'Euphrate 83 Abb. unten.

Auch dieses Gefäß wurde nur bei besonderen, wohl kultischen Anlässen verwendet. Seine Igelgestalt hat es mit dem weit älteren Behälter Nr. 9 aus Buqras gemeinsam und damit gewiß auch die symbolische, vermutlich übelabwehrende Kraft.
Der eiförmige Tierkörper ist auf der Scheibe gedreht worden. Dabei erhielt die Oberfläche einen schrägen, streifig ausgewischten Tonüberzug. Anschließend schloß man an der Schnauzenpartie die Öffnung und fügte Augen, Ohren, den Halsansatz des Stachelkleides und die kurzen Beine an. Auf dem Rücken wurden Öffnungen in den Körper gedrückt und hier dann ein Einguß und eine Tülle aufmodelliert, beides vorgefertigte Teile. Schon im Altertum wurde das Gefäß beschädigt. Es verlor ein Bein und die Spitze der Tülle. Die Bruchstellen tauchte man in Asphalt, um mit Hilfe dieses bewährten Klebstoffes die abgebrochenen Fragmente wieder anzufügen. Diese antike Restaurierungsmaßnahme spricht auch für einen gewissen Wert des Gefäßes. E. S.

◁ Kat.-Nr. 61 (s. S. 70)

33

35 Randverkleidung eines Tempelpodestes

(Abb. s. Farbtaf. S. 37)

Braq, im obersten „Augen-Tempel"
3500–3300 v. Chr.
Gold, Silber, Kupfer, bituminöser Kalkstein, weißer Marmor, grüner Schiefer
Höhe: 12,3 cm; Länge: 1,25 m
Aleppo [G. 564]
Lit.: M. E. L. Mallowan: Iraq 9 (1947) 93 f. Taf. III. IV. L.

Dieser aus verschiedenen Materialien zusammengesetzte Fries ist ein Beispiel frühgeschichtlicher Innenarchitektur. Er schmückte einst als oberer Abschluß den Altar eines Gotteshauses (vgl. S. 33 f.). Die einzelnen Elemente waren auf Holz montiert, wovon jedoch bei der Ausgrabung keine

34

Reste mehr gefunden werden konnten. Die obere und untere Begrenzung bildete eine Leiste, welche mit Goldfolie beschlagen waren. Dazu hatte man Nägel mit silbernen Stiften und goldenen Köpfen verwendet. Die farbigen Steinbänder sind aus rechteckigen Plättchen zusammengesetzt und auf der Rückseite so angebohrt, daß hier ein Kupferdraht durchgefädelt werden konnte. Mit ihm waren die Elemente auf dem hölzernen Untergrund befestigt. Der Fries war nicht bloße Dekoration; er gibt vielmehr eine Fassadengliederung wieder, wie sie damals bei öffentlichen Bauten – insbesondere Tempeln – üblich war. Diese hatten häufig unterhalb des Daches einen Mosaikstreifen aus Tonstiften mit schwarz gefärbten, in der Mitte eingetieften Köpfen, darunter dann eine Gliederung des Mauerwerks durch Vor- und Rücksprünge. Diese „Nischenarchitektur" wird allerdings durch das geriefelte Band aus grünem Schiefer nur unvollkommen dargestellt.
Die Verwendung verschiedenfarbiger Materialien an einem Objekt war in Altvorderasien sehr beliebt, ganz besonders jedoch im Bereich der ersten Schriftkultur von Frühsumer und Frühelam, zu dem auch dieses sehr kennzeichnende Werk gehört. E. S.

36 Stempelamulett in Gestalt einer Gazelle

(Abb. s. Farbtaf. S. 40)

Braq, unterhalb des „Grauen Tempels"
3500–3300 v. Chr.
Knochen
Höhe: 1,8 cm; Länge: 3,4 cm
Aleppo [G. 1]
Lit.: M. E. L. Mallowan: Iraq 9 (1947) 103 Taf. XI 3. XLVI 4.

Der Stempel ist die älteste Form des Siegels in Vorderasien. Nach der Erfindung des Rollsiegels wurde er bald und auf lange Zeit weitgehend von diesem verdrängt. Der Grund hierfür ist uns nicht ersichtlich. Tiergestaltige Stempel wie Nr. 36 bis 39 sind zumeist gleichzeitig mit den ältesten Rollsiegeln. Sie dienten nicht nur als Eigentumsmarken, sondern auch als Amulette auf Grund symbolischer Kräfte, die den jeweils nachgeformtem Tieren zugeschrieben wurden.
Unter der Fülle frühgeschichtlicher Stempelamulette in Tiergestalt ist dieses Beispiel wohl das schönste der bisher bekannten. Die kennzeichnenden Körperformen einer Gazelle und ihrer ruhenden Gestalt wurden trotz der Kleinheit so überzeugend wiedergegeben, daß die Figur auch bei einer extremen Vergrößerung nicht an Reiz verliert.
In die flache Rückseite sind liegende Tiere derselben Art eingeschnitten, allerdings recht grob und ohne feinere Innenzeichnung (Abb. 16). Gewiß wurde diese minderwertige Arbeit nicht von demselben Meister ausgeführt wie der gazellenförmige Stempelkörper. Wohl erst, als ein Kunde das Stück erwarb, versah ein weniger fähiger Handwerker die Stempelfläche mit dem gewünschten Motiv. Dessen Ausführung mußte ja etwas Einmaliges sein, da der Stempelabdruck als Persönlichkeitszeichen den Wert einer Unterschrift besaß und nicht mehrfach vorkommen durfte. Zum Aufhängen des Siegels diente eine senkrechte Durchbohrung. So konnte sein Inhaber es an einer Schnur ständig bei sich tragen. E. S.

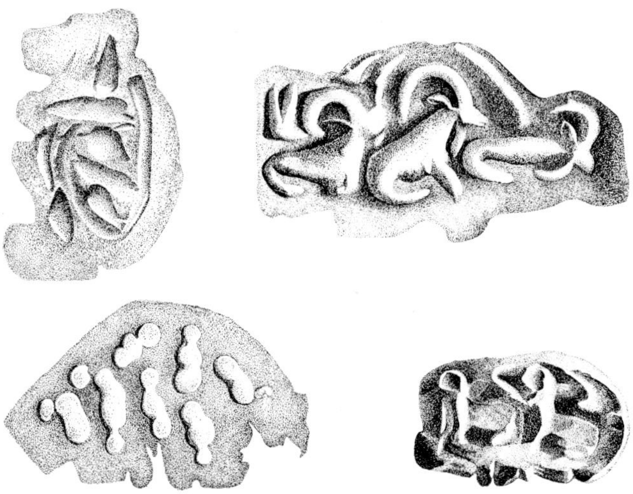

Abb. 16 Stempelseiten von Amuletten aus Braq

37 Stempelamulett in Gestalt eines Bären

(Abb. s. Farbtaf. S. 40)

Braq, Schicht des „Grauen Tempels"
3500–3300 v. Chr.
Rotbrauner Stein
Höhe: 3 cm; Breite: 2 cm
Aleppo [G. 41]
Lit.: M. E. L. Mallowan: Iraq 9 (1947) 103 Taf. XI 2. XLV 2.

Auch diese Tierfigur ist von hoher Qualität, allerdings nicht von gleicher Meisterschaft wie die vorherige. Die Siegelfläche trägt nur einige unregelmäßige Eintiefungen (Abb. 16). E. S.

38 Stempelamulett in Gestalt eines Raubvogels

(Abb. s. Farbtaf. S. 40)

Braq, Schicht des „Grauen Tempels"
3500–3300 v. Chr.
Schwarzer Serpentin
Höhe: 3,1 cm; Länge: 5,8 cm
Aleppo [F. 692]
Lit.: M. E. L. Mallowan: Iraq 9 (1947) 98 Taf. VIII 1. XLV 5.

Dieses ungewöhnlich große Siegel ist verhältnismäßig grob gearbeitet. Die Flügel- und Schwanzpartien des ruhenden Vogels sind durch markante Absätze umrissen, die Federn durch Kerben nur angedeutet. Der Augapfel war einst aus einem farbigen Material eingelegt. Er ist aus der Einlaßleere herausgefallen. Auch die Schnabelspitze fehlt.
Auf der Stempelfläche erkennt man drei liegende Bogenhornziegen. Über ihnen schweben schlangenartige Muster (Abb. 16). Qualitativ entspricht diese Ausarbeitung etwa jener des schönen Siegels Nr. 36. Allerdings leidet die Komposition unter Platzmangel. Die vorderste Ziege paßt nur unvollkommen auf die sich am Kopf verschmälernde Fläche. Auch dieses Siegel ist senkrecht zum Aufhängen durchbohrt. E. S.

39 Stempelamulett in Gestalt eines Adlers

(Abb. s. Farbtaf. S. 40)

Braq
3500–3300 v. Chr.
Weißer Stein
Höhe: 2,5 cm; Länge: 4,3 cm
Aleppo [G. 47]
Lit.: M. E. L. Mallowan: Iraq 9 (1947) 98 Taf. VIII 4.

Ein Raubvogel kann auch ganz anders dargestellt werden als der vorherige, wobei seine körperlichen Eigentümlichkeiten wesentlich überzeugender zum Ausdruck kommen. Die Schnabelspitze ist abgebrochen, und die Augeneinlagen sind verloren gegangen. Die fein und glänzend geglättete Oberfläche hat durch die Jahrtausende kaum gelitten. Der Adler als starkes und mutiges Tier wurde gewiß als übelabwehrendes Symbol betrachtet.
Ganz einfache Gruppen von Kugelbohrungen sind auf der Stempelfläche angebracht (Abb. 16). Wie die vorhergehenden ist auch dieses Siegel senkrecht durchbohrt. E. S.

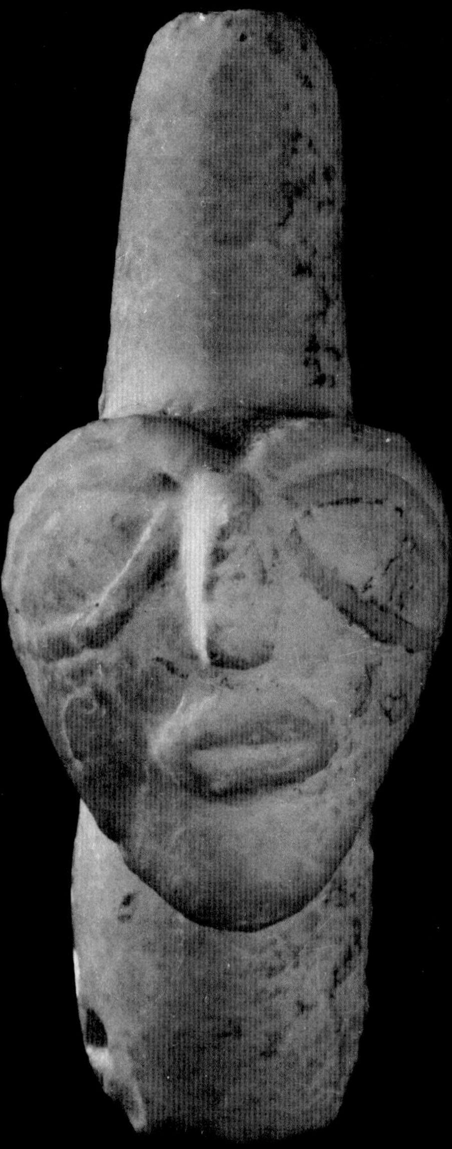

◁ 40 Maskenartiger Menschenkopf von einer Kultstandarte (?)

Braq, Schicht des „Grauen Tempels"
3500–3300 v. Chr.
Weißer Alabaster
Höhe: 9,2 cm; Breite: 3,7 cm; Tiefe: 3,4 cm
Aleppo [G. 445]
Lit.: M. E. L. Mallowan: Iraq 9 (1947) 92 f. Taf. II 3.

Dieses schematisierte, großäugige Menschengesicht gehörte mit einigen ähnlichen Stücken wahrscheinlich einst zum Inventar des nicht ausgegrabenen „Grauen Tempels". Damit ist jedoch die Funktion dieser einzigartigen Bildwerke nicht geklärt. Sie mögen Gegenstand der Verehrung oder Weihgaben an die Gottheit gewesen sein. Alle sind auf der Rückseite in der Art einer tiefen Rinne senkrecht ausgehöhlt, um sie hier an einem Holzstab zu befestigen. Je zwei Löcher am Hals und oberhalb des Gesichtes dienten dabei zur sicheren Fixierung mit Hilfe von Draht oder Nägeln. Somit möchte man diese Masken am ehesten als Aufsätze von Standarten erklären. Derartige Kultgeräte sind gelegentlich paarweise im 2. Jahrtausend v. Chr. auf syrischen Rollsiegeln dargestellt worden. E. S.

41–43

41–43 Drei „Augenidole“

Braq, Schicht des „Grauen Tempels“
3500–3300 v. Chr.
Weißer Alabaster
Höhe: 8,1/4,8/4,5 cm; Tiefe: 0,5–0,6 cm
Aleppo 2121, 2122, 2103
Lit.: M. E. L. Mallowan: Iraq 9 (1947) 150 ff. Taf. XXV. XXVI. LI.

In der Terrasse des „Augentempels“ von Braq wurden mehr als dreihundert solcher merkwürdig schematisierter Figürchen gefunden, dazu viele tausende von Fragmenten. Sie sind zumeist aus Alabaster geschnitzt und sollen Menschen darstellen. Allerdings werden nur die Schultern, der Hals und die Augen wiedergegeben. Neben Einzelpersonen gibt es Paare und Gruppen von Mutter und Kind.
Dieser merkwürdige Fund ist in der Wissenschaft breit diskutiert worden. Ausgehend von der Hervorhebung der Augen verband man die Figürchen mit der Magie um den „Bösen Blick“ und sah in ihnen übelabwehrende Amulette. Der Ausgräber selbst hielt sie für Symbole einer bestimmten Gottheit. Obgleich es noch keine allgemein anerkannte Erklärung gibt, deutet doch die Tatsache, daß solche „Augenidole“ bisher nirgendwo anders gefunden wurden, auf ihre enge Verbindung mit der in Braq verehrten Gottheit hin. Angesichts ihrer großen Menge würde man am ehesten an Weihgaben von Betern denken. E. S.

lebende Vorbild nicht unbekannt war, denn selbst bei stark stilisierten Darstellungen zeigen Proportionen und Linienführung die kennzeichnenden Merkmale dieses Tieres. Unser Ausstellungsstück gehört zu den besten Bärendarstellungen aus Braq. Die Oberfläche war ursprünglich fein poliert, hat dann jedoch unter Verwitterung gelitten.

E. S.

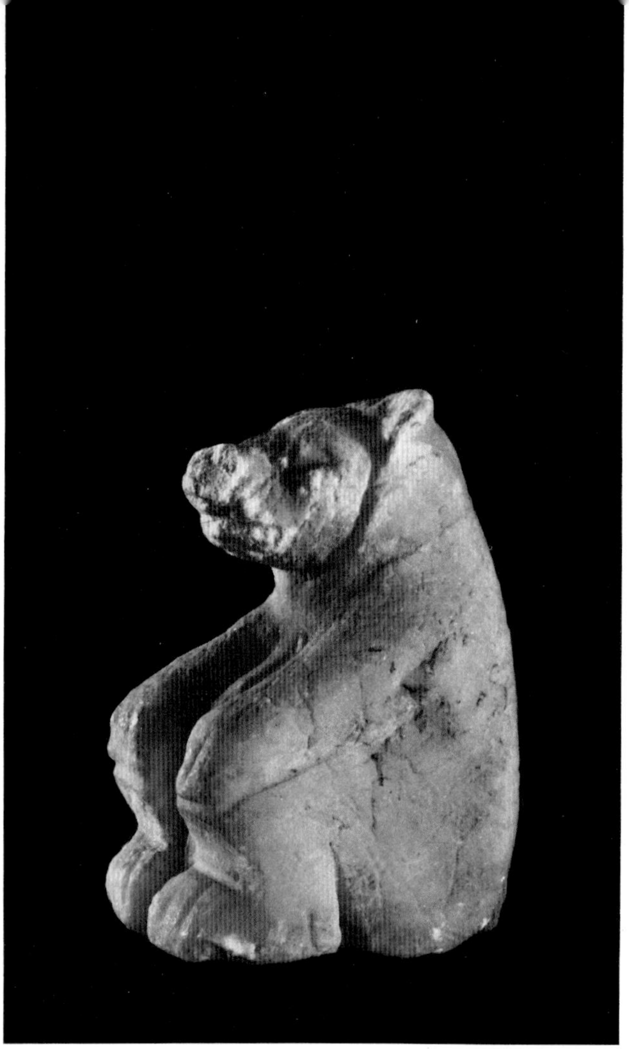

44

44 Figur eines Bären

Braq
3500–3300 v. Chr.
Weißer Alabaster
Höhe: 4,8 cm; Breite: 2,2 cm
Aleppo [G. 409]
Lit.: M. E. L. Mallowan: Iraq 9 (1947) 212 Taf. LII 23.

Darstellungen sitzender Bären wurden im Bereich des „Augentempels“ von Braq in größerer Zahl gefunden. Der Ausgräber Mallowan führt dies auf die Nähe des natürlichen Lebensraumes dieser Tiergattung zurück. In der Tat gewinnt man den Eindruck, daß den Bildhauern das

45 Figur eines Löwen

Braq, Schicht des „Grauen Tempels“
3500–3300 v. Chr.
Weißer Alabaster
Höhe: 5,7 cm; Länge: 9 cm
Aleppo [G. 433]
Lit.: M. E. L. Mallowan: Iraq 9 (1947) 101 Taf. IX 6. LII 18.

Typisch für die frühgeschichtliche Bildhauerei sind die sehr lebensnahen Löwenskulpturen, zu denen auch diese gehört. In Mesopotamien wie in Ägypten galt der Löwe als „königliches Tier“. Auch in Braq wurde er nicht selten dargestellt. Noch bis in unser Jahrhundert lebte der Löwe in Mesopotamien, so daß er den Bewohnern durch eigenen Augenschein bekannt war.

E. S.

45

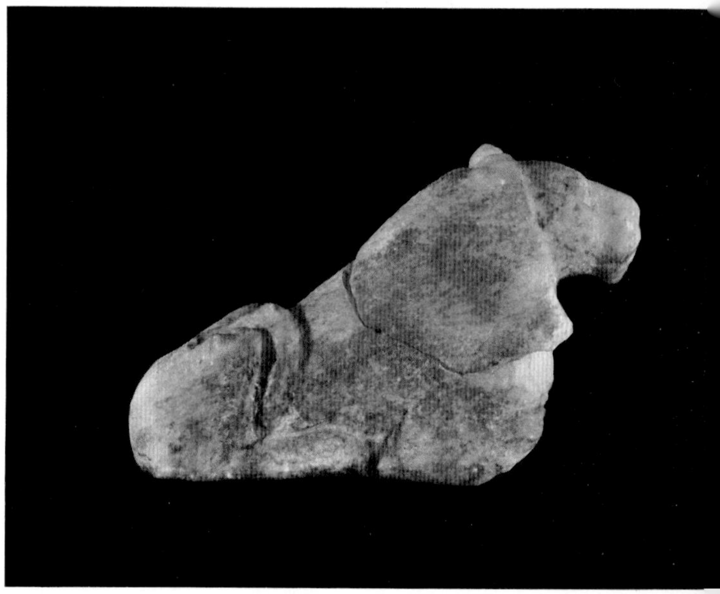

46

46 Amulett in Gestalt eines Frosches

Braq, Schicht des „Grauen Tempels"
3500–3300 v. Chr.
Weißer Alabaster
Höhe: 2,3 cm; Länge: 4,6 cm; Breite: 4 cm
Aleppo [F. 683]
Lit.: M. E. L. Mallowan: Iraq 9 (1947) 100 Taf. IX 3.

Noch häufiger als der Bär ist der Frosch unter den Tierfiguren in Braq vertreten. Unser Beispiel ist am Hinterleib quer durchbohrt, so daß es als Amulett getragen werden konnte. Solche Weihgaben kennen wir auch aus anderen Tempeln Altvorderasiens. Der Frosch gilt allgemein als Symbol der Fruchtbarkeit und mag als solches von den Gläubigen in Braq gestiftet worden sein. Auch in diesem Fall ist die Tiergestalt in ihren Grundformen sehr genau nachgebildet. Spuren von Farbe in der linken Augenhöhle sind Reste des Augapfels. E. S.

47 Amulett in Gestalt eines Igels

Braq, Schicht des „Grauen Tempels"
3500–3300 v. Chr.
Weißer Alabaster
Höhe: 1,2 cm; Länge: 3,2 cm
Aleppo [F. 658]
Lit.: M. E. L. Mallowan: Iraq 9 (1947) 101 f. Taf. X 2.

Die verhältnismäßig zahlreichen Igelidole, die in Braq gefunden wurden, sind alle recht klein. Ausbohrungen auf dem Rücken unseres Exemplares sollen wohl die Stacheln andeuten. Vielleicht waren sie ursprünglich mit farbigem Material ausgefüllt. Als Tier mit einem besonderen Symbolgehalt ist uns der Igel bereits zweimal (Nr. 9 und 34) als Gefäß begegnet. E. S.

47

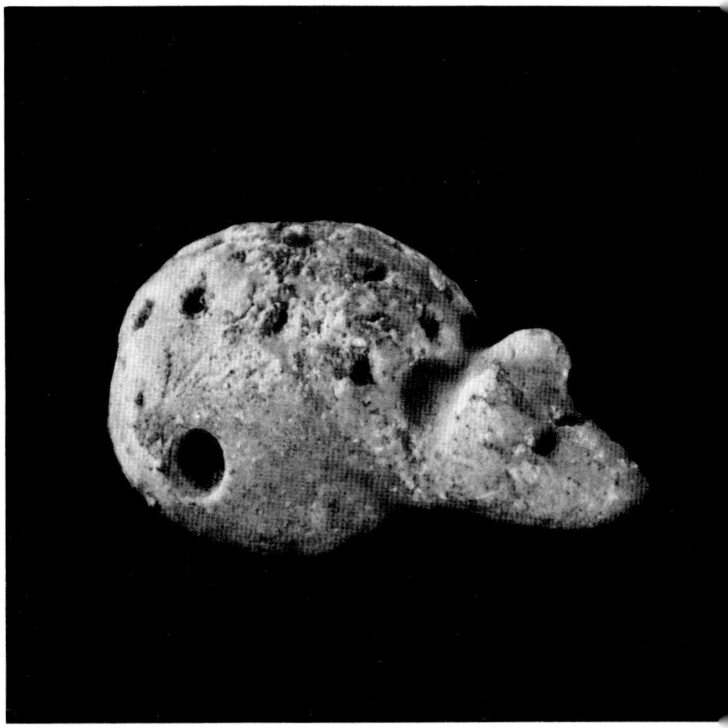

Frühdynastische Zeit

Den folgenden Zeitabschnitt bezeichnen wir als „frühdynastisch". Es ist die Zeit, in der im Zweistromland – und vermutlich ganz ähnlich auch in Syrien – größere Städte mit ihrem Umland Herrschaftsgebiete bildeten, die miteinander rivalisierten. Jede der Städte war einer bestimmten Stadtgottheit zugeordnet. Der Einfluß ihrer Priester begründete sich auch wirtschaftlich durch Landeigentum, das der politische Herrscher zu respektieren hatte.
Bis zum Jahre 1974 – der Entdeckung der Archive von Tall Mardich/Ebla – hatten wir über die historischen Verhältnisse dieses Zeitabschnitts in Syrien nur eine sehr geringe Kenntnis.
In der sumerischen Königsliste, die eine Abfolge von Dynastien seit jener Zeit „als die Königsherrschaft vom Himmel herabkam" aufzählt, sind auch sechs Könige überliefert, die als zehnte Dynastie „nach der Flut" im mitteleuphratischen Mari regiert haben sollen. Ihre Namen sind zumeist nur bruchstückhaft erhalten. Eben aus dieser Stadt stammten auch die wenigen einheimischen frühdynastischen Schriftzeugnisse, mit den semitischen Namen einiger Könige und hoher Würdenträger. Es sind Weihinschriften, fast ausschließlich auf Statuen, die verschiedenen Gottheiten der Stadt gewidmet waren.
Zum anderen kannten wir die stolze Behauptung des Königs Lugalzagesi aus der südmesopotamischen Stadt Umma (um 2490 v. Chr.), Enlil, der Hauptgott des sumerischen Pantheons, habe zu ihm alle Länder vom „Unteren Meer" (dem Persischen Golf) entlang des Tigris und des Euphrat bis zum „Oberen Meer (dem Mittelmeer) gehen lassen". Dieser Herrscher hatte in Südmesopotamien jenseits der Grenzen seines Stadtstaates die Macht über weitere Städte gewonnen. Auf Nordsyrien hat er seine Herrschaft jedoch gewiß nicht ausgedehnt. Die genannte Inschrift weist eher auf einen Beutezug euphrataufwärts, wahrscheinlicher aber nur auf Handelsbeziehungen hin. Von einem Zeitgenossen des Lugalzagesi haben wir den ältesten Beleg für den Import von Bauholz aus dem am „Oberen Meer" gelegenen Amanus-Gebirge. Derselbe programmatische Anspruch auf Nordsyrien wird in der Selbstdarstellung mancher späterer mesopotamischer Herrscher wieder aufgenommen, sei es zur Rechtfertigung von Raubzügen oder zur Sicherung der für Südmesopotamien lebenswichtigen Handelsrouten zum Mittelmeer und nach Anatolien. Möglicherweise spiegelt sich bei Lugalzagesi noch die überkommene Kenntnis der Verhältnisse in frühgeschichtlicher Zeit wieder, als sich für eine kurze Zeit eine einheitliche Kultur über Südmesopotamien hinaus an den Fernhandelswegen entlang bis nach Anatolien erstreckte.
Welch bedeutende Rolle die bereits erwähnte Stadt Mari für den Süden spielte, zeigt die Tatsache, daß ihre Herrscher Eingang in die sumerische Königsliste fanden. Sie kontrollierte den Euphrathandel und bildete einen Knotenpunkt zwischen den Rohstofflieferanten Westsyrien und Anatolien einerseits und den Bergländern im Nordosten andererseits.
Durch die Textfunde in Ebla, südlich von Aleppo gelegen, wird offensichtlich, welchen begehrenswerten Machtfaktor Mari auch für die mittelsyrische Region spielte: um sich die Kontrolle über den Flußhandel und damit auch die Gewinne aus den Zöllen zu verschaffen, eroberte ein eblaitischer General nicht nur den am Euphratknie gelegenen Umschlagplatz Emar, sondern zog auch gegen Mari. Es gelang ihm, den König von Mari, Iblul-Il (siehe Nr. 66) zu schlagen und sich selbst zum Herrscher über die Stadt zu erheben. Damit war – zumindest für kurze Zeit – der gesamte West-Ost-Handel unter die Kontrolle Eblas geraten, das ohnehin vom Güteraustausch mit Anatolien und Palästina/Ägypten profitierte.
Die genannten Archive von Ebla umfassen Verwaltungs- und Wirtschaftstexte, sowie solche historischen und juristischen, literarischen und lexikalischen Inhalts. Nur wenige konnten bisher veröffentlicht werden; in absehbarer Zeit wird erheblich mehr über die politischen und gesellschaftlichen Verhältnisse Syriens – wenn auch aus der einseitigen Sicht einer bestimmten Stadt – zu sagen sein. Einige der dadurch bedingten Verzerrungen werden sich korrigieren lassen, denn auch in Mari mehren sich inzwischen die Funde frühdynastischer Tontafeln.
Die Tafeln aus Ebla bestätigen die schon an den Inschriften von Mari gewonnene Erkenntnis, daß die seßhafte semitische Bevölkerung, genauer gesagt: ihre Schreiber, das Schriftsystem von den Sumerern übernommen und der eigenen Sprache angepaßt haben. Ihr künstlerisches Schaffen zeigt eine weitgehende Übereinstimmung mit dem in mittel- und südmesopotamischen Städten. So bewegen sich die ausgestellten Rollsiegel, Einlegearbeiten und Bildhauerwerke inhaltlich wie in ihrer Formgebung völlig im Rahmen der von Sumerern wie Semiten geprägten mesopotamischen Kultur dieses Zeitabschnitts.
Hervorgehoben sei eine Gattung, deren künstlerische Entwicklung in der frühdynastischen Zeit einen Höhepunkt fand: das rundplastische Menschenbild (Nr. 61–65). Seine formale und inhaltliche Wandlung führt schließlich zur abendländischen Kunst. Den vorgeschichtlichen Beginn haben wir bei den Figurinen aus Buqras kennengelernt (Nr. 5. 6). Sie waren geprägt von einer durchaus naturalistischen Körperhaltung und sollten bestimmte Vorstellungen vermitteln (Fruchtbarkeit durch eine starke Betonung der Brüste und der Scham). Zusammen mit einer zweiten, andersartigen Entwicklungslinie, der Beschränkung auf die weitgehend unwirkliche Formgebung eines Idols, kam es zur Herausbildung einer strengen Regeln folgenden Darstellungsweise des stehenden Menschen. Die Bildwerke

sind starr auf die Ansicht von vorn angelegt. Jede Bewegung oder Drehung des Körpers ist ausgeschlossen. Im Gegensatz zur frühgeschichtlichen Zeit, aus der nur wenige Figuren erhalten sind, kennen wir aus einer Anzahl frühdynastischer Orte Mesopotamiens neben kleineren auch recht große Standbilder, die meist Würdenträger darstellen.
Um 2470 v. Chr. riß in Nordbabylonien ein semitischer Mundschenk im Dienst des Königs von Kisch die Macht an sich. Er wurde Scharrum-kin („wahrer König") genannt. Von seiner neuen Hauptstadt aus zog er gegen Lugalzagesi und dessen Verbündete und eroberte den gesamten Süden. Sein Ziel war es offenbar, den Import der für Babylonien so notwendigen Rohstoffe (s. S. 30) mit einem Staatsmonopol zu belegen. Dazu sicherte er den Seehandel über den Persischen Golf und wandte sich dann nach Nordsyrien. Holz und wertvolle Metalle lockten ihn, zum „Zedernwald" und den „Bergen mit Edelmetall" am Mittelmeer zu ziehen: Mari und Ebla fielen ihm dabei in die Hände. Es zeigt sich, daß außer dem Beutemachen ein zweites Motiv für ihn bestimmend war: die Sicherung und Kontrolle des Handels nach Westen. „Das Obere und das Untere Meer gab Enlil ihm. Schon vom Unteren Meer an haben Bürger von Akkade die Ensi-schaften (= ‚Statthalterschaften') inne. Mari und Elam vor Scharrum-kin, dem König des Landes stehen sie gewiß."[1] Demnach setzte der Herrscher wohl Vertrauensleute, vermutlich Familienangehörige, an wichtigen Orten ein. Ähnlich sollte auch seine Tochter über ein hohes kultisches Amt den Einfluß des Herrscherhauses stärken.
Wie weit dieses System, das schon im Kerngebiet durch ständige Aufstände erschüttert wurde, im fernen Nordsyrien funktionierte, ist schwer zu sagen. Der Nachfolger des Scharrum-kin, Rimusch verwendet die bekannte Formel, Enlil habe ihm das „Obere" und das „Untere Meer" gegeben. Der vierte Herrscher der Dynastie, Naram-Sin, zog quer durch Syrien und rühmte sich, Ebla zerstört zu haben. Es gibt Hinweise, daß er im Gebiet des mittleren Euphrat und des Chabur den Handel mit den schon von Scharrumkin erprobten Machtinstrumenten zu kontrollieren und zu sichern versuchte: Aus Ziegeln, die mit seinem Namen gestempelt sind, ist ein stark befestigtes Gebäude mit Magazinen in Tall Braq erbaut (s. S. 34). Vermutlich war es Garnison und Karawanserei zugleich. Aus Mari stammen Bronzeschalen, die zwei Töchter des Naram-Sin für das Leben ihres Vaters weihten: dabei bezeichnet sich die eine der beiden als Priesterin des dortigen Sonnengottes Schamasch.
180 Jahre konnte sich die Dynastie von Akkade an der Macht halten. Ihr Reich, aufgebaut auf ständiger militärischer Gegenwart, erhalten durch immer wieder notwendige Eroberung und Unterwerfung, bleibt in der Erinnerung der Nachfahren als glänzend bestehen. Schon der Nachfolger des Naram-Sin mußte am Djabal Bischri gegen Stämme von Nomaden und Halbnomaden, „Amurru" genannt, kämpfen. Sie werden in der folgenden Zeit zur bestimmenden politischen Kraft in Syrien. K. K.

1 Übersetzung nach: H. Hirsch: AfO 20 (1963) 36.

Mari (Tall Hariri)

Lage: 10 km nordwestlich von Abu Kamal, am rechten Euphratufer.
Alter: Beginn der frühdynastischen Zeit (um 3000 v. Chr.) bis Zeit der Seleukiden (312–64 v. Chr.)
Forschungen: Seit 1933 (Louvre, Paris, Centre national de la recherche scientifique).
Veröffentlichungen: Vorberichte: A. Parrot in der Zeitschrift Syria: 16 (1935) 1 ff., 117 ff.; – 17 (1936) 1 ff.; – 18 (1937) 54 ff.; 325 ff.; – 19 (1938) 1 ff.; – 20 (1939) 1 ff.; – 21 (1940) 1 ff.; – 29 (1952) 183 ff.; – 30 (1953) 196 ff.; – 31 (1954) 151 ff.; – 32 (1955) 185 ff.; – 39 (1962) 151 ff.; – 41 (1964) 1 ff.; – 42 (1965) 1 ff.; 197 ff.; – 44 (1967) 1 ff.; – 46 (1969) 191 ff.; – 47 (1970) 225 ff.; – 48 (1971) 253 ff.; – 49 (1972) 281 ff.; – M. Birot: Syria 50 (1973) 1 ff.; – A. Parrot: Syria 52 (1975) 1 ff. und in der Zeitschrift AAAS 1 (1951) 193 ff.; – 2 (1952) 137 ff.; – 3 (1953) 71 ff.; – 4 (1954) 29 ff.; – 11 (1961) 173 ff.; – 14 (1964) 15 ff.; – 15 (1965) 25 ff.; – 16 (1966) 5 ff.; – 17 (1967) 1 ff.; – 19 (1969) 15 ff.; – 20 (1970) 1 ff.; – 22 (1972) 9 ff.; – 23 (1973) 9 ff.; – 25 (1975) 9 ff.; – J.-Cl. Margueron Hrsg., Cahiers de Mari 1 (1980);
Endberichte: A. Parrot, Mission archéologique de Mari I. Série archéologique – I. Le temple d'Ishtar (1956); – II. Le palais, 1. Architecture (1958); – 2. Peintures murales (1958); – 3. Documents et monuments (1959); – III. Les temples d'Ishtarat et de Ninni-zaza (1967); – IV. Le trésor d'Ur (1968);
Veröffentlichungen der Tontafeln in: A. Parrot/G. Dossin (Hrsg.), Mission archéologique de Mari II. Série épigraphique, historique et littéraire, Archiv royales de Mari I. ff. (1950 ff.) und zahlreichen Artikeln;
Zusammenfassend: A. Parrot, Mari – capitale fabuleuse (1974) mit ausführlicher Bibliographie S. 194–206.

Beim Ausschachten eines Grabes stießen Beduinen im August 1933 auf das Körperfragment einer großen Statue. Dieser Zufallsfund, der den französischen Mandatsbehörden gemeldet wurde, steht am Beginn der Erforschung des Tall Hariri. Schon im Verlauf der ersten Grabungskampagne, die noch im Dezember desselben Jahres begonnen wurde, konnte der Hügel identifiziert werden mit einem aus dem mesopotamischen Schrifttum bekannten Ort: ein vollständig erhaltenes Bildnis eines Mannes, das zusammen mit vielen weiteren entdeckt wurde, trug auf seiner Schulter eine Weihinschrift. Sie nennt den Stifter: Lamgi-Mari,

König der Stadt Mari (Nr. 62). Seither sind große Teile des etwa 1000 x 600 m umfassenden Stadtgebiets aufgedeckt worden, mit einer Fülle von Funden.
In die frühdynastische Zeit datiert eine mächtige Stadtmauer im Westen. An sie grenzte eine Anlage, die von drei jüngeren Bauzuständen abgedeckt war: ein Heiligtum, der Ischtar geweiht (s. S. 333) und mit Unterkünften für die Priester versehen. Der jüngste, gewaltsam zerstörte Zustand, die Schicht „a", konnte am vollständigsten freigelegt werden. Zwei Allerheiligste lagen nebeneinander, getrennt durch eine türlose Wand. Bänke und ein Podest bildeten feste Einbauten. Das aufgehende Mauerwerk aus ungebrannten Lehmziegeln war mit Blöcken aus Gipsstein fundamentiert. Hier und im Podest waren bei der Gründung 13 bronzene Bügel und Stifte mit Steintäfelchen zur magischen Festigung niedergelegt worden (Nr. 60). Ein asphaltierter Hof nördlich der beiden Räume gehörte ebenfalls zum Kultbereich: ein Becken für Trankopfer, ein Opfertisch und ein Altar legen Zeugnis der einstigen rituellen Handlungen ab. Östlich schloßen die vermutlich von den Priestern genutzten Räume an.
Der Hof, die Kulträume und ein weiterer Hof südlich von ihnen waren der Fundplatz zahlreicher Objekte, darunter Schmuckstücke und Waffen, Einlagefiguren (in der Art von Nr. 49 und 50), Teile von Steatitgefäßen (Nr. 71) und über 100 Statuetten und -fragmenten. Wir zeigen drei von ihnen: eine Frauenstatuette (Nr. 63), das Sitzbild eines Paares (Nr. 65) und die Statuette des Lamgi-Mari (Nr. 62). Das wohl schönste Bildwerk, das des Tempelintendanten Ebich-Il, befindet sich heute im Louvre.
Eine Anzahl weiterer Heiligtümer war den Göttern der Stadt errichtet. Sie sind zumeist unvollständig ausgegraben. Eines von ihnen, das des Gottes Dagan (s. S. 332) stand nahe eines Lehmziegelmassivs, des „massif rouge", das als Rest einer Hochterrasse, des Vorläufers eines Stufenturms („Zikkurrat") anzusprechen ist.
Die Wohnviertel im Westen und im Zentrum des Stadthügels bestanden aus mehrräumigen Lehmziegelhäusern. Im allgemeinen hatten sie als Mittelpunkt einen Hof, von dem aus die einzelnen Zimmer zu betreten waren.
Wie ein solches Wohnhaus ist auch der Tempel der Ischtarat (Abb. 17) gegliedert, der an der Kreuzung zweier Straßen lag. Sein Kultraum mit Podesten an beiden Raumenden war über den Hof zu erreichen. Wesentlich reicher war das Heiligtum der Ninni-zaza geschmückt, an dessen genischte Außenmauer der Ischtarat-Tempel angebaut worden war. Vor- und Rücksprünge dekorierten die Wände des zentralen Hofes, in dessen Mitte eine oben konisch zugeformte 1,5 m hohe Basaltsäule aufgestellt war: ein bildloses Göttermal. Derartige Kultobjekte waren im kana'anäischen Bereich gebräuchlich; wir kennen sie auch aus dem altsyrischen Ebla. Ein langer Kultraum mit umlaufenden Podesten öffnete sich mit zwei Türen zum Hof. Auch hier

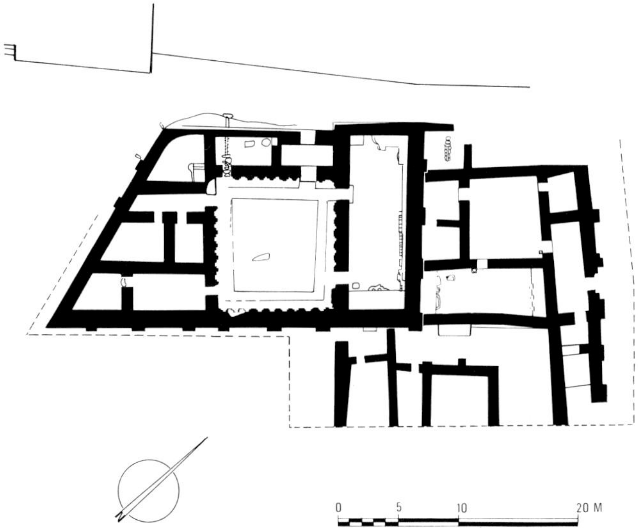

Abb. 17 Tempel der Ischtarat und der Ninni-zaza in Mari

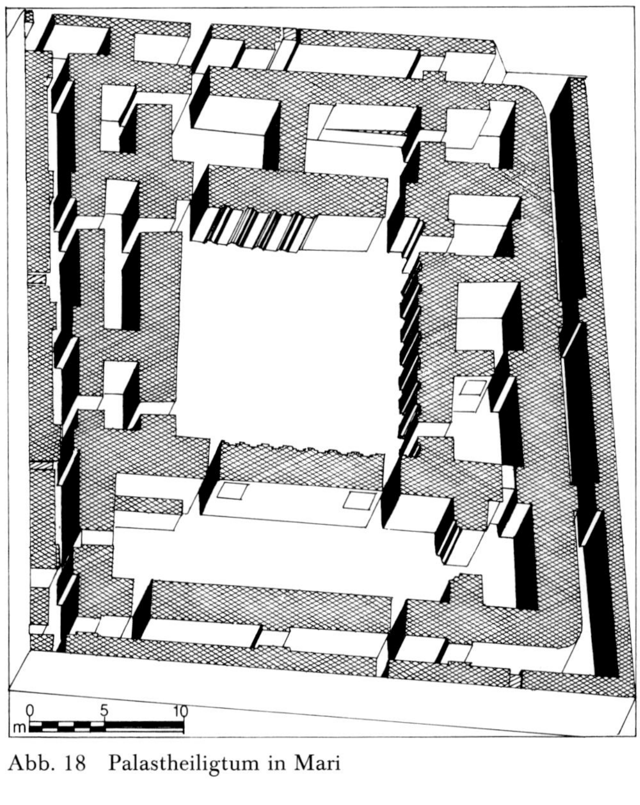

Abb. 18 Palastheiligtum in Mari

fanden sich Anzeichen einer gewaltsamen Zerstörung, die ein reichhaltiges Inventar hinterließ: aus dem Ischtarat-Tempel stammen die große Beterstatue aus der Zeit des Königs Iku(n)-Schamagan (Nr. 61) sowie die Sitzbilder einer Frau (Nr. 64) und des Sängers Urnansche (Nr. 66). Ein besonders fein gearbeitetes Köpfchen (Nr. 67) wurde im Tempel der Ninni-zaza aufgedeckt.
Auch die dritte Fundgruppe, die wir zeigen, stammt aus einem sakralen Bauwerk. In einem Teil des riesigen Palastes aus dem Ende des 3. und Beginn des 2. Jahrtausends v. Chr. (s. S. 94) wurde nach seinen Vorgängerbauten gesucht. Dabei kamen die noch weit übermannshohen Mauern von zwei, vermutlich sogar drei übereinanderliegenden Architekturkomplexen zutage. Innerhalb einer größeren Anlage grenzten sie sich als eine selbständige Einheit ab (Abb. 18): ein Gang, der durch Zungenmauern in einzelne Bereiche aufgeteilt ist, führte rings um sie herum. Den Mittelpunkt bildete wiederum ein Hof mit reichem Wandschmuck und asphaltiertem Gehweg, Einrichtungen für Trankopfer und einem Altar. An allen Seiten lagen von ihm und vom Umgang her erschlossene Räume, an seiner südlichen Stirnseite ein langrechteckiger Kultraum mit abgegrenztem Allerheiligsten. Dort befand sich zunächst ein Podest über einer Grube, nach Meinung des Ausgräbers der Grabgrube eines königlichen Ahnen. Später wurde darüber ein Altar errichtet, der in alle Erneuerungen einbezogen wurde.
Der jüngste Zustand dieser als Palasttempel zu deutenden Anlagen barg in einem Tongefäß einen Schatz, den „trésor d'Ur", in dem der Ausgräber ein Geschenk aus der südmesopotamischen Stadt Ur sah. Vermutlich stammt die Mehrzahl der Objekte jedoch eher aus Werkstätten am mittleren Euphrat. Neuerdings wurde der Schatz aus vierzehn unbenutzten Rollsiegeln, drei Statuetten, Paaren von Gewandnadeln, Arm- und Halsschmuck sowie einer beschrifteten Lapislazuli-Perle als vergrabenes Tempelinventar erklärt: Reste der Kultausstattung und des Ornats der Priester oder einer Kultstatue. Unsere Auswahl umfaßt die außergewöhnlichsten Stücke: neben zwei Rollsiegeln (Nr. 52. 53), Schmuck (Nr. 54) und einer Nadel (Nr. 59) einen löwenköpfigen Adler (Nr. 55), die Schriftperle (Nr. 56) und eine kleine Statuette, die eine Göttin darstellt (Nr. 57). K. K.

Ebla (Tall Mardich)

Lage: 55 km südlich von Aleppo
Alter: Schicht I = 3500–3000 v. Chr. bis VI = 530–60 v. Chr.
Forschungen: Seit 1964 (Universität von Rom)
Veröffentlichungen: Vorberichte in Auswahl: P. Matthiae und andere: MAIS 1964 (1965); – MAIS 1965 (1966); – MAIS 1966 (1967); – SEb I (1979) ff.; – P. Matthiae: AAAS 15 (1965) 83 ff.; – AAAS 17 (1967) 25 ff.; – AAAS 18 (1968) 5 ff.; – AAAS 20 (1970) 55 ff.; – Akkadica 2 (1977) 2 ff.; – Akkadica 17 (1980) 1 ff.; MonANE 1/6;
Zusammenfassend: P. Matthiae, Ebla. Un impero ritrovato (1977, englische Übersetzung 1979); – G. Pettinato, Ebla, un impero inciso nell'argila (1979);
Zu den Texten: G. Pettinato, Catalogo dei testi cuneiformi di Tall Mardikh – Ebla (Materiali epigrafici di Ebla 1, 1979); – Testi amministrivi della biblioteca L. 2769 (Materiali epigrafici di Ebla 2 [1980]);
Zum Palast G: P. Matthiae: BiblArch 39 (1976) 94 ff.; – Archaeology 30 (1977) 244 ff.; – AJA 82 (1978) 540 ff.; – SMS 2 (1978) 13 ff.; – CRAI XXV Berlin 1978 (im Druck).

Der Ruinenhügel von Mardich (Abb. 19) gliedert sich deutlich in ein erhöht gelegenes Zentrum (die „Akropolis") als Verwaltungs- und Kultbezirk und eine Unterstadt, etwa trapezförmigen Umrisses, die von einem kranzartigen Wall, dem Überbleibsel der einstigen Stadtbefestigung, umgeben wird.
Bauten der Schicht II B I (Datierung der Ausgräber: späte frühdynastische Zeit bis Beginn der Dynastie von Akkade) wurden in einem kleinen Bereich der südwestlichen Akropolis untersucht. Hier konnte ein Teil des Königspalastes („Palast G") dieser Epoche freigelegt werden. Die damalige Wohnsiedlung hat sich sicherlich – wie in der folgenden altsyrischen Epoche – in der Unterstadt erstreckt. Offenbar erlauben es Tontafeln aus dem Palast G, die Stadt und ihr Umland genauer zu beschreiben. Demnach bestand das Verwaltungszentrum aus drei Palästen.
Die nur wenigen bisher ausgegrabenen Räume (Abb. 20) des Königspalastes G enthielten weitgehend noch ihr ehemaliges Inventar, das vom Schutt einer Brandkatastrophe abgedeckt war. Der übrige Teil des Palastes liegt noch unter der teilweise sehr hohen Überbauung aus jüngerer Zeit.
Zu einem großen Hof öffnete sich eine Säulenhalle mit einem Thronpodest aus Lehmziegeln. Auch die anschließende östliche Seite des Hofes war von einer Säulenhalle begrenzt, die dem Portal zu einem breiten Korridor vorgelegt ist. Im Winkel zwischen beiden Hallen lag ein rechteckiger Turm, der vier Treppenläufe faßte. Steinintarsien und verkohlte Holzschnitzereien lassen die Pracht der Treppe erahnen. Nördlich des Turmes schloßen zwei Wohnräume an. Dünne Mauern grenzten von der östlichen Säulenhalle zwei Kammern ab, welche die Tontafeln des königlichen Archives enthielten. Im nördlichen Raum standen überwiegend Verwaltungstexte auf zwei Wandgestellen gestapelt, im südlichen fand man noch die Reste eines an drei Seiten umlaufenden zweifächrigen Holzregals: mehr als 13 000 Tafeln bzw. Tafelfragmente konnten hier geborgen werden.
Durch die Entdeckung der Archive ist es uns möglich, eine große Anzahl von Informationen über Ebla in dieser Epoche zu gewinnen. Die Entzifferung und Bearbeitung der

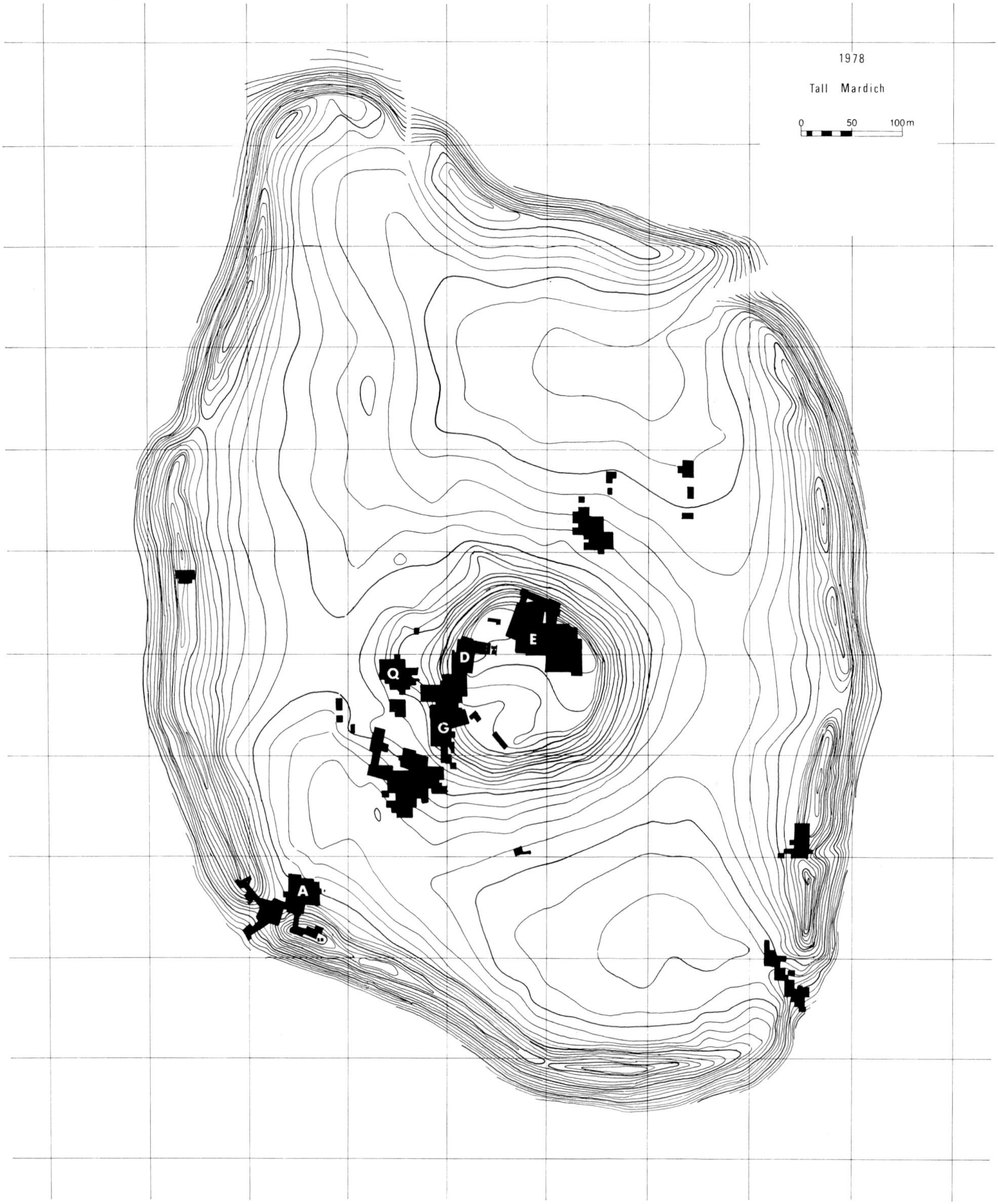

Abb. 19 Tall Mardich mit Grabungsarealen

Tontafeln ist jedoch noch nicht so weit fortgeschritten, daß ein endgültiges Bild der Verhältnisse dieser Zeit gezeichnet werden kann. Auch ist die sprachliche Stellung des Eblaitischen noch umstritten. Es ist fraglich, ob es mehr der nordwestsemitischen Sprachgruppe (Kana'anäisch, Hebräisch und Phönikisch) oder der ostsemitischen (Altakkadisch) nahesteht. Das Schriftsystem, abgeleitet von dem der Sumerer, jedoch den Bedürfnissen der eigenen Sprache angepaßt, ist wohl von dem semitisch besiedelten mittleren Zweistromland und Nordbabylonien übernommen: so werden Schreiber aus Kisch (östlich von Babylon) und Mari in den Texten aus Ebla genannt. Aus Kisch stammte auch ein Mathematiklehrer. Die Wirtschaftstexte zeigen einen Schwerpunkt in Wolle und Wollprodukten. Südmesopotamien war im Gegensatz dazu stärker landwirtschaftlich ausgerichtet.

An der Spitze der Stadt stand der König (EN = malikum). Über einen bedeutenden Einfluß verfügten auch die Königin (maliktum) und die Ältesten. Vielfältig war die Rolle des Kronprinzen, der als Botschafter, Gouverneur in abhängigen Orten oder Leiter der inneren Angelegenheiten des Staates eingesetzt wurde. Sechs Könige sind in den Texten genannt. Zur Zeit der letzten von ihnen war sogar Mari unterworfen und tributpflichtig geworden als Folge des Feldzuges eines eblaitischen Generals, der sich nach der Niederlage seines Gegners Iblul-Il (s. S. 56) selbst zum Herrscher Maris erklärte. In seinem Bericht an den König von Ebla nennt er den immensen Tribut, den er Mari auferlegte: 2193 Minen Silber und 134 Minen und 26 Schekel Gold (ungefähr 1052 kg Silber und 64,5 kg Gold), aus dem Besitz des Iblul-Il und der Ältesten der Stadt.

Weitreichend waren die Handelsbeziehungen von Ebla, das teilweise eine Mittlerrolle zwischen Anatolien, Nordpalästina und Mesopotamien einnahm. Von den zahlreichen Kleinfunden zeigen wir einige Beispiele der Rundplastik, mit einigen Gemeinsamkeiten zum Zweistromland, und einen aus Ägypten stammenden Import.

In der auf die frühdynastische Epoche folgenden Zeit wird Ebla das Opfer der Raub- und Eroberungszüge der in Mesopotamien zur Macht gelangten Dynastie von Akkade. Ihr Begründer Scharrum-kin behauptet, der Gott Dagan von Tuttul (Tall Bi'a bei Raqqa) habe ihm das „Obere Land" mit Mari und Ebla in die Hand gegeben; einer seiner Nachfolger, Naram-Sin, berichtet von der Zerstörung der Stadt. In der Zeit der III. Dynastie von Ur sind die Beziehungen zum Zweistromland wieder friedlicher Art: Boten und

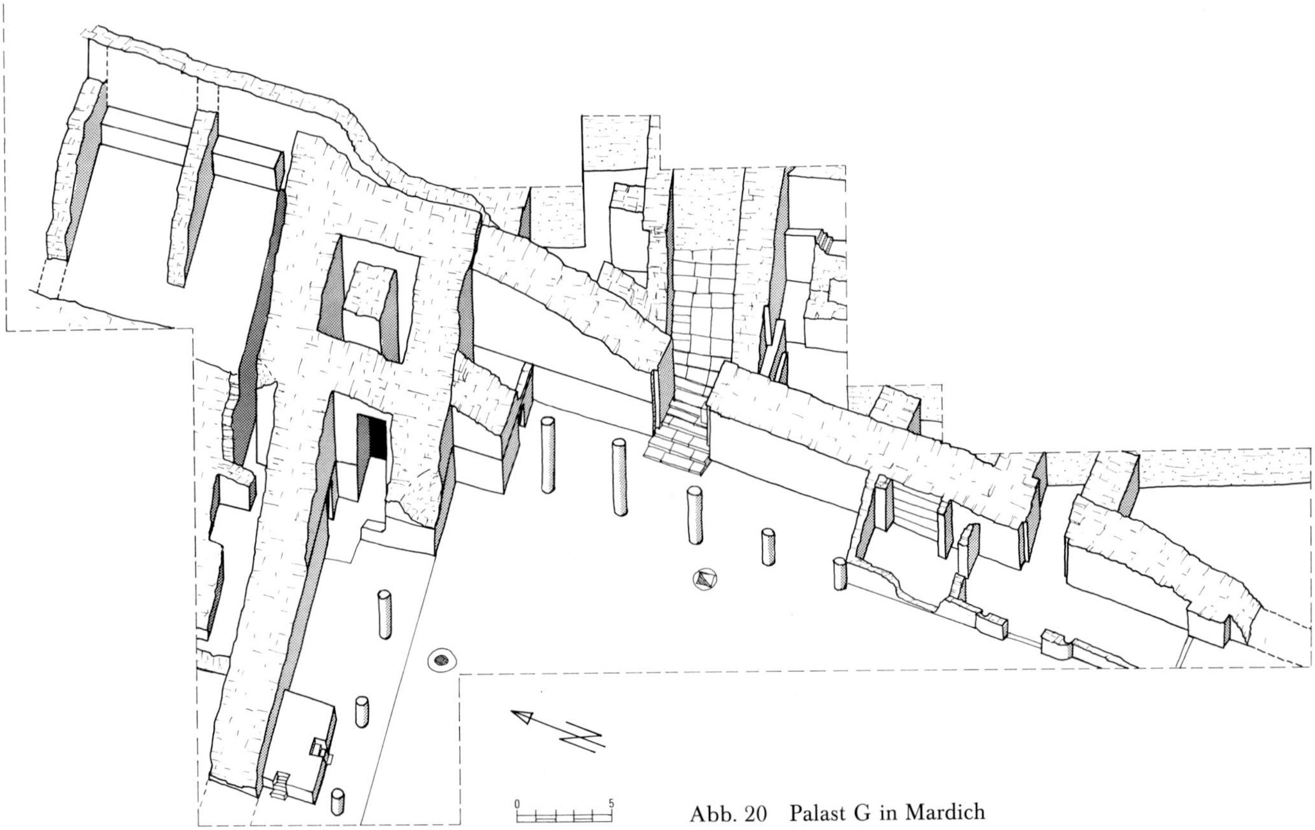

Abb. 20 Palast G in Mardich

möglich. Ein englischer Forscher zog gar eine Hochzeitsgabe für eine aus der südmesopotamischen Stadt nach Mari heiratende Prinzessin in Betracht. Eine archäologische Untersuchung des gesamten Komplexes ergab, daß der Inhalt des Schatzgefäßes eher in Nord- und Mittelmesopotamien, in der Mehrzahl möglicherweise in Mari, angefertigt wurde.
Nach einer neuen, den erhaltenen Zeichenspuren nicht widersprechenden Lesung weihte diese Perle Mesannepadda, der König von Ur, der Sohn des Meskalamdu(g), des Königs von Kisch, dem Gotte An.
An war der oberste Gott des sumerischen Pantheons, Vater unter anderem der Gottheiten Enlil und Inanna. Wenn die Lesung stimmt, wäre eine wichtige chronologische Verknüpfung geschaffen: zwischen dem ersten uns bekannten König der I. Dynastie von Ur und einem im dortigen Königsfriedhof bestatteten Herrscher, dessen Name in der Inschrift eines Rollsiegels genannt wird. K. K.

57 Figur einer stehenden Göttin

(Abb. s. Farbtaf. S. 41)

Mari (Tall Hariri), „trésor d'Ur"
Jüngere frühdynastische Zeit, Meskalamdu-Phase bis Beginn Ur-I-Phase (um 2650 v. Chr.)
Kupfer, Lapislazuli, Elektron
Höhe: 11,3 cm; Breite: 3,2 cm; Tiefe: 3,0 cm
Damaskus Š 2366 [M. 4403]
Lit.: A. Parrot, MAM IV (1968) 16 ff. Abb. 7. 8 Taf. IV–VI; – A. Moortgat/U. Moortgat-Correns: Iraq 36 (1974) 155; – D. P. Hansen in: Prop. Kunstgesch. 14, 170 Abb. 396; – Spycket, La statuaire 80; – Tokyo-Exhib. Nr. 56.

Neben zwei aus Elfenbein geschnitzten Frauenstatuetten enthielt der Schatzfund das Figürchen einer nackten Frau aus massivem Kupfer. Die beiden kleinen Rinderhörner die ihren Kopf schmücken weisen sie als Göttin aus. Als Zeichen von Göttlichkeit werden wir solchen Hörnern bzw. behörnten Kopfbedeckungen in der Ausstellung wiederholt begegnen (beispielsweise an den Statuen der Wassergöttin aus Mari Nr. 85 und des Gottes aus Arslantasch Nr. 158). Die Göttin war ursprünglich mit den Füßen auf einer Basis oder einem Gegenstand angestiftet. Sie erscheint uns stilisiert: das Gesicht wird beherrscht von weit geöffneten großen Augen, die eckigen Schultern und die Hüften schwingen aus, während der Körper zur Taille stark einzieht und die Beine verhältnismäßig schlank sind. Sie streckt die angebeugten Arme vor; in den beiden geballten Händen hielt sie – wie Drahtreste zeigen – jetzt verschwundene Gegenstände oder vielleicht Schlangen.
Auf dem Haar befinden sich noch Reste einer Elektronauflage. Sie war mit Asphalt festgeklebt. Auch das Stirnband besteht aus Elektron; verloren sind die Ringe, die durch die durchbohrten Ohren geführt waren. Die Augen sind eingelegt mit einer weißen Masse und Lapislazuli.
Die Technik, minderwertige Materialien mit Edelmetall dünn zu überziehen, ist besonders von den mittelsyrischen Statuetten (vgl. Nr. 113) bekannt, begegnet aber auch auf einer frühdynastischen Weihplatte aus Mari (Nr. 70).
Zu der Statuette gibt es kein überzeugendes Vergleichsstück; sie wird am wahrscheinlichsten aus einer nordsyrischen Werkstatt stammen. K. K.

59 Gewandnadel *(Abb. s. Farbtaf. S. 45)*

Mari (Tall Hariri), „trésor d'Ur"
Jüngere frühdynastische Zeit, Meskalamdu Phase bis Beginn Ur-I-Phase (um 2650 v. Chr.)
Gold, Silber
Länge: 12,5 cm
Damaskus Š 2395 [M. 4428]
Lit.: A. Parrot, MAM IV (1968) 27 Abb. 20 Taf. XIII.

Da der Goldüberzug als dicke nahtlose Schicht den Silberkern der Gewandnadel überzieht, handelt es sich hier mit großer Wahrscheinlichkeit um ein Beispiel eines Überfanggußes. Dieser Herstellungsprozeß verlief folgendermaßen: in ihrem oberen Teil wurde die gegossene oder gehämmerte Silbernadel zunächst mit einer starken Wachsschicht überzogen und in ihr der Kopf und die Details modelliert. Anschließend wurde die Nadel mit einer Schale von Formlehm umgeben. Kanäle zum Wachskern ermöglichten, dieses anschließend auszuschmelzen und das Gold einzugießen. Im abschließenden Arbeitsgang wurde die Goldauflage von oberflächlichen Verunreinigungen gesäubert und poliert, die Rillen wurden nachgraviert und das Ör durchschlagen.
Einlegearbeiten aus Mari zeigen Frauen mit derartigen Gewandnadeln, die entweder kreuzweise als Paar oder einzeln gesteckt wurden (vgl. Nr. 50). K. K.

58 Gewandnadel *(Abb. s. Farbtaf. S. 45)*

Mari, altbabylonischer Palast, Raum 65
Frühdynastisch (2900–2500 v. Chr.)
Gold oder Elektrum
Länge: 9,6 cm; Gewicht: 17 gr.
Aleppo 1657 [M. 790]
Lit.: A. Parrot, MAM II, 3 (1959) 94 f. Abb. 69 Taf. XXXIII 790.

Diese Gewandnadel wurde im sogenannten Thronsaal des altbabylonischen Palastes entdeckt. Der Ausgräber nimmt

Abb. 21
Weibliche Einlagefigur mit Gewandnadel aus Mari

zu Recht an, daß sie aus wesentlich älterer Zeit, der frühdynastischen Epoche, stammt, und – ähnlich wie auch heute noch alter Schmuck – später weiterhin getragen wurde. Die Nadel mit dem pilzförmigen Kopf ist zunächst in einer Form gegossen, unterhalb des Kopfes dann vierkantig gehämmert und durchschlagen worden. Anschließend wurde sie oberhalb des Örs rechtwinklig abgebogen.
Dieser Nadeltyp kommt häufig im frühdynastischen Friedhof der südmesopotamischen Stadt Ur vor; wir finden ihn aber auch auf zeitgleichen Muscheleinlagen aus Mari dargestellt (Abb. 21). Dort hält er ein plaidartiges Kleidungsstück zusammen. Von seiem Ör hängt eine Schnur herab, auf der Perlen und möglicherweise ein Rollsiegel aufgereiht sind. K. K.

60 Gründungsgaben: Bügel und Stift

Mari (Tall Hariri), Ischtar-Tempel, Schicht a, Südostecke der Cella 17
Jüngere frühdynastische Zeit (2640–2460 v. Chr.)
Bleibronze
Länge des Stiftes: 33,5 cm; Länge des Gründungsbügels: 41,3 cm
Aleppo 6849. 6846 [M. 1381]
Lit.: A. Parrot, MAM I (1956) 51 ff. Taf. XXIV 1; – Mari 52.

Unter „Gründungsgaben" versteht man alle Objekte, die in den Fundamenten von Bauten, vor allem Tempeln, in den Ecken und Türlaibungen bzw. Tortürmen im Verlauf von Gründungsritualen beigesetzt worden sind. Sie können ganz unterschiedlicher Art sein: es gibt Gründungsfiguren menschlicher oder tierischer Gestalt, teilweise mit nagelförmigem Unterteil, Nägel mit zugehörigen Laschen, Bügel mit Stiften, wie hier gezeigt, unbeschriftete oder beschriftete Tafeln und Blöcke, in späterer, neuassyrischer Zeit Waffensymbole und Stelen. Ihnen sind auch Streugaben von Perlen, Muscheln, Stein- und Metallsplittern, die an betonten Stellen der Fundamente deponiert sind, zuzurechnen. Am deutlichsten ist bei den Nägeln und den Stiften mit Laschen und Bügeln die magische Vorstellung des „Befestigens" eines Bauwerkes im Untergrund – wie bei einem Zelt – zu erkennen.
Zusammen mit jeweils einer rechteckigen Lapislazuli- und einer Gipssteintafel wurden insgesamt dreizehn solcher Kombinationen von Gründungsbügeln und Stiften im Tempel der Ischtar (Schicht a) entdeckt. Die meisten von ihnen waren im Mauerwerk, überwiegend in den Ecken eingefügt, dergestalt, daß der Gründungsbügel horizontal lag, und der Stift in ihn vertikal eingeschlagen war. Manchmal lagen Knochen eines Tieropfers daneben.
Eine Analyse der blasig gegossenen Bügel und Stifte ergab, daß diese nicht aus reinem Kupfer, sondern einer Legierung mit Blei, sogenannter „Bleibronze" bestehen.
Derartige Gründungsbügel kamen auch in den anderen Heiligtümern des frühdynastischen Mari, denen des Dagan, der Ninchursag, des Schamasch und im „massif rouge" vor. In Südmesopotamien kennen wir sie nur aus Uruk. K. K.

60

61 Beterstatuette aus der Zeit des Königs Iku(n)-Schamagan

(Abb. s. Farbtaf. S. 48)

Mari (Tall Hariri), Ischtarat-Tempel
Jüngere frühdynastische Zeit, Meskalamdu-Phase bis Beginn Ur-I-Phase (um 2650 v. Chr.)
Gipsstein, Steatit
Höhe: 114 cm; Breite des Sockels: 36 cm
Damaskus Š 2061 [M. 2300/2323]
Lit.: A. Parrot: Syria 30 (1953) 208 f. Taf. XXL. XXII; – MAM III (1967) 37 ff. Abb. 31–36 Taf. XII. XIII; – Strommenger/Hirmer, Mesopotamien 70 Abb. 90. 91; – Braun-Holzinger, Beterstatuetten 51 (Stilstufe II); – Spycket, La statuaire 86 ff.

„Iku(n)-Schamagan, König von Mari, Schibum oder: ‚der Älteste', der Feldvermesser, seine Statue der Inanna-zaza hat er geweiht."
Kahlköpfig, das Gesicht beherrscht von großen, durch Einlagen betonten Augen, mit einem langen gewellten Kinn- und Backenbart, die Hände vor dem nackten Oberkörper gefaltet: so ließ sich der Stifter für seine Gottheit darstellen. Manche vermuten in dem Dargestellten den König Iku(n)-Schamagan selbst – dies schon wegen der außergewöhnlichen Größe der Skulptur. Die Inschrift auf dem rechten Schulterblatt ist jedoch nicht eindeutig. Es ist unklar, ob in ihrer dritten Zeile ein Name (Schibum) oder ein Titel („Ältester") gemeint ist. Da sich ein König wohl kaum als „Ältester" bezeichnet, war der Weihende wohl eher ein Feldvermesser namens Schibum. Aus einem jüngeren Text wissen wir, daß ein solcher an der zweiten Stelle der Hierarchie einer Stadt stehen konnte.
Den Begriff „Beterstatuetten" wendet man für diese Figuren an, weil sie zumeist in Tempeln gefunden wurden und zuweilen eine Weihinschrift tragen, die vermuten läßt, daß sie für das Wohlergehen und lange Leben des Stifters und seines Herrschers bitten sollten. Möglicherweise waren sie einst auf den Bänken aufgestellt, die in den Kulträumen vieler Heiligtümer – so auch in Mari – entdeckt wurden. Eine große Anzahl stammt neben Mari aus dem Tal des Flusses Diyala (Iraq), einige sind aus südmesopotamischen Städten, aus Susa, Assur und dem nordsyrischen Tall Chuwaira. Die etwas unbeholfen wirkende Körperwiedergabe ist vor allem damit zu erklären, daß der Bildhauer das hohe Gewicht aufzufangen hatte. Auf uns, die wir einen Ausdruck von Individualität bei Menschendarstellungen gewöhnt sind, strahlt der Betende etwas Unpersönliches aus. Doch auch er ist – über zwei Jahrtausende vor den ersten Portraits – näher charakterisiert: die Speckfalten im Nacken deuten wohl sein höheres Alter an. K. K.

62 Statuette des Lamgi-Mari

Mari (Tall Hariri), Ischtar-Tempel, Schicht a, Hof 20
Ende frühdynastische Zeit bis Beginn Akkade-Zeit (um 2460 v. Chr.)
Weißer Stein
Höhe: 27,7 cm; Basis: 10,3 x 8,6 cm
Aleppo 1486 [M. 174]
Lit.: A. Parrot, MAM I (1956) 68 ff. Abb. 46 Taf. XXV. XXVI; – Strommenger/Hirmer, Mesopotamien 70 Abb. 100; – D. P. Hansen in: Prop. Kunstgesch. 14, 167 Abb. 30; – Braun-Holzinger, Beterstatuetten 57 f.; – Spycket, La statuaire 88; – Tokyo-Exhib. Nr. 51.

Im Vergleich zur vorangehenden Statuette ist die des Königs Lamgi-Mari klein. Seine Inschrift überzieht die gesamte entblößte rechte Rückenpartie und den rechten Oberarm. „Ober-Ensi" (Oberpriester) des Enlil – der obersten sumerischen Gottheit mit dem Kultzentrum im mittelmesopotamischen Nippur – nennt er sich: eine historisch schwer zu deutende Beifügung zu seinem Titel des Königs von Mari. Lugalzagesi (s. S. 56) hatte dadurch, daß er sich als Priester oder Verwalter verschiedener Hauptgötter bezeichnete, seinen Herrschaftsanspruch auf deren von ihm unterworfene Städte deutlich gemacht. Weitere Textfunde sollten abgewartet werden, ehe aus dem Titel, den noch ein zweiter König von Mari führte, Schlüsse auf tatsächliche historische Situationen gezogen werden.
Der König weihte seine Figur der männlichen Ischtar „Inanna-nita" (s. S. 333). Sein Gebetsgestus ist ein anderer als bei Nr. 61: mit der linken Hand umfaßt er sein rechtes Handgelenk. Er trägt das sogenannte „Geschlossene Wickelgewand". Dadurch, daß es über die linke Schulter und Brust einschließlich des Armes geführt ist, läßt es nur eine geringe Bewegungsfreiheit zu. Im allgemeinen wurde es bei zeremoniellen Anlässen getragen. Wie der Wickelrock der Statuette aus der Zeit des Iku(n)-Schamagan ist das Gewand aus „Zottenstoff" gefertigt, einem Gewebe mit langen in Reihen geordneten Schlingen. Es ist einem Fell nachgebildet.
Der Haarschopf wird von einem geflochtenen Band umfaßt. Im Nacken ist er zu einem komplizierten Knoten zusammengefügt. Die Frisur gleicht jener, die auf einem Goldhelm aus dem Königsfriedhof von Ur wiedergegeben ist. Wie einige andere Beterstatuetten zeigt auch diese eine antike Reparatur auf ihrer linken Seite. K. K.

63 Statuette einer Frau mit Polos

Mari (Tall Hariri), Ischtar-Tempel, Schicht a, Cella 17 und „chambre des prêtres“ 13–14
Jüngere frühdynastische Zeit, Ur-I-Phase (2645–2460 v. Chr.)
Alabaster
Höhe: 22,5 cm; Breite: 6,5 cm
Aleppo 1496 [M. 172]
Lit.: A. Parrot: Syria 16 (1935) 27 f. Taf. X 1; – MAM I (1956) 84 f. Taf. XXXVI; – Strommenger/Hirmer, Mesopotamien 71 Abb. 109; – Braun-Holzinger, Beterstatuetten 60; – Spycket, La statuaire 111 f.

Die kleine Figur trägt eine in Mari häufige Frauentracht: den „Polos“ und ein Schultergewand.
Die als „Polos“ bezeichnete Kopfbedeckung bestand entweder aus einer festen stützenartigen Konstruktion, über die ein Tuch gespannt war, oder ist als Kappe aus einem steifen Material (Filz) zu erklären. Ihren unteren Abschluß bildet ein Wulst. Das Haar mit einem breiten Nackenschopf umdeckt ein Tuch. Das Gesicht rahmend schauten einst einige Strähnen hervor: sie waren aus andersfarbigem Stein eingelegt.
Die Augenhöhlen sind mit einer Muschelmasse gefüllt, welche die verlorengegangenen Pupillen (wie die Augenbrauen wohl aus Steatit oder Lapislazuli) faßte. Die Ohren zeigen Durchbohrungen für Schmuck, möglicherweise aus Edelmetall.
Das Schultergewand, das erstmals in frühgeschichtlicher Zeit vorkommt, wird von Frauen bei kultischen Handlungen und – später – Göttinnen getragen. Es läßt die rechte Schulter und den rechten Arm frei.
Die Füße mit der Basis sind ergänzt. K. K.

64 Sitzbild einer Frau ▷

Mari (Tall Hariri), Ischtarat-Tempel
Jüngere frühdynastische Zeit, Ur-I-Phase (2645–2460 v. Chr.)
Gipsstein
Höhe: 34,4 cm; Thron: 14,0 x 10,2 x 13,5 cm
Damaskus Š 2072 [M. 2308/2368/2383]
Lit.: A. Parrot, MAM III (1967) 96 ff. Abb. 134. 135 Taf. XLVIII–L; – Strommenger/Hirmer, Mesopotamien 70 Abb. 95 links; – Braun-Holzinger, Beterstatuetten 60 (Stilstufe III); – Spycket, La statuaire 111 f.

Zu der Kopfbedeckung und dem Gewand, das wir bei der Statuette Nr. 63 kennenlernten, ist bei dieser thronenden Frau ein langer über den Polos geführter Überwurf hinzugekommen. Auch er besteht aus Zottenstoff.

Die Beschädigungen am Gesicht beschränken sich auf die Nase und die rechte Backe; es zeigt die Details, die bei dem vorangehenden Stück ergänzt werden müssen: das gedrehte Haar, das unter dem Kopftuch hervorschaut, und die Einlagen aus Lapislazuli.
Stark zerstört sind der Oberkörper und weite Partien des Überwurfs sowie des würfelförmigen Thrones. Seine Seiten lassen im Relief die durchbrochene Holzkonstruktion erkennen. Eine bei den damaligen Werkzeugen würdigenswerte Handwerksleistung stellt die völlig freie Ausarbeitung der Füße dar. K. K.

◁ 65 Sitzbild eines Paares

Mari (Tall Hariri), Ischtar-Tempel, Schicht a, Cella 17
Jüngere frühdynastische Zeit, Ur-I-Phase (2645–2460 v. Chr.)
Gipsstein
Höhe: 12,8 cm; Breite: 10,8 cm; Tiefe: 8,9 cm
Aleppo 1502 [M. 303]
Lit.: A. Parrot, MAM I (1956) 102 ff. Abb. 65 Taf. XLII; – Strommenger/Hirmer 70 Abb. 94; – Spycket, La statuaire 119.

Ein auf einer Bank eng aneinandergerücktes Paar umarmt sich liebevoll. Mit seiner Linken umgreift der Mann den im Schoß liegenden rechten Unterarm seiner Gefährtin. Leider sind beide Köpfe weggebrochen und die Oberkörper durch eine Reinigung verwaschen. Beide Gestalten tragen die bekannten Kleider aus Zottenstoff: der Mann den Wikkelrock mit dem Taillenwulst und die Frau das Schultergewand.
Vier Bohrungen auf der Unterseite lassen vermuten, daß der gesamte Block ursprünglich auf einer Basis aufgestiftet war, auf der auch die Füße geruht haben könnten.
Bildnisse von Paaren sind nur selten gefunden worden: aus dem Diyala-Gebiet östlich von Baghdad und aus Nippur stammen wenige weitere, frühdynastische Beispiele. K. K.

66 Sitzbild des Sängers Urnansche

(Abb. s. Farbtaf. S. 85)

Mari (Tall Hariri), Ninni-zaza-Tempel, Raum 13
Jüngere frühdynastische Zeit, Ur-I-Phase (2645–2460 v. Chr.)
Gipsstein
Höhe: 26 cm; Durchmesser des Polsters: 11,6 cm
Damaskus Š 2071 [M. 2416/2365]
Lit.: A. Parrot: Syria 30 (1953) 209 ff. Taf. XXIII; – MAM III (1967) 88 ff. Abb. 127–131 Taf. XLV–XLVI. Titelbild; – Strommenger/Hirmer, Mesopotamien 70 Abb. 92. 93 Taf. XXI; – D. P. Hansen in: Prop. Kunstgesch. 14, 165 f. Abb. 24; – Braun-Holzinger, Beterstatuetten 59 (Stilstufe III); – Spycket, La statuaire 92 ff.; – Tokyo-Exhib. Nr. 47.

Zu den hervorragendsten Werken, welche die Bildhauer von Mari schufen, gehört die Plastik eines sitzenden Musikanten. „Iblul-Il, König von Mari: Urnansche, der Obersänger, seine Statue der N[inni-zaz]a hat er geweiht" steht auf seinen Schulterblättern geschrieben. Der Göttername ist beschädigt und in der Ergänzung umstritten.
Musikanten aus Mari waren berühmt: die gleichzeitigen Tafeln von Ebla nennen häufig „große" und „kleine" Sänger, die in dortigen Diensten standen. Auch später, in der altsyrischen Zeit, sind sie erwähnt: der assyrische Herrscher Schamschi-Adad gab seinem Sohn die Anweisung, Sänger und Sängerinnen aus Mari dem König von Karkemisch zu senden. Aus dieser und der vorangehenden Zeit der III. Dynastie von Ur stammen Texte, die die Tätigkeit des Sängers beschreiben: er hatte im Dienst des Palastes und des Tempels vor allem Preis- und Loblieder auf die Götter und Könige darzubieten und mußte verschiedene Saiten- und Trommelinstrumente beherrschen. Ein guter Sänger zeichnete sich dadurch aus, daß er mit seinem Instrument einen „wohltönenden dröhnenden" Klang hervorbringen und mit seiner Stimme tremolieren konnte.
Urnansche sitzt auf einem flachen runden Polster mit überkreuzten Beinen. Dadurch hat sich sein unten zottenbesetzter Rock über die Knie geschoben. Die Arme und eine von der Brust ausgehende Stütze sind verloren. Ein im selben Raum gefundenes Oberkörperfragment zeigt ihn mit einem Saiteninstrument. Die frei modellierten Arme waren durch Stützen mit dem Unterkörper verbunden.
Die Einlagen seines ausdrucksvollen Gesichtes, Muschel und Lapislazuli, sind bis auf die Augenbrauen erhalten. Das schwarz gefärbte Haar ist gescheitelt, sein langer Schopf hinter den Ohren den Rücken hinabgeführt. Dort enden die gewellten Strähnen jeweils in einer Locke.
Sein Herrscher Iblul-Il, auch aus anderen Weihinschriften Maris bekannt, ist der bereits erwähnte glücklose Gegner des Enna-Dagan, Generals von Ebla, der ihn unter Hinterlassung von „Leichenhügeln" schlug. Iblul-Il herrschte auch über jene Stadt Abarsal, die als Vertragspartner Eblas auf der Tontafel Nr. 78 genannt ist. K. K.

67 Kopf der Statuette eines Mannes

Mari (Tall Hariri), Ninni-zaza-Tempel, Raum 19
Jüngere frühdynastische Zeit, Ur-I-Phase (2645–2460 v. Chr.)
Rosa Breccie
Höhe: 8,5 cm; Breite: 6,2 cm; Tiefe: 7,3 cm
Damaskus Š 2051 [M. 3046]
Lit.: A. Parrot, MAM III (1967) 99 f. Abb. 138 Taf. LIII; – Braun-Holzinger, Beterstatuetten 60 (Stilstufe III).

67

69

Sehr organisch und mit äußerst weichen Übergängen zwischen seinen einzelnen Partien ist das Gesicht dieses kleinen Köpfchens aufgebaut. Die Haare sind in der Mitte gescheitelt und in zwei Strängen um die Ohren herum nach vorn gezogen. Breite Lidbänder um die herausgewölbten Augäpfel und die breite gebogene Nase prägen die Gesichtszüge. K. K.

68 Gesicht einer Kompositfigur ▷

Mari (Tall Hariri), Tempel am „massif rouge", Nordwestseite
Jüngere frühdynastische Zeit, Ur-I-Phase (2645–2460 v. Chr.)
Weißer Marmor, Perlmutt, Lapislazuli
Höhe: 3,5 cm
Damaskus Š 2366 [M. 2010]
Lit.: A. Parrot: Syria 29 (1952) 196 Taf. XX 2. 3; – Mari 73 Abb. XI.

In der frühgeschichtlichen und der frühdynastischen Zeit waren Figuren, die sich aus verschiedenfarbigen Materialien zusammensetzen, recht beliebt. Berühmte Beispiele dieser „Kompositfiguren" sind ein Frauenkopf aus Uruk, verschiedene Tierfiguren ebenfalls der frühgeschichtlichen Zeit und eine frühdynastische weibliche Statuette aus Nippur mit dem Gesicht aus Goldblech. Aus unterschiedlichen Werkstoffen sind sicherlich auch die – uns nicht erhaltenen – Götterbilder in den Tempeln vorzustellen. Hier ist nur das Gesicht geblieben, mit seinen Einlagen aus Muschel und Lapislazuli. Die rechte Augenbraue und die linke Pupille sind herausgefallen. Eine Reihe von Bögen beschließt den oberen Rand des Gesichtes: hier setzten einst die sicherlich aus dunklem Material modellierten Haarlocken an. K. K.

69 Einlagefigur

Mari (Tall Hariri), „palais présargonique"
Ältere frühdynastische Zeit, Fara-Phase (2900–2685 v. Chr.)
Gipsstein
Höhe: 7,7 cm; Dicke: 3 cm
Damaskus Š 2501 [M. 4694]
Lit.: A. Parrot: Syria 44 (1967) 21 Taf. IV 2; – Mari 58 Abb. 29.

Leider nur fragmentarisch erhalten ist die Einlagefigur eines Mannes mit dreieckigem Oberkörper, bärtigem Kopf und flacher sich konisch erweiternder Kappe. Die Kopfbedeckung in Verbindung mit dem recht starr und schematisch angelegten Lochbart, der noch nicht wellenlinienför-

mig aufgelöst ist wie bei dem Zeitgenossen des Königs Iku(n)-Schamagan, lassen es zu, das Stück in die ältere frühdynastische Zeit zu datieren. Die Gestalt streckt beide Hände vor, vermutlich um eine Standarte oder einen Stab zu umfassen, wie es auf Muscheleinlagen aus Mari gezeigt wird. Dazu sind die Hände vertikal durchbohrt.
Nur die vorderen 1–1,5 cm der Figur sind fein ausgearbeitet. Nach hinten verjüngt sie sich, und die Schleif- und Schnitzspuren sind nicht abpoliert, da dieser Bereich durch die anstoßenden Materialien verdeckt war. Schwarze Farbreste haben sich im Bart erhalten. Das eingelegte Auge ist herausgefallen.
Bei einem technisch ganz ähnlich gefertigten zeitgleichen Einlagefries aus dem mesopotamischen Chursagkalama (Ingharra)[1] sind die Kalksteinfiguren von Schieferplatten umgeben. K.K.

1 S. Langdon, Excavations at Kish-I, 1923–24 (1924) 59 f.; – D. P. Hansen in: Prop. Kunstgesch. 14, 190 Abb. 92 b.

◁ 70 Fragment einer reliefierten Platte

Mari (Tall Hariri), „palais présargonique 2"
Jüngere frühdynastische Zeit, Ur-I-Phase (2645–2460 v. Chr.)
Gipsstein
Höhe: 11,6 cm; Breite: 6,3 cm; max. Dicke: 1,7 cm
Damaskus Š 2380 [M. 4393/M. 4454]

Abb. 22 Rekonstruktion der Reliefplatte Nr. 70

Lit.: A. Parrot: Syria 42 (1965) 215 Taf. IV 2; – ders., Mari 57 Abb. 28 a; – J. Boese, Altmesopotamische Weihplatten: UAVA 6 (1971) 90 ff. Taf. XXVI. XXVII.

Auf zwei erhabenen von schmalen Leisten gerahmten quadratischen Feldern sind in flachem Relief symmetrische Gruppen äußerst sorgfältig ausgearbeitet: oben eine nackte Gestalt mit einem bärtigen und langlockigen Kopf in Vorderansicht, der „Nackte Held", ein in der altorientalischen Bildkunst sehr häufig dargestellter Heros, der gewöhnlich mit Tieren kämpft. Hier packen seine ausgestreckten Arme zwei auf ihren Hinterbeinen stehende menschengesichtige Wisente (vgl. Nr. 76). Wir hatten diese in der frühdynastischen Zeit beliebte Darstellung, deren inhaltlicher Hintergrund unklar ist, bereits auf einem Rollsiegel (Nr. 53) kennengelernt. Im unteren Feld schlägt ein löwenköpfiger Adler („Anzu", s. Nr. 55) seine Fänge in zwei liegende Steinböcke.
Zu unserem Stück, das seinerseits aus vier Teilen zusammengesetzt ist, gehören mit großer Wahrscheinlichkeit drei weitere unweit entfernt entdeckte Fragmente, da diese bei gleicher Technik eine ähnliche Thematik (Anzu, Tierbezwingungsszenen) behandeln. Die so zu rekonstruierende flache quadratische Steinplatte (Abb. 22) mit einer ursprünglichen Gliederung in neun Felder wäre dann zu einer Denkmälergattung zu zählen, die in Mesopotamien in der frühdynastischen Zeit entwickelt wurde, und bis zur Periode der III. Dynastie von Ur als Gabe für Tempel gestiftet wurde: die „Weihplatten". Ähnlich wie die „Beterstatuen" (Nr. 61–66) sollten sie wohl einen Schutz für den Stifter bewirken, oder seine Gläubigkeit ausdrücken. Die Platten, deren mittleres Feld ausgespart war, wurden vermutlich mit starken Stiften an den Tempelwänden befestigt.
Geringe Spuren zeugen von einer einstigen Silberauflage auf dem Relief; diese Technik ist im 3. Jahrtausend selten belegt: aus Ur stammen einige mit Goldfolie überzogene Rollsiegel. Wir wiesen oben darauf hin, daß auch die Statuette der Göttin aus dem Schatzfund (Nr. 57) eine Elektronauflage gehabt hat. K. K.

71 Reliefgefäß

Mari (Tall Hariri), Ischtar-Tempel, Schicht a, Hof 20
Ältere frühdynastische Zeit (3200–2685 v. Chr.)
Steatit
Größte erhaltene Höhe: 22 cm
Aleppo 1509 [M. 185]
Lit.: A. Parrot, MAM I (1956) 116 Taf. XLVIII; – Tokyo-Exhib. Nr. 60.

Unter den reichen Weihgaben des Ischtar-Tempels, in unmittelbarer Nähe des wohl bedeutendsten frühdynastischen Bildwerks von Mari, der Statue des Ebich-Il (jetzt im Louvre), befand sich dieses große Reliefgefäß. Nur im unteren Bereich mußte es ergänzt werden.
Die Zone der Schulter bis über den Wandungsumbruch hinaus zieren zwei Streifen ineinander verflochtener wellenförmiger Bänder. Aufgrund von Paralleldarstellungen erkennt man in ihnen Schlangenleiber, die sich endlos und rein dekorativ um das Gefäß winden. Die Aussparungen bargen einst farbige Einlagen, wie Muscheln, Perlmutt, roten oder grünen Stein oder Pasten.
Derartige Gefäße, in der Fachliteratur trotz häufig fehlgehender Gesteinsbestimmung unter dem Namen „Steatitgefäße" zusammengefaßt, stammen, wie schon seit langem vermutet wurde, nicht aus Mesopotamien.
Fiele es bei diesem Stück noch schwer, die fremde Herkunft sofort zu erkennen – seine Form gleicht durchaus der von irdenen Gefäßen aus Mesopotamien und auch Mari selbst –, so fallen die folgenden Fragmente (Nr. 72) allein schon vom Umriß der zu rekonstruierenden Wandung völlig aus

71

◁ Kat.-Nr. 78
(s. S. 86)

Kat.-Nr. 66
(s. S. 75)

79

78 Vertrag

Ebla (Tall Mardich), Palast G
um 2400 v. Chr.[1]
Gebrannter Ton
23,9 x 22,1 x 6 cm
Aleppo [TM 75 G 2420]
Lit.: G. Pettinato, Catalogo 177 Nr. 1859; – G. Pettinato, Ebla. Un imperio inciso nell'argilla (1979) 109ff.; – E. Sollberger, SEb III (1980) 129–155.

Text eines Vertrages zwischen dem Herrscher von Ebla und einem leider nicht genannten Fürsten der bisher unbekannten Stadt Abarsal. Der Text ist noch nicht in allen Details verständlich, eine Übersetzung ist deshalb noch nicht möglich.
Inhaltsangabe: Nach einer Aufzählung der zum Territorium von Ebla gehörigen 20 Ortschaften und einer allgemeinen Fluchformel folgt ein gegenseitiges Hilfsversprechen allgemeiner Art. Danach wird die Verpflichtung von Abarsal zur Verpflegung von Boten aus Ebla festgehalten. Für den

Raub von Schafen aus dem Gebiet von Ebla wird dem Nachbarland Vernichtung angedroht. Auch bei einer Revolte in Abarsal behält sich Ebla wahrscheinlich ein Eingreifen vor. Für Nichteinhaltung von Bestimmungen über die Lieferung (?) von Saatgetreide und die Aufnahme von Boten wird der Herr von Abarsal mit der Absetzung bedroht; auch die unbeschränkte Benutzung von Wasserwegen (?) hat Abarsal Ebla zu garantieren. Ferner steht offenbar Ebla volles Verfügungsrecht über Leute und Besitz von Abarsal zu. Bei Nichteinhaltung des Vertrages werden Sonnengott, Wettergott und ein dritter unbestimmbarer Gott die Leute von Abarsal mit schweren Strafen belegen. W. R.

1 Der Verfasser benutzt die „Kurze Chronologie", dazu S. 14 f.

79 Verwaltungstext

Ebla (Tall Mardich), Palast G, L. 2769
Jüngere frühdynastische Zeit bis Beginn Akkade-Zeit (2645–2415 v. Chr.)
Ton, durch Brand gehärtet
Größe: 21 x 19,7 x 3,6 cm
Aleppo [TM. 75. G. 1274]
Lit.: G. Pettinato, Catalogo 42 Nr. 713; – testi amministrativi della biblioteca L. 2769. Parte I: Materiali epigrafici di Ebla – 2: Istituto Universario Orientale di Napoli, Seminario di Studi Asiatici, Series Maior II (1980) 59 ff. Nr. 7.

Die Liste zählt die Empfänger und Mengen von farbigen und feinen Stoffen, Kleidern und wertvollem Schmuck auf, die vom Königshaus – dem Herrscher (en) und der Königin (maliktum) verteilt wurden.
Ausschnitt (Kolumne II 12 ff., nach der Übersetzung von G. Pettinato): „1 Edaum-Stoff zu 2 (vielleicht Herstellungsmaß: Bahnen?), 1 Aktum-Stoff, 1 hervorragendes und buntes Kleid, 1 silbernes Armband von 32 Schekel (Gewicht) hat dem Ischputu, seinem Wächter, der Herrscher gegeben; 2 Edaum-Stoffe zu 2, 2 Aktum-Stoffe, 2 hervorragende und bunte Kleider dem Darzimu und Sarmilu, 1 Edaum-Stoff zu 2, 1 Aktum-Stoff, 1 hervorragendes und buntes Kleid dem Ischputu, ihrem Wächter, hat die Königin gegeben."

80

Am Schluß addiert der Schreiber die einzelnen Stoff- bzw. Kleider-Arten, zieht die Endsumme und datiert den Vorgang. K. K.

80 Verwaltungstext

Ebla (Tall Mardich), Palast G, L. 2769
Jüngere frühdynastische Zeit bis Beginn Akkade-Zeit (2645–2415 v. Chr.)
Ton, durch Brand gehärtet
Größe: 4,1 x 4,2 cm; maximale Dicke: 1,9 cm
Aleppo [TM. 76. G. 790]
Lit.: Vgl. G. Pettinato, Catalogo.

Kürzere Wirtschaftsurkunden haben gewöhnlich eine runde beidseitig gewölbte Form. In zwei „Kolumnen" (Spalten) auf der Vorder- und Rückseite wird Buch geführt über geschäftliche Abwicklungen. Metalle, darunter Gold, und ein Schmied werden genannt. K. K.

Kat.-Nr. 95 (s. S. 112)

◁ Kat.-Nr. 76 (s. S. 83)

Kat.-Nr. 96 (s. S. 112)

Kat.-Nr. 99 oben (s. S. 117)

Kat.-Nr. 81 unten (s. S. 98)

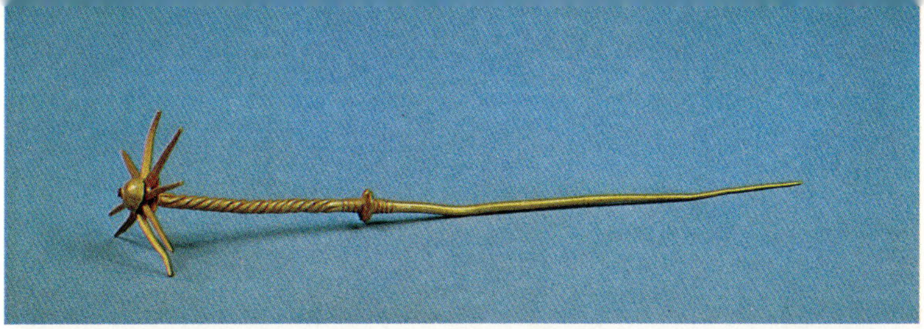

Kat.-Nr. 101
(s. S. 120)

Kat.-Nr. 100
(s. S. 120)
Kat.-Nr. 102
(s. S. 120)

Kat.-Nr. 103
(s. S. 120)

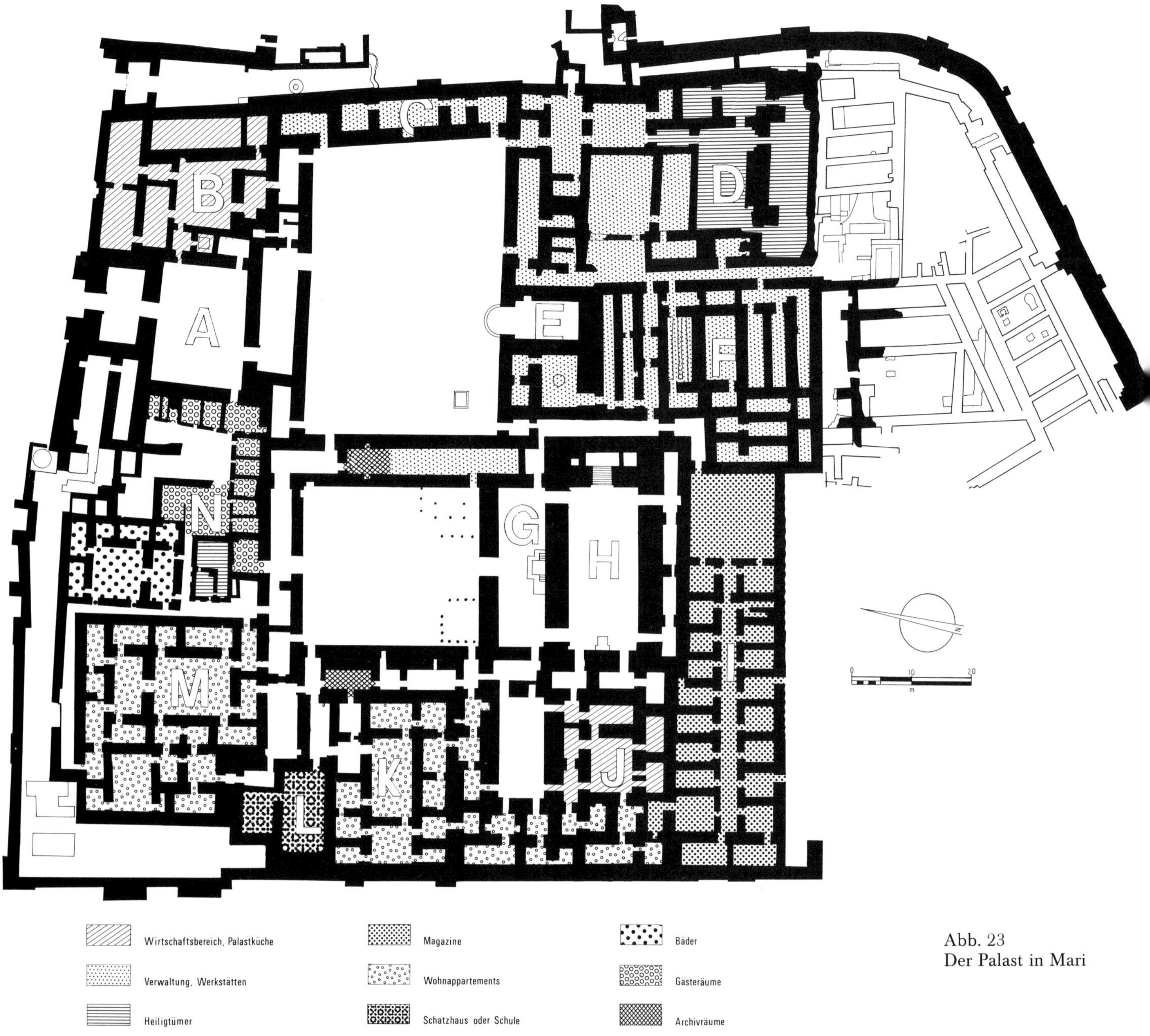

Abb. 23
Der Palast in Mari

Bautradition bis in die frühdynastische Zeit (s. S. 59); er wurde wohl von den „Schakkanakku“ benutzt. Der westliche Komplex ist wahrscheinlich in der Zeit der assyrischen Fremdherrschaft hinzugefügt worden. Damals und unter dem letzten König von Mari, Zimri-Lim, wurde er reich ausgeschmückt.

Durch ein Tor, ein Vestibül, einen Hof (A) und einen weiteren Breitraum, dessen Türen sichtversperrend angeordnet sind, erreichte man den zentralen östlichen Hof. An den Eingangshof grenzte zur letzten Nutzungsphase die Zentralküche für den äußeren Palastbereich (B). An der Ostseite des großen Palasthofes lag eine Flucht von Räu-

men, in denen ankommende Waren vor ihrer Weiterverteilung registriert wurden; Krugverschlüsse und gesiegelte Tonklumpen von Plombierungen der Waren kamen hier zutage (C). Den Südwestbereich des Palastes bildete ein Heiligtum (D). Von dort stammt das Körperfragment einer Statuette (Nr. 85). Ein Audienzsaal (E) öffnete sich über eine halbrunde Freitreppe dem genannten Hof zu. Seine Wandmalereien mit Opferhandlungen des Königs zeigen Merkmale der Zeit der III. Dynastie von Ur. Im rückwärtigen Gebäudetrakt befanden sich Werkstätten. Textfunde weisen auf Schmiede, die hier für den Palast tätig waren. Ein in dieser Ebene nicht zugänglicher Raum (F) war mit Malereien geschmückt.
Durch einen Korridor, vorbei an einem Archivraum, gelangte man zum westlichen Palasthof. Er war mit großen Wandmalereien verziert, von denen wir ein Fragment zeigen (Nr. 95). An seiner Südseite lag ein Breitraum mit einem Podest (G); Hofzugang, Eingangstür und Podest sind in einer Achse angeordnet. Wer also zum thronenden König gelangen wollte, hatte über eine gerade Strecke von 45 m durch den großen Hof hindurch auf ihn zuzutreten.

Abb. 24 Detail aus dem großen Wandgemälde in Mari

Zwei Zugänge führten zu einem dahinter liegenden Längsraum (H) mit einer über eine Treppe verbundenen Cella; ein weiteres Thronpodest stand ihr gegenüber. Dem Grundriß nach eher ein Sakralraum, ist der Saal mit einem kultischen Geschehen in Verbindung gesetzt worden, dessen Darstellung man auf einem Wandgemälde rechts des Eingangs zum Podestraum (G) zu erkennen meinte (Abb. 24): der Amtseinführung („Investitur") des Königs (dazu s. S. 102).
Die Hälfte der südlichen Palastseite nahm ein bazarartiger Speicher (I) ein. Durch einen langen schlauchartigen Korridor mußten die Waren vom östlichen Palasthof herantransportiert werden. Ein Wirtschaftsbereich (J) – von hier kommen die Formen Nr. 91–94 – mit umliegenden Wohnräumen (K) und einem weiteren Saal mit Thronsitz schlossen sich an. Daneben lag eine Raumgruppe, die der Ausgräber wegen nahebei gefundener Tafeln und eingebauter Bänke als Palastschule gedeutet hat, in der aber neuerdings die königliche Schatzkammer gesehen wird (L).
Im Obergeschoß des luxuriös ausgestatteten königlichen Wohnhauses (M) lag möglicherweise der Harem. Zwischen ihm und dem Torbereich sind Wohnräume mit zahlreichen Badestuben, eventuell für Gäste, und ein kleines Heiligtum eingeschoben (N).
Große Teile des Palastes waren wohl zweistöckig. Nur an einigen Stellen sind Backziegel verwendet worden. Die Mauern aus ungebrannten Lehmziegeln sind heute, 45 Jahre nach ihrer Wiedererstehung, nur noch zusammengefallene und ausgewaschene Wälle. K.K.

Ebla (Tall Mardich)

Über Lage, Alter, Forschungen und Veröffentlichungen informiert S. 59. Veröffentlichungen zum Palast Q und den Gräbern: P. Matthiae und andere: SEb I, 9–12 (1979) 138 ff.; – P. Matthiae: Beiträge zur Gesellschaft und Kultur des Alten Vorderasien. II. Internationale Tagung der Keilschriftforscher Sozialistischer Länder (1979, im Druck); – Akkadica 17 (1980) 1 ff.; – Archaeology 33,2 (1980) 9 ff.

Offensichtlich spielte Ebla in der altsyrischen Zeit nicht mehr die Rolle wie zu Ende der frühdynastischen Epoche. So bleibt die Stadt in den Texten aus Mari unerwähnt. Daß sie jedoch keineswegs unbedeutend war, zeigen die archäologischen Hinterlassenschaften der Schichten III A und B. Zudem sind ihre Handelsbeziehungen weiterhin bis Anatolien, zur altassyrischen Handelskolonie von Karum Kanisch belegt.
Zwei Könige aus der altsyrischen Zeit kennen wir namentlich: Igrisch-Chepa und Ibbit-Lim, hurritischen Namens der eine, Amoriter der andere. Ein Statuenfragment aus Basalt mit einer Inschrift des Ibbit-Lim – 1968 gefunden –

Kat.-Nr. 104 (s. S. 121)

Kat.-Nr. 105 (s. S. 122)

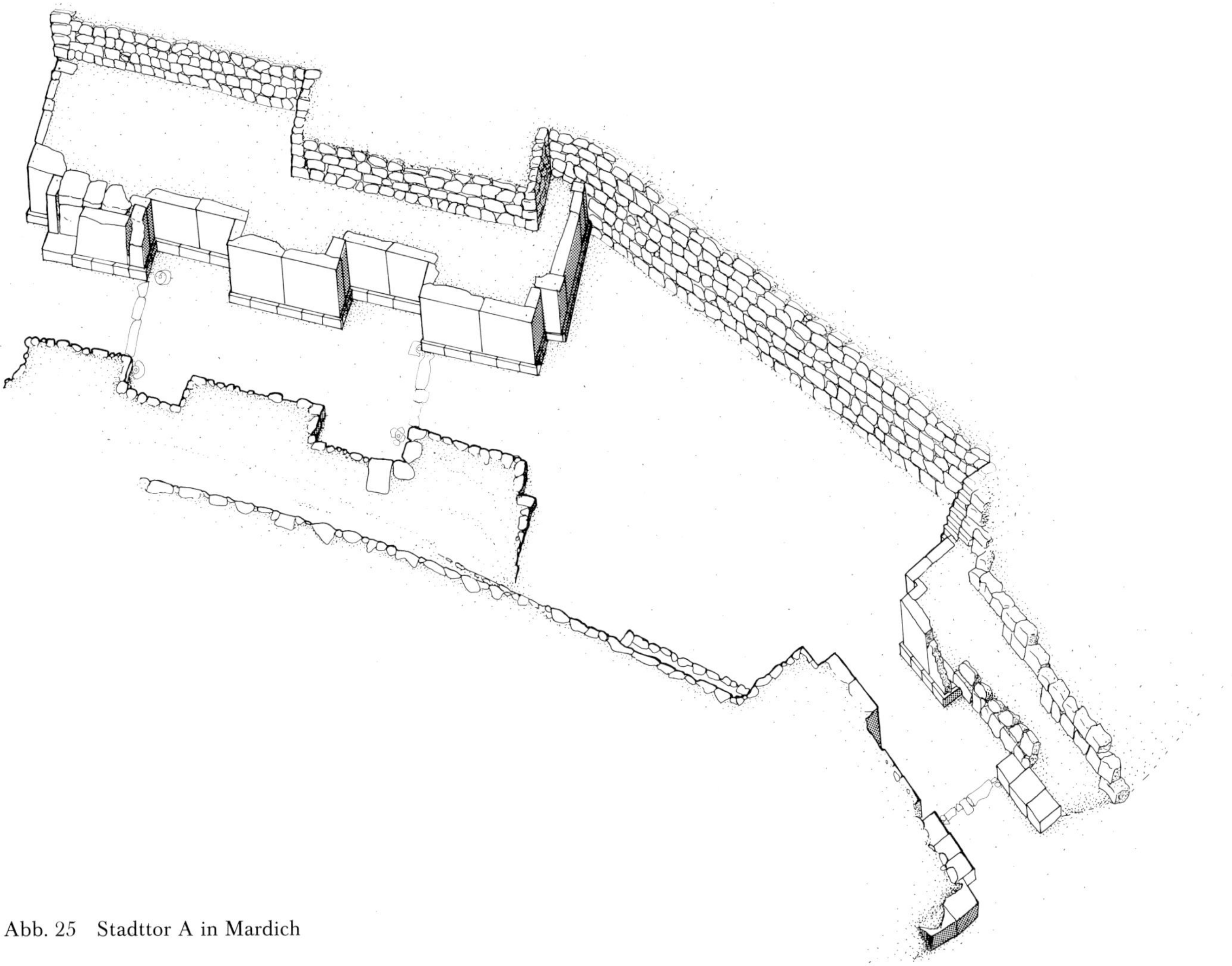

Abb. 25 Stadttor A in Mardich

ermöglichte erstmals die Gleichsetzung der ursprünglich weiter im Norden vermuteten Stadt Ebla mit Tall Mardich.
Ein hoher Erdwall umgab Ebla damals. Er war am Fuße mit großen Steinblöcken verkleidet und oben von einer ton- und gipshaltigen Putzschicht geschützt. Türme und Festungen verstärkten ihn. Eines der großen Stadttore wurde völlig ausgegraben (Abb. 25): stadteinwärts gab es eine zweikammerige Anlage mit zwei jeweils zweiflügeligen Türen. Riesige rechteckige Steinplatten verkleideten den unteren Mauerteil. Vorgelagert war ein großer Hof und durch ein weiteres einkammeriges Tor gelangte man nach außen. Ein großer Turm auf der Ostseite gewährte zusätzlichen Schutz. An zwei Stellen der Unterstadt legten die italienischen Archäologen Wohnhäuser und Kultbauten frei. Das gewöhnliche Wohnhaus besaß einen Hof mit zwei oder mehr sich zu ihm öffnenden Räumen.
Als Beispiel für die Kultbauten zeigen wir den größten entdeckten Tempel, der mit dem Buchstaben D bezeichnet wird. Er liegt am Westrand der Akropolis und war wahrscheinlich das Hauptheiligtum der Stadt (Abb. 26). Eine längliche Cella mit der Kultnische besaß einen breitgelagerten Vorraum, der von zwei Löwenfiguren bewacht wurde, und eine ebenso orientierte Vorhalle. Dieser Grundriß: Langraum mit Vorhalle, der charakteristisch für die syrischen Tempel dieser Zeit ist, kehrt wieder in der Schilderung des großen Tempels von Jerusalem (1. Könige 6)[1].
Zum Tempelinventar gehörte ein großes steinernes Becken,

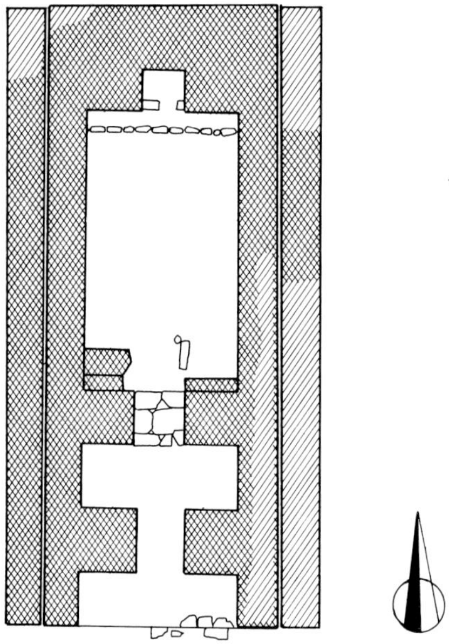

Abb. 26
Tempel D
in Mardich

das noch vollständig erhalten in einer Ecke der Cella stand (Nr. 106).
Im nördlichen Bereich der Akropolis lag die Königsresidenz, deren stark ausgeraubten Überreste auf eine Anlage mit mehreren Höfen schließen lassen. Sie scheint terrassenförmig angelegt gewesen zu sein.
Ebenso wie die Residenz ist ein großes, mit dem Buchstaben Q bezeichnetes, Bauwerk durch Brand zerstört worden. Der Ausgräber sieht die vernichtende Feuersbrunst, die sich wohl auf die gesamte Stadt erstreckte, in Zusammenhang mit den Feldzügen der althethitischen Könige. Das Bauwerk Q liegt westlich des Königspalastes G der frühdynastischen Zeit (s. S. 59). Wahrscheinlich gründet seine östliche Begrenzungsmauer sogar auf den Fundamenten der Westfassade des Audienzhofes dieser alten Anlage. Zwei übereinander gelegene Böden in dem etwa um 2000 v. Chr. errichteten Komplex weisen auf zwei Nutzungsphasen, wobei in der zweiten Phase zwar Türen zugesetzt wurden, aber keine grundsätzliche Funktionsänderung der Räume stattfand. Der Bau diente – bisher nicht näher bestimmbaren – Verwaltungszwecken.
Die große Überraschung boten hier zwei Gräber unter dem Fußboden. Es handelt sich um eine Gruppe von Höhlen, die in den Kalkgrund geschlagen waren. Zwei unabhängige Eingänge führten zu ihnen hinab. Weitere Zugänge waren durch Mauern aus großen Basaltblöcken zugesetzt. Die Gräber waren nicht geplündert: neben den Skelettknochen fanden sich noch Reste der Totenopfer von Tieren. Überwältigend war der Reichtum der Beigaben, der die Archäologen zu den Benennungen anregte: „Grab der Prinzessin" wegen des reichen Inventars eines jungen Mädchens bei der einen, „Grab des Herrn der Ziegen" wegen der ungewöhnlichen Möbelteile in Gestalt von Ziegenböcken bei der anderen Bestattung. Sechs Ausstellungsstücke (Nr. 100–105) sollen die Pracht der den Toten beigelegten Gaben vorführen.
Mit dem Ende der altsyrischen Zeit scheint die große Stadt ihren Niedergang erlebt zu haben. Nur eine kleine Siedlung blieb auf der Akropolis bestehen. In persisch-hellenistischer Zeit stand hier ein gut erhaltenes größeres Gebäude.

K. K.

1 K. Rupprecht: ZDPV 88 (1974) 269 ff. und V. Fritz: MDOG 112 (1980) 53 ff.

81 Rollsiegel mit vier Gottheiten

(Abb. s. Farbtaf. S. 92)

Mari (Tall Hariri), „temples anonymes"
Späte reichsakkadische Zeit (2390–2290 v. Chr.)
Schneckenkern, Kupfer über Bitumen (Kappen)
Höhe: 4,0 cm; – mit Kappen: 6,1 cm; ⌀: 2,8 cm
Damaskus Š 2184 [M. 2734]
Lit.: A. Parrot: Syria 31 (1954) 153 Taf. XV 1; – Mari 90 Abb. 47; – Iraq 36 (1974) 189 ff.; – R. M. Boehmer, Die Entwicklung der Glyptik während der Akkad-Zeit: UAVA 4 (1965) Abb. 552; – in: Prop. Kunstgesch. 14, 236 Abb. 136 h; – H. Kühne, Das Rollsiegel in Syrien (1980) 58 f.

Auf einem Berg sitzt ein bärtiger Gott mit mehrfach gegliederter Hörnerkrone, einer Keule in seiner Rechten und einem langen Falbelgewand. Ein Kleid aus diesem Stoff, dessen Vielstufigkeit durch plissierte Volants entsteht, ist erstmals bei der Tochter des Scharrum-kin, des Begründers der Dynastie von Akkade, belegt. Der Berg ist nach üblicher altorientalischer Art schuppenförmig stilisiert. Zu beiden Seiten ragen Hälse mit Vogelköpfen heraus. Sie spenden

81

82

Wasser, das sich vermengt mit den wellenartigen Bändern, die sich aus den langen Gewändern zweier dem sitzenden Gott zugewandten und ihn flankierenden Gottheiten entwickeln. Ihren Körpern entwachsen Zweige, und ihre Hände umfassen ein Gefäß bzw. eine doldenartige Standarte. Sie tragen Hörnerkronen mit einem offenbar pflanzlichen Mittelelement. Im Gegensatz zum Sitzenden, dessen Haar emporgeknotet ist, fällt ihr Haarschopf weit den Rükken hinab.
Eine vierte Gottheit, bärtig und mit gleichartiger Kopfbedeckung ist zwischen sie gestellt. Ihr langer Schlitzrock läßt das vorgesetzte linke Bein unbedeckt. Der Fuß ist in das Wasser gesetzt, und die Stakstange in den Händen wird derart geführt, als ob der Gott in einem Boot stände.
Wie so häufig läßt sich auch diese bildliche Darstellung nicht mit der textlichen Überlieferung in überzeugende Übereinstimmung bringen. Im Sitzenden ist Anu, der Göttervater, gesehen worden, auch El, der westsyrische Himmelsgott und König der Götter wurde in Betracht gezogen. Dagegen spricht, daß das Siegel in seiner Darstellung zum mesopotamischen Kulturkreis gehört und völlig im Rahmen des entwickelten reichsakkadischen Stiles („Akkadisch III“) steht, ja innerhalb dieser Gruppe durch seine sorgfältige Ausführung eine hervorragende Stellung einnimmt. K.K.

82 Rollsiegel des Idi-Dagan, eines Zeitgenossen des „Schakkanakku“ Idi-ilum

Mari (Tall Hariri), östliche Begrenzung des Palastes
Späte Zeit der „Schakkanakku“ (2140–2040 v. Chr.)
Hämatit
Höhe: 2,75 cm; ∅: 1,4 cm
Aleppo 6296 [M. 1400]
Lit.: A. Parrot, MAM II, 3 (1959) 146 f. Abb. 99 Taf. XXXIX.

Drei Figuren sind in einer „Einführungsszene“ zusammengefaßt. In ihr wird ein Mensch durch die Vermittlung einer „Fürbittenden Gottheit“ vor den von ihm angebeteten Gott geleitet. Dieses Motiv taucht erstmals in der reichsakkadischen Zeit auf. Bereits unter der III. Dynastie von Ur prägt es fast ausschließlich die Rollsiegeldarstellungen und erfreut sich bis in die ausgehende altbabylonische Zeit äußerster Beliebtheit. In der Ur-III-Zeit kann der Gott ausgetauscht sein gegen den Herrscher mit einer Breitrandkappe – Ausdruck seiner Gottesähnlichkeit, die zurückgeht auf die Vergöttlichungen der Könige der Dynastie von Akkade.
Hier stehen der Betende in langem Gewand und hinter ihm die „Fürbittende Göttin“ vor einer thronenden Göttin. Beide Frauen tragen das „Falbelgewand“ (s. Nr. 86) und mehrfache Hörnerkronen.
Die Inschrift lautet: „Idi-ilum, Schakkanakku von Mari: Idi-Dagan“. Die Beischrift beim Beter ist verschliffen: offenbar bezeichnet er sich als „Schabra“, womit ein hoher Priester gemeint ist. Sein Herrscher Idi-ilum hat eine Statuette geweiht, die im Hof 148 des Palastes gefunden wurde. Sie zeigt kennzeichnende Eigenarten der späten Zeit der „Schakkanakku“ (s. S. 90). K.K.

83

gem Zipfelrock, seitwärts gestuftem Bart und Keule erstmals belegt. Unterschiedliche Deutungen hat er erfahren: als die Götter Amurru oder Ninschubur oder als Gilgamesch wurde er angesehen. Seine neutrale Bezeichnung: „Gottkönig als Krieger" gründet auf seiner Siegerpose: Er tritt den überwundenen Feind nieder. Diese symbolische Handlung steht eigentlich den Göttern zu. Seit Naram-Sin aus der Dynastie von Akkade maßen sie sich aber auch Herrscher an.
Häufig sind auf altbabylonischen Siegeln Füllmotive eingestreut, deren – wohl magische – Bedeutung uns verborgen bleibt: in diesem Fall ein Kopf, ein Vogel, ein Löwe mit weit aufgerissenem Maul und eine Bogenhornziege. K. K.

83 Rollsiegel mit Einführungsszene

Mari (Tall Hariri), Palast, „appartements privés"
Frühe altsyrische Zeit, Larsa-Periode (2040-1870 v. Chr.)
Hämatit
Höhe: 2,6 cm; Ø: 1,4 cm
Aleppo 6307 [M. 828]
Lit.: A. Parrot, MAM II, 3 (1959) 150 Taf. XXXIX 828.

Die Einführungsszene dieses Siegels ist gegenüber Nr. 82 um zwei Personen erweitert: eine dem sitzenden Gott beigesellte Göttin und den „Gottkönig als Krieger".
Im Mittelpunkt befinden sich wiederum Gott, Beter (hier als Opferträger) und „Fürbittende Göttin". Der bärtige Gott sitzt auf einem Thron mit niedriger Lehne, der wie sein Fußschemel auf ein Podest gestellt ist. Er trägt die mehrfache Hörnerkrone, ein Gewand aus Falbelstoff (wie die Göttinnen) und eine Keule oder ein Szepter.
In langem Gewand und Breitrandkappe steht der Opferträger vor ihm. Das Opfertier untergreift er nur mit der einen Hand; dessen Kopf ist dem Gotte zugewandt. Damit entspricht die Darstellung der für die Glyptik der Larsa-Periode typischen Haltung (vergleiche dagegen Nr. 84). Den Opfernden führt die „Fürbittende Göttin" ein; unter der Hörnerkappe ist ihr Haar emporgebunden, ähnlich wie bei der Wassergöttin Nr. 86. Auch hat sie ihren Halsschmuck mit einem den Rücken herabfallenden Gegengewicht beschwert – einer Mode folgend, die nach der III. Dynastie von Ur auftrat.
Die dem sitzenden Gott beigeordnete Göttin wendet dem Betrachter das Gesicht zu. Ihre Rechte ist dem Gotte zu erhoben. Eine Kombination von Sonnenscheibe und Mondsichel schwebt darüber – ein Symbol des Sonnengottes Schamasch.
Hinter der „Fürbittenden Göttin" steht der „Gottkönig als Krieger". Etwa hundert Jahre vor Hammurapi von Babylon ist diese männliche Gestalt mit Breitrandkappe, knielan-

84

84 Oberteil eines Opferträgers

Mari (Tall Hariri), „temples anonymes"
Reichsakkadische Zeit (2460–2290 v. Chr.)
Gipsstein
Höhe: 23 cm; Breite: 16 cm
Aleppo 1525
Lit.: A. Parrot in: Melanges syriens offerts à Monsieur René Dussaud (1939) 171 ff.; – Syria 20 (1939) Taf. VII; – Sumer: Universum der Kunst (1962) Abb. 341; – Mari 93 Taf. VII 2; – E. Strommenger: BaM 1 (1960) 54 f.; – Spycket, La statuaire 161 f.

Nur wenige Objekte lassen sich in Mari der reichsakkadischen Zeit (s. S. 57. 90) zuweisen: neben dem Rollsiegel Nr. 81 vor allem zwei Statuettenfragmente von Opferbringern, die östlich des Dagan-Tempels entdeckt wurden.
Vor der Brust trägt der Mann das Opfertier: es hat ein Bein über seinen linken Arm gelegt, und entspricht in dieser Haltung ganz der Tierdarstellung frühdynastischer Zeit. Bekleidet ist der Opferträger mit einem Mantel aus einem Stoff mit flammenartigen Zotten und – im Unterschied zur frühdynastischen Zeit – einem breiten Kragen mit einer einfachen Reihe gerader Zotten und einem dicken Wulst. Seinen Kopf bedeckt eine Kappe mit einer Binde, deren Enden am rechten Ohr erkennbar sind. Aus etwas jüngeren Texten wissen wir, daß beispielsweise der En-Priester eine Kopfbinde trug. Die Oberlippe ist – vergleichbar dem zeitlich vorangehenden Lamgi-Mari (Nr. 62) – ausrasiert, doch anders als bei diesem ist hier der eckige Vollbart durch Lokkenreihen gestaffelt. Das gesamte Gesicht ist organischer durchgeformt, und die Ohren sind naturalistischer wiedergegeben.
Der Ausgräber schlägt für den Opferträger eine Datierung an den Beginn des 2. Jahrtausends v. Chr. vor. Dem Stück sind jedoch ein Oberkörperfragment und Stelenbruchstücke aus Susa an die Seite zu stellen, die eine Datierung in die Zeit der Akkade-Dynastie nahelegen. K. K.

85 Körperfragment einer Statuette ▷

Mari (Tall Hariri), Palast, Gründungskapsel in Raum 149
Späte Zeit der „Schakkanakku" (2140–2040 v. Chr.)
Schieferartiger rotbrauner Stein
Höhe: 19 cm; Breite: 9,5 cm; Tiefe: 7 cm
Aleppo 2164 [M. 1389]
Lit.: A. Parrot: Syria 19 (1938) 16 f. Taf. VII 2; – MAM II, 3 (1959) 14 ff. Taf. XII; – G. Dossin: RA 34 (1937) 176; – E. Strommenger: BaM 1 (1960) 76; – Spycket, La statuaire 242 ff.

„Lasgan, Sohn des Asmatien, ... seine Statue der Anunitu hat ... (geweiht)!": so lautet die Inschrift auf dem Gewandsaum dieser Statuette. Anunitu ist seit der Dynastie von Akkade als Erscheinungsform der kriegerischen Ischtar (s. S. 333) bezeugt.
Das offene Wickelgewand, das der Weihende trägt, zeigt Ähnlichkeit mit dem zweier Statuen, die von Puzur-eschtar, einem „Schakkanakku" von Mari (s. S. 90) und seinem Bruder gestiftet worden sind. Mit einer Reihe anderer erbeuteter Kunstwerke waren diese einst im spätbabylonischen „Schloßmuseum" von Babylon aufgestellt. Sie haben auch den gleichen spitzen Bart mit eingerollten Strähnenenden wie Lasgan.
Vielleicht ist der Weihende dieselbe Person gleichen Namens, die auf Tontafeln aus der Zeit der „Statthalter" genannt ist. Innerhalb dieser Epoche ist seine Statuette, wie etwa der Vergleich mit einer Figur des Statthalters Ischtup-ilum zeigt, in die spätere Phase zu datieren.
Es ist bedauerlich, daß dieses besonders fein gearbeitete Kunstwerk nur unvollständig erhalten ist. In diesem Zustand war es in eine ziegelgefaßte Gründungskapsel gelegt worden, die neben dem Eingang der Vorcella des Palastheiligtums eingesenkt war. Sie enthielt außer ihm nur Asche und Ziegelstücke. K. K.

86 Statue einer Göttin

Mari (Tall Hariri), Palast, Raum 64 und Hof 106
Frühe altsyrische Zeit, Larsa-Periode (2040–1870 v. Chr.)
Weißer Stein
Höhe: 1,42 m; Breite der Plinthe: 0,48 m
Aleppo 1659
Lit.: A. Parrot: Syria 18 (1937) 78 ff.; – MAM II, 3 (1959) 5 ff. Taf. IV–VI. Titelbild; – Strommenger/Hirmer, Mesopotamien 88 Abb. 162. 163; – W. Orthmann in: Prop. Kunstgesch. 14, 292 Abb. 160 b; – zur Aufstellung zuletzt: Y. al-Khalesi, The Court of the Palms: Bibliotheca Mesopotamica 8 (1978) 37 ff.; – dagegen: A. Parrot: Syria 56 (1979) 411 f.; – Tokyo-Exhib. Nr. 72; – Spycket, La statuaire 224 f.

Aus zahlreichen Bruchstücken konnte die Statue dieser Frau wieder zusammengefügt werden. Zwei Hörner an ihrem Kopftuch weisen sie als Göttin aus. Ihr Haar, dessen Scheitel sich durch das Tuch abzeichnet, fällt in vollen gedrehten Schöpfen auf die Schultern; ihr Schmuck ist reich: in den Ohren trägt sie zahlreiche Ringe, jeweils drei Ringe zieren ihre Handgelenke und um den Hals ist eine sechsreihige Kette gelegt, die von einem den Rücken lang herabfallenden Gegengewicht gehalten wird.
Die Kleidung der Göttin ist in ihren Einzelheiten schwer zu erklären. Die mehrfache Stufung durch Einschnürungen zeigt Ähnlichkeiten zum „Falbelgewand", bei dem Volants in Reihen übereinander geordnet sind. Möglicherweise wird ein solches von einem feinen Übergewand bedeckt. Dieses fällt in leicht gewellten Bändern, die unten eingerollt und von eingeritzten Fischen verziert sind. Oberhalb der breiten Umgürtung überkreuzen sich weitere Bänder. Die Ärmel eines Untergewandes sind mit Languettenborten besetzt.
Gipsreste in den Augenhöhlen stammen von der Befestigung der Einlagen. Ein Kanal führt durch die Statue von unten in die mit den Händen umfaßte Flasche, so daß einst tatsächlich Wasser aus der Figur hervorsprudeln konnte.
Ungeklärt ist die ursprüngliche Aufstellung der Statue. Der Körper wurde im Podestraum 64, der Kopf im Becken des Hofes 106 gefunden. Auf einem großen Wandgemälde neben dem Eingang zum Podestraum ist eine gleiche Göttin in spiegelbildlicher Verdoppelung dargestellt. In dem darüberbefindlichen Feld tritt der Herrscher in Begleitung fürbittender Gottheiten vor Ischtar. Diese Szene ist als Einsetzung („Investitur") des Zimri-Lim in sein Königsamt erklärt und mit dem Kultgeschehen in dem Saal 65 und der Cella 66 in Verbindung gebracht worden (s. S. 95). Neuerdings hat man sogar vermutet, daß die Wandmalerei die dort aufgestellten Skulpturen genau abbildet. Tatsächlich fanden sich in diesem Raum auch Wasserkanäle. Der Annahme einer Zwillingsfigur der Wassergöttin hat der Ausgräber jedoch widersprochen. Sie wäre auch nicht notwendig, da im altorientalischen Flachbild die Verdoppelung einer Person aus formalen Gründen durchaus geläufig ist.
Zusammen mit dem Wandgemälde datiert die Statue wohl in die letzte Nutzung des Palastes. K. K.

87 Verwaltungstext

Mari (Tall Hariri), Altbabylonischer Palast, Raum 5
Frühe altsyrische Zeit, Regierung des Zimri-Lim 1916 bis 1897 (1782–1759 v. Chr.[1])
Ton
20,7 x 11,1 x 4,5 cm
Aleppo 3140 [M. 1706]
Lit.: M. Birot, ARM 9 (1960) (= Textes Cuneiformes du Louvre Band 30) Nr. 27 S. 24–29. 335 ff.

Große Liste mit den Namen und Berufen der „Leute von Mari", wobei unklar bleibt, was diese Abgrenzung besagt. Es werden am Schluß rund 160 Personen zusammengezählt (die Passage ist etwas beschädigt), nämlich ca. 100 Männer, 2 Jünglinge, 52 Frauen und 10 Mädchen. Die verschiedensten Berufe und Tätigkeiten werden angeführt, und zwar

86 ▷

87

bei den Männern unter anderem: Wäscher, Zimmerleute, Sänger, Lederarbeiter, Viehmäster, Schneider, Schreiber, Gärtner usw. als Handwerker; Feldarbeiter und Hirten; Köche, Pferdeknechte, Diener als Hauspersonal; Müller und Schankpersonal. Bei den Frauen werden genannt: Haushälterinnen, Wasserschöpferinnen, Weberinnen und andere mehr. Der Text ist datiert auf den 24. Abu (= 4. Monat) des Jahres „als Zimri-Lim zum zweiten Male dem Herrn von Babylon zu Hilfe kam", das sich in der Regierungszeit des Zimri-Lim nicht exakt fixieren läßt.

W. R.

1 Der Verfasser folgt der „Kurzen Chronologie" – nach der hier ansonsten verwendeten „Langen Chronologie": 1916–1897 v. Chr., s. S. 14 f.

88 Verwaltungstext

Mari (Tall Hariri), Altbabylonischer Palast, Raum 5
Frühe altsyrische Zeit, Regierung des Zimri-Lim 1916 bis 1897 (1782–1759 v. Chr.)
Ton
15,3 x 9,0 x 3,7 cm
Aleppo 3140 [M. 1713]
Lit.: M. Birot, ARM 9 (1960) (= Textes Cuneiformes du Louvre Band 30) Nr. 168 S. 111–116.

Buchung der täglichen Abgaben von Speisen für den königlichen Haushalt im Monat Eburum (12. Monat). Es werden üblicherweise angeführt: „Zerstoßenes" Getreide, „einge-

88

weichtes“ Getreide, Sauerteiggebäck, Schipku-Gerste, Erbsen, alappanu-Bier, Öl. Am letzten Tage des Monats werden noch besondere Lieferungen für das Totenopfer des Königs und für den Götterschwur vermerkt. Obgleich der Text ohne Datum ist, dürfte er wie die anderen Texte aus Raum 5 in die Regierungszeit des Zimri-Lim gehören. W. R.

89 Gründungstafel

Mari (Tall Hariri), „Sachuru“, „dépot 5“
Beginn Ur-III-Periode (zwischen 2250 und 2200 v. Chr.)
Bronze
Größe: 11,9 x 11,9 x 0,4 cm
Aleppo 6821 [M. 1785]
Lit.: A. Parrot; Syria 21 (1940) Taf. II 4; – G. Dossin: Syria 21 (1940) 159 f.; – Parrot, Mari 98; – zu Apilkin: M. Civil: RA 56 (1962) 213.

Unweit der Zikkurrat wurden im Laufe der Grabungskampagne 1938 die Mauern eines Breitraumtempels mit mächtigen Türpfeilern freigelegt. In den vier Ecken des Mauerwerks waren Bronzeplaketten mit Nägeln festgestiftet. Der Keilschrifttext auf ihnen sagt aus, daß Niwar-Mer, Gouverneur („Schakkanakku“) von Mari, der Ninchursag diesen Tempel baute. Unmittelbar nordöstlich schließt sich ein Durchgangsraum an; in den Laibungen seines westlichen Haupttores befanden sich in der unteren Gründungsschicht jeweils große Lehmziegel, in denen eine quadratische Öffnung ausgespart war. Hier lagen Bronzeplaketten, von denen eine als Beispiel der verschiedenen Gründungbeigaben der Ur-III-Periode gezeigt wird.
In der Inschrift, die in die Platte graviert ist, rühmt sich der „starke“ Gouverneur von Mari, Apilkin, als Erbauer des „Sachuru“. Damit ist ein Kultbau bezeichnet worden, der entweder – wie in diesem Fall – ebenerdig eine Vorhalle bildete, oder aber als Kultraum auf der Spitze einer Zikkurrat – eines Stufenturmes wie dem berühmten „Turm von Babel“ – stand.
Da die Tochter des Apilkin, wie uns ein anderer Text überliefert, einen Sohn des Urnammu, des ersten Königs der III. Dynastie von Ur heiratete, können wir die Tafel und damit das Bauwerk in das chronologische Gerüst der mesopotamischen Herrscherabfolge fest einbinden. K. K.

89

90 Gründungsziegel

Mari (Tall Hariri), Tempel des Schamasch
Zeit des Jachdun-Lim (1945–1938 v. Chr.) (um 1750 v. Chr.)
Gebrannter Ton
41 x 40,5 x 7 cm
Damaskus Š 2145
Lit.: A. Parrot: Syria 31 (1954) 161 Abb. 4; – G. Dossin: Syria 32 (1955) 1-28; – J.-R. Kupper: IRSA (1971) 245–249 (IVF 6 b).

Einer von neun Gründungsziegeln des Schamasch-Tempels in Mari, deren lange Inschrift Jachdun-Lim, Sohn des Jaggid-Lim, König von Mari verfaßt hat. Die Ziegel, die auf der Vorderseite jeweils 3, auf der Rückseite 1–2 Kolumnen in altbabylonischer Keilschrift tragen, waren mit der Vorderseite nach unten im Mauerverband in den Fundamenten des Tempels verbaut.
Die Inschrift beginnt mit einer Verherrlichung des Sonnengottes Schamasch, dem der Tempel geweiht war. Sie wird fortgesetzt durch die Einführung des Weihenden, des Königs Jachdun-Lim von Mari. Von diesem werden die folgenden wichtigen Taten berichtet:

◁ 90

Abb. 27 Wirtschaftshof im Palast in Mari

1. Ein Zug zum Mittelmeer, der politisch wie wirtschaftlich begründet war;
2. siegreiche Auseinandersetzung mit drei Königen am Mittleren Euphrat, Verbündeten des Sumuepuch von Jamchad/Aleppo;
3. Zerstörung der Stadt Haman, eines Stützpunktes der Hanäer, einer großen Nomadengruppe;
4. Wiederherstellungsarbeiten am Euphratufer und
5. Errichtung des Schamasch-Tempels Egirzalaanki („Tempel, der die Pracht Himmels und der Erde ist")

Es folgen die in solchen Inschriften üblichen Segens- und Fluchformeln. W. R.

91 Form für Kuchen (?)

Mari (Tall Hariri), Palast, Raum 77
Frühe altsyrische Zeit, Larsa-Periode (2040–1870 v. Chr.)
Poröse Terrakotta
Ø: 22 cm; Höhe: 4,5 cm
Aleppo 1565 [M. 1033]
Lit.: A. Parrot: Syria 18 (1937) 75 ff. Taf. XII 1; – MAM II, 3 (1959) 34 Abb. 28 Taf. XVII; – Tokyo-Exhib. Nr. 78.

Eine Gruppe von Formen, allesamt aus porösem gebrannten Ton fand sich in einem Wirtschaftsbereich des Palastes.

Dem Fundplatz benachbart lag ein großer Hof. Zwei Öfen, der eine mit einem Durchmesser von 3,75 m, gehörten zu seinen Einbauten, Vorratsgefäße und Mörser aus Basalt zu seinem beweglichen Inventar (Abb. 27). Die Formen aus Raum 77 stehen sicherlich in Zusammenhang mit den Tätigkeiten in diesem Küchentrakt, obwohl sie nach ihrer Fundlage aus dem herabgestürzten Obergeschoß stammen müssen. Offenbar war die gesamte Wirtschaftseinheit zweistöckig um den Hof gruppiert.
Zumeist sind es flache Schalen, einige nur sind höher, ähnlich heutigen Puddingformen. Sie zeigen niemals Spuren einer direkten Berührung mit Feuer. Im Negativ sind in ihnen Szenen eingeprägt: darunter Wild und Herdentiere, mythologische Figuren oder auch nur geometrischer Dekor.
Der Ausgräber stellt die Formen in Beziehung zu der in zahlreichen Texten erwähnten königlichen Tafel: zur Herstellung von Milchprodukten (Käse) oder Gebäck. Uns erscheint letzteres wegen der Porösität des Tones für plausibler. Gebäck fand auch im Kult eine vielfache Verwendung.
Diese Form zeigt, umzogen von zwei Rinnen, zwei Ziegen (?), die an einem schwungvoll gezeichneten Baum emporspringen, um an ihm zu knabbern. Das Thema kommt auch in der gleichzeitigen Wandmalerei vor. K. K.

92 Form für Kuchen (?)

Mari (Tall Hariri), Palast, Raum 77
Frühe altsyrische Zeit, Larsa-Periode (2040–1870 v. Chr.)
Poröse Terrakotta
Maße: 23,5 x 19,0 x 8,2 cm
Aleppo 1561 [M. 1032]
Lit.: A. Parrot: Syria 18 (1937) 75 ff. Taf. XII 3; – MAM II, 3 (1959) 35 f. Abb. 29 Taf. XVIII; – Tokyo-Exhib. Nr. 73.

Ein bärtiger Mann in knielangem Gewand führt einen Hirsch am Geweih und am Hals. Vor ihnen springt ein Hund hoch. Sein Körperbau und Kopf lassen in ihm einen Saluqi erkennen, einen Windhund, der bereits im 5. Jahrtausend belegt ist und schon damals auf der Jagd eingesetzt wurde. Ein kleinerer Hirsch füllt die Eckpartie links.
Im bewaldeten Euphrattal hat es zahlreiches Wild gegeben. Noch vom neuassyrischen Herrscher Tukulti-ninurta II. wissen wir, daß er in den Flußauen des mittleren Euphrat neben Straußen Hirsche gejagt hat. K. K.

93 Form für Kuchen (?)

Mari (Tall Hariri), Palast, Raum 77
Frühe altsyrische Zeit, Larsa-Periode (2040-1870 v. Chr.)
Poröse Terrakotta
Maße: 23,6 x 12,5 x 6,8 cm
Aleppo 2169 [M. 1044]
Lit.: A. Parrot: Syria 18 (1937) 77 Abb. 13; – MAM II, 3 (1959) 37 f. Abb. 31 Taf. XIX; – Tokyo-Exhib. 74.

Auf einer Bank sitzt eine nackte Frau. Ihre Hände unterstützen die Brüste. Schwere Ringe schmücken ihren Hals. Das Haar ist von einem turbanartigen Tuch umwunden. Eine ähnliche, aber bei weitem nicht so massige Kopfbedeckung ist bereits in frühdynastischer Zeit, auch aus Mari (Nr. 50), belegt.
Unbekleidet und die Brüste untergreifend: so tritt in der Rollsiegelglyptik eine Göttin auf. Häufig ist sie auf Terrakottareliefs dargestellt, nahezu vorherrschend in der Gruppe der Figurinen aus gebranntem Ton des 3. und 2. Jahrtausends v. Chr. Da wir nicht wissen, wer gemeint ist – recht wahrscheinlich handelt es sich um mehrere Gottheiten, denen ein erotischer oder Fruchtbarkeit verkörpernder Aspekt gemeinsam ist (Ischtar, Schala) – nennen wir sie die „Nackte Göttin". K. K.

94 Model

Mari (Tall Hariri), Palast, Raum 76
Frühe altsyrische Zeit, Larsa-Periode (2040–1870 v. Chr.)
Rosa Kalkstein
Höhe: 16,0 cm; Breite: 15,5 cm; Dicke: 6,5 cm
Aleppo 1571 [M. 1004]
Lit.: A. Parrot, MAM II, 3 (1959) 31 f. Abb. 27.

Ein nur grob zugehauener Kalkstein ist auf der Vorderseite glattgeschliffen und mit dem Negativ einer Figur tief eingeschnitten. Gezeigt ist eine Frau mit reichem Halsschmuck – in der Mehrstufigkeit Nr. 86 vergleichbar – und drei Scheiben als Ohrschmuck. In einem breiten geschwungenen Schopf fällt ihr Haar auf die Schultern.
Der Oberkörper ist von einer schmalen Rinne umzogen. Da die Form nur fragmentarisch erhalten ist, läßt sich diese ungewöhnliche Körperbehandlung nicht erklären, und auch ihre Funktion ist unklar. Welches Material auch immer abgeformt wurde, der Oberkörper war getrennt auf-

91–93 ▷

LAND DES BAAL - Zehntausend Jahre Kultur in Syrien

Prähistorische Staatssammlung München, Lerchenfeldstr. 2
29.April bis 24.Juli 1983; geschlossen 1.Mai und Fronleichnam.
Geöffnet täglich außer Montag 9,30-16 Uhr, Donnerstag 9,30-20 Uhr.
Führung Donnerstag 18 Uhr. Eintritt DM 5.-

Syrien, zur Hälfte mit Wüste und Steppe überzogen und unmittelbar abhängig vom Regen, war in der Antike das "Land des Baal", eines mächtigen Sturm- und Wettergottes, der Land und Herden Fruchtbarkeit schenkte. Durch seine Lage spielte es eine wesentliche Rolle in den Kulturen des Alten Orients. Dies dokumentiert die Ausstellung mit Zeugnissen einer rund 10 000jährigen Geschichte und Kulturentwicklung. Die Syrisch-Arabische Republik stellte dafür etwa 270 Meisterwerke aus vier großen Museen ihres Landes zur Verfügung. Die Hauptepochen der syrischen Geschichte werden in der Ausstellung anhand exemplarischer Funde berühmter Orte aufgezeigt. Besonders zu danken ist den Leihgebern, daß sie Funde neuerer Grabungen mit nach Deutschland schickten, so daß die Ausstellung den aktuellen Stand der archäologischen Forschung in Syrien

Zu den mächtigen Handelsstädten gehörte im 14.-12.Jahrh.v.Chr. Ugarit, an der Küste des Mittelmeeres gelegen. In seinen Funden zeigt sich die ganze Palette von Einflüssen aus dem östlichen Mittelmeer, Mesopotamien und Ägypten. Von Ugarit ging die bahnbrechende Entwicklung der Alphabetschrift aus, Grundlage für die griechische und somit auch für unsere Schrift.

Nach dem Vorstoß der Seevölker um 1200, welche die Machtverhältnisse im Ost-Mittelmeerraum veränderten, konsolidierten sich um 1000 die aramäischen Staaten. Einige ihrer Hauptstädte sind mit Exponaten vertreten: Arslantasch mit seinen berühmten Elfenbeinarbeiten (Möbeldekoration), Tall Halaf, dessen Bauplastik in Originalen und zwei Kopien von eindrucksvollen Karyatiden vorhanden sind (Originale im 2.Weltkrieg in Berlin zerstört). Die Großreiche der Assyrer, Spätbabylonier, Meder, Perser, Griechen schlossen in den folgenden Jahrhunderten auch Syrien mit ein.

Im Jahre 64 v.Chr. wurde die römische Provinz Syria errichtet. diese Epoche vertritt die Oasenstadt Palmyra, die aus dem Handel ungeheuren Reichtum zog. Hier ist in erster Linie die Grabplastik [illegible] Schon früh nimmt die Bevölkerung Syriens das Christentum an. Kultgeräte und Andenken an besuchte Pilgerstätten zeugen vom neuen Glauben. Dies entwickelte sich in der byzantinischen Zeit weiter und erst die islamische Eroberung 636 brachte einen Wandel. Es wurden aber viele Traditionen der Antike fortgesetzt, deutlich zu sehen am großartigen Wüstenpalast von Qasr al-Hair al-Gharbi. Der Rundgang schließt mit einigen Beispielen bedeutender Sparten der islamischen Kunst: Schreibkunst, Keramik und Waffenschmiedekunst.

München ist die letzte Station dieser Ausstellung in Deutschland, sie wird anschließend nach Paris gehen.

Zu dieser Ausstellung ist ein sehr ausführlicher reich bebilderter Katalog erschienen, der einen vorzüglichen Überblick über Geschichte und Kultur Syriens gibt.
380 Seiten mit 723 schwarzweiß- und 81 Farbabbildungen. DM 25.-

Wissenschaftliche Betreuung: Dr. Gisela Zahlhaas

Gestaltung: Michael Berger

In der Vorgeschichte gibt es die ersten Ansiedlungen im 9.Jahrtausend, die zuerst von Jägern und Sammlern bewohnt waren, welche dann zum Ackerbau übergingen. Als sehr wichtiges Ereignis ist in dieser Phase das Erlernen der Keramikherstellung zu werten.

Die Frühgeschichte zeigt zum Thema Stadtentwicklung und Wirtschaft eine frühe organisierte Stadt (Habuba Kabira, ausgegraben von der Deutschen Orientgesellschaft und 1980 bereits in einer Sonderausstellung unseres Museums gezeigt) und für die religiösen Vorstellungen ein Heiligtum (Tall Braq) mit seinen eindrucksvollen abstrakten Votivgaben (4.Jahrtausend).

Der Stadt Mari ist ein ganzer Ausstellungsraum gewidmet. Dank ihrer Lage und Handelspolitik beherrschte sie ein großes Gebiet. Aus frühdynastischer Zeit (3000-2650) sind vor allem die Skulpturen bedeutend. Der Palast aus der altsyrischen Zeit (2650-1900) galt schon zu seiner Zeit als berühmte Sehenswürdigkeit. Von seiner luxuriösen Ausstattung werden Fresken und Skulpturen, außerdem Texte aus dem interessanten Tontafelarchiv vorgestellt. Eine rivalisierende Handelsstadt war Ebla, das erst in neuesten Grabungen erforscht wurde und dessen dabei entdecktes Archiv von 15 000 Tontafeln wichtige Informationen über Bevölkerung, wirtschaftliche Verhältnisse und Ereignisse lieferte.

94

gelegt. Der Fundplatz dieser Model – die Nähe zu den Formen Nr. 91–93 – stellt sie in Zusammenhang mit den Tätigkeiten in den Räumen des Küchentraktes.

95 Fragment einer Wandmalerei

(Abb. s. Farbtaf. S. 89)

Mari (Tall Hariri), Palast, Hof 106
Frühe altsyrische Zeit, Larsa-Periode (2040–1870 v. Chr.)
Fresko auf Gipsputz
Höhe: 47 cm; Breite: 52 cm
Aleppo 1666
Lit.: A. Parrot: Syria 18 (1937) 345 ff.; – MAM II, 2 (1958) 19 f. Abb. 18 Taf. V 1; – Strommenger/Hirmer, Mesopotamien 88 Abb. 164 unten; – A. Moortgat: BaM 3 (1964) 70 ff.; – Die Kunst des Alten Mesopotamien (1967) 76 f.; – U. Seidl in: Prop. Kunstgesch. 14, 304 Abb. 188 b.

◁◁ S. 110: Kat.-Nr. 118. 119. 127 (s. S. 133. 139)
◁ S. 111: Kat.-Nr. 121. 122 (s. S. 134 f.)

Der Hof 106 trug auf dem dicken Gipsputz seiner Wände vielfigurige Wandmalereien, von denen Ausschnitte rekonstruiert werden konnten.
Auf dem hier gezeigten Fragment, dem Teil eines langen Opferzuges von der Südwand des Hofes, führt ein Priester oder Opferdiener einen Stier mit Seil und Nasenring herbei. Von der Kleidung des Mannes ist ein Plaid mit einem Stoffband, verziert mit einer Eierstabborte, zu erkennen. Es wurde – wie andere Figuren zeigen – über einem knielangen Schurz getragen. Die weiche Mütze wird von einem Doppelband gehalten. Der Kopf des Opfertieres zeigt einen Schmuck, der uns auch in Texten beschrieben wird: seine Hörner sind mit Metallspitzen belegt, auf der Stirn hängt eine große Mondsichel. Das Darstellungsprinzip des Kopfes: Hörner und Stirn von vorn, der übrige Kopf im Profil, gleicht der Art, wie die Hörnerkronen der Götter bis zur Zeit des Hammurapi von Babylon gestaltet waren: erst seit ihm erscheinen die Hörner entsprechend dem gesamten Kopf in Seitenansicht.
Die Umrisse der einzelnen Figuren sind mit einer schwarzen Linie gezeichnet, die Flächen in Weiß, Schwarz und Gelb- bis Rotbraun, auf anderen Fragmenten auch in Ocker und Blau ausgefüllt.
Aufgrund der Trachten läßt sich das Fresko in die späte Nutzungszeit des Palastes datieren, möglicherweise allerdings nicht in die allerletzte, wenn man die Änderungen der geschilderten Darstellungsprinzipien als Datierungsfaktor berücksichtigen will: bei der „Investitur des Zimri-Lim“ (s. Text zu Nr. 86) ist bereits der Wechsel zur reinen Profilansichtigkeit, auch bei Hörnern, vollzogen. K. K.

96 Fragment einer Wandmalerei

(Abb. s. Farbtaf. S. 92)

Mari (Tall Hariri), Palast, Raum 220
Frühe altsyrische Zeit, Larsa-Periode (2040–1870 v. Chr.)
Fresko auf Gipsputz
Höhe: 12,5 cm; Breite: 9,6 cm
Damaskus Š 2507 [M. 4587]
Lit.: A. Parrot: Syria 44 (1967) 4 Taf. I 4; – Tokyo-Exhib. Nr. 69.

Bei einer Nachgrabung 1966 in zwei Sälen des Palastes des Zimri-Lim wurden weitere Fragmente von Fresken entdeckt, darunter dieser Ausschnitt mit dem Kopf eines bärtigen Mannes. Er trägt eine hohe längsgegliederte Kappe mit Wulstabschluß. Der Ausgräber hält sie für eine Federkrone; der Vergleich mit den Federkronen der geflügelten Mischwesen zu Seiten der „Investitur des Zimri-Lim“ spricht jedoch gegen diese Erklärung. Es handelt sich wohl eher um die oben gerundete hohe Kappe der Würdenträger.
Die Malerei ist in Schwarz, Rot, Blau und Hellbeige auf beigebraunem Grund ausgeführt. K. K.

97 ▷

98

97 Hausmodell

Angeblich Salamiyya bei Hama
Frühdynastische bis Akkade-Zeit (2900–2290 v. Chr.)
Terrakotta
Maße: 54 x 27 x 42 cm
Aleppo 1665
Lit.: L. Woolley, Alalakh (1955) 49 Taf. IX; – W. Khayata: APA 5/6 (1974/75) 171 ff. Abb. 1–5.

Das große, vollständig erhaltene Modell eines Hauses ist im Inneren durch eine Trennwand mit rundem Fenster aufgeteilt. Im höheren Teil gibt es keine Zwischendecke, so daß die beiden Innenräume über eine unterschiedliche Höhe verfügen. Dem entspricht nicht die Außenansicht: die Hausmauern werden gegliedert durch aufgesetzte Leisten, die in Höhe der Trennwand und der Dächer, aber auch der anzunehmenden Zwischendecke verlaufen. Als Vorbild stand daher wohl ein Haus, das zur Hälfte ein zweites Stockwerk besaß. Unter den horizontalen Leisten sind Reihen von Vögeln, möglicherweise Tauben als Hinweis auf Ischtar oder eine ihr verwandte syrische Göttin (s. S. 333); eingestiftet.

Eine Anzahl ganz ähnlicher Häuschen stammt aus dem frühdynastischen Ischtar-Tempel in Assur. Inzwischen sind derartige Hausmodelle auch in mehreren syrischen Grabungsorten entdeckt worden. In anderer Gestalt, als Türme, kommen sie noch in Emar im 14. und 13. Jahrhundert v. Chr. vor.

Über Funktion solcher Hausmodelle geben der Befund in Assur, Texte und bildliche Darstellungen Aufschluß. Eine akkadezeitliche Siegelabrollung zeigt, daß sie zum Aufstellen von Opfergaben und Räuchergefäßen vor der Gottheit dienten. Sie galten nach Ausweis der Texte aber auch selbst als Kultgegenstände (s. S. 335).

Schwierig ist ihre Datierung: der abgestufte Typ wurde in frühdynastischen Bauten entdeckt und kommt noch in der Akkade-Zeit vor. Welche Entwicklung diese Denkmälergattung in der folgenden Zeit durchlief, wird jedoch erst durch weitere Grabungen zu klären sein. K.K.

◁◁ S. 114: Kat.-Nr. 131–133 (s. S. 141 f.)
◁ S. 115: Kat.-Nr. 135. 145 (s. S. 143. 152)

98 Scherben mit Abrollung eines Siegels

Ebla (Tall Mardich), Settore B
Reife altsyrische Zeit (Mardich III B) (19.–17. Jahrhundert v. Chr.)
Keramik
Höhe der Abrollung: 7,5 cm
Aleppo 6331 [TM.66.B.207/TM.65.B.264]
Lit.: P. Matthiae: MAIS 1965 Taf. 79: 3–4; – MAIS 1966 Taf. 59: 1; – Syria 46 (1969) 1 ff.; – Ebla 143 ff. Abb. 99–100 und 32; – MonANE 1/6 Taf. XII.

Auf der Schulter eines Gefäßes ist vor dem Brand ein Rollsiegel vertikal abgerollt worden. Aus mehreren Scherben läßt sich die Abrollung weitgehend rekonstruieren. Leider sind durch die Flachheit des Eindrucks und den relativ groben Ton die Feinheiten und die Plastizität des sehr qualitätvollen Siegels nur unvollkommen wiedergegeben (Abb. 28).
Die dargestellte Szene besteht aus drei Personen: einem Beter und einem Gott unter der ägyptisierenden Flügelsonne sowie einer Göttin.
Der Betende trägt einen kurzen Schurzrock und einen langen Mantel aus einem Tuch mit wulstartigen Kanten und Fransen. Klar zu erkennen sind sein langes gewelltes Haar und sein Bart. Sein Gruß gilt einem ihm gegenüberstehenden eine Keule schwingenden Gott. Auch dieser ist mit einem kurzen Rock bekleidet. Ein Dolch steckt in seinem Gürtel. An seiner mehrfach gehörnten helmartigen Kopfbedeckung ist ein Geweih befestigt, das weit über die Stirn vorstößt. Unklar bleibt, was der Gott in seiner rechten Hand trägt: möglicherweise – wie der Ausgräber meint – eine Axt und die Enden von Zügeln, die zu einer kleinen Stierfigur führen. Diese steht auf einem Podest. Sie füllt mit

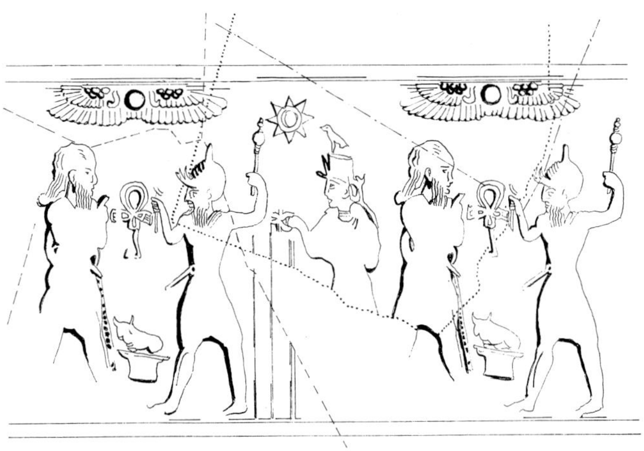

Abb. 28 Siegelabrollung auf Gefäßscherbe Nr. 98 aus Mardich

einem ägyptischen Lebenszeichen den Raum zwischen Beter und Gott. Der Ausgräber bezeichnet die Gottheit als Baal (vgl. S. 331).
Getrennt durch eine zweikolumnige Inschrift folgt die Göttin in einem langen Gewand, das mit einem breiten Umschlag auf den Schultern liegt. Ihren Kopf bedeckt ein gehörnter Zylinder mit einem Vogel zuoberst. Einige Details sind noch sichtbar: der Halsschmuck aus mehreren Ringen, der Ohrring und das in einer Schlinge emporgeknotete Haar mit dem auf den Rücken fallenden Schopf. Weggebrochen ist der Gegenstand, den sie in der vorgestreckten rechten Hand hält: vielleicht ein kleines Lebenszeichen oder ein Ring. Der vor ihrem Kopf schwebende Stern und das Vögelchen mögen darauf hindeuten, daß es sich um die Ischtar oder eine ihr entsprechende syrische Göttin handelt (s. S. 333). K. K.

99 Becher in Gestalt eines Kopfes

(Abb. s. Farbtaf. S. 92)

Ebla (Tall Mardich), Settore B
Reife altsyrische Zeit (19.–17. Jahrhundert v. Chr.) (Mardich III B)
Fayence
Höhe: 7,3 cm; Ø am Rand: 5,1 cm
Aleppo [TM.70.B.930]
Lit.: P. Matthiae, Ebla Abb. 101; – in: Prop. Kunstgesch. 14, 487 Abb. 423 a.

Der kleine als Frauenkopf ausgebildete Becher steht in der weichen und feinen Modellierung des Gesichtes den wenigen, aber äußerst qualitätvollen Werken der Großplastik der altsyrischen Zeit nahe.
Das auf drei Noppenfüßen stehende Gefäß wurde mit seiner Vorderseite aus einem Model gepreßt, während die Rückseite frei geformt ist. Das in Strähnen gedrehte Haar mit den unten eingerollten Locken ist in seiner Plastizität dadurch verstärkt, daß es mit schwarzen Strichen schattiert wird. Auf der Rückseite ist es mit wenigen schwarzen Streifen auf dem bläulichen Grund angedeutet. Wohl zu Recht wird der Becher trotz seines Fundortes, eines Wohnviertels, wegen seiner ungewöhnlichen und feinen Gestaltung für ein Kultgefäß gehalten.
Sein Material ist Fayence, eine aus Sand, Soda und Kalkmilch gemischte Masse, die zunächst geformt und gebrannt, in einem weiteren Arbeitsgang dann glasiert wurde. Nordmesopotamien war bereits zur Zeit der ältesten Schriftkulturen ein Zentrum der Fayenceproduktion, wie unter anderem die Funde von Perlen, Rosetten und Tierfiguren aus diesem Werkstoff in Tall Braq zeigen. Einen Höhepunkt der Beliebtheit erreichte er in der zweiten Hälfte des 2. Jahrtausends v. Chr.: zahlreiche Gefäße aus Assur, Babylon und Ugarit legen davon ein Zeugnis ab (vgl. Nr. 131–134). K. K.

Kat.-Nr. 146 (s. S. 152)

◁ Kat.-Nr. 154 o. links (s. S. 159 f.)
Kat.-Nr. 146 o. rechts u. unten (s. S. 152)

100 Armreifen *(Abb. s. Farbtaf. S. 93)*

Ebla (Tall Mardich), Hypogäum Q 78 A
Altsyrische Zeit, 1. Viertel des 2. Jahrtausends v. Chr.
Gold
∅: 5,5–5,6 cm
Aleppo [TM.78.Q.371]
Lit.: P. Matthiae: SEb I, 9–12 (1979) 160 Abb. 74.

In der Mitte eines kleinen Hofes des Bauwerks Q liegen – blockiert durch große Basaltplatten – die Kalksteinlaibungen des Einstiegs in das „Grab der Prinzessin". Auf der untersten Stufe der Eingangstreppe entdeckte man die Reste des Skelettes, das durch einen partiellen Deckeneinsturz und Wassereinfluß stark zerstört war.
Von dem beeindruckenden goldenen Schmuck, der dem Mädchen beigegeben war, werden vier Beispiele gezeigt. Neben diesem Armreif fanden sich fünf weitere. Seine Anfertigung ist in den Arbeitsgängen zu rekonstruieren: ein nur an den Enden rund gehämmertes sonst im Querschnitt kreuzförmiges massives Goldband wurde mit Reihen von aufgelegten Goldkügelchen versehen (s. Nr. 102) und an den Kanten gerieft. Anschließend wurde es in sich gedreht und zum Reif zusammengebogen. K. K.

101 Gewandnadel *(Abb. s. Farbtaf. S. 93)*

Ebla (Tall Mardich), Hypogäum Q 78 A
Altsyrische Zeit, 1. Viertel des 2. Jahrtausends v. Chr.
Gold
Länge: 17,3 cm
Aleppo [TM.78.Q.396]
Lit.: P. Matthiae: SEb I, 9–12 (1979) 160 Abb. 74.

Ein Einzelstück stellt diese lange Gewandnadel dar. Der ursprünglich vierkantige längs geriefelte obere Schaftbereich wurde in sich gedreht. Als Nadelkopf ist ein achtspießiger Stern angesetzt. K. K.

102 Ringförmiges Schmuckstück
(Abb. s. Farbtaf. S. 93)

Ebla (Tall Mardich), Hypogäum Q 78 A
Altsyrische Zeit, 1. Viertel des 2. Jahrtausends v. Chr.
Gold
∅: 2,9–3,1 cm
Aleppo [TM.78.Q.366]
Lit.: P. Matthiae: SEb I, 9–12 (1979) 160 Abb. 74; – Archaeology 33.2 (1980) 15.

Nur in einem Exemplar kam dieser Typ eines Ringes vor, von dem der Ausgräber annimmt, es könne sich um einen Nasenring handeln. Wegen der Form ist ein Ohrring wahrscheinlicher, zumal Nasenringe nicht belegt sind.
Der Ring ist aus dickem Goldblech gefertigt und mit einem granulierten Rautenmuster versehen. Bei dieser schon in frühdynastischer Zeit belegten Technik werden Goldstückchen in Holzkohlepulver geschmolzen, so daß sich kleine Kügelchen bilden. Die Kunst bestand darin, die Körnchen auf der Goldunterlage aufzuschmelzen, ohne daß sie oder die Unterlage sich verformten.
Ähnlich fein granulierte Schmuckarbeiten wurden in Byblos und Gaza entdeckt. K. K.

103 Halsband *(Abb. s. Farbtaf. S. 93)*

Ebla (Tall Mardich), Hypogäum Q 78 A
Altsyrische Zeit, 1. Viertel des 2. Jahrtausends v. Chr.
Gold, Amethyst, Lapislazuli
Länge: 10,2 cm; Breite: 2,5 cm
Aleppo [TM.78.Q.367]
Lit.: P. Matthiae, SEb I, 9–12 (1979) 160 Abb. 34; – Akkadica 17 (1980) 51 Abb. 16.

Der modern zusammengesetzte Halsschmuck besteht aus 21 Goldperlen in Granatapfelform, einer Amethyst-Perle und einem rechteckigen Mittelteil mit einem großen gefaßten minderwertigen Lapislazuli. K. K.

104 Fläschchen *(Abb. s. Farbtaf. S. 96)*

Ebla (Tall Mardich), Hypogäum Q 78 A
Altsyrische Zeit, 1. Viertel des 2. Jahrtausends v. Chr.
Sardonyx
Höhe: 8,4 cm; größter ∅: 6,5 cm
Aleppo [TM.78.Q.IA.76]
Lit.: P. Matthiae, SEb I, 9–12 (1979) 161 Abb. 62 b; – Archaeology 33,2 (1980) 8; – vgl. P. Montet, Byblos et l'Égypte: BAH 11 (1929) Taf. LXXI 608.

In der Gruft fanden sich weiterhin etwa 70 Tongefäße, darunter Importe von der Mittelmeerküste und der Region von Alalach.
Zwei Steingefäße – das eine aus Sardonyx, das andere, kleinere, aus weißem opaken Stein – fallen durch ihre selten belegte Form auf: es sind bauchige Fläschchen mit Zylinderhals, die ganz offensichtlich Metallgefäßen nachgebildet sind. Solche kennen wir sowohl aus Byblos, der Handelsstadt an der Mittelmeerküste, als auch aus der altassyrischen Kaufmannsniederlassung Karum Kanisch in Anatolien.
Im Inneren des einzigartig erhaltenen, außen fein polierten Gefäßes sieht man die horizontalen Spuren vom Ausschleifen des Körpers und Halses. K. K.

106 ▷

105 Stift mit dem Vorderteil einer Ziege

(Abb. s. Farbtaf. S. 96)

Ebla (Tall Mardich), Hypogäum Q 78 C
Altsyrische Zeit, 1. Viertel des 2. Jahrtausends v. Chr.
Bronze, Muschel, Lapislazuli
Höhe: 6,7 cm; Länge: 13 cm; Breite: 3,2 cm
Aleppo [TM.78.Q.447]
Lit.: P. Matthiae, SEb I, 9–12 (1979) 172 Abb. 66; – Akkadica 17 (1980) 52 Abb. 17.

Von der Kammer des „Prinzessinnengrabes" gelangt man durch einen Gang und eine weitere Kammer zu einer dritten; in diesem gesamten Bereich befanden sich die Beigaben des „Herrn der Ziegen", darunter zahlreiche Tongefäße, die nach Aussage des Ausgräbers eine im Vergleich zum „Prinzessinnengrab" etwas jüngere Datierung erlauben. Ferner wurden die Bronzebeschläge eines Zeremonialwagens entdeckt, Gefäße aus Alabaster und Silber, Goldschmuck, Bronzewaffen, Goldbesätze von Kleidung, ein ägyptisches Szepter, ein Elfenbeinrelief mit figürlicher Darstellung und Möbelteile.
Zu diesen gehörten einst zwei Stifte, deren Köpfe als Vorderkörper von knieenden Ziegenböcken ausgebildet waren. Ihre Augen sind mit Muschel und Lapislazuli eingelegt. Möglicherweise zierten sie die Lehne eines prunkvollen Thrones. Der Ausgräber geht so weit, zu vermuten, daß es sich bei dem „Herrn der Ziegen" um einen Großpriester des Reschef handele, des Gottes des Krieges und der Pest (s. S. 331), da der Ziegenbock ihm als Symboltier zugeordnet war. K. K.

106 Kultbecken

Ebla (Tall Mardich), Tempel D
Frühe altsyrische Zeit (Mardich III A), Beginn 2. Jahrtausend v. Chr.
Kalkstein
Länge: 1,17 m; Höhe: 0,64 m; Breite: 0,79 m
Aleppo 6474 [TM.65.D.226]
Lit.: P. Matthiae, MAIS 1965, 113 ff. Taf. XLIII – LI; – Ebla 142 Abb. 82–83; – in: Prop. Kunstgesch. 14, 482 Abb. 412; – MonANE 1/6 Taf. IX–X.

Drei Seiten dieses in der Mitte geteilten Beckens sind mit einer Reliefdarstellung versehen, die möglicherweise mit einem Fruchtbarkeitskult in Verbindung zu setzen ist.
Die Vorderseite zeigt im oberen Fries ein rituelles Festmahl: zu den Seiten eines (Opfer?-)Tisches sitzen ein Mann und eine Frau, vermutlich der König und die Königin. Beide halten in der rechten Hand ein Gefäß. Hinter ihnen steht Kultpersonal mit Standarten und Gefäßen.
Den unteren schmaleren Fries nehmen Herdentiere ein; auch sie sind bedroht von Löwen. Auf der linken Schmalseite verteidigt sie ein Bogenschütze. In der linken unteren Ecke der Längsseite ist ein Altar dargestellt.
Der obere Fries der linken Schmalseite wird zur Hälfte eingenommen von einem drachenartigen Ungeheuer: ein schuppiger Körper, geflügelt, vorn mit Löwenklauen, hinten mit Vogelkrallen und einem schlangenförmigen Schwanz; der Löwenkopf mit der Hörnermütze der Götter speit Wasser. Am Schwanz wird das Tier gepackt vom viellockigen nackten Helden, einer in Mesopotamien häufigen Heroengestalt. Folgt man dem Ausgräber in seiner Deutung, so steht der Fisch, den er in seiner Rechten hält, stellvertretend für die irdischen Gewässer. Zur Seite stehen ihm zwei Menschen mit Schleudern.
Die andere Schmalseite zeigt wiederum im Zentrum eine nackte Heldengestalt. Sie ist löwenköpfig und beherrscht zwei Löwen, die ihre Köpfe zum Betrachter auswärts drehen.
Das Becken wurde in der Südwestecke der Cella des großen Tempels D (s. S. 97 f.) entdeckt. Fragmente von wenigstens fünf weiteren derartigen Reliefbecken kamen in Ebla zu Tage; sie alle standen in Zusammenhang mit Kultgebäuden. K. K.

Mittelsyrische Zeit

Im nördlichen Syrien spielt jetzt eine neue, nicht semitische Bevölkerungsgruppe eine große Rolle: die aus dem Nordosten kommenden Hurriter. Schon aus der Zeit der Dynastie von Akkade (s. S. 57) ist ein kleineres hurritisches Königreich in Nordmesopotamien bekannt. Die Archive von Mari nennen dann hurritische Herrscher im südostanatolischen und nordwestsyrischen Bereich. Im Chabur-Gebiet, aber auch ganz im Westen, in Alalach in der Ebene von Antiochia, zeigen Eigennamen die Anwesenheit der Einwanderer. In der mittelsyrischen Zeit nun überwogen die Hurriter sowohl in Alalach als auch in Nuzi, einem Ort bei Kirkuk im nordöstlichen Iraq.
Bald nach dem Sieg des Hethiterkönigs Mursili I. über Babylon – während einer Schwächeperiode in Anatolien und Mesopotamien – entstand der Staat von Mitanni. In seiner größten Ausdehnung faßte er die hurritischen Städte von Alalach bis Nuzi zusammen. Die Hauptstadt Waschschukanni blieb bis heute unentdeckt. Die herrschende Schicht gründete ihre militärische Überlegenheit auf pferdebespannte leichte Kriegswagen. Der indoarische Anteil an ihr ist in der Wissenschaft stark umstritten und wohl häufig überschätzt.
In Nordsyrien geriet der Staat in Konflikt mit der aggressiven Asienpolitik des ägyptischen Neuen Reiches. Ähnlich wie das Mittelmeer für die mesopotamischen Herrscher wurde für die Pharaonen das Euphratufer das schier grenzenlos entfernte Ziel, wo sie als Zeichen ihrer Macht Siegesdenkmäler aufstellen.
Nach den Raubzügen seiner Vorgänger war es Thutmosis III., der das westliche Syrien systematisch zu erobern trachtete. Eine syrische Koalition unter Führung des Fürsten von Qadesch stellte sich ihm in den Weg. Die „Hunderttausende von den besten aller Fremdvölker, die auf ihren Wagen stehen, 330 Häuptlinge, ein jeder mit seinem Heer" konnte er bei Megiddo in Palästina schlagen. Danach baute er seine Macht stetig nach Norden aus; in seinem 33. Regierungsjahr besiegte er die Truppen von Mitanni bei Aleppo und zog dem fliehenden Gegner zum Euphrat nach, den er mit Schiffen, die er aus Byblos heranschaffen ließ, überquerte.
Trotz weiterer Feldzüge konnten die Ägypter nicht ganz Nordsyrien gegen das Mitanni-Reich halten. Seit Amenophis II. war Syrien in zwei Einflußzonen geteilt: der nördliche Teil bis Qatna stand unter mitannischer, der südliche Teil unter ägyptischer Vorherrschaft. Letztere reichte an der Küste weiter nach Norden und schloß hier die Stadt Ugarit ein. Bis zur Mitte des 14. Jahrhunderts v. Chr. blieb dieser Zustand erhalten. Die Mitanni-Herrscher ließen offenbar den einzelnen Städten weitgehend ihre Unabhängigkeit und verlangten lediglich einen Treueid und Tribut. Der ägyptische Bereich wurde hingegen von ägyptischen Kommissaren kontrolliert. Noch intensiver als zuvor prägt von nun an ägyptische Kultur das Leben in den Hafenstädten (Nr. 120. 121. 125. 142. 144).
Eine neue Macht war inzwischen im Norden erstarkt: die Hethiter in Anatolien. Auch sie strebten nach Syrien. Drei Gründe mögen dafür ausschlaggebend gewesen sein: die Kontrolle des Transithandels vom Mittelmeer nach Osten, Beute und Tribut sowie Prestigegewinn. Bereits in der späten altsyrischen Zeit waren ihre Heere über den Taurus gegen Nordsyrien wiederholt vorgestoßen.
Dem Großkönig Suppiluliuma, dem eigentlichen Begründer des hethitischen Großreichs, gelang es, die Truppen des Mitanni-Reiches zu schlagen und seine eigenen Söhne als Könige in Aleppo und Karkemisch am Euphrat einzusetzen. Der weiteren Machtausdehnung standen die Ägypter entgegen. Sein Enkel Muwatalli konnte dann nach einer siegreichen Schlacht bei Qadesch (s. S. 342) die Grenzen zwischen beiden Reichen abstecken: Der südliche Teil einschließlich Damaskus verblieb den Ägyptern, der nördliche unterstand nunmehr den Hethitern. Ugarit war schon seit Suppiluliuma unter die hethitische Herrschaft geraten.
Die staatliche Aufgliederung Syriens in kleine politische Einheiten unterschiedlicher Struktur hatte den Hethitern die Eroberung erleichtert, erschwerte ihnen jedoch die Beherrschung. Hinzu kam, daß Syrien gegenüber Anatolien ein komplizierteres wirtschaftliches und soziales Gefüge besaß. Daher beließ der hethitische Großkönig den syrischen Fürsten ihre Städte, abgesehen von dem strategisch wichtigen Karkemisch und dem Kultzentrum Aleppo. Durch Verträge band er die Vasallen an sich: sie waren ihm durch Eid zu Treue, Abgaben und militärischer Gefolgschaft verpflichtet.
Statthalter der Großkönige waren die Könige von Karkemisch. In besonders schwerwiegenden innersyrischen Konflikten entschieden nicht sie, sondern der Großkönig selbst. Ein Beispiel dafür ist die Ehescheidung des Königs Ammistamru II. von Ugarit von der Tochter eines anderen Vasallen (Nr. 149). Hier ging es nicht nur um die Gefahr eines den Frieden gefährdenden Konfliktes zwischen den beiden syrischen Untertanen, sondern auch um die für die Hethiter wichtige Thronfolge Ugarits.
Die Niederlage des Mitanni-Reiches durch Suppiluliuma führte in Nordmesopotamien zu einem Machtverfall. Assyrien konnte sich von den Mitanni unabhängig erklären und eine eigenständige Außenpolitik betreiben. Gegen 1300 v. Chr. eroberte der assyrische König die Mitanni-Hauptstadt. Bei Versuchen, den Machtbereich bis zum Euphrat hin auszuweiten, kam es zum Interessenkonflikt mit den Hethitern, die ihre Stellung in Nordsyrien bedroht sahen. Den Haß gegen den neuen Rivalen zeigt der Entwurf eines Antwortschreibens, den ein Enkel des Suppiluliuma an den assyrischen König verfaßte: „Mit der Waffe hast du

ja gesiegt. Auch meinen ... hast du besiegt und bist Großkönig geworden. Was aber sprichst du immer wieder von Bruderschaft? ... Du und ich, sind wir etwa von einer Mutter geboren?"[1]
Zur Grenzsicherung hatte bereits Suppiluliumas Sohn Mursili II. im Land Aschtata am Euphratbogen einen militärischen Stützpunkt angelegt. Die gegnerische Seite wird archäologisch faßbar durch Funde in Mari (Nr. 154. 155) und die neueren Ausgrabungen in Dur Katlimmu (Tall Schaich Hamad am Chabur). Ein Dekret des hethitischen Großkönigs Tudchalija IV. über eine Freistellung von der Heeresfolge (Nr. 148) ist im Zusammenhang mit der Gefahr eines sich anbahnenden Krieges zu sehen. Derselbe Herrscher verhängte auch eine Handelsblockade gegen die Assyrer, die uns in einem Staatsvertrag mit einem westsyrischen Vasallen überliefert ist: „Ein Kaufmann von dir darf nicht ins Land Assyrien gehen, einen Kaufmann von ihm darfst du nicht in dein Land lassen, er darf nicht durch dein Land gehen."[2] Innenpolitische Schwierigkeiten in Assyrien verhinderten wohl die endgültige militärische Auseinandersetzung.
Diese Streitigkeiten fanden schließlich ein Ende: Innere Konflikte schwächten die hethitische Zentralmacht in Anatolien. Aufstände und wirtschaftlicher Niedergang waren die Folge. Die letzten Tontafeln in Ugarit kündigen die endgültige Katastrophe an: eine schwere Hungersnot im Hethiterreich und den Einbruch von fremden, über das Meer kommenden Scharen. Nach einer Inschrift des Pharao Ramsis III. verwüsteten diese „Seevölker" Anatolien, Zypern, Nordwestsyrien und Palästina.
Die kulturelle Tradition riß im ehemals hethitischen Machtbereich nicht ab, sondern wurde von luwischen Kleinstaaten fortgeführt. Das Erbe sehen wir am deutlichsten an den Reliefs von 'Ain Dara (s. S. 349 Nr. 170). K.K.

1 Übersetzung: H. Otten in: E. Cassin und andere (Hrsg.), Die altorientalischen Reiche II: Fischer Weltgeschichte 3 (1966) 161.
2 Übersetzung: a.a.O. 167.

Ugarit (Ras Schamra)

Lage: 11 km nördlich von Lattaqiya, nahe der Mittelmeerküste.
Alter: 18 Schichten von der Mitte des 7. Jahrtausends v. Chr. bis zum 3. Jahrhundert n. Chr.
Forschungen: Seit 1928 (Service des antiquités de Beyrouth; Louvre, Paris; Direction Générale des Antiquités et des Musées, Damas; Centre de la recherche scientifique).
Veröffentlichungen: Vorberichte: L. Albanèse: Syria 10 (1929) 16 ff.; – C. F. A. Schaeffer: Syria 10 (1929) 285 ff.; – 12 (1931) 1 ff.; – 13 (1932) 1 ff.; – 14 (1933) 93 ff.; – 15 (1934) 105 ff.; – 16 (1935) 141 ff.; – 17 (1936) 105 ff.; – 18 (1937) 125 ff.; – 19 (1938) 193 ff. 313 ff.; – 20 (1939) 277 ff.; – 28 (1951) 1 ff.; – 31 (1954) 14 ff.; – 47 (1970) 209 ff.; – 49 (1972) 27 ff.; – AAAS 1 (1951) 5 ff.; – 2 (1952) 3 ff.; – 3 (1953) 117 ff.; – 4/5 (1954/55) 149 ff.; – 7 (1957) 35 ff.; – 10 (1960) 133 ff.; – 11/12 (1961/62) 187 ff.; – 13 (1963) 123 ff.; – 20 (1970) 7 ff.; – AfO 20 (1963) 206 ff.; – 21 (1966) 131 ff.; – H. de Contenson: Syria 47 (1970) 1 ff.; – 49 (1972) 1 ff.; – 50 (1973) 13 ff. 283 ff.; – 51 (1974) 1 ff.; – 54 (1977) 1 ff.; – AAAS 20 (1970) 13 ff.; – 22 (1972) 25 ff.; – 23 (1973) 121 ff.; – 25 (1975) 33 ff.; – 27/28 (1977/78) 9 ff.; – J. Cl. Margueron: Syria 54 (1977) 151 ff.
Endberichte und Artikel zu Ugarit in: C. F. A. Schaeffer, Ugaritica I (1939); – Ugaritica II (1949); – Ugaritica III (1956); – C. F. A. Schaeffer und andere, Ugaritica IV (1962); – Ugaritica V (1963); – Ugaritica VI (1969).
Veröffentlichungen der Tontafeln in: A. Herdner, Corpus des textes en cunéiformes alphabetiques de Ras Shamra, Campagnes I à XI (1963); – C. Virolleaud, Palais Royal d'Ugarit II (1957); – V (1965); – J. Nougayrol, – III (1955); – IV (1956); – VI (1970).
Bibliographie in: M. Dietrich und andere, Ugarit-Bibliographie, Teil I (1928–1950): AOAT 20/1 (1973); – Teil II (1950–1959): AOAT 20/2 (1973); – Teil III (1959–1966): AOAT 20/3 (1973); – Teil IV: AOAT 20/4 (1973).
Zusammenfassend: G. Saadé, Ougarit. Métropole Cananéenne (1979).

Bei den vorangehend vorgestellten Städten, Mari und Ebla, stellte sich uns nur der Palast als Träger des Handels dar. Er schien der beherrschende Träger des Handels zu sein. Für das altsyrische Mari täuscht jedoch das Bild. Mit Sicherheit gab es dort auch Privatarchive von Kaufleuten, denn in Mesopotamien hatte sich – deutlich sichtbar seit der Dynastie von Larsa (s. S. 90) – eine Schicht privater Kaufleute und Produzenten gebildet, die nunmehr neben den Tempeln und dem Palast die wirtschaftliche und gesellschaftliche Entwicklung trugen. Schon früh zeigte sich auch die negative Seite dieser Veränderung: Rückschläge in Folge von Naturkatastrophen oder durch Verluste des Handelsgutes, waren von den Familienunternehmen nicht immer aufzufangen. In Verbindung mit den damals üblichen Wucherzinsen für das von privaten Geschäftsleuten gegebene Kapital konnte eine Verarmung auf der letzten Stufe zum Selbstverkauf in die Sklaverei führen.
Ugarit, das im Mittelpunkt der Ausstellungsabteilung der Mittelsyrischen Zeit steht, zeigt sich uns als blühende Küstenstadt, die von einheimischen wie fremden Händlern und Kaufleuten geprägt war. Bereits seit Jahrhunderten pflegten sie weit über das Meer reichende Kontakte. Das Kupfer, das Mari in der Altsyrischen Zeit aus Zypern bezog, ist sicherlich im Hafen Ugarits von den Schiffen (Abb. 54) auf Eselkarawanen umgeladen worden. Hier – ebenso wie auf der Insel – belegt für diese Zeit eine kretische Keramik, die „Kamares-Ware" (s. S. 310), die fernen Beziehungen

nach Westen. Der Küstenhandel nach Süden umfaßte eine Reihe von Städten, die zusammen ein und derselben „levantinischen“ Kultur mit einer überwiegend nordwestsemitischen Bevölkerung angehörten. Die wichtigste von ihnen war Byblos, das im Handel nach Ägypten vermittelte.

In dieser Region, in der die verschiedensten Sprachen aufeinanderstießen, fand ein entscheidender Schritt in der Schriftentwicklung statt. Beeinflußt von Ägypten bildete sich nach frühen Versuchen in Südpalästina sowohl in Byblos als auch in Ugarit eine Konsonantenschrift heraus: die eine kam mit zweiundzwanzig, die andere mit dreißig Zeichen aus – im Gegensatz zu dem mesopotamischen Silbensystem der sumerischen Keilschrift, das mehrere hundert Zeichen umfaßte. Die ebenso aus Keilen zusammengesetzten, in den Ton gedrückten Zeichen des Ugaritischen sind auf einigen kleinen Täfelchen zu einem Alphabet geordnet. Auf diesem Alphabet, allerdings auf anderen Buchstabenzeichen, gründet dasjenige, das später die Griechen aus dem Orient übernahmen, und damit letztlich auch unser heutiges.

Die Stadt ist nach dem alten orientalischen Schema von einigen Hauptstraßen durchzogen, von denen sich immer stärker verschmälernde, zuletzt blind endende Nebenstraßen abzweigen. An ihnen lagen dicht gedrängt die häufig zweistöckigen Wohnhäuser, die Läden und Werkstätten, deren Wände aus Steinen mit Balkeneinlagen aufgeführt waren. Das Zentrum der mehrräumigen Wohnhäuser bildete meist ein Hof. In vielen Fällen waren unter dem Fußboden die Familiengrüfte eingelassen, die sorgfältig mit Hausteinen verkleidet und manchmal mit einem Kraggewölbe abgedeckt waren. Ihren Zugang bildete ein Schacht oder eine Treppe. Die reicheren Häuser verfügten über eigene Brunnen, Bäder und Toiletten, die an die Kanalisationen angeschlossen waren. Die Stadtteile waren wohl einzelnen Berufsgruppen zugeordnet; so häufen sich in der „Südstadt“ die Feinhandwerker, die Gold und Silber bearbeiteten, die Graveure und Bildhauer.

Nahe bei der Stadt lag das Hafenviertel, heute Minat al-Baida genannt. Ein gemauertes Grab, auf das ein Bauer 1928 beim Pflügen stieß, lenkte die Aufmerksamkeit auf diesen Ort und leitete die Untersuchungen in Ugarit ein. Hier lagen einst die Speicher der Kaufleute, aber auch verarbeitende Industrie: Kupfergießereien und Werkstätten, die Purpurfarbe herstellten. Für Purpurwolle und -stoffe war die Stadt – wie später ganz Phönikien – berühmt. Diese Erzeugnisse bildeten auch einen Teil des Tributes an die Hethiter. Vermutlich waren in diesem Viertel viele fremde Kaufleute, etwa die aus der Ägäis, ansässig. Neben ihnen gab es in Ugarit Händler aus ägyptischen, syrischen und palästinensischen Städten, wohl auch solche aus Mesopotamien.

Unter den hethitischen Kaufleuten nennen die Texte besonders diejenigen aus dem kilikischen Ura. Einige von ihnen handelten direkt im Auftrage des hethitischen Großkönigs. Sie konnten es zu großem Reichtum bringen und in Ugarit Boden erwerben oder als Kapitalgeber auftreten. Offenbar wurden sie mit ihren Geschäften zur Plage für die Einwohner. Der Herrscher der Stadt wandte sich mit folgender Beschwerde: „Die Kaufleute, Söhne von Ura, lasten schwer auf dem Land deines Dieners“ an seinen hethitischen Oberherrn, den Großkönig Hattusili. In einem Erlaß gebietet dieser ihnen, nur während des Sommers in Ugarit zu weilen und keine Häuser und Felder mehr zu erstehen. Er erlegt dem König von Ugarit aber auch auf, daß seine verschuldeten Untertanen, wenn sie nicht in der Lage waren, Kredite und Zinsen zurückzuerstatten, mit ihren Angehörigen in die Schuldknechtschaft der Kaufleute von Ura zu gehen hätten.

Die ärmeren Händler und Handwerker mußten als einfache Soldaten der Kriegspflicht nachkommen; die reicheren Kaufleute dienten dagegen in der privilegierten Gruppe der Wagenkämpfer, konnten einflußreiche Posten als Berater und Verwalter im Palast innehaben und große Ländereien besitzen. Eine große Anzahl von ihnen war für den König unter dessen Schutz tätig. Verträge mit anderen Herrschern sollten die Immunität der königlichen Händler bei hohen Strafen und Ersatzleistungen gewährleisten.

Inmitten eines Wohviertels lag der – in seiner letzten Phase 6500 m^2 umfassende – Palast aus dem 14. und 13. Jahrhundert v. Chr. In verschiedenen Bauabschnitten wurden immer neue Gebäudeteile und Höfe an ein ursprünglich nur größeres Wohnhaus (Abb. 29: A) angefügt, zunächst ein Hof mit umliegenden Räumen und einer rechteckigen Säulenhalle an seiner einen Seite (B). Derartige Säulenportale sind seit dem Palast von Ebla (s. S. 59) ein charakteristischer Bestandteil syrischer Architektur. Unter einem Raum an der Außenmauer lagen die königlichen Grüfte. Zwei weitere Höfe, umgeben von regelmäßigen Räumen (C. D), schlossen im Süden an. Von hier stammen zahlreiche Tontafeln. Zwei Höfe mit Säulenhallen im Westen (E) bildeten den Eingangstrakt zu dem Palast bzw. dessen südlichen Bereich. Der Kanzleihof (I) barg wiederum Texte, einige davon in einem Backofen. Ein weiter Hof (L) war als Garten bepflanzt. Auch hier bildete eine Säulenhalle den Zugang. Treppen in allen Teilen weisen auf die Zweistöckigkeit des Palastes.

Den hohen Hügel im Norden des Stadtgebiets („Akropolis“) beherrschten – herausgehoben aus dem Straßengewirr durch enorme Mauerstärken – die beiden Haupttempel. Sie waren dem Baal und dem Dagan geweiht. Beide bestanden aus einem kleinen, etwa quadratischen Vorraum und einer größeren quergelagerten Cella. Im Inneren und nahe des Baal-Tempels konnten Stelen und deren Fragmente geborgen werden, eine davon mit dem Abbild des Gottes. Derartige hohe Steinplatten standen hier an Stelle der bildlosen

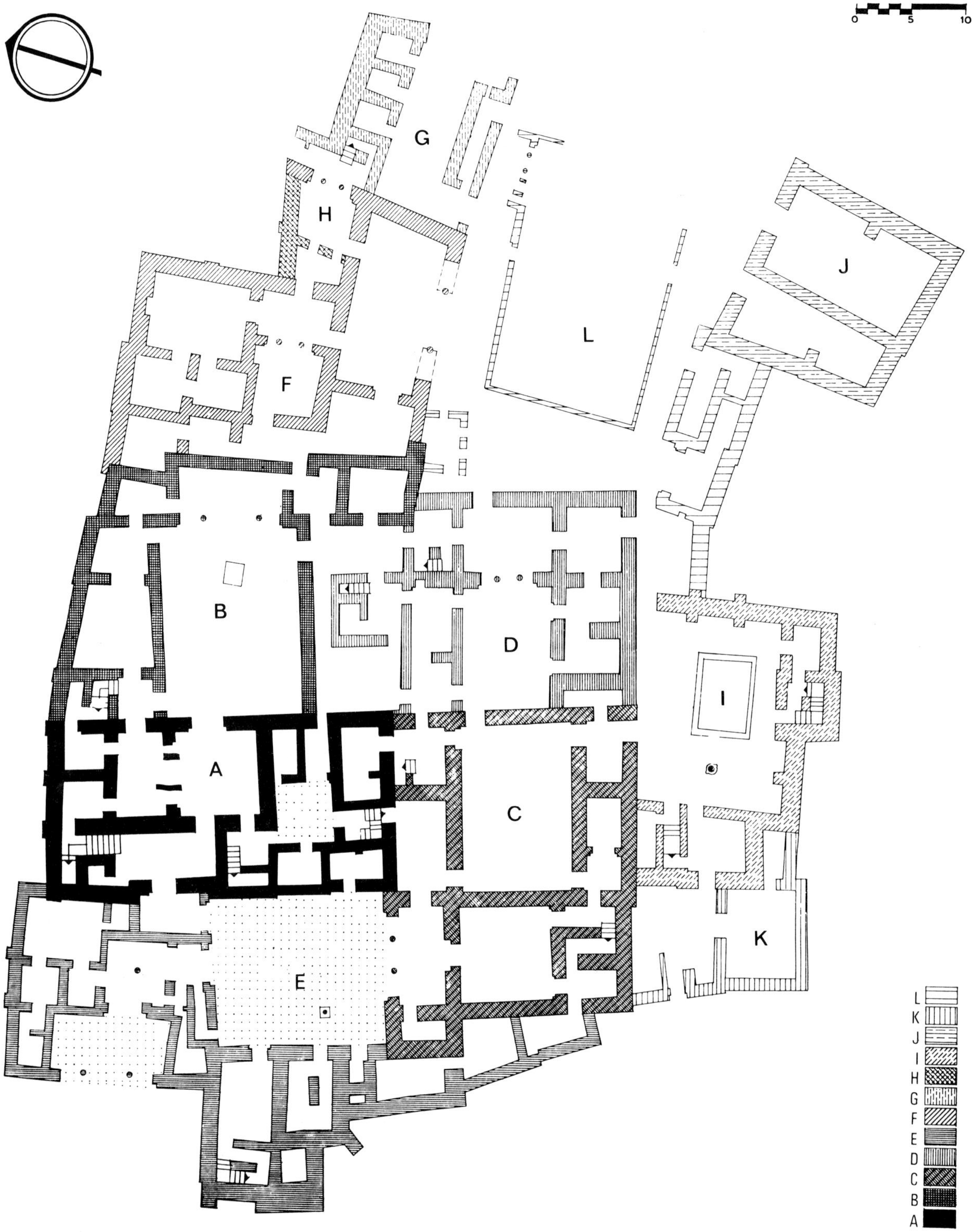

Abb. 29 Der Palast in Ugarit mit Abfolge der Bauphasen

Göttermale, die im levantinischen Bereich weit verbreitet waren und in der Bibel als „Säule Baals“ vorkommen (2. Kön. 3, 2, s. S. 58). Im Südwesten des Tempels förderten die Grabungen zwei Goldschalen (Nr. 146) zu Tage, sowie eine Stele (Nr. 138), die vielleicht anläßlich eines vor dem Gotte beeideten Vertrages errichtet worden war. Rings um das Heiligtum herum standen als Weihgaben steinerne Schiffsanker (s. S. 310) – die Stadt lebte ja überwiegend vom Seehandel.

Ihre Flotte kann nicht gering gewesen sein: 150 ugaritische Schiffe sind in einem hethitischen Brief erwähnt. Die Handelsgüter waren zum einen die landwirtschaftlichen Produkte aus dem weiteren Umland: Getreide, Olivenöl, Wein, zum anderen im Fernhandel Zinn, Blei und das genannte zyprische Kupfer. Hinzu kamen die Erzeugnisse eigener Werkstätten: neben den erwähnten Textilien vor allem Arbeiten aus Edelmetallen und Bronze. Schmuckstücke und Gußformen (Nr. 117–119) und das Schwert mit der Inschrift des Pharao Merenptah (Nr. 136) stehen dafür als Beispiel. K. K.

Emar (Maskana)

Lage: Am Westufer des Euphratbogens.
Alter: Ende 14. Jahrhundert – Beginn 12. Jahrhundert v. Chr., wiederbesiedelt in römischer bis islamischer Zeit.
Forschungen: 1972–1974 (Universität von Strasbourg).
Veröffentlichungen: J. Cl. Margueron: AAAS 25 (1975) 73 ff.; – Syria 52 (1975) 53 ff.; – Syria 53 (1976) 193 ff.; – J. Cl. Margueron (Hrsg.), Le Moyen Euphrat, 285 ff. 235 ff. 245 ff. 265 ff.; – D. Arnaud: Syria 52 (1975) 87 ff.

Am Euphratbogen lag der wichtigste Hafen – und wohl auch Flußübergang – des Landes Aschtata bei der Stadt Emar. Sie war vor ihrer Wiederentdeckung bereits aus mesopotamischen und hethitischen Quellen gut bekannt: hier endete der Überlandweg vom Mittelmeer und Halap (Aleppo) her, und hier wurden die Exportgüter nach Mesopotamien in Schiffe umgeladen. In einer Routenbeschreibung aus altbabylonischer Zeit, die in Larsa in Babylonien beginnt und die Stationen der Reise durch das Tigris-, Chabur- und Balich-Gebiet aufzählt, wird Emar als Ziel genannt. Schon im Archiv von Ebla ist der Ort erwähnt.

Die Stadt des Frühdynastikums blieb bisher unentdeckt, aber ein Zufallsfund von vierzehn Tontafeln in einem Raubloch führte auf die Spur der Siedlung in mittelsyrischer Zeit, jener Epoche, in welcher der hethitische Großkönig Mursili II. (1339–1306 v. Chr.) in das Land Aschtata[1] eine Garnison verlegte, um den hethitischen Machtbereich an seiner Südflanke zu schützen. Auf ihn datieren die ältesten Tontafeln, die in Emar entdeckt wurden; das jüngste Datum einer Tafel nennt den kassitischen Herrscher Melischipak (2. Regierungsjahr: 1187 v. Chr.).

Von der terrassenförmig angelegten Stadt konnten außer Wohnhäusern ein offizielles Gebäude und drei Tempel freigelegt werden. Einer von diesen barg etwa 1500 Tontafeln und Tafelfragmente aus der Bibliothek eines Priesters. Die beiden anderen Heiligtümer, vom bekannten Typus der Längsräume – vermutlich mit Vorhallen – (s. S. 97), enthielten Tafeln, welche die Götter nennen, denen die Bauten geweiht waren: die Ischtar der Stadt (bzw. Aschtarte) und den Wettergott Teschub oder Adad.

Die Bearbeitung dieser Texte wird es eines Tages erlauben, den Einfluß der hethitischen Politik und Kultur auf Emar genauer zu beschreiben. K. K.

1 Knapp unter der Oberfläche erscheinen in Tall Faqus (15 km südlich von Emar) die imposanten Reste einer großen Befestigungsanlage mit Türmen und Mauerringen. Sie gehören wohl zur hethitischen Burganlage von Aschtata: Lettre d'information européenne archéologique orientale 2 (1980) 80.

107 Rollsiegel

Ugarit (Ras Schamra), Südstadt
Mittelsyrische Zeit (Spätes 15.–Beginn 14. Jahrhundert v. Chr.)
Hämatit
Höhe: 3,0 cm; Ø: 1,2 cm
Damaskus Š 2795 [RS. 23. 438]
Lit.: C. F. A. Schaeffer: AfO 20 (1963) 207 Abb. 23 links; – AAAS 11/12 (1961/1962) Abb. 3; – zum Aufbau vgl. E. Porada, Corpus of Ancient Near Eastern Seals in North American Collections I: The Pierpont Morgan Library (1948) Taf. CXLIII Nr. 945 E; – B. Buchanan, Catalogue of Ancient Near Eastern Seals in the Ashmolean Museum I (1966) Taf. 35 Nr. 864.

Das äußerst qualitätvoll im mitannischen Stil geschnittene Siegel zeigt einen für Syrien typischen Aufbau von Haupt-

107

szene und zwei übereinander geordneten symmetrischen Nebenszenen. Sie werden von einem in der syrischen Glyptik des 2. Jahrtausends sehr beliebten Dekor, dem „Flechtband“ getrennt; es begrenzt das Siegel auch unten. Typisch sind auch die die Nebenszenen bildenden Figuren: oben die Sphingen beidseitig einer liegenden Gazelle, unten die Bezoarziegen zu Seiten eines Palmettenbaumes. Diese stilisierte Pflanze ist aus verschiedenen Elementen zusammengesetzt, darunter der Lilie und dem Lotus. Auf dem Gefäßfragment Nr. 144 ziert ein ähnliches Gebilde die Säulenkapitelle eines Baldachins; auf der Goldschale Nr. 146 bildet es das Zentrum gegenständiger Tiere. Seit dem 15. Jahrhundert v. Chr. findet sich das aus Ägypten übernommene Motiv häufig in Vorderasien.
In der Hauptszene stehen sich ein langbärtiger Beter in Umhang und Schurzrock und eine „Fürbittende Göttin“ (Nr. 82) gegenüber. Bei der Pose des Mannes, die der des „Gottkriegers als König“ (Nr. 83) entspricht, wäre in seiner herabhängenden Rechten ein Sichelschwert zu erwarten. Statt dessen füllt ein Vogel den Raum. Die Göttin trägt ein knöchellanges Gewand. Wie bei der männlichen Gestalt fällt das Haar unter der gerundeten Kappe in einem breiten Schopf in den Nacken.
Zu den Charakteristika des mitannischen Stiles gehört die Verwendung feiner Drillbohrer. Dadurch ergeben sich die nur als Punkt angedeuteten Schnauzen der Tiere. Die Augen erscheinen meist groß und kreisförmig. In den beiden Hauptfiguren steht das Siegel noch den altbabylonischen Vorbildern nahe. K. K.

△ 108

▽ 109

108 Rollsiegel

Ugarit (Ras Schamra)
Späte altsyrische bis frühe mittelsyrische Zeit (17.–15. Jahrhundert v. Chr.)
Weißer Stein, Gold
Höhe: 2,2 cm; Ø: 0,85 cm
Aleppo 4603
Lit.: vgl. B. Parker: Iraq 11 (1949) Taf. II 12; – D. Collon, The Seals from Tell Atchana/Alalakh: AOAT 27 (1975) 90 Nr. 164.

Von Goldkappen wird das Siegel gefaßt, das als einzigen Dekor ein doppeltes Band von Lotusknospen und -blüten zeigt. Den besten Vergleich bietet ein Lapislazuli-Siegel mit Goldkappen aus Megiddo. Eine endlose Reihe aus gegenständigen Lotosblüten ist dort eingeschnitten. K. K.

109 Rollsiegel

Ugarit (Ras Schamra), Oberfläche „région egéenne“
Mittelsyrische Zeit (15.–14. Jahrhundert v. Chr.)
Steatit
Höhe: 2,7 cm; Ø: 1,3 cm
Aleppo [RS. 68. 30. 261]

Zu beiden Seiten eines Palmettenbaumes mit darüber schwebender geflügelter Sonnenscheibe steht mit dem Gesicht in Vorderansicht jeweils ein „Nackter sechslockiger Held“. Daneben erscheint ein Beter in knöchellangem Gewand und mit einer Ziege im Arm vor einem Gott. Dieser sitzt auf einem zweisprossigen Hocker. Auch er trägt ein langes Gewand und dazu eine kegelförmige Hörnermütze. Die vorgestreckte Hand hält eine Keule. Zwischen ihm und dem Tierträger ist eine kleine Gestalt mit fürbittend erhobener Hand eingeschoben.
Neben den im sorgfältigen mitannischen Stil sehr plastisch ausgeführten Siegeln gibt es solche, bei denen der Kugelbohrer weitaus stärker benutzt wurde, und die Figuren mit dem Grabstichel gekerbt sind. Zu dieser Gruppe gehört unser Beispiel. K. K.

110 Rollsiegel

Ugarit (Ras Schamra), „tranche Nord G C 8. 4800"
Mittelsyrische Zeit (14.–13. Jahrhundert v. Chr.)
Steatit
Höhe: 2,3 cm: Ø: 1,1 cm
Aleppo [RS. 68. 30. 259]

Ein Gott mit geschulterter Keule, im Schurzrock und mit hoher oben gerundeter syrischer Kappe, bekämpft mit der Lanze eine Sphinx; diese krallt sich in eine Ziege. Über der Szene schwebt eine geflügelte Sonne. Ein Zweig und zahlreiche mit dem Drillbohrer gesetzte Punkte füllen die Zwischenräume.
Neben der Verarbeitung ägyptischer Motive prägt das Siegel die für Südostanatolien und Nordsyrien typische Gottheit mit geschulterter Waffe. Auf weiteren Siegeln aus Ugarit ist das Füllen freier Flächen mit Einbohrungen belegt. Vermutlich handelt es sich um ein in der Stadt geschnittenes Stück. K. K.

111 Rollsiegel

Ugarit (Ras Schamra), Hafenviertel Minat al-Baida
Mittelsyrische Zeit (15.–13. Jahrhundert v. Chr.)
Blaue Fritte
Höhe: 2,1 cm; Ø: 1,0 cm
Aleppo 4731 [4128 M.B. 1932]
Lit.: vgl. C.F.A. Schaeffer: Syria 28 (1951) 9 Abb. 3; –

111

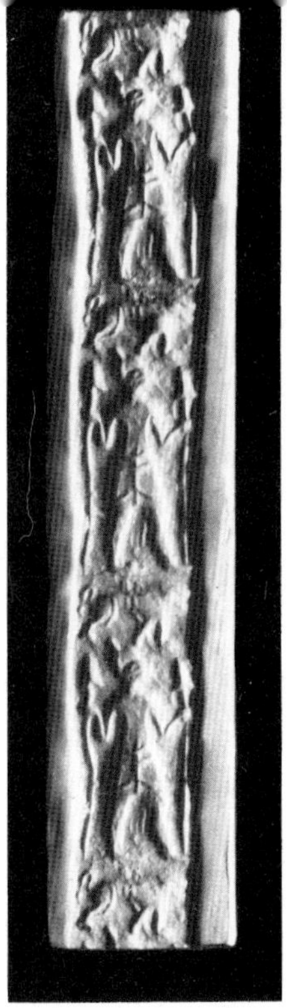

112

A. Moortgat, Vorderasiatische Rollsiegel (1940) Taf. 65 Nr. 550.

In einzelnen Fächern erscheint eine aufgerichtete Ziege und eine Reihe nach einer Seite gewendeter Figuren, die – soweit erkennbar – in Kleidung, Kopfbedeckung oder Haartracht ägyptisierende Züge aufweisen. Nebeneinanderstehende überlängte Gestalten – wie in diesem Fall – kommen auch in der mitannischen Glyptik vor, doch überwiegt hier der ägyptische Einfluß bei weitem.
Das Siegel ist aus Fritte geformt. K. K.

112 Rollsiegel

Ugarit (Ras Schamra)
Mittelsyrische Zeit (15.–13. Jahrhundert v. Chr.)
Steatit
Höhe: 1,3 cm; Ø: 1,0 cm
Aleppo 4785 [RS. 8088]
Lit.: vgl. O.W. Muscarella (Hrsg.), Ladders to Heaven (1981) Nr. 217.

Ein Gott im Schurzrock, einen Dolch im Gürtel und mit der spitzen syrischen Kappe hält mit seinen abgewinkelten Armen zwei Lanzen. Unter ihm schreitet ein Löwe. Entgegen der üblichen Art ist die Darstellung um 90° gedreht – eine zu dieser Zeit häufiger auftretende Eigenheit. K. K.

113

gebräuchlich, gegen Ende des 2. und im 1. Jahrtausend v. Chr. auch in Iran.
Der Ausgräber hält derartige von ägäischen Einflüssen geprägte Siegelringe wie unser Stück für Arbeiten von Mykenern, die in Ugarit ansässig waren. K. K.

114 Waagschalen

Ugarit (Ras Schamra)
Mittelsyrische Zeit (15.–13. Jahrhundert v. Chr.)
Bronze
Maximaler ∅: 9,8 cm; 10 cm
Aleppo 4171, 4172
Lit.: vgl. C. F. A. Schaeffer, Ugaritica I (1939) 44 ff. Abb. 33; – Syria 18 (1937) 148 Taf. XXIV 2.

114

113 Siegelring

Ugarit (Ras Schamra), Grab des Rap'anu
Mittelsyrische Zeit (13. Jahrhundert v. Chr.)
Silber
Breite der Stempelfläche: 2 cm; ∅ des Ringes: 2,2 cm
Aleppo [RS. 68. 30. 288]
Lit.: vgl. C. F. A. Schaeffer: AAAS 11/12 (1961/1962) Abb. 5; – AfO 20 (1963) 206 Abb. 20.

Nordöstlich des königlichen Palastes der mittelsyrischen Zeit lag ein Wohnviertel mit repräsentativen Häusern („quartier résidentiel"). Das größte von ihnen, zweistöckig und 34 Räume im Erdgeschoß umfassend, wurde nach Aussage des Archivs von Rap'anu, einem Untertan des Königs Amistamru II. (Mitte des 13. Jahrhunderts v. Chr.) bewohnt. Aus seinem unter einem Innenhof gelegenen Grab stammt der Silberring, in dessen Stempelfläche eine Bezoarziege und ein Palmettenbäumchen graviert sind.
Als Sonderform des Stempelsiegels bildete sich dieser Typ nach der Mitte des 2. Jahrtausends v. Chr. heraus. In Vorderasien ist er neben Ras Schamra im hethitischen Reich

115 Gewichte

Ugarit (Ras Schamra)
Mittelsyrische Zeit (15.–13. Jahrhundert v. Chr.)
Hämatit, Blei, Bronze
Länge: a. 5,5 cm; b. 2,5 cm; c. 6,5 cm
Gewicht: a. 91,5 g; b. 9,6 g; c. 91,5 g.
Damaskus Š 5687 [RS. 56. 20. 61 B]; Š 5466 [RS. 21. 224]; Š 7146 [RS. 62. 25. 260]
Lit.: vgl. C. F. A. Schaeffer: Syria 18 (1937) 148 Abb. 13; – Ugaritica I (1939) 44 ff. Abb. 34; – AfO 20 (1963) 209 Abb. 24.

Das Paar von Waagschalen und die kleinen Gewichte dienten sicherlich einem Händler oder Handwerker zum Abwiegen von Edelmetall.
Zwei der Gewichte aus poliertem Hämatit sind auf der abgeflachten Unterseite angebohrt und mit Blei geeicht. Das größte Gewicht hängt an einem Bronzebügel.
Der Ausgräber berichtet, daß sowohl Gewichte des ägyptischen als auch des babylonischen Maßsystems gefunden wurden. Man benutzte sie insbesondere im Handel mit Gold, das Ugarit aus Ägypten bezog. Betrachtet man den Tauschwert zwischen Gold und Silber, dann ist die Verdienstspanne der ugaritischen Händler zu ermessen: in Ägypten erhielt man für 1 Teil Gold 2 Teile Silber, in Ugarit bereits 3–4 Teile Silber, in Nuzi im Osten des Mitanni-Reichs und im kassitischen Babylonien 9 Teile Silber. K. K.

116 Gewichte in Gestalt eines liegenden Rindes und eines Löwen

Ugarit (Ras Schamra)
Mittelsyrische Zeit (15.–13. Jahrhundert v. Chr.)
Bronze, Blei
Rind: Höhe: 4,3 cm; Länge: 9,0 cm; Tiefe: 4,5 cm; Gewicht: 465 gr.
Aleppo 4516
Löwe: Höhe: 3,1 cm; Länge: 7,6 cm; Tiefe: 3,0 cm; Gewicht: 180 gr.
Aleppo 4520
Lit.: C. F. A. Schaeffer: Syria 16 (1935) Taf. XXXIII 5; – vgl. Ugaritica I (1939) 44 ff.; – AfO 20 (1963) 209 Abb. 25.

Zahlreiche größere Gewichte waren als liegende Tiere gestaltet. Auch ein menschlicher Kopf kommt vor. Hier zeigen wir ein Rind und einen Löwen, die sehr naturalistisch

115

wiedergegeben sind. Beide Gewichte sind auf der Unterseite geöffnet und mit Blei gefüllt; beim Rindergewicht ist die Öffnung mit einer Platte wieder verschlossen worden. Nimmt man für die ugaritische Grundeinheit, ein Schekel, 9–9,3 gr. an, so entspricht das größere Gewicht 50 ugaritischen Schekel und das kleinere 20. K. K.

117 Zwei Teile einer Gußform

Ugarit (Ras Schamra)
Mittelsyrische Zeit (15.–13. Jahrhundert v. Chr.)
Steatit
Maße: 15,7 x 4,3 x 1,5 cm; Länge des Gußgutes: 14,5 cm; Breite des Gußgutes: 2,8 cm
Aleppo 4571 [RS. 55. 19. 224]
Lit.: C. F. A. Schaeffer: Syria 18 (1937) 152 Abb. 17; – Ugaritica I (1939) 44 Abb. 32.

Im Hause eines Goldschmiedes lagen die beiden Teile einer Gußform. Sie wurden einst mit Stiften zusammengefügt. Anbohrungen an einer Seite dienten dem Ansetzen von weiteren Teilen. Versatzmarken an der Seite sollten das korrekte Zusammensetzen ermöglichen.
Mit dieser Form sollte ein reich dekoriertes durchbrochenes Band, vermutlich ein Diadem, gefertigt werden. In kleinen Feldern wechseln Raubvögel und Sphingen ab. Eine Reihe von Granatäpfeln hängt von dem Band herunter. K. K.

△ 116 ▽

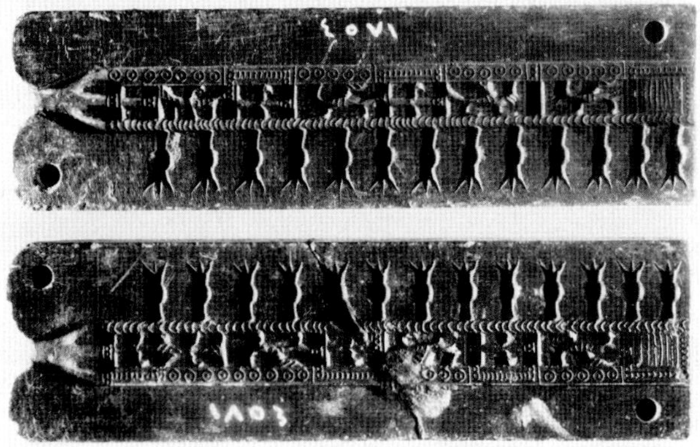

117

118 Anhänger *(Abb. s. Farbtaf. S. 110)*

Ugarit (Ras Schamra), Hafenviertel Minat al-Baida, „dépôt d'enceinte (dépôt 11)"
Mittelsyrische Zeit (15.–13. Jahrhundert v. Chr.)
Gold
Höhe: 7,2 cm; Breite: 4,0 cm
Aleppo 4575
Lit.: C. F. A. Schaeffer: Syria 10 (1929) 289 f. Taf. LIV 2; – O. Negbi, Canaanite Gods in Metal (1976) Abb. 128 Nr. 1698; – zum Typus: K. R. Maxwell-Hyslop, Western Asiatic Jewellery, c. 3000 – 612 B. C. (1971) 138 ff.

In der Levante ist eine Gruppe von goldenen Anhängern beheimatet, die eine nackte Göttin in Vorderansicht zeigen. Ihr Gesicht ist gewöhnlich von der ägyptischen „Hathor-Frisur" mit großen eingerollten Locken umrahmt.
Auf diesem Stück aus einem Depot im Hafenviertel faßt die Göttin mit jeder Hand eine Blütenstandarte. Andere Anhänger zeigen Schlangen oder Ziegen. Sie kann auf einem Löwen oder einer Mondsichel stehen. Es ist nicht möglich, die Göttin zu benennen, zumal sich in ihrem Bild ägyptische und mesopotamische Einflüsse vermischen.
Auf einer Stele des ägyptischen Neuen Reiches erscheint sie als Göttin Qudschu auf einem Löwen. Diese Gottheit wird sowohl mit Aschtarte (S. 333) als auch Anat (S. 333) verglichen, so daß auch auf diesem Weg eine Bestimmung ausgeschlossen ist. Grundsätzlich sind die Anhänger im Rahmen der großen Anzahl von Darstellungen der „Nackten Göttin" zu sehen, insbesondere denjenigen auf Terrakotta-Plaketten des späten 3. und frühen 2. Jahrtausends v. Chr., denen vermutlich auch magische Eigenschaften zugesprochen wurden.

Die äußerst weiche Führung des Körperumrisses und der Details tritt bei weiteren Anhängern aus Ugarit auf. Sie scheint charakteristisch für die Werkstätten der Stadt zu sein. K. K.

119 Anhänger *(Abb. s. Farbtaf. S. 110)*

Ugarit (Ras Schamra)
Mittelsyrische Zeit (15.–13. Jahrhundert v. Chr.)
Gold
Höhe: 7,0 cm; Breite: 3,9 cm
Aleppo 4576
Lit.: vgl. C. F. A. Schaeffer: Syria 13 (1932) Taf. IX; – Syria 19 (1938) 322 Abb. 49; – O. Negbi, Canaanite Gods in Metal (1976) Taf. 52 unten.

Nur der Kopf, die Brüste und der Bauchnabel sind aus der birnenförmigen Platte herausgetrieben. Eine gepunzte Punktreihe umläuft den Rand. Das Schamdreieck und ein „Bäumchen", ein häufiges dekoratives Element, sind eingeritzt. Sie stehen in ihrer flüchtigen Gravierung in Widerspruch zum fein durchmodellierten Gesicht.
Anhänger, die in ähnlicher Art die Figur auflösen und zu einzelnen Teilen reduzieren, stammen aus Tall Ajjul, Lachisch und Megiddo in Palästina. Wegen der großen Anzahl gleichartig stilisierter Anhänger in Ugarit – häufig mit dem „Bäumchen" – ist ein Import aus dem Süden auszuschließen.
Ein rechteckiger Streifen am oberen Ende ist – wie beim vorangehenden Anhänger – zu einer Hülse zusammengerollt, an der das Blech aufgehängt werden konnte. K. K.

120 Thronende Gottheit

Ugarit (Ras Schamra), Akropolis
Mittelsyrische Zeit (14./13. Jahrhundert v. Chr.)
Bronze
Höhe: 12,4 cm (samt Zapfen)
Aleppo 4529
Lit.: O. Negbi, Canaanite Gods in Metal: An Archaeological Study of Ancient Syro-Palestinian Figurines: Publications of the Institute of Archaeology No. 5, Tel Aviv University (Tel Aviv 1976) 46 ff. Abb. 54; – C. F. A. Schaeffer: Syria 17 (1936) 126 ff. Taf. XV 3; – ders.: AfO 21 (1966) 65 Abb. 12; – G. Roeder: Mitteilungen aus der Ägyptischen Sammlung Bd. VI (Berlin 1956) 38 (D. 18) Abb. 56.

Diese Kleinplastik gehört zu einer Gruppe in Syrien-Palästina hergestellter ägyptisierender Bronzefiguren. Nach allgemeiner Auffassung handelt es sich hier um eine männliche asiatische Gottheit, die aber nicht sicher zu identifizie-

ren ist. In der linken Hand hielt der Gott einst ein Zepter oder auch einen Becher; die Rechte ist in einer Segensgeste erhoben. Drei Zapfen – zwei an den Sohlen und einer unter dem Gesäß – verbanden die Figur einmal mit einem Thron und Fußschemel.
Die Figur trägt eine ägyptische Schilfbündelkrone mit zwei flankierenden Straußenfedern. Dieser Kopfputz wird im Nilland sehr oft vom Totengott Osiris getragen; in ägyptischen Darstellungen sind aber auch die syrischen Gottheiten Anat und Reschef damit geschmückt. Der breite Halskragen ist ein typisch ägyptisches Schmuckstück. Verglichen mit ägyptischen Originaldarstellungen wirkt die Musterung hier vereinfacht und abstrahiert. Über den langen mit Musterbändern dekorierten syrischen Rock ist ein kurzer gefältelter Schurz mit quergestreiftem Mittelstück gelegt. Der Schurz ist zweifellos von der Pharaonentracht des Neuen Reiches übernommen. Das Mittelstück entspricht dem Uräengehänge, das der ägyptische König an gleicher Stelle über dem Schurz trug. M. E.-K.

121 Sitzbild eines Gottes

(Abb. s. Farbtaf. S. 111)

Ugarit (Ras Schamra), Südstadt
Mittelsyrische Zeit (14.–13. Jahrhundert v. Chr.)
Bronze, Gold
Höhe: 13,5 cm; Breite: 5,0 cm; Tiefe: 9,0 cm
Damaskus Š 3573 [RS. 23. 394]
Lit.: C. F. A. Schaeffer: AAAS 11/12 (1961/1962) 191 Abb. 6; – AfO 20 (1963) 206 f. Abb. 21; – AfO 21 (1966) 65 f. Abb. 11; – Syria 43 (1966) 1 ff. Taf. II; – O. Negbi, Canaanite Gods in Metal (1976) Abb. 129 Nr. 1442; – Saadé, Ougarit 128 f. Abb. 35; – Spycket, La statuaire 341 f.; – Tokyo-Exhib. 113.

Im Fundament eines Hauses in der Südstadt wurden vier Kleinbronzen entdeckt. Sie waren einst eng in ein Leinentuch geschlagen. Da aus demselben Haus ein Schatzfund von Elektron- und Silbergegenständen (Finger- und Ohrringe, Anhänger, eingeschmolzenes Gold und Silberbarren) stammt, war dieses wohl die Arbeits- und Wohnstätte eines Goldschmiedes.
Der thronende Gott entspricht in Kopfbedeckung und Handhaltung der Nr. 120. Nur befinden sich über den Ohren Bohrungen, in die einst Hörner, das übliche Zeichen vorderasiatischer Götter, eingesetzt waren. Er trägt den Wulstmantel, jene typisch syrische Bekleidung, die uns bereits bei der altsyrischen Siegelabrollung aus Tall Mardich (Nr. 98) begegnet war, und an den Füßen Sandalen mit breiten Doppelriemen.
Die schmalen und länglichen Augenhöhlen waren ursprünglich sicherlich mit Einlagen gefüllt. Wegen des Kinnbartes, der das Alter herausstellen soll, nimmt der Aus-

◁ 120

gräber an, daß der ugaritische Göttervater El dargestellt ist. Tatsächlich wird in Texten dessen Greisenhaftigkeit betont, und die Abgrenzung zweier Göttergenerationen dadurch, daß die ältere bärtig erscheint, ist im Orient nicht ungewöhnlich.
Der feine Überzug aus Goldblech ist größtenteils noch erhalten. Bei dieser Veredelung nahm man in Kauf, daß feinere Einzelheiten der Bronzefigur kaum noch in Erscheinung traten.
Anders als bei der Gottheit Nr. 120 stehen hier gegenüber dem ägyptischen Einfluß die einheimisch-syrischen Elemente im Vordergrund. K.K.

122 Statuette eines stehenden Gottes

(Abb. s. Farbtaf. S. 111)

Ugarit (Ras Schamra), Südstadt
Mittelsyrische Zeit (14.–13. Jahrhundert v. Chr.)
Bronze, Gold
Höhe: 12,2 cm; Breite: 4,3 cm; Tiefe: 4,5 cm
Damaskus Š 3372 [RS. 23. 393]
Lit.: C.F.A. Schaeffer: AAAS 11/12 (1961/1962) 191 Abb. 6; – AfO 20 (1963) 206 f. Abb. 21; – D. Collon: Levant 4 (1972) 113; – O. Negbi, Canaanite Gods in Metal (1976) Nr. 1327; – Spycket, La statuaire 338.

Außer der sitzenden Gottheit Nr. 121 gehörten zum Schatzfund eine kleine Rinderfigur auf einer Platte mit Stift, möglicherweise die Bekrönung eines Szepters, und zwei Statuetten eines unbärtigen Gottes. Er streckt den linken Arm angewinkelt vor, den rechten hat er erhoben. Bei vergleichbaren Figuren führt die Rechte eine Waffe: einen Dolch, eine Keule oder eine Lanze. Dieser Typus des bewaffneten in leichter Schrittstellung stehenden Gottes ist charakteristisch für die Levante. Seefahrer brachten ihn von dort auch nach Griechenland, nach Tiryns, Mykene, Rhodos und Thessalien (s. S. 313). Als einzige Kleidung trägt er einen reich dekorierten Schurzrock und eine hohe ovoide Kopfbedeckung, die in einem länglichen oben verdickten Fortsatz endet. Sie ist der „Weißen Krone" Oberägyptens nachgebildet.
Die Gottheit ist nicht eindeutig zu benennen; häufig sieht man in ihr den Baal (s. S. 331). In der Tat wird es sich zumeist um einen Wettergott handeln, bei dem zum einen Aspekte des Reschef (s. S. 331) und zum anderen des syrischen Hadad (s. S. 331) mit einbezogen sind.
Kopf und Hals sind von einer dünnen Goldfolie bedeckt. Bei mehreren vergleichbaren Stücken endet der Goldüberzug an gleicher Stelle; bei einer Statuette in Paris zeigt der Körper deutliche Reste einer Silberauflage. Ähnlich wird man sich auch diese Figur vorstellen dürfen. Auf der Rückseite ankorrodierte Stoffreste rühren von dem Leinentuch her, in das die Bronzen eingeschlagen waren.

123 ▷

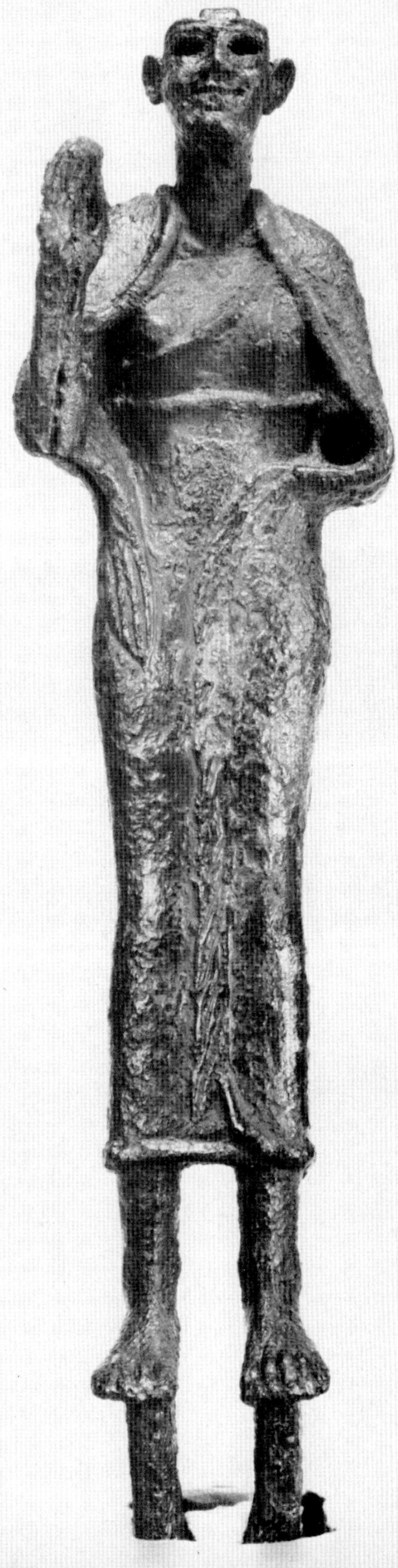

Ein genauer Vergleich ergibt, daß die zweite fast identische Statuette entgegen der Annahme des Ausgräbers nicht in derselben Form gegossen sein kann. K.K.

123 Statuette einer Göttin (?)

Ugarit (Ras Schamra), Südstadt
Mittelsyrische Zeit (14.–13. Jahrhundert v. Chr.)
Bronze
Höhe: 25,8 cm (mit modernem Sockel); Breite: 6,0 cm
Damaskus Š 3574 [RS. 23. 395]
Lit.: C. F. A. Schaeffer: Syria 43 (1966) 1 ff. Abb. 2 Taf. III; – O. Negbi, Canaanite Gods in Metal (1976) Abb. 129 Nr. 1630; – Tokyo-Exhib. Nr. 116.

Unweit des Hauses, aus dem die Kleinbronzen Nr. 121 und 122 kommen, lag eine Werkstatt; hier wurde die Statuette einer Frau geborgen. Ihr langer mit Fransen besetzter Umhang ist so um den Körper geschlungen, daß er den linken Arm völlig bedeckt. Darunter trägt die Frau ein hoch am Hals abschließendes Gewand, das gegürtet ist.
Die Statuette ist an beiden Seiten, am Nacken, hinten an den Beinen und am rechten Arm geschlitzt. Derartige Riefen kommen häufig an syrischen Bronzen des 2. Jahrtausends v. Chr. vor. Sie dienten dazu, eine Auflage aus Edelmetall, Gold oder meist Silber, zu befestigen.
Der – wohl vorgestreckte – linke Unterarm war getrennt gegossen, in den Körper eingesetzt und von der Seite festgestiftet. So erklären sich auch die Funde von einzelnen Unterarmen. Ebenfalls angefügt war die Kopfbedeckung. Da es keinen ersichtlichen technischen Grund gibt, warum sie nicht im Stück mitgegossen wurde, ist anzunehmen, daß sie aus einem anderen Material bestand. So wurde in Ugarit die Statuette einer Gottheit gefunden, deren hohe Kappe aus Steatit mit dem Hörnerpaar aus Elektron bestand.
Der Ausgräber sieht in der Frau die Göttin Athirat, die Gattin des El. Es gibt keine Hinweise, die diese Annahme unterstützen könnten. K.K.

124 Bronzestatuette

Ugarit (Ras Schamra)
Mittelsyrische Zeit (15.–13. Jahrhundert v. Chr.)
Bronze
Höhe: 13,7 cm; Breite: 3,7 cm; Tiefe: 2,2 cm
Aleppo [RS. 68. 30. 248]
Lit.: vgl. O. Negbi, Canaanite Gods in Metal (1976) 42 f.

Dem vorangehenden Stück gleicht diese Statuette in ihrer Machart: auch sie hat Riefen an den Seiten, den Füßen und im Nacken für die einstige Edelmetallauflage.

◁ 124

125

Beide vorgestreckt zu rekonstruierende Arme waren angesetzt und sind verlorengegangen. Ein Zapfen am Kopf hielt die angefügte Kopfbedeckung. Die Figur war mit zwei weiteren Statuetten an einem Untersatz angesockelt. Die Zapfen sind technisch gesehen die stehengelassene Füllung der Eingußkanäle.
Als Parallele zu der Statuette wird man zunächst die eines stehenden Gottes aus Ugarit[1] heranziehen, bei dem die Arme ebenso angefügt waren und der auch den Wulstmantel trägt; die – mit dem Schichtzusammenhang begründete – Datierung des Ausgräbers in das 19.–17. Jahrhundert v. Chr. wird neuerdings angezweifelt. Dieser Figur gegenüber sind bei unserem Stück die Körperformen gerundeter, auch ist das Gesicht feiner und naturalistischer gestaltet. Es wird daher der mittelsyrischen Nr. 123 zeitlich nahe stehen.

K. K.

1 C. F. A. Schaeffer, Ugaritica I (1939) Taf. XXXI.

125 Stabaufsatz in Falkenform

Ugarit (Ras Schamra)
14./13. Jahrhundert v. Chr. (?)
Bronze, mit Gold tauschiert
Höhe: 8,8 cm (samt Zapfen)
Aleppo 4532
Lit.: C. F. A. Schaeffer: Syria 10 (1929) 288 ff. Taf. LII 1. 3.

Ein Falke konnte für die Ägypter die Erscheinungsform verschiedener Gottheiten, vor allem aber des Sonnengottes Horus sein. Ein Bild dieses Gottes haben wir hier vor uns. In die Öffnung auf dem Kopf war einst eine Sonnenscheibe eingezapft. Die (vor seinen Beinen) aufgerichtete Kobra schützte den Gott mit ihrem feurigen Speichel. Bei offiziellen Anlässen gehörten Falkenstandarten zum Geleit des Pharao. In Ugarit mag dieser Falke als Stabaufsatz einen ähnlichen Zweck erfüllt haben.
Ob die Figur die Arbeit eines ägyptischen oder syrischen Schmiedes ist, läßt sich kaum entscheiden. Das Gefieder, die Augenmarkierungen und der breite Brustkragen zwischen den Flügeln sind tauschiert. Bei dieser Technik wird ein Metall (hier Gold) in die ziselierten Furchen eines anderen eingehämmert. Tauschierung ist in Ägypten erstmals am Ende des Mittleren Reiches belegt (früheste sicher datierte Beispiele: zwei Gefäßdeckel mit Darstellungen eines Königs Neferhotep aus der XIII. Dynastie), und taucht danach bis zur XXII. Dynastie nur vereinzelt auf.
M. E.-K.

126 Spindelflasche

Ugarit (Ras Schamra)
Frühe mittelsyrische Zeit (16. – Mitte 14. Jahrhundert v. Chr.)
Terrakotta
Höhe: 32,3 cm; max. Ø: 8,5 cm
Aleppo 4403 [RS. 8128]
Lit.: vgl. C. F. A. Schaeffer, Ugaritica II (1949) 138 Abb. 51. 17.

Ein typisches Gefäß der levantinischen Küste ist die sogenannte „Spindelflasche". Sie ist außen mit einem grauen oder – wie in diesem Fall – roten Tonüberzug versehen und geglättet. Umstritten ist, wozu solche Gefäße gedient haben: als Aufbewahrungs- oder Transportbehälter für kostbare Flüssigkeiten, oder als Spendegefäße im Kult. Auf dem Boden dieser Flasche befindet sich eine vor dem Brand eingeritzte Marke der Töpferwerkstatt.
Ursprünglich wohl in Nordwestsyrien beheimatet, wurden Spindelflaschen auch auswärts hergestellt. Sie haben eine weite küstenorientierte Verbreitung; man findet sie von Kleinasien über Syrien/Palästina bis nach Ägypten, und sehr häufig auf Zypern. Hierher gelangte die Kenntnis des Gefäßtyps im Gefolge des Handels mit der syrischen Küste; aus den Töpferwerkstätten der Insel kamen Spindelflaschen dann wiederum zusammen mit im Ursprung einheimischen Gefäßen (wie unserer Nr. 127) zurück nach Ugarit.
Wirtschaftliche Grundlage der Beziehungen zwischen Zypern und Ugarit war der Kupferhandel; zur frühen mittelsyrischen Zeit erreichte der Abbau des Kupfers auf der Insel einen Höhepunkt. Mit diesem Metall gelangten dann auch andere Handwerksgüter in den Warenaustausch.
Als die mykenischen Griechen nach 1400 v. Chr. die Macht über die gesamte Ägäis erlangt hatten, übernahmen sie auch den Handel zwischen Zypern und der Levanteküste. Dies ist der Beginn des massenhaften Importes mykenischer Keramik im Nahen Osten (s. Nr. 129). K. K.

126

128

127 Stiergefäß *(Abb. s. Farbtaf. S. 110)*

Ugarit (Ras Schamra), „Sud Acropole, Secteur 20 E“, Grab 3464
Frühe mittelsyrische Zeit (Ugarit Recent 1 – Beginn 2, Ende 16.–14. Jahrhundert v. Chr.)
Terrakotta
Höhe ohne Ergänzung 15,8 cm; Länge: 19,2 cm
Damaskus Š 6883 [RS. 61. 24. 435]
Lit.: C. F. A. Schaeffer: AAAS 13 (1963) Abb. 25; – J. C. Courtois in: Ugaritica VII (1978) 290 Abb. 32.

Aus Zypern war dieses Spendegefäß nach Ugarit importiert worden, wo es in einem Grab als Beigabe entdeckt wurde. Es ist in Gestalt eines stehenden Stieres (s. S. 333) modelliert. Durch die durchbohrte Schnauze konnte der Inhalt ausgegossen werden. Einzelheiten, wie die Wamme und die Ohren sind plastisch geformt, die Augen aufgelegt. Die Oberfläche ist überzogen von einer rotbraunen bis dunkelgrauen Tonschicht, auf der eine weiße bis cremefarbene Streifenbemalung aufgetragen ist.
Nur wenige Teile sind im Altertum schon weggebrochen: der Henkel, ein Horn und ein Fuß sind modern ergänzt. Das Gefäß gehört zu den Glanzstücken einer typischen Keramik zyprischer Töpferwerkstätten, der sogenannten „base-ring-II Ware“. K. K.

128 Becher in Gestalt eines Löwenkopfes

Ugarit (Ras Schamra)
Mittelsyrische Zeit (15.–13. Jahrhundert v. Chr.)
Terrakotta
Höhe: 16,2 cm
Damaskus Š 4217 [RS. 52. 16. 52]
Lit.: vgl. C. F. A. Schaeffer in: Ugaritica VII (1978) 149 ff.; – Syria 19 (1938) Taf. XIX.

Der untere Teil des einhenkligen Bechers ist in Form eines Löwenkopfes modelliert. Die Augen sind eingeschnitten, Einzelheiten, wie die Schnauzenhaare, geritzt. Im Jahre 1962 wurde ein ganz ähnlich gestaltetes Gefäß mit Löwenkopf gefunden, das unterhalb des Wandungsknickes eine Widmung in der ugaritischen Alphabetschrift trägt: aus ihr geht hervor, daß jenes Gefäß von einem hohen Würdenträger dem „Schützenden Reschef" als Opfer geweiht wurde. Es wird in das 13. Jahrhundert v. Chr. datiert.
Die Anregung für diese Gefäße ist sicherlich im Westen zu suchen: so wurden tierköpfige Rhyta mykenischen Stils in Ugarit und Minat al-Baida gefunden. Schon in der vorangehenden Zeit wurden auf Zypern und auf Kreta neben Ganztiergefäßen (s. Nr. 127) solche in Form eines Tierkopfes[1] hergestellt. K. K.

1 P. Demargne, Die Geburt der Griechischen Kunst: Universum der Kunst (1965) Abb. 219.

129 Mykenisches Rhyton

Ugarit (Ras Schamra), Wohnviertel nordöstlich des Palastes, nahe dem Grab 4760
Späte mittelsyrische Zeit (1230–1200 v. Chr.)
Terrakotta
Höhe (ohne Ergänzung): 36,5 cm; rekonstruierter oberer ∅: 13,5 cm
Aleppo [RS. 68. 30. 310]
Lit.: J. Cl. Courtois in: Ugaritica VII (1978) 310 Abb. 37: 12; – vgl. C. F. A. Schaeffer: Syria 13 (1932) Taf. IV; – Syria 51 (1974) Taf. II; – Ugaritica II (1949) Abb. 91; – Zu den mykenischen Importen: F. H. Stubbings, Mycenean Pottery from the Levant (1951) und H.-G. Buchholz: AA 1974, 400 ff.

Etwa ab 1390 v. Chr., dem Beginn der Regierungszeit des ägyptischen Pharao Amenophis III., wird in die Levante eine bestimmte Gruppe mykenischer Keramik (SH IIIA/B) in großen Mengen eingeführt. Zuvor waren die Importe nur spärlich gewesen und beschränkten sich auf ein kleines Küstengebiet. Nunmehr reicht ihre Verbreitung neben der Küste auch in das Hinterland, von der Ebene von Antiochia bis zum Euphrat im Osten sowie über den Libanon in die Damaszene und bis weit in den Süden Palästinas.
Ein ähnliches Phänomen des plötzlich einsetzenden Massenimportes glaubt der Ausgräber von Ugarit, C. F. A. Schaeffer, mit dem Beginn der Schicht I (Ugarit Recent) 2 zu bemerken, in der auch Skarabäen von Amenophis III. und Amenophis IV. gefunden wurden. Ein Großteil der mykenischen Importe stammt aus Gräbern.
Dieses an der Spitze durchbohrte Spendegefäß zeigt in braun-roter Bemalung sechs spielende Delphine. Darstellungen aus der Meereswelt finden sich häufig im Repertoire der Gefäßdekorationen dieses Seefahrervolkes. K. K.

130 Mykenische Bügelkanne

Ugarit (Ras Schamra)
Späte mittelsyrische Zeit (Ende 14. – Beginn 13. Jahrhundert v. Chr.)
Terrakotta
Höhe: 10,2 cm; gr. Ø: 11,4 cm
Aleppo 4487
Lit.: vgl. C. F. A. Schaeffer, Ugaritica II (1949) Abb. 122; – AAAS 13 (1963) Abb. 30.

130

Als Transportgefäße für wertvolle Flüssigkeiten, wie seltene Öle, dienten die nach der Form der Griffe benannten Steigbügelkannen. Mitunter fand man sie mit versiegelter Ausgußtülle. Häufig ist in sie nachträglich von oben ein Loch gebohrt, um den Inhalt besser entnehmen zu können.
Das Gefäß zeigt einen einfachen Dekor: rotbraune konzentrische Bänder und im oberen Bereich ineinandergestaffelte Dreiecke.
Häufig fällt es nicht leicht, festzustellen, welche mykenischen Gefäße echte Importstücke sind, und welche in Ugarit selbst von mykenischen Töpfern hergestellt wurden. Wegen des Tones und der sorgfältigen Bemalung handelt es sich hier wohl um einen Import (Ende SH III A: 2 – Beginn SH III B). K. K.

131 Pilgerflasche *(Abb. s. Farbtaf. S. 114)*

Ugarit (Ras Schamra)
Späte mittelsyrische Zeit (13. Jahrhundert v. Chr.)
Fayence
Höhe: 21,3 cm
Damaskus Š 6881 [RS. 61. 24. 433]

Auffällig ist in Ugarit die geringe Menge der einheimischen bemalten Keramik der spätbronzezeitlichen Bewohner der Levanteküste ebenso wie der aus dem Osten stammenden sogenannten „Nuzi-Ware“ des Mitanni-Reiches; sie wird ersetzt durch mykenische bzw. zyprische Importe und deren einheimische Imitationen.
So findet man in Ugarit auch selten die als typisch „syrisch“ bezeichnete bemalte Pilgerflasche. An ihre Stelle traten in der im Geschmack stark mediterran orientierten Stadt Gefäße der zyprischen „bilbil“- und „base-ring“-Ware oder mykenische Flaschen: in diesem Fall ist eine solche in Fayence nachgebildet.
Die Flasche, deren Henkel modern ergänzt sind, ist in recht unbeholfen wirkender Komposition dunkelbraun auf beigefarbenen Grund bemalt. Der Hals ist im Inneren türkis. Aus einem Grab in der Hafenstadt Minat al-Baida stammt eine mykenische zweihenklige Flasche, die jenen Dekor zeigt, der den Töpfer unseres Stückes angeregt haben mag: gänzlich umgekehrt entwickeln sich dort aber die Linien mit den eingerollten Enden schwungvoll aus einem zentralen konzentrischen Band, das mit einer Spirale gefüllt ist (Abb. 30). K. K.

Abb. 30
Pilgerflasche
aus Ugarit

134

132 Imitation einer mykenischen Bügelkanne

(Abb. s. Farbtaf. S. 114)

Ugarit (Ras Schamra), Grab H 698
Späte mittelsyrische Zeit (14.–13. Jahrhundert v. Chr.)
Fayence
Höhe: 8,3 cm; gr. ∅: 10,5 cm
Aleppo 6203 [RS. 66 Tomb H 698]
Lit.: vgl. C.F.A. Schaeffer: Syria 10 (1929) Taf. III 4; – H.-G. Buchholz: AA 1974, 458 f.

Eine mykenische Bügelkanne (vgl. Nr. 130) stand diesem Gefäß als Vorbild. Es hat einen einfachen schwarzen Dekor aus Kreuzen, Punkten und Kreisen auf dem weißen und hellblauen Grund. Seine Glasur ist überfeuert und daher blasig geworden. K. K.

133 Löffelschälchen *(Abb. s. Farbtaf. S. 114)*

Ugarit (Ras Schamra), „ville basse", Grab LVI
Späte altsyrische Zeit bis Beginn mittelsyrische Zeit (17.–Beginn 16. Jahrhundert v. Chr.)
Fayence
Länge: 15,6 cm; ∅ der Schale: 8,1 cm
Aleppo 4557
Lit.: C. F. A. Schaeffer: Syria 19 (1938) 241 Taf. XXII 2.

Im Nordosten der Stadt wurde ein Wohnviertel freigelegt, dessen große Häuser in die späte altsyrische bis beginnende mittelsyrische Zeit zu datieren sind. Etwa 20 Gräber lagen unter den Fußböden, die meisten mit bedeutenden Funden. In einem von ihnen kamen neben hundert Tongefäßen die Knochen von ca. 44 Bestattungen zu Tage. In dem Haus, in dem es angelegt war, fanden sich unter anderem Fritte-Figürchen.
Aus dem verwandten Material Fayence besteht das kleine Löffelschälchen, das einem der Toten beigegeben war. Sein Stiel endet in einem Entenkopf, der – ganz gleich den elfenbeinernen Schminkdöschen Nr. 141 – auf die Laffe zugerichtet ist. Die Laffe wird von einer menschlichen Hand untergriffen. Wie bei dem – zeitlich nicht sehr weit entfernten – Fayencebecher aus Tall Mardich (Nr. 99) sind alle vertieften Partien in schwarz schattiert.
Schalen, die von einer Hand gefaßt werden, wurden im syrischen Raum noch in neusyrischer Zeit hergestellt. Sie bestehen aus Speckstein. In die Zeit der Mitanni-Herrscher datiert eine Libationsschale in Form einer Hand, die in Nimrud im Iraq entdeckt wurde[1]. Das Vorbild unseres Stückes ist in Ägypten zu suchen[2]. K. K.

1 A. Moortgat, Die Kunst des Alten Mesopotamien (1967) Abb. 237.

2 A. Herrmann: ZÄS 68 (1932) 86 ff. Taf. X B. C.; – I. Wallert, Der verzierte Löffel: ÄA 16 (1967) Taf. 5 V:I. 9 P:7.

134 Becher mit Doppelgesicht

Ugarit (Ras Schamra)
Mittelsyrische Zeit (14.–13. Jahrhundert v. Chr.)
Fayence
Höhe: 9,4 cm; Breite: 5,1 cm; Tiefe: 6,4 cm
Aleppo: 4564
Lit.: vgl. C.F.A. Schaeffer, Ugaritica I (1939) Taf. X Abb. 94; – M. Falkner/B. Hrouda: RLA III (1957–1971) 297 ff.; – W. Culican: Levant 3 (1971) 86 ff.; – P. Amiet, Die Kunst des Alten Orient (1977) Abb. 498.

Der Gefäßkörper ruht auf einem tief gehöhlten Ständerfuß. Er ist als doppelgesichtiger Frauenkopf gestaltet. Ein Ge-

sichtsbecher aus einem Grab in Minat al-Baida (jetzt im Louvre) zeigt oben eine hohe kelchförmige Wandung. Eine zweigesichtige Vase – ebenso im Louvre – zeigt hingegen einen Abschluß kurz oberhalb der Bruchkante unseres Stückes. Ähnlich ist dieses wohl zu ergänzen.
Solche Gefäße sind eine Sonderentwicklung der „Gesichtsvasen", die zumeist aus Fayence gefertigt sind. Ihr Ursprung ist umstritten. Sie sind nach Osten bis nach Assur belegt, im Westen bis Zypern, nach Süden bis Palästina. Die These, daß die Gattung wegen der Kopfbedeckungen der Frauen am ehesten in Nordsyrien ausgebildet worden ist, findet eine Unterstützung durch das frühe Beispiel einer „Gesichtsvase" aus Tall Mardich (Nr. 99). K.K.

135 „Nunschale" *(Abb. s. Farbtaf. S. 115)*

Ugarit (Ras Schamra), aus einer Familiengruft
um 1300 v. Chr.
Fayence
Durchmesser: 13 cm
Damaskus Š 7179 [RS. 63. 26. 256]
Lit.: C.F.A. Schaeffer: AfO 21 (1966) 132f. Abb. 15; – E.-C. Strauß, Die Nunschale: Eine Gefäßgattung des Neuen Reiches: Münchner Ägyptologische Studien Bd. 30 (1974) 18. 65; – Tokyo-Exhib. Nr. 135.

Die aus Ägypten stammende Schale wurde in Ugarit ausgegraben. Die syrische Hafenstadt ist der am weitesten vom Ursprungsland entfernte Ort, wo dieses spezielle Beispiel ägyptischer Keramik zutage kam. In Ägypten sind solche Schalen seit dem frühen Neuen Reiche bekannt. Sie zeichnen sich aus durch ihre Innendekoration mit Fischen der Gattung Tilapia und Wasserpflanzen. Hier sehen wir Blüten und Knospen des wegen seines süßen Geruches bei den alten Ägyptern beliebten Blauen Lotus. Die blaugrüne Farbe des Materials Fayence läßt die Deutung des Untergrundes als Wasser zu.
Eine umstrittene Auffassung sieht in dieser Dekoration eine Wiedergabe des Urozeans Nun der ägyptischen Mythologie, aus dem alle Lebewesen – vertreten durch Pflanzen und Fische – hervorgegangen sein sollen. Auf diese Erklärung geht die moderne Bezeichnung „Nunschale" zurück.
M.E.-K.

136 Krummschwert

Ugarit (Ras Schamra), am Fuß der Akropolis
Mittelsyrische Zeit (15.–14. Jahrhundert v. Chr.)
Bronze
Länge: 57,7 cm
Aleppo 4180
Lit.: C.F.A. Schaeffer: Syria 17 (1936) 145 Taf. XVIII 2; – R. Maxwell-Hyslop: Iraq 8 (1946) 41ff. (Typ 34); – S. Schosske in: W. Helck/E. Otto (Hrsg.), Lexikon der Ägyptologie III (1980) 819ff.; – vgl. Staatliche Sammlung Ägyptischer Kunst, München (1972) 52 Taf. 24 (ÄS 5887).

Dieses „Schwert" mit langer schwach geschwungener Klinge ist in einem Stück gegossen. Es wurde in einer Schicht der ersten Hälfte des 14. Jahrhunderts v. Chr. gefunden. Schmale Stege faßten einst die Griffplatten aus organischem Material (Bein?), von dem sich nur geringe Reste erhalten haben.
Schwerter mit geschäfteter und gebogener Klinge haben in Vorderasien eine lange Tradition. Schon der frühdynastische Herrscher Eannatum von Lagasch hält auf der „Geierstele" in seiner Rechten eine verwandte Waffe. Diese findet man auch in der Hand von Königen, Helden und Gottheiten auf Rollsiegeln und Terrakottaplaketten des späteren 3. und 2. Jahrtausends v. Chr. Ebenso trägt die Göttin Ischtar auf einem Wandgemälde in Mari (Abb. 24) ein Krummschwert.
Bei einer Weiterentwicklung in der Levante wurde die lange Schäftung verkürzt, zugunsten der Klinge, die ihre ursprünglich eckige kurze Form verliert und nunmehr lang und flach gebogen wird. Dieser Typ ist auch in Ägypten belegt, wo das Krummschwert als vorderasiatischer Kultureinfluß seit dem Neuen Reich auftaucht. K.K.

137 Schwert mit Namensinschrift des Merneptah

Ugarit (Ras Schamra), im Wohnbereich östlich des Palastes
Späte mittelsyrische Zeit (Regierungszeit des Merneptah: 1213–1204 v. Chr.)
Bronze
Länge: 74,4 cm; max. Breite: 5 cm
Damaskus Š 3591 [RS. 17. 90]
Lit.: C.F.A. Schaeffer in: Ugaritica III (1956) 169ff. Abb. 123. 124 Taf. VIII; – AAAS 3 (1953) 140ff. Abb. 15; – zum historischen Kontext: M. Liverani, Storia di Ugarit nell'età degli archivi politici: Studi Semitici 6 (1962) 132f. und H. Klengel, GS II 415 Anm. 114.

Einen weiteren Hinweis auf die intensiven Handelsbeziehungen zwischen Ugarit und Ägypten stellt dieses Schwertblatt mit der Namenskartusche des Merneptah, eines Pharao der XIX. Dynastie, dar.
Sein Griff, aus einem vergänglichen Material gefertigt, ist nicht erhalten. Nur das eingeschwungene Ende zeichnet

Privathauses entdeckt. Wahrscheinlich wohnte hier der Waffenhändler oder -hersteller, bei dem die Waffe für den Pharao in Auftrag gegeben war. K. K.

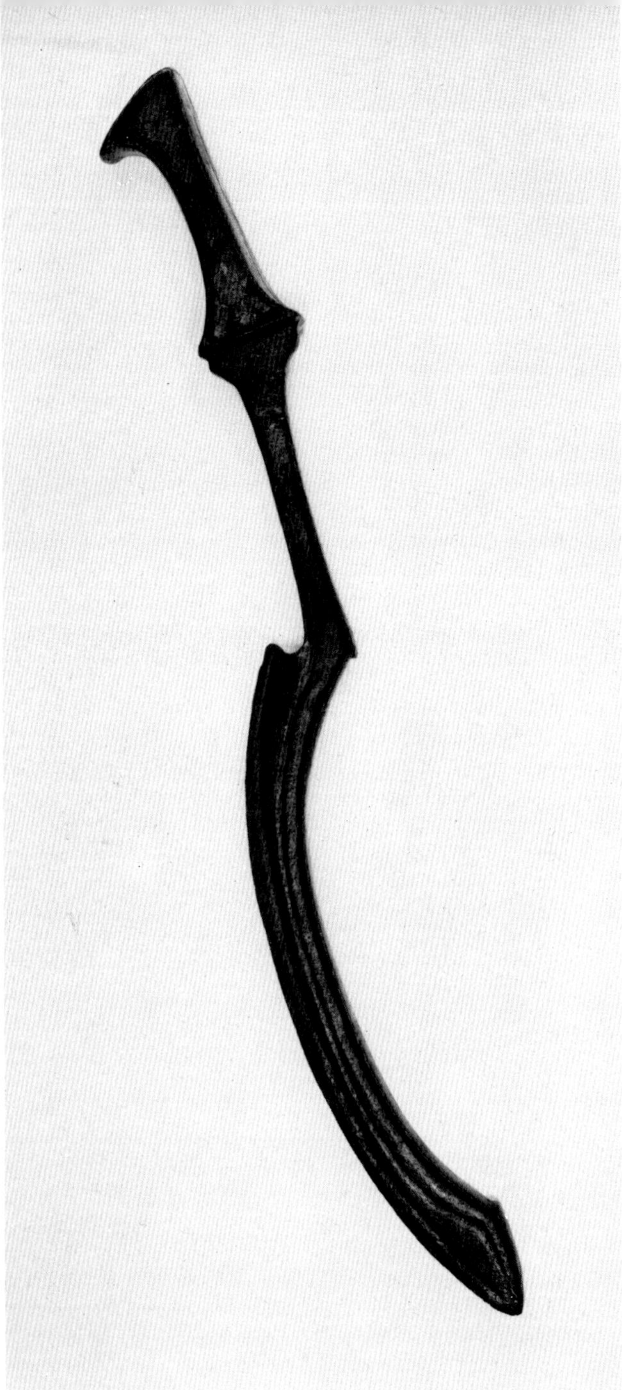

136

137

138 ▷

sich schwach an der Patina ab. Das Schwertblatt wurde zusammen mit weiteren Waffen, einem Dolch, einer Speerspitze und einem Dreispitz, in der Ecke des Innenhofes eines

138 Stele mit Darstellung eines Vertragsabschlusses (?)

Ugarit (Ras Schamra), Akropolis, nahe des Baal-Tempels
Mittelsyrische Zeit (14.–13. Jahrhundert v. Chr.)
Kalkstein
Höhe: 21,8 cm; Breite: 13,6 cm; Tiefe: 6,9 cm (mit Sockel)
Aleppo 4418
Lit.: C. F. A. Schaeffer: Syria 17 (1936) Taf. XIV; – Ugaritica III (1956) 92 Taf. VI; – A. Parrot, Die Phönizier, Universum der Kunst (1977) Abb. 72; – G. Saadé, Ougarit 104 f. Abb. 15; – P. Matthiae, Ars Syra 69 ff. Taf. 22.

In der 2. Hälfte des 2. Jahrtausends und zu Beginn des 1. Jahrtausends v. Chr. war die Stele, eine hochkant gestellte meist oben gerundete Steinplatte, als Träger von Anbetungsszenen oder Götterdarstellungen beliebt. In Mesopotamien taucht diese Denkmälergattung bereits im 3. Jahrtausend auf: die berühmtesten Beispiele stammen von Herrschern der reichsakkadischen und Ur-III-Dynastie (Naram-Sin und Urnammu).
In Ugarit datiert eine Stele mit einem keulenschwingenden Gott (jetzt im Louvre, Paris) in die altsyrische Zeit. Sie ist ebenso wie diese mit einer dünnen Leiste gerahmt und schließt oben mit einer Rundung ab.
Unter zwei Blüten stehen sich zwei Männer gegenüber. Beide tragen ein gewickeltes Gewand, bei dem der eine Arm in eine Schlinge gelegt ist. Hierbei fällt ein bildnerisches Prinzip auf, das – seltener in Syrien belegt – die Reliefkunst im gleichzeitigen hethitischen Anatolien prägt: die linke Person ist spiegelverkehrt wiedergegeben – ihr eigentlich zur Bewegung freier rechter Arm ist widersinnig von der Gewandschlinge behindert. Diesem Prinzip muß eine austauschbare Sehrichtung zugrunde liegen.
Der Ausgräber C. F. A. Schaeffer deutet die Szene als feierliche Beschwörung anläßlich eines Vertragsabschlusses: auf dem Tisch zwischen den beiden Vertragspartnern wären dann die Dokumente abgelegt. Dieser Interpretation ist widersprochen worden: es handele sich eher um einen kultischen Akt. Da aber keine der beiden Personen die Zeichen eines Gottes trägt, ist die ursprüngliche Deutung nicht zu widerlegen. Das Aufstellen einer Stele anläßlich eines Vertragsabschlusses kennen wir aus der Genesis (1. Moses 31, 45 ff.). K. K.

139 Stele mit Darstellung des Gottes El (?)

Ugarit (Ras Schamra), Bereich der Häuser auf der Akropolis
Späte mittelsyrische Zeit (13. Jahrhundert v. Chr.)
Serpentin
Höhe: 45,5 cm; Breite: 29,5 cm; Tiefe: 22,5 cm
Aleppo 4622
Lit.: C. F. A. Schaeffer: Syria 18 (1937) 128 ff. Taf. 17; – P. Matthiae, Ars Syra (1962) 68 ff. Taf. 23; – K. Galling (Hrsg.), Biblisches Reallexikon ([2]1977) 100 f.; – A. Parrot, Die Phönizier, Universum der Kunst (1977) Abb. 7; – Tokyo-Exhib. Nr. 122.

In der Nähe des Baal- und des Dagan-Tempels lagen auf der Akropolis Häuser, deren Bewohner verschiedenen Handwerken nachgingen. Einer von ihnen war ein Bildhauer, dessen letztes noch unvollendetes Werk hier vor uns steht.
Die Stele, die vermutlich in einem Tempel aufgestellt werden sollte, zeigt eine Anbetungsszene: unter der geflügelten Sonnenscheibe steht der Betende einer sitzenden Gottheit gegenüber, die mit dem langen Bart als alter Mann charakterisiert ist. Es ist daher vermutet worden, daß es sich hier um den Göttervater El handelt. Er trägt die Hörnerkrone wie Nr. 121 und ein langes gewickeltes Gewand. Der Thron mit der niedrigen Lehne ist ebenso wie der Fußschemel reich geschmückt. Nicht ganz gelungen ist die Komposition seiner Arme, insbesondere ihr Ansatz am frontal gesehenen Oberkörper. Seine Linke ist zum Gruß erhoben, die Rechte umfaßt wohl eine Blüte.
In einem langen Kleid und mit einer hohen Spitzmütze als Kopfbedeckung steht ihm der Beter gegenüber. In seinen Händen hält er einen Stab, der in einem Tierkopf endet, und einen Krug, aus dem er dem Gotte spenden will. Sein Stirnband mit der Uräusschlange soll ihn wohl als König ausweisen. Ein ganz ähnliches Band wurde aus Gold im Grab des Königs Japi-schemu-abi in Byblos gefunden.
Die Datierung der Stele beruht darauf, daß das Haus des Bildhauers auf einem älteren gründet, welches durch sein Inventar dem 14. Jahrhundert v. Chr. zugeschrieben werden kann.
Ihre Seitenflächen sind nur in einem schmalen Band geglättet und ansonsten wie die Rückseite grob zugehauen. Deutlich sind die Spuren des Pickels zu erkennen. Auch die Vorderseite sollte vermutlich noch poliert werden. K. K.

139 ▷

140

140 Zweihenklige Flasche mit Gefäßständer

Ugarit (Ras Schamra), „quartier résidentiel"
Mittelsyrische Zeit (14.–13. Jahrhundert v. Chr.)
Alabaster
Flaschenhöhe: 45,5 cm; ∅ ohne Henkel: 28 cm
Ständerhöhe: 14,5 cm; ∅: 19,8 cm
Aleppo 6198 + 6199 [RS. 66. 29. 129]
Lit.: vgl. C. F. A. Schaeffer: Syria 54 (1977) Taf. IX 3; – zur „Kana'anäischen Handelsflasche": V. Grace in: S. Weinberg (Hrsg.), The Aegean and the Near East. Studies presented to Hetty Goldman on the Occasion of her 75. Birthday (1956) 80 ff.; – R. Amiran, Ancient Pottery of the Holy Land (1970) 140 ff.

Auf einen Standring ist eine hohe zweihenklige Flasche mit weitem Schulterumfang und abgesetztem Hals gestellt. Wegen der scheibenförmigen Henkelansätze am Körper mag man zunächst glauben, dem Alabastergefäß habe eine metallene Vorlage zugrunde gelegen. Tatsächlich ist es aber einem Tongefäß nachgebildet, das als „Kana'anäische Handelsflasche" bezeichnet wird. Derartige Flaschen kommen außer in ihrem Ursprungsgebiet, der syrischen Küste mit ihrem Hinterland und Palästina, in Ägypten vor, wohin sie zumeist als Transportgefäße mit Öl und Wein gelangt sind. Wandgemälde zeigen sie unter den syrischen Handelsgütern.
Nicht weniger hat man Wein und Öl aus Vorderasien im mykenischen Griechenland geschätzt, wie Funde dieser Flaschen, unter anderem in Mykene selbst und in Athen, vor Augen führen. K. K.

141 Schminktöpfchen

Ugarit (Ras Schamra)
Mittelsyrische Zeit (15.–13. Jahrhundert v. Chr.)
Elfenbein
Höhe: 6,5 cm; Länge: 12,5 cm; Breite 5,2 cm
Aleppo 4535
Lit.: Tokyo-Exhib. Nr. 120; – vgl. C. F. A. Schaeffer: Syria 13 (1932) Taf. VIII 2; – Ugaritica III (1939) 31 f. Abb. 23.

Aus konservatorischen Gründen kann eine Gruppe von Gegenständen nicht gezeigt werden, die von der hohen Kunstfertigkeit der Handwerker Ugarits zeugen: die Elfenbeinreliefs. Deren wichtigstes Beispiel stammt aus dem großen Palast: ein Paneel mit Tierkampf- und Jagdszenen und Darstellungen aus dem Leben des Herrscherpaares.
Das Rohmaterial bezogen die Schnitzer aus Syrien selbst. Vom Pharao Thutmosis III. wird uns berichtet, daß er im Lande Nija (bei Apamea am Orontes) auf Elefantenjagd ging. 120 Tiere umfaßte dort die Herde.
Typisch für die Werkstätten an der Küste sind kleine aus Elfenbein geschnitzte Schminktöpfe. Ihr ellipsoider Körper wird durch einen Entenkopf verlängert, der sich zum Deckel hinwendet. Bei diesem Beispiel ist der Deckel verlorengegangen. Er war ebenso wie auch der Kopf angestiftet. Federn sind im Nacken stilisiert. Das beste Exemplar dieser Gattung stammt aus einem Grab in Sidon[1]. Ein kleines Vögelchen ziert dort den Deckel. Es zeigt keinen Unterschied zu jenen Exemplaren, die wir aus Ägypten kennen[2]. K. K.

1 A. Parrot, Die Phönizier: Universum der Kunst (1977) Abb. 90.

2 A. Herrmann: ZÄS 68 (1932) 86 ff. Taf. IX.

141

142 Trommlerin

Ugarit (Ras Schamra), Grab 3464
13./12. Jahrhundert v. Chr.
Elfenbein
Höhe: 5,4 cm
Damaskus Š 3602 [RS. 24. 400]
Lit.: C. F. A. Schaeffer: AAAS 13 (1963) 132 Abb. 12. 13; – vgl. L. Manniche, Ancient Egyptian Musical Instruments: Münchner Ägyptologische Studien Bd. 34 (Berlin 1975) 1 ff.

Mit beiden Händen hält die knieende Figur eine runde Rahmentrommel oder ein Tamburin vor der Brust. Die zarten Körperformen und das in den Nacken fallende Haar sprechen für die Darstellung einer Frau.

Über die Funktion des kleinen Rundbildes läßt sich nur wenig sagen. Man denkt zunächst an ägyptische Dienerfiguren, jene Grabbeigaben in Statuettenform, die ihrem jeweiligen Besitzer im Jenseits zu Dienst sein sollten. Musikantinnen sind zwar unter diesen ägyptischen Dienerfiguren bekannt, doch keine mit Rahmentrommeln. Dieses Instrument kam erst während der XVIII. Dynastie aus Vorderasien nach Ägypten, zu einem Zeitpunkt als die Dienerfiguren aus der Mode gekommen waren. Die Ägypter betrachteten die Rahmentrommel als ein für Frauen geeignetes Instrument. Nach den Darstellungen saßen oder knieten die Spielerinnen aber nicht, sondern sie tanzten zu den Klängen ihrer Trommeln. Es fällt daher schwer bei dieser Elfenbeinfigur ägyptischen Einfluß zu erkennen.
Vielleicht hat der Ausgräber Schaeffer recht mit seiner

Wahrscheinlich war Niqmadus Gattin eine Syrerin. Zwar trägt sie ägyptisierende Tracht, doch ist auch der für Syrien typische Frauenumhang mit einer Borte nicht zu übersehen. Nach der wahrscheinlichsten Interpretation dieser Szene auf den Resten eines großen Kalzitgefäßes war es Niqmadu, der sich und seine syrische Gattin in modischem ägyptischen Stil darstellen ließ. M.E.-K.

145 Axt mit eiserner Klinge

(Abb. s. Farbtaf. S. 115)

Ugarit (Ras Schamra), im NW der Stadt
Mittelsyrische Zeit (15.–14. Jahrhundert v. Chr.)
Kupfer, Gold, Eisen
Länge: 19,7 cm; ∅ der Führung: 2,7–3,1 cm
Aleppo
Lit.: C. F. A. Schaeffer, Ugaritica I (1939) 107 ff. Abb. 100–103 Taf. XXII; – R. Dussaud: Syria 21 (1940) 97; – Strommenger/Hirmer, Mesopotamien 94 Taf. XXXIV; – Tokyo-Exhib. Nr. 119.

Sicherlich kein Gebrauchsgegenstand war diese Axt, deren Tülle plastische Tierelemente schmücken. Löwenkopf und Eber zieren auch eine Weihaxt aus einem mittelelamischen Tempel in Tschoga-Zambil (Iran). Eine Bronzeaxt, die ein Löwenkopf bekrönt kam in einer ugaritischen Schmiede zutage.
Bei unserem Beispiel entspringt die Klinge zwei Löwenköpfen. Sie besteht aus dem damals noch äußerst wertvollen Eisen und ist in einen langen Schlitz der Tülle eingelassen. Der Nacken ist als Vorderteil eines Ebers gestaltet. Die Innenzeichnung und die Füllmotive sind ziseliert und mit eingehämmertem Gold gefüllt, in jener Technik, die auch bei dem Stabaufsatz in Falkenform (Nr. 125) Anwendung fand.
Die Axt lag nahe anderer Weihgaben, darunter zwei Statuetten, in einem kleinen Heiligtum im äußersten Nordwesten des „quartiers des palais“. K.K.

146 Goldschale

(Abb. s. Frontispiz und Farbabb. S. 118. 119)

Ugarit (Ras Schamra), südwestlich des Baal-Tempels
Mittelsyrische Zeit (14. Jahrhundert v. Chr.)
Gold
Höhe: 5,0 cm; ∅: 17–17,5 cm; Gewicht: 179 gr.
Aleppo 4572
Lit.: C. F. A. Schaeffer, Ugaritica II (1949) 1 ff. Taf. II–V. VIII; – Strommenger/Hirmer, Mesopotamien 94 Abb. 176 bis 178 XXXIII–XXXIV; – Tokyo-Exhib. 114.

Das berühmteste Produkt einer ugaritischen Goldschmiede stellt diese Schale dar. Gefäße aus Gold sind in einer Liste neben Gehängen und Ringen genannt, die der ugaritischen Königin Achatmilku gehörten. Möglicherweise bestand auch der Tribut, den der König an seinen hethitischen Oberherrn leisten mußte, aus goldenen Gegenständen. Zusammen mit einem steilrandigen Goldteller lag die kalottenförmige Schale in einer Grube südwestlich des Baal-Tempels. Beide Gefäße dienten wohl im Kult.
Drei konzentrische Friese zieren das Schalenäußere. Ihr Zentrum füllt eine Rosette. Im innersten Band stehen zu Seiten stilisierter Pflanzen fünf Gazellen. Offenbar ist der Künstler mit der Enge des Raumes nicht zurechtgekommen: eine aus Symmetriegründen zu fordernde sechste Gazelle, die das Schema von drei gegenständigen Paaren vollendete, fand keinen Platz. Die Hinterleiber zweier Tiere mußten überkreuzt werden.
Den mittleren Fries nehmen zur einen Hälfte zwei mit gesenkten Hörnern einander gegenüberstehende Stiere ein, zur anderen zwei Löwen. Eine Reihe von Granatäpfeln hängt über ihnen. Alle Tiere sind durch reich ausgebildete Palmettenbäume (s. Nr. 107) getrennt.
Das obere Band wird beidseitig von einer gravierten Zierleiste mit dem als „Laufender Hund“ bezeichneten Dekor gefaßt. Zwei Mischwesen, eine Sphinx und ein geflügelter und gehörnter Löwe, erscheinen zu Seiten eines üppig gestalteten Palmettenbaumes. Tierkämpfe folgen: Löwen springen Herdentiere an; einer von ihnen erhebt sich gegen einen Greif; dazwischen erlegen in einer lebhaft komponierten Jagdszene zwei Männer einen aufgerichteten Löwen mit Dolch und Lanze. Ein Hirsch füllt den Raum darunter. Dekorativ sind in die gesamte Szene Zweige eingestreut.
Die Umrisse und Details der getriebenen Figuren sind graviert und zum Teil gepunzt.
Die Entlehnung von Einzelheiten aus der ägyptischen Kunst und die Übernahme kompositorischer Prinzipien sowohl aus der Ägäis als auch dem Vorderen Orient kennzeichnet den Stil der ugaritischen Werkstatt, in der diese Schale geschaffen wurde. K.K.

147 Tontafel mit Abrollung eines Siegels

Ugarit (Ras Schamra)
Späte mittelsyrische Zeit (um 1300 v. Chr.)
Gebrannter Ton
7 x 5,9 x 2,5 cm
Damaskus Š 4335 [RS. 16. 260]
Lit.: Cl. Schaeffer: Syria 31 (1954) Taf. V; – in: Ugaritica III (1956) 66 ff. Abb. 92–99; – J. Nougayrol, Le palais royal d'Ugarit – III (1955) 98 f. Taf. LXXXIV.

Protokoll über die Vergabe eines Grundstücks durch den König mit Gegengabe: Der König Niqmepa übereignet seinem Diener Amanichu ein – gegen alle Regel – nicht näher

bezeichnetes Grundstück und Haus gegen die Gegengabe von 150 Sekel Gold (= 1,358–1,4 kg).
Übersetzung: „Vom heutigen Tage an hat Niqmepa, Sohn des Niqmadu, König von Ugarit, ein Haus und Grundstück genommen und an Amanichu, seinen Diener, gegeben. Amanichu (seinerseits) hat 150 (Sekel) Gold als Ehrengeschenk an den König, seinen Herrn, gegeben. Niemand wird (den Grundbesitz) wieder aus den Händen des Amanichu nehmen. Siegel des Niqmepa, Sohnes des Niqmadu, Königs von Ugarit."
Um offizielle Dokumente zu beurkunden, wurden von den Königen des 14. und 13. Jahrhunderts in Ugarit zwei viel ältere Rollsiegel benutzt, wobei das eine die – möglicherweise in etwas späterer Zeit geschnittene – Wiederholung des anderen ist. Auf dieser Tafel befindet sich die Abrollung des wesentlich besser gearbeiteten Originalsiegels. Es zeigt eine typische Einführungsszene der Ur III-/Isin-Zeit, der Zeit, als in Mari die Schakkanakku (s. S. 90) herrschten: vor den sitzenden vergöttlichten König mit einer Breitrandkappe treten ein Betender und hinter ihm die fürsprechende Göttin. Zwischen Beter und Gottkönig schweben Sonnenscheibe und Mondsichel.
Die Siegelinschrift lautet: „Jaqarum, Sohn des Niqmadu, König von Ugarit." Der Name Jaqarum ist in späterer Zeit in Ugarit auch als eine Art Titel verwendet worden. Vielleicht sind die Genannten mit jenen gleichnamigen Herrschern identisch, die auf einer Liste vergöttlichter Könige Ugarits genannt werden. Vermutlich galt der Eigentümer dieses Siegels später als Gründer oder Mitbegründer des ugaritischen Königshauses. Erst durch die Abschlußformel der Erlasse oder Protokolle (hier: „Siegel des Niqmepa ...") wird das Siegel dem jeweiligen ausstellenden Herrscher zugeordnet.
Neben dem aus früherer Zeit übernommenen dynastischen Rollsiegel führten die Könige und Königinnen von Ugarit persönliche Siegelringe, deren Abdrücke ein ovales Schrift- und Bildfeld ergeben. Bisweilen treten beide Arten der Beurkundung auf einem Dokument auf. W. R./K. K.

147

148 Tontafel mit Abrollung eines Siegels

Ugarit (Ras Schamra), Palast, Südarchiv
Späte mittelsyrische Zeit (Mitte 13. Jahrhundert v. Chr.)
Ton
11,4 x 8,3 x 3,3 cm
Damaskus Š 3565 [RS. 53. 17. 59]
Lit.: Cl. F.-A. Schaeffer in: Ugaritica III (1956) 24 Abb. 32; – J. Nougayrol, Le palais royal d'Ugarit – IV (1956) 150 f. Taf. IV.

Dekret des hethitischen Königs Tudchalija IV. betreffend die Freistellung von der Heerfolge für Ammistamru II.: Der Hethiterkönig Tudchalija IV. legt gegenüber Ini-Teschub, König von Karkemisch, seinem Statthalter in Syrien, fest, daß Ammistamru II. von Ugarit während der kriegerischen Auseinandersetzung mit Salmanassar I. von Assyrien von der Heerfolge befreit ist und deshalb nicht verklagt werden kann. Ugarit hat sich mit 50 Minen (ca. 25 kg) Gold freigekauft.
Text der Keilinschrift des Siegels: „Siegel des Ini-Teschub, Königs von Karkemisch." Die hieroglyphenluwische Legende enthält nur den Namen des Ini-Teschub und den Titel „König von Karkemisch".
Übersetzung (der beschädigten Tafel): „[An] Ini-Teschub, König von Karkemisch, [Sohn des Schachurunuwa,] Königs von Karkemisch: [Meine Sonne, Tudchalija], Großkönig, König von Hatti, hat den Ammistamru, König von Ugarit, [mitsamt seinen Soldaten und seinen Streitwagen] freigestellt. [Solange bis die feindliche Auseinandersetzung mit] Assur zu Ende geht [braucht der König von Ug]arit mit seinen Soldaten und seinen Streitwagen nicht [Heerfolge] zu leisten. [In Zukunft] soll man gegen den König von Ugarit keinen [Prozeß] anstrengen; auch wenn die feindliche Auseinandersetzung mit Assur [zu Ende ist,] [sobald] die Sonne den König von Assur überwunden hat

148

[und sobald] sie miteinander Frieden geschlossen haben, wird er [wegen seiner Sold]aten und seiner Streitwagen keinen [Prozeß] anstrengen und auch später wird man ihm [(deswegen) keinen Prozeß] machen. Der König von Ugarit hat (seinerseits) 50 Minen Gold auf 10 ‚Karawanen' von Bit-Duppaschi an die ‚Sonne' geliefert."
Der quer über die Tafel abgerollte Siegelabdruck zeigt neben der Inschrift ein oben und unten von Flechtbändern gerahmtes Bildfeld: rechts eines aufgerichteten Vierbeiners (wohl einer Ziege) stehen einander zugewandt ein Wetter(?)-Gott in kurzem Schurzrock mit mehrfacher Hörnermütze und geschulterter Keule über zwei gekrümmten Berggöttern und der von einem Mischwesen getragene König. Dieser erscheint in gleicher Tracht und Bewaffnung, jedoch mit einfach gehörnter Spitzkappe. Rechts kämpft in einer weiteren Szene eine Gestalt auf einem Stier mit der Lanze gegen einen Löwen. Darüber befindet sich eine kleine Sphinx.
Da die Tafel von Ini-Teschup gesiegelt ist, muß es sich hier um die Kopie des an ihn von seinem Oberherrn ergangenen Dekrets handeln, die er dem König von Ugarit zur Bestätigung und Kenntnisnahme gesandt hat. W. R./K. K.

149 Tontafel mit Abdruck eines Stempelsiegels

Ugarit (Ras Schamra), Palast, Südarchiv
Späte mittelsyrische Zeit (Mitte 13. Jahrhundert v. Chr.)
Ton
14,2 x 8,8 x 6,2 cm. Siegel Ø 5,2 cm
Damaskus Š 3566 [RS. 53. 17. 159]
Lit.: Cl. F.-A. Schaeffer in: Ugaritica III (1956) 19 ff. Abb. 24–26; – J. Nougayrol, Le palais royal d'Ugarit – IV (1956) 126 f. Taf. XXII f.; – Tokyo-Exhib. Nr. 133.

Dekret des hethitischen Königs Tudchalija IV. betreffend die Scheidung des ugaritischen Königs Ammistamru II. von der Tochter des Benteschina, Königs von Amurru, die Rückgabe des Mahlschatzes und die Thronfolgeregelung in Ugarit.
Text der umlaufenden Keilinschrift des Siegels: „Siegel des Tudchalija, Großkönigs, Königs von Hatti, des Helden, Sohnes des Hattusili, Großkönigs, des Helden, und der Puduchepa, Großkönigin von Hatti, Enkel des Mursili, Großkönigs, des Helden."
Übersetzung: „Von Meiner Sonne Tudchalija, Großkönig, König von Hatti: Ammistamru, König von Ugarit, hat die Tochter des Benteschina, Königs von Amurru, zu seiner Frau genommen, sie (aber) hat gegen Ammistamru nichts als Böses im Sinn gehabt. Ammistamru, der König von Ugarit, hat deshalb die Tochter des Benteschina verstoßen. Auf Ewig! Nun soll die Tochter des Benteschina alles, was sie ins Haus des Ammistamru gebracht hat, wieder nehmen und aus dem Haus des Ammistamru möge sie weichen. Über alles, was Ammistamru veräußert hat, mögen die Leute von Amurru eidliche Versicherungen abgeben und Ammistamru möge sie entschädigen. Und was Utrischarruma anlangt, so ist er in Ugarit Kronprinz. Falls aber Utrischarruma sagt: ‚Ich will mich meiner Mutter anschließen!', dann soll er sein Gewand auf einen Schemel legen und weggehen und Ammistamru, der König von Ugarit, wird einen anderen seiner Söhne als Kronprinz einsetzen. Falls nach dem Ableben von Ammistamru Utrischarruma seine Mutter nimmt und sie in Ugarit als Königin(-Mutter) wiedereinsetzt, dann soll Utrischarruma sein Gewand auf einen Schemel legen und hingehen, wohin er will und dann wird Meine Sonne einen anderen Sohn des Ammistamru in Ugarit zum König einsetzen. Und in der Folgezeit wird die Tochter des Benteschina wegen ihrer Söhne, ihrer Töchter oder ihrer Schwiegersöhne nicht Klage erheben; sie gehören zu Ammistamru, dem König von Ugarit. Falls sie Klage erheben sollte, wird er ihr diese Tafel vorlegen."
Auf der stark gewölbten Vorderseite ist tief das Staatssiegel des hethitischen Großkönigs (Abb. 31) eingedrückt. In seiner Mitte befindet sich oben die hieroglyphenluwische Inschrift: „Meine Sonne (dargestellt als geflügelte Sonnenscheibe – dabei handelt es sich um die Selbstbezeichnung des hethitischen Herrschers), Tudchalija, Labarna (eine Königstitulatur, vergleichbar dem römischen Caesar), Großkönig." Ihr folgt, wiederum von den Großkönigszeichen gefolgt sein hurritischer Zweitname und zuunterst zwischen zwei „Lebenszeichen" noch einmal wie zuoberst sein hethitischer Name mit der Titulatur. Rechts steht der König selbst, in Schurzrock mit Lanze und in Umarmung

149

Abb. 31 Siegelabdruck auf Tontafel Nr. 149 aus Ugarit

eines gleich gekleideten Gottes mit Keule. Dieser wird in der Beischrift als „starker" Wettergott bezeichnet. Ihnen gegenüber befindet sich eine weibliche Gottheit, in langem Gewand und mit einer in Seitenansicht gezeigten radhaubenförmigen Kopfbedeckung. Der von ihr gehaltene Symbolstab aus übereinandergesetzten Sonnenzeichen gibt sie als Sonnengöttin von Arinna zu erkennen. Sie galt in der hethitischen Götterwelt als oberste Staatsgöttin, diejenige, die „Königtum und Königinnentum leitet". W.R./K.K.

150 Tontafel mit ugaritischer Schrift

Ugarit (Ras Schamra), Akropolis, Haus des Priesters
Späte mittelsyrische Zeit (14.–13. Jahrhundert v. Chr.)
Gebrannter Ton
24,5 x 16 x 3,7 cm
Damaskus Š 6587 [RS 61. 24. 244]
Lit.: C. Virolleaud in: Ugaritica V (1968) 564–574; – vgl. GLECS 9 (1961) 41 f. 50 f.; – 10 (1964) 64–66; – CRAI XI Leiden 1962, 105–113; – M. Astour: JNES 27 (1968) 13–28; – A. Caquot: Syria 46 (1969) 241–265; – E. Lipinski: UF 6 (1974) 169 bis 174; – M. Dietrich/O. Loretz/J. Sanmartin: UF 7 (1975) 121–125; – T.H. Gaster: JANES 7 (1975) 33–51; – D. Pardee: JANES 10 (1978) 83–108; – M. Tsevat: UF 11 (1979) 759–778; – P. Xella, I testi rituali di Ugarit I (1981) 224–240.

Vollständige Tontafel mit dem Text einer Beschwörung gegen Schlangenbiß in alphabetischer ugaritischer Keilschrift. Der singuläre Text ist noch nicht in allen Einzelheiten verständlich.
Übersetzung (des Anfangs): „Die Mutter des Hengstes, die Stute, Tochter der Quelle, Tochter des Steines, Tochter von Himmelswelt und Unterwelt, ruft (die Sonnengöttin) Scha-

150

pasch an, ihre Mutter: ‚Schapasch, Mutter, bring (mein?) Wort zu El am Ursprung der beiden Flüsse, am Zusammenfluß der beiden Tiefen!' (Nämlich:) ‚Beschwörung (gegen) den Biß der Schlange, das Gift der schuppigen Schlange: Beschwörer, vernichte von ihr, entferne aus ihr das Gift!' (Aber) siehe, er hebt die Schlange hoch, füttert die schuppige Schlange, stellt einen Stuhl hin und setzt sich."
Die in strengem strophischem Aufbau gehaltenen Verse werden insgesamt zwölfmal wiederholt und als weitere Götter werden angerufen: Der Baal des Berges Sapon, der Dagan von Tuttul, Anat und Aschtart, die Göttinnen vom Götterberge, der Mondgott Jarich von Laragat, der Seuchengott Raschap von Babtu, die Göttin Aschtart von Mari (?), Zizu-wa-Kamuschu von Hurrijat, Milku von Aschtarot, der Handwerkergott Koschar-wa-Chasis von Kreta, die Gottheiten Schachar-wa-Schalim des Himmels. Erst der 13. Gott, Horon von Masud, vermag durch magische Praktiken mit Tamariskenholz, Dattelrispen usw. das Gift zu verwässern und damit unschädlich zu machen. Die Beschwörung endet mit einem Zwiegespräch zwischen der Stute und Horon, das deutlich macht, daß die Schlangen nun unschädlich geworden sind:
„Um sie herum die Häuser der Beschwörung, um sie herum die geschlossenen Häuser, um sie herum die bronzenen Dinge (Riegel?). ‚Mach auf das Haus der Beschwörung, mach auf das Haus, damit ich (Horon) eintreten kann, den Palast, damit ich einkehre!' ‚Gib mir als Brautpreis Schlangen, Eidechsen gib mir als mein Brautgeschenk, Schlangenjunge als meine Gabe!' ‚(Jetzt) gebe ich dir Schlangen als deinen Brautpreis, Schlangenjunge als deine Gabe.'" W. R.

151 Terrakottarelief einer thronenden Gottheit

Emar (Maskana)
Späte mittelsyrische Zeit (Ende 14.–Beginn 12. Jahrhundert v. Chr.)
Terrakotta
Höhe: 12,9 cm; Breite: 8 cm; Dicke: 1,7 cm
Aleppo [Msk. 74. 382]
Lit.: J. C. Margueron: Syria 52 (1975) 71 Taf. VIII 2.

Die von einem Model abgeformte Terrakottatafel trägt die Darstellung einer Gottheit. Sie sitzt auf einem Thron mit kurzer Rückenlehne; vor ihr steht ein kleiner Fußschemel. Die Darstellung wirkt in der Komposition unbeholfen und provinziell, ebenso in den Details, etwa der Kappe mit den weit eingebogenen Hörnern oder den Aufbau des Körpers mit den dünnen Ärmchen.

151

Ein knöchellanges Gewand umhüllt den Körper und läßt den rechten Arm und den linken Unterarm frei. Nur undeutlich sind die in den Händen gehaltenen Gegenstände zu erkennen: in der Linken ein kleines Gefäß oder eine Blüte, in der Rechten wohl ein Szepter. Ganz schwach zeichnen sich vor der rechten Schulter die Umrisse eines Vogels ab.
Die Darstellung ist völlig unbeeinflußt von den Prinzipien der hethitischen Götterbilder und rein syrisch. Derartige Reliefplatten wurden in Mesopotamien seit der III. Dynastie von Ur hergestellt und waren besonders beliebt in der altbabylonischen Zeit. Sie dienten möglicherweise im häuslichen Kult oder als Weihgaben in den Tempeln. K. K.

152

152 Tontafel eines Königs von Karkemisch

Emar (Maskana), „chantier A: batiment officiel"
Späte mittelsyrische Zeit (Mitte 13. Jahrhundert v. Chr.)
Terrakotta
Größe: 10,6 x 7,3 x 2,7 cm
Aleppo [Msk. 73. 58]
Lit.: D. Arnaud: AAAS 25 (1975) 90.

Auf der beidseitig gewölbten Tontafel teilt der König von Karkemisch Ini-Teschub die Verbesserung einer Entscheidung seines Bruders Heschmi-Teschub mit.

Quer über die Tafel ist zur Beglaubigung das Siegel des Königs abgerollt: es ist oben und unten von einem Flechtband gefaßt, einem in der syrischen Siegelkunst des zweiten Jahrtausends häufigen Dekor. Dargestellt ist ein Gott mit einer hohen oben gerundeten Mütze, die mit einem großen Horn versehen ist. Seinen Unterkörper bedeckt ein kurzer Schurzrock und ein das nachgestellte Bein verhüllender Umhang. Ein langer Haarschopf fällt auf den Rücken herab. In der linken Hand trägt der Gott eine Keule und in der rechten eine Prunkaxt, die ganz ähnlich auf dem wohl schönsten Relief in der Hethiterhauptstadt Hattuscha, dem des sogenannten „Kriegergottes", vorkommt. Die Beischrift links bezeichnet den Gott als Scharruma. Dieser galt als

Sohn des Wettergottes Teschub und der Hebat (s. S. 333) und war der Schutzgott des hethitischen Großkönigs Tudchalija IV., des jüngeren Zeitgenossen und Oberherren des Ini-Teschub.
Interessant ist die lange Keilinschrift: „Siegel des Ini-Teschub, Königs von Karkemisch, Diener der Kubaba, Sohnes des Schachurunuwa, Enkels des Scharri-Kuschuch, Urenkels des Suppiluliuma, des Großkönigs, Königs von Hatti, des Helden." Unter der Formulierung „Diener der Kubaba" ist sicherlich zu verstehen, daß der König auch als oberster Priester der Stadtgöttin von Karkemisch auftrat (s. S. 334). Zum anderen bezieht er sich auf die Abkunft seines Herrscherhauses von jenem berühmten hethitischen Großkönig, der in einer Zeit äußerster politischer Schwäche in Hattuscha zur Macht gelangte, und nicht nur in Anatolien eine Zentralmacht wiedererrichten konnte, sondern auch Nordsyrien eroberte, das hurritische Mitanni-Reich schlug und zwei seiner Söhne in Aleppo und Karkemisch als Könige einsetzte.
Abrollungen eines ganz ähnlichen Siegels kennen wir auch von der in Ugarit gefundenen Korrespondenz des Ini-Teschub. K. K.

153 Lebermodell

Emar (Maskana)
Späte mittelsyrische Zeit (Ende 14.–Beginn 12. Jahrhundert v. Chr.)
Terrakotta, geschmaucht
10,8 x 11 x 4,1 cm
Aleppo [Msk. 7430]
Lit.: D. Arnaud: AEPHE V/83 (1974/1975) 144; – 88 (1979/1980) 214 f.

Ebenso wie in Mesopotamien wurde auch in Syrien die Vorhersage der Zukunft aus dem Befund der Leber geopferter Schafe vollzogen. Der Wahrsagepriester prüfte dazu die Lage verschiedener Teile der Opferleber und zog aus deren Zustand und ihrer Lage zueinander seine Schlüsse. Die Opferlebern konnten auch in Ton nachgebildet und bestimmte Befunde darauf beschrieben werden.
Das vorliegende Stück aus Emar im Gebiet des heutigen Assad-Sees zeigt charakteristische Einzelheiten. Rechts oben den Pyramidelfortsatz, den die Orakelpriester „Finger" nannten. Darunter verläuft von links nach rechts die Gallenblase, auch babylonisch „Galle" genannt. Die scharfe Einkerbung zwischen rechtem und linkem Leberlappen bezeichnete man als „Palasttor".
Auf der linken Seite erhebt sich über dem Ansatz der Gallenblase der Papillarfortsatz, der von den Babyloniern wahrscheinlich „Blase" genannt wurde. Darunter ist eine leicht gezackte Linie zu sehen, die sich bis zur Gallenblase

153

erstreckt, eine Einbuchtung, die „Pfad" hieß, dann – parallel zur Gallenblase – ist noch eine Einbuchtung zu erkennen, die „Verstärkung".
Der Text links neben der „Gallenblase" lautet: „Wenn die linke Seite der ‚Gallenblase' wie der Schwanz einer Ziege hochsteht, wird der Feind die Beute wegführen". Neben dem „Pfad" ganz links steht: „Wenn die Begrenzung des Fundaments des ‚Standorts' breit ist, dann wird diesen Menschen sein Gott verlassen". W. R.

154 Halskette *(Abb. s. Farbtaf. S. 118)*

Mari (Tall Hariri), Grab 125
Späte mittelsyrische Zeit (14.–13. Jahrhundert v. Chr.)
Gold, Lapislazuli, Achat, Karneol, blauer Kunststein
Länge der Goldschieber: 1,4 cm; ∅ der Steinperlen: ca. 1,4 cm
Aleppo 3897
Lit.: A. Parrot: Syria 18 (1937) 83 Taf. XV 2; – K. R. Maxwell-Hyslop, Western Asiatic Jewellery, c. 3000 – 612 B. C. (1971) 34. 178 f.; – vgl. A. Parrot, Mari 146 ff.; – J. L. Huot/V. Pardo/A. Rougelle: Iraq 42 (1980) 121 ff.

Nach der Zerstörung durch Hammurapi war Mari zunächst weitgehend verlassen. Nur dünnwandige Räume, die sich in die nördliche Palastruine eingenistet hatten, könnten als Zeugnisse weniger Bewohner aufgefaßt werden.

Kat.-Nr. 156 (s. S. 166)

Kat.-Nr. 157 (s. S. 166)

◁ Kat.-Nr. 158 (s. S. 167)

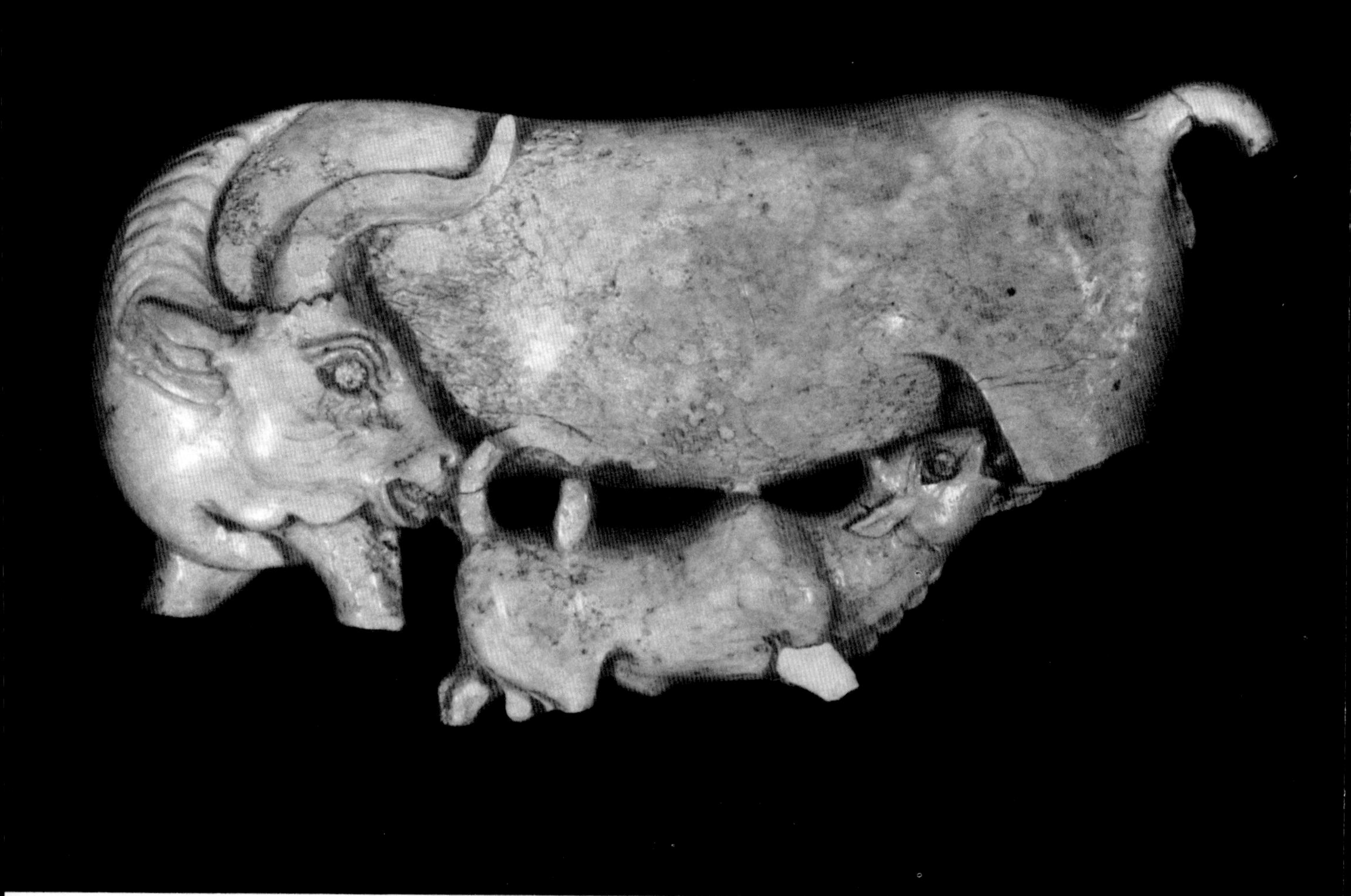

159

Diese Elfenbeinschnitzerei gehörte mit den folgenden Exemplaren zur Verschalung prunkvoller Möbel, wie sie in innersyrischen, palästinensischen und phönikischen Werkstätten hergestellt wurden und sich in weiten Teilen des Alten Orients großer Beliebtheit erfreuten. König Salomo zum Beispiel ließ sich „einen großen Stuhl von Elfenbein und mit edelstem Golde überzogen" anfertigen. Ähnliche Möbel standen auch in den Palästen anderer Residenzen. So gehörten zu den Tributgaben des Fürsten Benhadad III. von Damaskus an den Assyrerkönig Adadnirari III. (805-782 v. Chr.) auch „ein Bett aus Elfenbein und eine Liege mit Elfenbein eingefaßt und eingelegt."
Solche unfreiwilligen „Geschenke" waren vielleicht auch die Elfenbeinarbeiten von Arslantasch. Auf einer dort gefundenen kleinen unverzierten Platte ist eine aramäische Inschrift eingeritzt, die besagt, daß sie zum Eigentum eines Hazael gehörte. So hieß nun der Vater und Vorgänger des oben genannten Benhadad. Es ist daher vermutet worden, daß die Möbel aus dem Besitz des Hazael von Damaskus (ca. 844–806 v. Chr.) stammen. Da es jedoch auch andere Fürsten dieses Namens gab, bleibt dies reine Spekulation. Eins ist jedoch gewiß: Die in Arslantasch gefundenen Elfenbeine wurden nicht in jener Region hergestellt, sondern weiter im Süden. In den Ländern östlich des Mittelmeeres gab es zahlreiche Elfenbeinwerkstätten, deren Erzeugnisse sich nicht unerheblich voneinander unterscheiden. Man

160

darf davon ausgehen, daß der Rohstoff damals noch in der Nachbarschaft bezogen werden konnte, denn Elefanten sind als Jagdwild an Euphrat und Chabur überliefert.
Die Möbel waren aus Holz geschreinert und wurden dann mit den geschnitzten Platten verkleidet. Diese konnten geschlossen oder offen gearbeitet sein. Einlaßleeren auf der Rückseite dienten zum Befestigen. Das Relief erhielt gelegentlich durch Vergoldung und Einlagen Farbigkeit. Allerdings sind davon nur geringe Spuren erhalten. Diese Gruppe einer Kuh, die ihr neugeborenes Kälbchen sauber leckt, ist ein altes mesopotamisches Bildthema, mindestens seit Beginn des 2. Jahrtausends v. Chr. bekannt. Auch die ugaritische Literatur überliefert ein ähnliches Motiv: „Wie das Herz der Kuh nach ihrem Kalb, wie das Herz des Mutterschafes nach seinem Lamm, so verlangt das Herz der Anat nach Baal.“ E. S.

160 Äsender Damhirsch

Arslantasch (Chadatu)
2. Hälfte 9. Jahrhundert v. Chr.
Elfenbein
Höhe: 5,9 cm; Breite: 10 cm; Tiefe: 0,5 cm
Aleppo 310
Lit.: Thureau-Dangin, Arslan-Tash 118 Taf. XXXVI 61; – vgl. Thimme, Phönizische Elfenbeine XXII f. Abb. 17–22.

◁ Kat.-Nr. 199, 201
(s. S. 214. 217)

◁ Kat.-Nr. 200
(s. S. 214)

Kat.-Nr. 194 (s. S. 211)

164

164 Geburt des Sonnengottes

Arslantasch (Chadatu)
2. Hälfte 9. Jahrhundert v. Chr.
Elfenbein mit Resten von Gold
Höhe: 9 cm; Breite: 8,3 cm; Tiefe: ca. 0,9 cm
Aleppo 309 (9768)
Lit.: Thureau-Dangin, Arslan-Tash 93 Taf. XIX 21; – Thimme, Phönizische Elfenbeine XXI Abb. 11.

Zwei geflügelte Schutzgottheiten mit Lilien in den Händen stehen beiderseits einer Lotospflanze, auf deren Blüte der kleine Sonnengott sitzt. Nach einer ägyptischen Vorstel-

◁◁ S. 176: Kat.-Nr. 204 (s. S. 218)
◁ S. 177 oben links: Kat.-Nr. 212 (s. S. 224)
oben rechts: Kat.-Nr. 213 (s. S. 224)
unten: Kat.-Nr. 214 (s. S. 226)

165

lung wurde dieser jeden Morgen aus der sich öffnenden Lotosknospe geboren. Das Thema ist demnach ägyptisch, aber auch die Komposition, die Linienführung und viele Einzelheiten basieren auf Vorbildern aus der Kunst Ägyptens. Die doppelte Krone und der lange Rinderschwanz beider Schutzgötter sind Zeichen ägyptischer Königswürde. Der Schurzrock jedoch ist ein vorderasiatisches Kleidungsstück.

Je zwei schwalbenschwanzförmige Ausarbeitungen oben und unten auf der Rückseite dienten zum Befestigen der Platte. Drei eingeritzte Schriftzeichen sind nicht zu deuten. E. S.

165 Zwei Männer beim Papyrusbinden

Arslantasch (Chadatu)
2. Hälfte 9. Jahrhundert v. Chr.
Elfenbein
Höhe: 10,4 cm; Breite (ohne Ergänzung): 9 cm; Tiefe: 1,1 cm
Aleppo 305 (9785)
Lit.: Thureau-Dangin, Arslan-Tash 100 Taf. XXXVI 21.

Auch dieses Relief ist nach einem ägyptischen Vorbild gestaltet, der symbolischen Vereinigung von Ober- und

Kat.-Nr. 218, 219
(s. S. 235 ff.)

Unterägypten durch Zusammenbinden von Lilie und Papyrus. Hier stehen zwei vorderasiatisch gekleidete Männer mit der doppelten Krone beiderseits eines Papyrusbündels, von dem jeder einen Stengel hält. Oben auf diesem hockt der Sonnengott mit einer Scheibe auf dem Kopf und einem zepterartigen Objekt in den Händen. E. S.

166 Sockelrelief mit Bogenschützen ▷

Halaf (Guzana), Westwand des „West-Palastes"
1. Hälfte 9. Jahrhundert v. Chr.
Basalt
Höhe: 57 cm; Breite: 37,5 cm; Tiefe: 19 cm
Aleppo 196
Lit.: A. Moortgat, Die Bildwerke: M. Frhr. v. Oppenheim, Tell Halaf - III (Berlin 1955) 39 Taf. 12 b.

Ein bärtiger Mann in kurzem Schurzrock spannt einen großen Bogen, um einen Pfeil abzuschießen.
Dieses Relief gehört zu insgesamt 178 ähnlichen Platten, die den Sockel an der Außenwand des West-Palastes von Guzana verkleideten. Viele von ihnen tragen eine kurze Keilinschrift des Fürsten Kapara von Bit Bachiani. In diesem Fall lesen wir auf Brust und Oberarm nur den Namen „Kapara". Er rühmt sich in anderen Inschriften als großer Bauherr und Erneuerer seiner Hauptstadt. Dabei entnahm er Reliefplatten wie diese und die drei folgenden aus einem älteren Gebäude, meißelte deren Inschrift aus und setzte seine eigene an ihre Stelle. Die Reliefs wurden unter Kapara in schematischem Wechsel von solchen aus grauem Basalt und rötlich gefärbtem Kalkstein ohne Rücksicht auf einen sinnvollen bildlichen Zusammenhang aufgestellt. Zur Zeit wissen wir noch nicht genau, wie lange vor Kapara sie entstanden sind.
Schon beim Bekanntwerden der Reliefs fiel ihre erstaunliche Primitivität auf. So wertete sie Ernst Herzfeld als „eine vollkommen urtümliche Kunst. Man kann sich kaum vorstellen, daß sie überhaupt Voraussetzungen hat und glaubt, der Geburt der Steinbildnerei nahe zu sein". Eine Datierung in die Zeit um 3000 v. Chr. schien ihm angemessen; das wäre etwa die Phase kurz vor den Objekten Nr. 48 ff. Der Ausgräber von Oppenheim wollte die Reliefs gar zeitlich mit der vorgeschichtlichen Keramik des 6. Jahrtausends v. Chr. verbinden. Heute besteht kein Zweifel mehr an der wesentlich jüngeren Datierung. Dadurch wird die primitive Steinmetzarbeit zu einem besonderen Problem. In der Tat hat es den Anschein, als handele es sich um erste Versuche in einer fremden Technik, bei denen allerdings Vorbilder aus anderen Städten jener Zeit verwendet wurden. Dem Fürsten von Guzana standen eben keine geübten Steinmetzen

zur Verfügung, als er sich entschloß, seine Residenz standesgemäß auszugestalten. Die jüngeren Werke aus der Zeit des Kapara lassen erkennen, daß die Bildhauer der Stadt inzwischen gewisse Erfahrungen gewonnen hatten. E. S.

◁ 167 Sockelrelief mit Werfendem

Halaf (Guzana), Südwand des „West-Palastes"
1. Hälfte 9. Jahrhundert v. Chr.
Basalt
Höhe: 63 cm; Breite: 32 cm; Tiefe: 19 cm
Aleppo 188
Lit.: A. Moortgat, Die Bildwerke: M. Frhr. v. Oppenheim, Tell Halaf – III (Berlin 1955) 44 Taf. 20 a.

Der Bärtige mit Stirnband und Wickelrock wirft mit seiner Rechten einen Stein, während die Linke eine Art Wurfholz hält.
Da die Reliefs nicht in ihrem ursprünglichen Zusammenhang gefunden worden sind, bleibt uns die inhaltliche Gliederung des Reliefschmuckes unbekannt. Die Platten tragen zumeist nur eine Figur. Es gibt neben den bisher gesehenen Bewaffneten auch Schleuderer, Lanzenträger und Reiter, dazu Jagden vom Wagen aus. Diese gehören zu den seltenen Szenen mit kompliziertem Aufbau.
Die Darstellungen sind weitgehend nur in ihren Umrissen aus dem Stein gemeißelt. Eine plastische Modellierung gibt es kaum. Einzelheiten werden durch einfache Einkerbungen dargestellt. Die Köpfe sind übergroß geraten und die Füße in einer merkwürdigen Art von Aufsicht wiedergegeben. Bei der Komposition orientiert sich der Bildhauer an der Größe der jeweiligen Steinplatte. E. S.

168 Sockelrelief mit Löwe ▷

Halaf (Guzana), Südwand des „West-Palastes"
1. Hälfte 9. Jahrhundert v. Chr.
Basalt
Höhe: 51 cm; Breite: 38 cm; Tiefe: 19,5 cm
Aleppo 195
Lit.: A. Moortgat, Die Bildwerke: M. Frhr. v. Oppenheim, Tell Halaf – III (Berlin 1955) 64 Taf. 44 b.

Den schräg aufgerichteten, in die Diagonale der Platte komponierten Löwen zeigen wir als ein Beispiel der Tierbilder von Tall Halaf. Unter ihnen finden wir auch Hirsche, Rinder und Strauße. Auf dem Reliefgrund links oben liest man „Tempel des Wettergottes". E. S.

◁ 169 Sockelrelief mit geflügeltem Stier

Halaf (Guzana), Südwand des „West-Palastes“
1. Hälfte 9. Jahrhundert v. Chr.
Basalt
Höhe: 64 cm; Breite: 38,5 cm; Tiefe: 20 cm
Aleppo 186
Lit.: A. Moortgat, Die Bildwerke: M. Frhr. v. Oppenheim, Tell Halaf – III (Berlin 1955) 89 f. Taf. 92 a.

Dieser geflügelte Stier gehört zu einer größeren Gruppe von recht verschiedenartigen Fabelwesen, wie sie im Alten Orient seit dem 2. Jahrtausend besonders beliebt waren. Es ist möglich, daß bei der ursprünglichen Aufstellung zwei solche Gestalten gegenständig eine Pflanze flankierten, denn es gibt auch Platten mit einem Palmettenbaum, wie er häufig als Mittelachse heraldischer Kompositionen vorkommt. In der linken oberen Ecke der Platte ist noch das Wort „Palast“ zu erkennen. E. S.

170 Sockelrelief mit Berggott und Stiermenschen

'Ain Dara, nördlich von Aleppo (s. S. 349 ff.)
10. Jahrhundert v. Chr.
Basalt
Höhe: 58 cm; Länge: 1,02 m; Tiefe: ca. 30 cm
Aleppo 6248
Lit.: F. Seirafi/A. Kirichian: AAAS 15 Teil 2 (1965) 12 ff. Taf. Xa; – W. Orthmann, Untersuchungen zur späthethitischen Kunst (Bonn 1971) 56 ff. 476 ff. Taf. 3.

Die Sockelplatten aus dem Innern eines Tempels in 'Ain Dara (vgl. S. 351) unterscheiden sich von denen aus Tall Halaf nicht nur durch ihre stärkere plastische Herausarbeitung, sondern auch durch höhere handwerkliche und künstlerische Qualität. Sie gehören offensichtlich einer anderen Kunstprovinz an, die noch stark vom Einfluß der hethitischen geprägt ist.
Insbesondere der Berggott im Zentrum des Bildfeldes zeigt bei der Ausarbeitung seines Gesichtes Anklänge an hethitische Vorbilder, und auch als Typus mit seinem geschuppten Rock ist er kleinasiatischen Ursprungs. Er trägt die Schnabelschuhe der Bergbewohner, auf dem Kopf jedoch eine Hörnerkrone, deren Form sich aus Mesopotamien herleitet.

170

Beiderseits dieses Gottes stehen zwei aufgerichtete, gegürtete Stiere mit bärtigem Menschenkopf und hochgereckten menschlichen Armen. Diese Haltung erscheint in zahlreichen anderen Kompositionen als Stützen einer darüber schwebenden geflügelten Sonnenscheibe. In 'Ain Dara wurden keine Reste einer solchen Flügelsonne gefunden, und man darf sich fragen, ob hier die Wand und das Bauwerk insgesamt von den Göttern und Genien getragen werden sollte.

Diese Platte gehört zu einer Serie, in der auch Dämonen mit Löwen- oder mit Vogelköpfen an die Stelle der Stiermenschen treten. E. S.

Römische Zeit

Von Alexander bis zur Herrschaft der Römer

Ab 334 v. Chr. eroberte Alexander das Reich der Achaemeniden. Dieses wurde dadurch mit Makedonien unter seiner Herrschaft vereinigt. Nach der Schlacht bei Issos im Jahre 333 besetzt er Syrien und 331 Mesopotamien.
Nach Alexanders Tod wurde sein Reich unter seine Heerführer aufgeteilt, die zunächst als Statthalter, dann aber als selbständige Könige regierten. Einer dieser Heerführer war Antigonos Monophthalmos. Zu seinem Herrschaftsbereich gehörten auch Syrien/Palästina und Nordmesopotamien. Als Sieger in der Schlacht bei Ipsos 301 in Kleinasien erhält dann Seleukos, bisher König von Babylon, auch diese Gebiete. Durch Niederlagen gegen die in Kleinasien landenden Römer (190) und die von Osten hereinbrechenden sakischen Parther (150) wurde das Seleukidenreich etwa auf das Areal des heutigen syrischen Staates beschränkt. 83 v. Chr. eroberte Tigranes, König von Armenien, dieses Reich. 64 v. Chr. entmachtete der römische Proconsul Pompeius den Tigranes und setzte den letzten Seleukiden ab. Er richtete die Provinz „Syria" ein, die von Issos bis Damaskus reichte und im Osten am Euphrat vom Taurus bis zur Mündung des Chabur. Nordmesopotamien fiel damals für gute zwei Jahrhunderte an die Parther.
165 n. Chr. unter Kaiser Marcus Aurelius wurde Nordwest-Mesopotamien bis zu einer Nord-Süd-Linie zwischen Balich und Chabur römisch.
194 n. Chr. machte Kaiser Septimius Severus das ganze nördliche Zweistromland unter dem Namen „Mesopotamia" zur römischen Provinz. Der befestigte Grenzsaum (limes) gegen die syrische Wüste verlief danach, vom Djabal Sais kommend, hart östlich an Palmyra vorbei und dann westlich von Rusafa nach Norden auf den Euphrat zu. Dort knickte der „limes" dem Strom folgend nach Südosten ab und wendete sich an der Chabur-Mündung entlang jenes Flusses wieder nach Norden. In Höhe des Djabal Sindjar zweigte die Grenze nach Osten, den Südhängen dieser Hügelkette folgend, zum Tigris ab.
Im Winkel zwischen „limes" und Euphrat lag der römische Vasallenstaat Palmyra.
Später (363) wurde die Grenze in das Chabur-Dreieck zurückgenommen; dies galt bis zum Einfall der Araber (634 v. Chr.).
Ein knappes Jahrtausend herrschte im Gebiet des heutigen syrischen Staates die klassische Antike bzw. ihre byzantinische Fortsetzung zunächst unter makedonisch-griechischer, dann unter römischer und schließlich unter byzantinisch-christlicher Führung.
Die Hellenisierung begann mit Alexander dem Großen und führte zu einem grundsätzlichen Wandel im kulturellen Leben, besonders augenfällig in der Bau- und Bildkunst, deren Werke jetzt nach griechischen Seh- und Baugesetzen umgeformt erscheinen.
Die immer wieder bis zum Euphrat und darüber hinaus vorgetriebene Machtsphäre Irans – erst durch arsakidische Parther, dann durch die sassanidischen Perser – hat aber gleichfalls ihre Spuren im Nordmesopotamien und dem östlichen Syrien hinterlassen. E. S.

Römische Kunst in Syrien

Der syrische Raum im weitesten Sinne des Wortes bestand in den Jahrhunderten vor und nach Christi Geburt aus zahlreichen politischen Einheiten, aus Klientelfürstentümern und Stadtstaaten unterschiedlicher Größe und Bedeutung. Seit dem 1. Jahrhundert n. Chr. vollzog sich ein stärkerer Zentralisierungsprozeß, der aber in kultureller Hinsicht den lokalen Gegebenheiten einen relativ weiten Spielraum beließ. Auf dem Gebiet der heutigen Republik Syrien entwickelte sich seit dieser Zeit vor allem der Handelsknotenpunkt Palmyra zu einem wirtschaftlichen Mittelpunkt von großer Wichtigkeit (s. S. 352). In religiöser Hinsicht besaß vor allem Hierapolis (heute Mambidj), das Zentrum der Verehrung der großen syrischen Göttin, eine überregionale Bedeutung. Weiter westlich behielt auch Emesa (heute Homs) nach seiner endgültigen Aneignung durch die Römer ein größeres Ansehen. Eine Sonderstellung anderer Art hatte die eindrucksvolle Stadtanlage von Dura-Europos am Euphrat – ein Militär- und Handelsplatz, an dem sich die wechselvolle Geschichte der syrischen Grenzgebiete im Osten gut ablesen läßt.
Unsere sonstige archäologische Überlieferung spiegelt nur teilweise den oben skizzierten Befund wider, wobei der unterschiedliche Grad nachantiker – und auch neuerer – Zerstörungen eine wesentliche Rolle gespielt hat. Unsere Ausstellung bietet im wesentlichen nur drei örtliche (Palmyra, das Hauran-Gebiet und Dura Europos) Schwerpunkte. In zwei Fällen (Palmyra und Hauran) zeigt sie gleichermaßen die lokale Eigenständigkeit wie überregionale Gemeinsamkeiten dieser Zentren, die sich in echtem Sinne als Kunstlandschaften abgrenzen lassen.
Palmyra (s. S. 352) bietet sich dem modernen Betrachter in einem unvergleichlichen Panorama dar. Dabei umfassen seine Ruinen in gleichem Maße öffentliche Bauten (Abb. 67), Tempel, Wohnhäuser (Abb. 68) und Grabanlagen (Abb. 37). Nach der Aneignung des Nabatäer-Reiches mit seiner Hauptstadt Petra unter Kaiser Trajan im Jahre 107 n. Chr. erlebte Palmyra einen enormen wirtschaftlichen Aufschwung. Seine mehr als hundertjährige Blütezeit fand

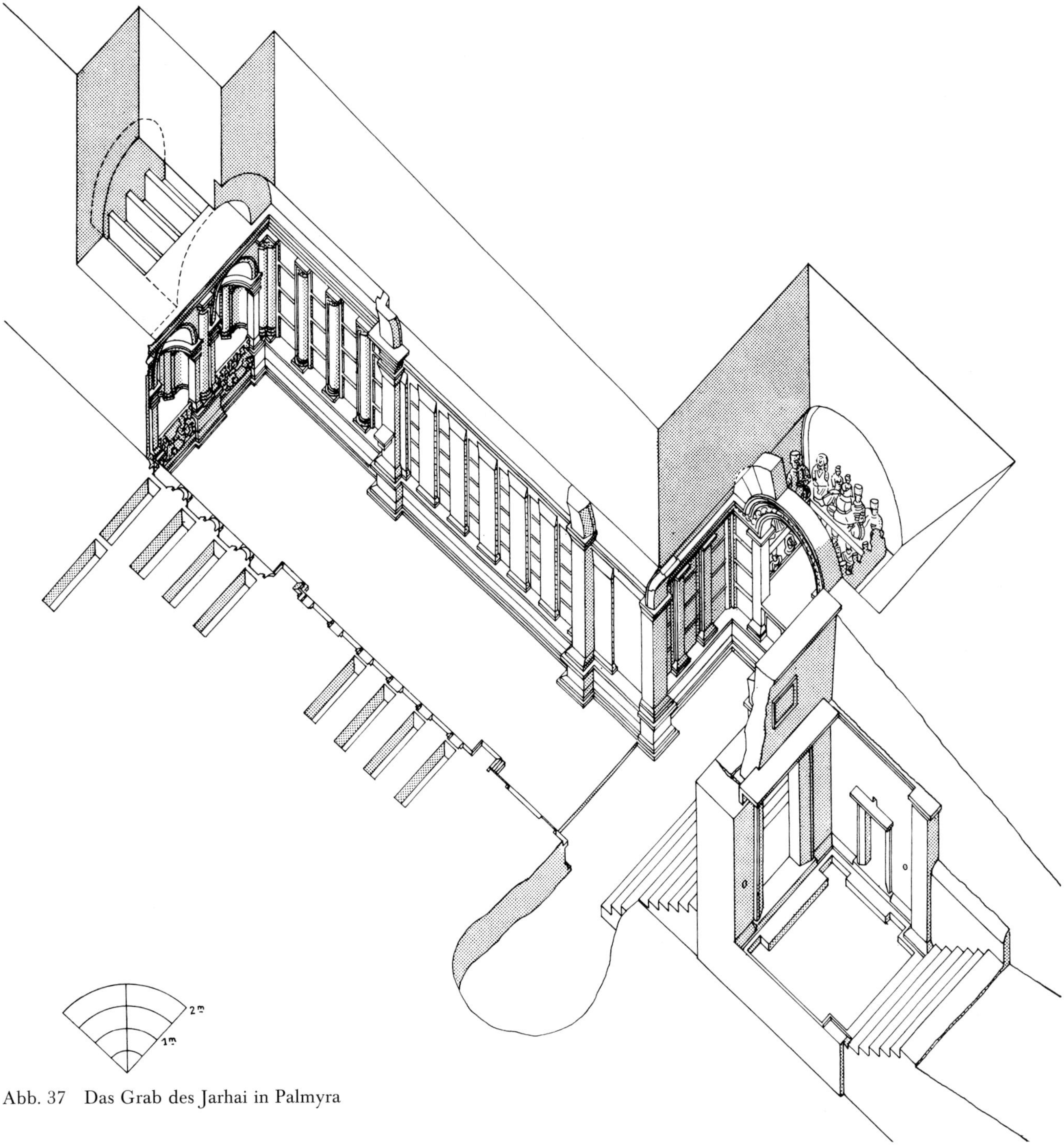

Abb. 37 Das Grab des Jarhai in Palmyra

allerdings ein jähes Ende, als der vermessene Machtanspruch seiner Machthaber mit ihren dynastischen Ambitionen – am bekanntesten ist die Königin Zenobia – die Verwüstung der Stadt durch Kaiser Aurelian im Jahre 276 n. Chr. zur Folge hatte. Ihre geographisch und somit auch strategisch bedeutsame Lage bewahrte die Stadt jedoch vor der völligen Zerstörung. In byzantinischer Zeit ist sogar noch eine gewisse Nachblüte zu verzeichnen, wie mehrere

Kirchen bezeugen, die teilweise in heidnischen Tempeln eingerichtet wurden, während vereinzelt auch Neubauten im Stadtgebiet nachgewiesen sind.
In künstlerischer Hinsicht ist die reiche Grabplastik besonders hervorzuheben, die in der vorliegenden Ausstellung durch charakteristische Beispiele vertreten ist (Nr. 173 bis 183). Alle diese Skulpturen stammen aus unterirdischen Grabanlagen (Abb. 37), die seit der zweiten Hälfte des vergangenen Jahrhunderts bei Raubgrabungen und systematischen Forschungen offizieller Stellen entdeckt worden sind. Verschiedene Grabungen der syrischen Altertümerverwaltung nach dem Zweiten Weltkrieg brachten auch in dieser Hinsicht besonders reiche Funde. Hinzu kommen eine Gruppe religiöser Reliefs (Nr. 171. 172) sowie einzelne Proben von Porträtplastik (Nr. 184. 185). Die Ausbeute an kunstgewerblichen Erzeugnissen besserer Qualität ist auffallend gering. Hier machen sich die systematischen Plünderungen der Friedhöfe in spätantiker und moderner Zeit deutlich bemerkbar; die Grabplastik – Skulpturen und Reliefs – bildeten erst seit der zweiten Hälfte des vergangenen Jahrhunderts lohnende Objekte der Grabräuberei für den Kunsthandel. Um so höher ist der Zeugniswert der in reichen Wohnhäusern verschiedentlich ausgegrabenen Stucke, die zu üppigen, auch figürlich reich verzierten Gesimsen gehört haben (Nr. 186–191).
Die in der palmyrenischen Grabkunst vorherrschenden Büstenreliefs dienten als Verschlußplatten von sogenannten „Schiebegräbern“, die in den Grabkammern jeweils in mehreren Reihen neben- und übereinander angeordnet waren (Abb. 37). Dieses platzsparende System wurde gleichermaßen in unterirdischen Anlagen („Hypogäen“) und bei Grabhäusern oder Grabtürmen praktiziert. Daneben gibt es Reliefs und Sarkophage, die sich thematisch an der Sitte der Totenmahle orientierten. In der Regel sind gelagerte, männliche Verstorbene mit sitzenden, weiblichen Toten verbunden (Nr. 177–179). Reine Szenen des Totenkults, wie ein Relief mit einer aufgebahrten Toten in Damaskus sind große Ausnahmen.
Die unzähligen Büstenreliefs sollen nach Aussage ihrer Namensbeischriften bestimmte Personen wiedergeben. Trotzdem ist der individuelle Charakter ausgesprochen gering. Man beschränkte sich offensichtlich zumeist auf typisierende Wiedergaben ohne im eigentlichen Sinne porträtmäßige Züge. Die Männerbüste Nr. 183 gehört zu den wenigen Ausnahmen von dieser Regel. Hier sind Frisur und Gesichtszüge des Dargestellten ganz ausgeprägt. Andere Porträts hat es in großer Anzahl gegeben. So trugen die zahllosen Säulenkonsolen an den Straßen (Abb. 69), in den Heiligtümern und auf der Agora (Marktplatz) bronzene Ehrenstatuen, von denen allerdings bis auf wenige Reste nichts erhalten blieb. Andere Bildnisstatuen waren aus lokalem Kalkstein oder importiertem Marmor gearbeitet. Es fällt auf, daß die Qualität der zweifellos kostspieligen Marmorstatuen ziemlich mäßig ist. Deshalb hat auch das interessante, hier gezeigte Beispiel Nr. 185 nur eine begrenzte künstlerische Bedeutung.
Besonderes Interesse können solche Faktoren des palmyrenischen Kunstschaffens beanspruchen, an denen sich die westlich-orientalische Mischkultur ablesen läßt. Im Bereich der Plastik ist diese Situation deutlich bei der Tracht. Die Männer tragen überwiegend den im Osten des Römischen Reiches üblichen, griechischen Mantel, während die Frauen fast immer orientalisch gekleidet sind.
Die Büstenreliefs Verstorbener aus dem Raum von Mambidj (Hierapolis, Nr. 192) haben weiter nördlich im Raum von Belkis (Seleukeia am Euphrat) zahlreiche Parallelen. Dort ist auch ihre entsprechende Verwendung als Verschlußplatten – wie in Palmyra – nachgewiesen. Typologisch zeigen beide Gruppen teilweise größere Übereinstimmungen. So findet sich zum Beispiel auch im Bereich Mambidj-Belkis derselbe Kontrast zwischen römisch („europäisch“) gekleideten Männern und dem ausgesprochen orientalischen Äusseren der stärker traditionsgebundenen Frauen. Die häufige Verwechslung dieser Skulpturen mit palmyrenischen Reliefs ist allerdings leicht zu vermeiden. Beide Gruppen unterscheiden sich deutlich im Steinmaterial, vor allem aber in der Sprache ihrer Inschriften. In Palmyra verwendete man, abgesehen von wenigen zweisprachigen Beischriften, fast nur die einheimische Schrift, während die Reliefs der Gruppe Mambidj-Belkis ausschließlich griechische Inschriften aufweisen.
Im Süden des heutigen Syrien beherrschen Architektur und Skulpturen aus schwarzem Basalt das archäologische Erscheinungsbild. Die Durchschnittsqualität dieser Arbeiten ist nicht überragend. Die hier vorgestellten Bildwerke beweisen jedoch, daß die lokalen Bildhauerwerkstätten aus diesem sehr harten Material auch gute und ausdrucksstarke Skulpturen zu schaffen vermochten (Nr. 195–197).
In diesem Kunstkreis herrschen Votivplastiken – Götterbilder oder Weihende – vor. Ihr eigentümlicher Stilcharakter illustriert die verschiedenen Strömungen, die in solch einer syrischen Kunstlandschaft wirksam waren. Klassische Elemente begegnen hier ebenso wie orientalische Motive in einer volkskunstartigen Verschmelzung. Votivplastik ist im allgemeinen nur kleinformatig. Die Masse der hier zusammengestellten Statuetten ist inhaltlich dieser Gattung zuzurechnen. Einen beliebten Typus vertritt eine bekleidete Aphrodite mit einem auf ihrer Schulter sitzenden Eros (Nr. 206). Die relative Häufigkeit dieser Gruppe spricht dafür, daß wir es mit der Nachbildung eines in Syrien heimischen Kultbildes zu tun haben. Die Zufälligkeit von Importen in moderner Zeit ist jedenfalls auszuschließen.
Die qualitätvolle Glasurkeramik vertreten in Syrien praktisch ausschließlich Importe. Dies gilt mit großer Wahrscheinlichkeit auch für die einzigartige, hellenistische Kanne im Typus einer „Lagynos“ Nr. 212. Sie stammt ver-

171 ▷

10050

mutlich ebenso aus einer kleinasiatischen Werkstatt wie die „Skyphoi" Nr. 214 und der Kelchbecher Nr. 213. Obgleich Scherbenfunde die Verbreitung der kleinasiatischen Glasurkeramik bis nach Petra, Südarabien und Ägypten bezeugen, können die aus Privatsammlungen erworbenen Gefäße in Damaskus auch in moderner Zeit durch den Kunsthandel nach Syrien gelangt sein. K. P.

171 Weihrelief an Herakles und andere Götter

Palmyra, Bel-Tempel
1. Jahrhundert v. Chr.
Gelblicher Kalkstein
Höhe: 22,5 cm; Breite: 35 cm
Damaskus 4242/10050
Lit.: H. Seyrig: Syria 24 (1945) 62 f. 79 f. Nr. 1 Taf. 1 = Antiquités syriennes 4 (Paris 1953) 1 f. 18 f. Taf. 1; – M. Morehart: Berytus 12 (1956–57) 59 f. Nr. 10 Abb. 10; – Comte [R.] du Mesnil du Buisson, Les tessères et les monnaies de Palmyre (Paris 1962) 209 f. Abb. 140; – M. Gawlikowski: Études et travaux [1] (Warschau 1966) 149 Abb. 3; – H. Seyrig: Syria 47 (1970) 107 f. Abb. 28; – E. Lukasiak: Studia palmyreńskie 5 (Warschau 1974) 17 f. Abb. 9; – M. A. R. Colledge, The Art of Palmyra (London 1976) 45 f. Abb. 36; – H. J. W. Drijvers, The Religion of Palmyra (Leiden 1976) 12. 25 Taf. 14; – J. Teixidor, The Pantheon of Palmyra (Leiden 1979) 113. 136 Taf. 31:2.

Das rechts offenbar unvollständige Relief wurde unter dem Säulenumgang des 34 n. Chr. geweihten Bel-Tempels in zweiter Verwendung in der Wandung eines Brunnens verbaut gefunden. Die Darstellung zeigt in schlichter Reihung vier stehende Gottheiten. Links ist deutlich Herakles erkennbar, und zwar in heroischer Nacktheit mit seinen typischen Attributen (kennzeichnenden Beigaben) Löwenfell und Keule. Gemeint ist offenbar der mit dem griechischen Gott gleichgesetzte Nergal. Kopf und Oberkörper sind – wie die drei folgenden Figuren – in strenger Vorderansicht wiedergegeben. Die zweite, als einzige weibliche Gestalt ist durch den fehlenden Abstand stärker Herakles als der dritten Gottheit zugeordnet. Trotz ihres Strahlenkranzes ist sie nicht genauer bestimmbar. Bisher wurden verschiedene, mehr oder minder unsichere Deutungen vorgeschlagen, der Planet Venus, Belti, Astarte bzw. Herta oder Nanai. Ihr folgen zwei Götter mit Buckellöckchenfrisur und Strahlenkranz, von denen der linke durch eine große Mondsichel über der Stirn hervorgehoben ist; beide halten in der Rechten einen Palmzweig. Der linke ist offenbar Aglibol, der rechte vermutlich Jarhibol (Sonnengott). Rechts setzte sich die Darstellung wahrscheinlich noch fort. Zu erwarten wäre hier Bel (der alte Baal), der Hauptgott Palmyras und möglicherweise wie bei späteren Reliefs (vgl. Nr. 172) der Stifter.
Das Relief repräsentiert in ästhetischer Hinsicht den lokalen, stark volkskunstmäßig geprägten Stil der palmyrenischen Kunst in ihrer ältesten, „archaischen" Phase des ausgehenden Hellenismus. Dabei stehen die fein modellierten Gesichter mit ihren ausdrucksvollen großen Augen ebenso wie die stilisierten Haar- und Bartpartien in auffälligem Kontrast zu den vereinfacht „geschnitzten" Gewandpartien. K. P.

172 Weihrelief an Allat und Schamasch ▷

Chirbat Wadi Suana, Djabal al-Bal'as
Mitte 2. Jahrhundert n. Chr.
Weißer Kalkstein
Höhe: 28 cm; Breite: 34 cm
Damaskus 2605/5216
Lit.: D. Schlumberger, La Palmyrène du Nord-Ouest (Paris 1951) 70 f. 117 Taf. 31:1; – Abdul-Hak, Cat. (1951) 31 Nr. 6 Taf. 12:1; – J. Wais: Studia palmyreńskie 4 (Warschau 1970) 50 Abb. 45; – M. A. R. Colledge, The Art of Palmyra (London 1976) 49 Abb. 39; – H. J. W. Drijvers, The Religion of Palmyra (Leiden 1976) 20. 33 Taf. 56:1; – ders.: Hommages à M. Vermaseren 1 (Leiden 1978) 333 Nr. c Taf. 65; – H. Seyrig: Syria 48 (1971) 349.

Das Relief wurde in einem kleinen ländlichen Heiligtum ca. 58 km nordwestlich von Palmyra entdeckt. Dargestellt ist links die mit Athena gleichgesetzte Göttin Allat. Gewandung und Attribute (kennzeichnende Beigaben) orientieren sich am Typus des griechischen Vorbilds, besonders die Bewaffnung mit Schild, Helm und Lanze. Das Medusenhaupt auf der Brust bildet eigentlich das Mittelstück der Ägis (Ziegenfell), die in der Regel den Oberkörper bedeckt. In der Mitte erkennt man den Sonnengott Schamasch. Er hält eine brennende Fackel im linken Arm, während die Rechte segnend erhoben ist. Seine Gewandung besteht aus einer reich verzierten Ärmeltunika (Ärmelhemd) und einem im Rücken lang herabfallenden Mantel, der wie eine griechische Chlamys (Überwurf) auf der rechten Schulter mit einer Fibel zusammengefaßt ist. Das Haupt ist mit einem Diadem sowie einem Strahlen-Nimbus geschmückt. Rechts steht der mit Ärmelchiton (Ärmelhemd) und Mantel bekleidete Stifter, der mit der Linken den von der Schulter herabgeführten, freien Zipfel des Mantels faßt. Mit der rechten Hand vollzieht er auf einem kleinen Räucheraltar in Ständerform ein Weihrauchopfer. Seine modische Haar- und Barttracht erlaubt eine Datierung in die Zeit des Kaisers Hadrian oder in die Frühzeit seines Nachfolgers Antoninus Pius.

Diese Darstellung einer vornehmen jungen Frau vermittelt durch die sorgfältige Wiedergabe vieler Einzelheiten eine gute Vorstellung von der palmyrenischen Frauentracht. Sie trägt einen mit mehreren Zierborten an der Brustpartie und am rechten Arm versehenen Chiton (Hemd), wobei an der Brust zu erkennen ist, daß die Fältelung durch entsprechende Raffung genäht zu denken ist. Das Obergewand ist gegürtet und sonst nur an der linken Schulter befestigt. Als drittes Kleidungsstück trägt die Dame ein langes, über den Kopf gezogenes Tuch, das beiderseits und hinten bis auf den Boden herabreicht. Mit der rechten Hand faßt sie einen Zipfel des Tuchs, während der angewinkelte linke Arm teilweise darin eingewickelt ist. An den Füßen erkennt man Riemenwerk. Da die Zehen nicht angegeben sind, werden mokassinartige, weiche Schuhe gemeint sein. In der linken Hand hält sie die üblichen Attribute Spule und Spindel, ursprünglich offenbar ein Hinweis auf die hausfrauliche Tätigkeit der Heimspinnerei. Im Hinblick auf die Häufigkeit dieser Attribute wird man sie allerdings eher als Andeutung des Familienstandes zu deuten haben. Besonders interessant sind die Schmucksachen. Abgesehen von dem konventionellen Stirnband unterhalb des gedrehten Turbans sieht man Ohrringe in Form kleiner Weintrauben, vier verschiedene Halsketten, breite Armbänder sowie doppelte Knöchelreifen und insgesamt fünf Fingerringe. Das reizvollste, bisher anscheinend einzigartige Schmuckstück ist die löwenköpfige trapezoide Fibel mit einem Anhänger in Form einer Reitergruppe und drei Kettchen darunter. Das Relief gehört zur ersten Ausstattungsphase des im frühen 2. Jahrhundert n. Chr. angelegten Grabes. K. P.

◁ 175 Grabstele eines Mädchens

Palmyra, Südostnekropole Hypogäum Nr. 6
Frühes 2. Jahrhundert n. Chr.
Kalkstein
Höhe: 40,5 cm; Breite: 22 cm
Palmyra B 1986/7078
Lit.: A. al-Bunni, Palmyrenische Kunst (arabisch) (Damaskus 1962) Taf. 9 Mitte; – B. Zouhdi: AAAS 19 (1969) arabischer Teil Abb. 6 nach S. 83; – A. al-Bunni, Palmyrenische Kunst (arabisch) (Damaskus 1978) Abb. S. 139; – A. al-Bunni/H. ʿAsʿad, Tadmur (Palmyra, arabisch) (Damaskus 1979) 2. Tafel nach S. 112.

Das Mädchen ist mit einem eng anliegenden Ärmelchiton (Ärmelhemd) und Sandalen bekleidet. Die frontale Haltung ist durch den Kontrapost, die unterschiedliche Gestaltung beider Körperhälften auf Grund der Ruhe und Bewegung von Stand- und Spielbein, etwas aufgelockert. Der relativ reiche Schmuck besteht aus zwei Halsketten – die obere mit Bulla –, Stäbchenohrringen sowie zwei massiven vorn offenen Armreifen. In der gesenkten Rechten hält sie einen Zweig, in der angewinkelten Linken eine Taube. Letztere ist ein typisches Attribut früh verstorbener Kinder. Die Inschrift belehrt uns über den Namen der Verstorbenen: Habibathe, Tochter des Maqet, des Sohnes des Nurbel[1]. K. P.

1 Die Lesung wird R. Degen verdankt.

176 Sitzende Frau

Palmyra, Grab des Jarhai, östliche Exedra (Winter 1934/35)
Frühes 2. Jahrhundert n. Chr.
Weißer Kalkstein
Höhe: 47,7 cm; Breite: 25 cm
Damaskus 3634/8380
Lit.: R. Amy/H. Seyrig: Syria 17 (1936) 250 Taf. 49; – E. Kitzinger: Archaeologia 87 (1938) 205 Taf. 73:6.

Die reliefartig gearbeitete Figur stammt aus einem unterirdischen, im Gräbertal westlich vor der Stadt gelegenen Grab, dessen Gründungsinschrift vom April des Jahres 108 n. Chr. erhalten ist. Teile der Grabanlage wurden im Untergeschoß des Nationalmuseums in Damaskus rekonstruiert. Die genaue Fundstelle und somit der ursprüngliche Standort des Reliefs sind nicht bekannt. Vermutlich bildete es zusammen mit einem getrennt gearbeiteten Relief eines auf einer Kline gelagerten Mannes eine Art Totenmahlgruppe, ähnlich dem folgenden Beispiel. Die auf einem lehnenlosen Stuhl sitzende Dame trägt drei deutlich voneinander abgesetzte Gewänder (siehe oben Nr. 174), wobei der Mantel über den Hinterkopf gezogen ist. An Schmuck finden sich, abgesehen von dem reich ausgearbeiteten Stirnband, zweiteilige Ohrringe („crotalia“ = „Klapperchen“), eine schlichte Schulterfibel und mehrere Fingerringe. Die erhobene rechte Hand ist mit ihrer Innenfläche dem Betrachter zugekehrt – hier offenbar als Gebetsgestus zu interpretieren. Der Stil, insbesondere aber die charakteristische Augenbehandlung mit ganz sichtbarer Iris, spricht für eine relativ frühe Datierung; das Bildwerk gehört deshalb sicher zur ersten Ausstattungsphase des Grabes. K. P.

177

177 Totenmahlgruppe

Palmyra
1. Hälfte 2. Jahrhundert n. Chr.
Weißer Kalkstein
Höhe: 55 cm; Breite: 94 cm
Damaskus 19
Lit.: H. Ingholt, Studier over palmyrensk Skulptur (Kopenhagen 1928) 94 Nr. PS 62; – ders.: Berytus 2 (1935) 68 Taf. 28:1; – Abdul-Hak, Cat. (1951) 30 Nr. 4 Taf. 10:2; – Zouhdi, Guide (1976) 124; – H. J. W. Drijvers, The Religion of Palmyra (Leiden 1976) 22. 37 Taf. 76.

Die Gruppe war ursprünglich ein Hochrelief mit halbkreisförmigem Umriß, wie die seitlichen Ränder erkennen lassen. Es hat sich demnach über einem Türsturz im Innern einer unterirdischen Grabkammer befunden. Die Hauptperson ist der gelagerte Tote, der sich – halb aufgerichtet – mit dem linken Ellenbogen auf ein Kissen stützt. Er trägt die typische iranisch-parthische Gewandung, bestehend aus langen Hosen mit breiten Zierborten, einem kurzen Übergewand, einem chlamys-artigen Umhang und weiten, unterhalb der Knie ansetzenden Gamaschen. Letztere wurden an eine Art „Strumpfhaltern“ befestigt und dienten ursprünglich zusätzlich als Beinschutz. Daran wird deutlich,

◁ 176

daß sich diese Tracht bei den iranischen Reitervölkern herausgebildet hatte. Die Kopfbedeckung erweist den Toten als Priester, sein spezifischer Rang wird durch den Kranz mit Emblem in Form einer Miniaturpriesterbüste charakterisiert, doch ist die genaue Deutung strittig. Links sitzt auf einem Sessel die Gemahlin mit Spule und Spindel als Attributen hausfraulicher Tugenden in der Linken. Das Haupthaar verschwindet fast vollständig unter einem Turban mit Kopftuch und Stirnband. An den Schläfen erkennt man einige nach hinten gekämmte Strähnen sowie zwei auf die Schulter fallende Locken. Vor der linken Schulter sitzt eine vereinfacht gearbeitete trapezoidale Fibel, die man sich mit einem Löwenkopf als oberem Abschluß vorzustellen hat. Der obere Mittelteil des Reliefs wurde wohl bereits in antiker Zeit zur Aufnahme eines weiteren Reliefs abgearbeitet. Hier befand sich, nach den Spuren neben dem rechten Knie des Mannes zu urteilen, mindestens eine weitere stehende Figur, das heißt (ein) weitere(r) Familienangehörige(r). Rechts neben dem Kopf des Priesters und am Sitz der Frau befinden sich gefälschte Inschriften. Stil und Augenbehandlung lassen erkennen, daß die Skulptur noch vor der Mitte des 2. Jahrhunderts n. Chr. entstanden ist. K. P.

◁ 178 Totenmahlrelief des Marle und der Bolaja

Palmyra, Grab des Ta'ai (1952)
2. Hälfte 2. Jahrhundert n. Chr.
Weißer Kalkstein
Höhe: 55 cm; Breite: 83,4 cm
Damaskus 18802
Lit.: S. Abdul-Hak: AAAS 2 (1952) 230. 233 ff. Nr. 20 Taf. 2:2; 3 im arabischen Teil; vgl. Taf. nach S. 230 (Fundlage); – ders., The Treasures of the National Museum of Damascus (2. Aufl. Damaskus o. J.) 17 Taf. 20; – M. Gawlikowski, Recueil 8 f. Nr. 11; – Tokyo Exhib. Nr. 183.

Auf einer gemusterten Matratze sind ein Mann und eine Frau gelagert; jeder stützt sich auf ein großes Kissen. Links steht auf einem Sockel eine kleine achteckige Truhe mit reich profiliertem Deckel. Die Dame trägt einen einfachen Ärmelchiton (Ärmelhemd) sowie ein über den Kopf gezogenes Tuch. An den Füßen sieht man leichte Sandalen. Das Stirnband unter dem üblichen Turban ist mit einer dicken Kette verziert. Die Ohrringe bestehen aus zwei kugeligen bzw. halbkugeligen Gliedern. Besonders üppig ist der aus vier Ketten bestehende Halsschmuck. Dazu kommen zwei dicke Armreifen. Der Mann trägt einen kurzen, parthischen Chiton (Hemd) mit reich ornamentierter Mittelborte und breiter Ärmelborte. Auf dem zu gleichmäßigen Buckellöckchen frisierten Haar sitzt ein Kranz mit Mittelrosette. In der Linken hält er einen henkellosen Napf. Seine Form mit regelmäßigen Dellen ist von silbernen und gläsernen Gefäßen bekannt. In der rechten Hand hält er einen kleinen Palmzweig. Die palmyrenische Inschrift belehrt uns darüber, daß wir zwei Geschwister vor uns haben. Das hinter dem Mann angebrachte Tuch („dorsale") kennzeichnet ihn als verstorben. Demnach hatte seine überlebende Schwester das Relief in Auftrag gegeben. Es war nach Aussage des Grabungsbefundes über einem älteren großen Sarkophag angebracht. Der Stil, die Barttracht des Mannes und die Augenbehandlung sprechen für eine Datierung in die Mitte bzw. das dritte Viertel des 2. Jahrhunderts n. Chr. K. P.

179

180

179 Bruchstück eines Totenmahlreliefs mit Mädchen

Palmyra
Spätes 2./frühes 3. Jahrhundert n. Chr.
Weißer Kalkstein
Höhe: 56 cm; Breite: 33 cm
Damaskus 2793/7864

Das Fragment gehört zu einem Relief, das seitlich und oben einen profilierten Rahmen aufwies und zweifellos als Wandschmuck einer Grabanlage diente. Hauptperson war der gelagerte Verstorbene, auf den sich die Reste der palmyrenischen Beischrift beziehen. Zu seinen Füßen befand sich die erhaltene Figur eines kleinen Mädchens, das in einen Chiton (Hemd) mit weitem Schultertuch gekleidet ist. Letzteres ist mit einer Quaste beschwert, die zur leichteren Drapierung des Gewandstücks diente. Auffällig ist der reiche Schmuck, bestehend aus einer Halskette mit zentralem Scheibenanhänger und zwei Lunulae („Möndchen"), ferner Stabohrringen und zwei breiten Armbändern mit Flechtmuster. Auf dem kappenartig zusammengefaßten Haupthaar liegt ein Zöpfchen, das als geflochtene, festgesteckte „Jugendlocke" zu interpretieren ist. Dies ist ein sicheres Kriterium für die kindliche Altersstufe des Mädchens, das wegen seines reichen Schmucks nicht als Dienerin sondern als Tochter des Hauses anzusehen ist. K. P.

180 Büstenrelief des Nebula

Palmyra, Grab des Ta'ai (1952)
2. Viertel 2. Jahrhundert n. Chr.
Weißer Kalkstein
Höhe: 50 cm; Breite: 42 cm
Damaskus 18797
Lit.: S. Abdul-Hak: AAAS 2 (1952) 240 Nr. 29 Taf. 4:2, ferner im arabischen Teil 265 Taf. 4:2 (2. Reihe rechts); – Gawlikowski, Recueil 11 Nr. 16.

Die Büste ist nach Ausweis der palmyrenischen Beischrift ein Porträt des Nebula, Sohn des Ma'nu, des Sohnes des Ta'ai. Der Verstorbene trägt einen Chiton (Hemd) mit über die linke Schulter gelegtem Mantel – eine auch in den östlichen Provinzen des Römischen Reiches weit verbreitete griechische Tracht. Demgegenüber ist die Haartracht mit den lang in den Nacken reichenden Strähnen orientalisch. Auch die Barttracht mit langen Schnurrbartenden ist ein lokales Element. In der Linken hält er eine „Schedula", einen zur Aktenbeschriftung dienenden (Papier-)Streifen. Er soll hier wohl die Berufssphäre eines Kaufmanns oder „Schreibers" (Verwaltungsbeamten) charakterisieren. Als einzigen Schmuck sieht man am kleinen Finger der linken Hand einen Ring mit Stein. Das aufgespannte Tuch charakterisiert den Dargestellten als verstorben. Das Relief wurde also im Unterschied zu vielen anderen dieser Büsten erst nach dem Tode gearbeitet. Stil und Barttracht empfehlen in Verbindung mit der weniger starren Augenwiedergabe eine Datierung in das zweite Viertel des 2. Jahrhunderts n. Chr. K. P.

181 Grabrelief mit weiblicher Büste ▷

Palmyra, Südostnekropole, Hypogäum 2 (Grabung Nazmi Kheir und Oubed Taha 1953)
2. Viertel 2. Jahrhundert n. Chr.
Weißer Kalkstein
Höhe: 59 cm; Breite: 49 cm
Damaskus 7444
Lit.: Deuxième exposition des découvertes archéologiques des années 1954–1955 ... au Musée National de Damas (Damaskus o. J.) 38 Nr. 10.

187

auch einige Torsen erhalten, die einen auffallend einheitlichen Stilcharakter aufweisen. Da Marmor in Syrien nicht ansteht, wurden alle diese Statuen offenbar in fertigem Zustand nach Palmyra transportiert. Trotz ihres daraus zu erschließenden Werts ist der künstlerische Rang dieser Skulpturen eher durchschnittlich. Die Oberflächengestaltung des vorliegenden Kopfes ist relativ flau.
Das in der Mitte geteilte Haar ist zum Teil nach hinten und über die Ohren gekämmt. Die Kranzflechte auf dem Scheitel ist großenteils von einem Kopftuch bedeckt. Die Tracht entspricht weder der lokalen Mode noch genau der von den Damen des Kaiserhauses geschaffenen Frisur. Sie erinnert etwas an diejenige der älteren Faustina, der Gemahlin des Kaisers Antoninus Pius. Bei ihr tritt allerdings der Mittelscheitel nur vereinzelt auf; die Ohren sind stets frei. Letzteres gilt auch für Sabina, die Gemahlin Hadrians. Bei ihr ist aber das Haar in der Regel mehrfach in Verbindung mit einer Kranzflechte in der Mitte gescheitelt. Deshalb empfiehlt sich eine Datierung in die Zeit dieses Kaisers. Die damals erst aufkommende plastische Markierung der Augensterne spricht für einen Ansatz nicht vor den späteren Jahren seiner Regierung. K. P.

188

186–191 Figürliche Fragmente von Zimmergesimsen

Palmyra, davon Nr. 188-191 von der Baustelle des Hotels Méridien (1975)
Um 200 n. Chr.
Stuck
186: Höhe: 14 cm; Breite: 27,5 cm
187: Höhe: 15,5 cm; Breite: 13 cm
188: Höhe: 15 cm; Breite: 15 cm
189: Höhe: 18 cm; Breite: 12,5 cm

189

190

190: Höhe: 22 cm; Breite: 13 cm
191: Höhe: 20 cm; Breite: 15 cm
Damaskus 5963 / 13753; 5948 / 13730 (die ersten beiden); die übrigen Palmyra ohne Inv.-Nr. (provisorische Fund-Nr. 10, 7, 21 und 23).

Die hier gezeigten Köpfe saßen ursprünglich an Gesimsen, die sich etwa in 2/3Höhe üppig dekorierter Räume in Privathäusern reicher Palmyrener befunden haben. Nr. 186 und Nr. 187 verdeutlichen ihre ursprüngliche Anbringung. Sie saßen in unterschiedlicher Drehung und Neigung am waagerechten oberen Abschluß der reliefierten, architekto-

191

192

nischen Raumgliederung. Ähnliche Schmuckmotive begegnen bereits in der pompejanischen Wandmalerei[1]. Die glatten Partien der Gesimse wurden mit Hilfe von Profilschablonen an der Wand gezogen. Die Köpfe hat man einzeln mit Hilfe von Hohlformen an die noch feuchten Leisten angedrückt und danach zahlreiche Einzelheiten separat ausgeführt (z.B. die Locken bei Nr. 186) und vor dem Erstarren der Gipsmasse großzügig nachgearbeitet. Die Motive sind ikonographisch nur teilweise bestimmbar. Sehr charakteristisch sind die beiden an ihrer offenen Mundpartie kenntlichen Theatermasken (Nr. 190 und 191)[2], von denen die eine durch ihre „phrygische" (Zipfel-)Mütze vielleicht als der trojanische König Priamos zu deuten ist. Der Jünglingskopf mit einer ähnlichen Mütze (Nr. 189) ist möglicherweise Paris. Das junge Mädchen mit Kopftuch (Nr. 188) gehört offenbar in den Bereich der Komödiencharaktere. – Von ähnlichen Stuckköpfchen aus Palmyra sind nur zusammenhanglose Proben veröffentlicht[3]. Die Serie vom Hotel Méridien übertrifft durch ihre beachtliche Qualität bei weitem nicht nur diese Funde sondern auch vereinzelte Parallelen aus anderen Gegenden des Römischen Reichs[4].
K.P.

1 A. Allroggen-Bedel, Maskendarstellungen in der römisch-kampanischen Wandmalerei (München 1974).

2 Der geöffnete trichterartige Mund diente als Schallverstärkung; der seitwärts gerichtete Blick widerspricht natürlich dem Charakter einer Theatermaske.

3 M.A.R. Colledge, The Art of Palmyra (London 1976) 104 Abb. 136 (mit unrichtiger Interpretation); – Tokyo Exhib. Nr. 187 (stark ergänzt!). –

Vgl. H. Mielsch, Römische Stuckreliefs: RM Ergänzungs-Heft 21 (Heidelberg 1975) 99 Anm. 411.

4 Vgl. einen algerischen Fund bei M. Blanchard-Lemée, Maisons à mosaïques du quartier central de Djemila (Cuicul) (Paris 1975) 193 ff. Abb. 91–92.

192 Grabrelief mit Knabenbüste

Mambidj
2. Hälfte 2. Jahrhundert n. Chr.
Gelblicher Kalkstein
Höhe: 61 cm; Breite: 41,5 cm
Damaskus 3495/7386

In der halbrunden Nische eines quaderförmigen Grabreliefs ist die Büste eines Knaben dargestellt. Sein Geschlecht bezeugen die Manteltracht sowie die griechische Inschrift. Sie nennt den Namen des Verstorbenen, Artobinos, gefolgt von einer Akklamation, die etwa als „der du frei von Kummer bist“ oder „der du (niemandem) Gram verursacht hast“ zu übersetzen ist. Das kurz geschnittene Haar weist auf der Kalotte mehrteilige, kurze Strähnen auf, die als „Jugendlocke“ zu interpretieren sind. Daraus ergibt sich zwingend die knabenhafte Altersstufe des Toten. Die leichte Drehung und Kopfneigung lockern das schlichte Büstenmotiv etwas auf. Die Vorderflächen des Rahmens hat man sich vermutlich mit architektonischen Motiven, das heißt in der Art einer Ädikula (Tempelchens) vorzustellen. Die Löcher in den oberen Ecken dienten zur Aufnahme von Haken, an denen Girlanden aufgehängt werden konnten. K. P.

193 Kultrelief des Gottes Du'anat (Aphlad)

Dura-Europos, Adonis-Tempel
Um 54 n. Chr.
Weißer Kalkstein
Höhe: 51 cm; Breite: 31 cm
Damaskus 2124 / 4488
Lit.: C. Hopkins in: The Excavations at Dura-Europos. Preliminary Report of the Fifth Season 1931–1932 (New Haven/London/Oxford/Prag 1934) 106 ff. Taf. 13; – ders.: Berytus 3 (1936) 6 Taf. 3:1; – H. Seyrig: Berytus 3 (1936) 138; – M. Rostovtzeff, Caravan Cities (Oxford 1932) 186. 218 Taf. 32:1; – ders.: Yale Classical Studies 5 (1935) 226 ff. 233 Abb. 36. 38; – O. Eissfeldt, Tempel und Kulte syrischer Städte in hellenistisch-römischer Zeit: Der Alte Orient 40 (Leipzig 1941) 139 f. Taf. 14:3; – J. Starcky: Syria 26 (1949) 56. 81 ff. Abb. 5; – H. Th. Bossert, Altsyrien (Tübingen 1951) 39 Abb. 566; – Abdul-Hak, Cat. (1951) 10 f. Nr. 5 Taf. 4:1; – E. H. Kantorowicz: Proceedings of the American Philosophical Society 105 (1961) 377 Abb. 24 = Selected Studies (New York 1965) 12 Taf. 5:24; – M. A. R. Colledge, The Parthians (London 1967) 160 Abb. 67; – D. Schlumberger, Der hellenisierte Orient (Baden-Baden 1969) 106 Anhang Abb. 17; – H. Klengel, Syria antiqua (Leipzig 1971) 111 Abb. S. 72; – A. Perkins, The Art of Dura-Europos (Oxford 1973) 19 f. 77 ff. Tafelabb. 31; – H. J. W. Drijvers, The Religion of Palmyra (Leiden 1976) 18. 31 Taf. 47:2; – R. A. Stucky: Syria 53 (1976) 134; – Zouhdi, Guide (1976) 132; – S. B. Downey, The Stone and Plaster Sculpture. Excavations at Dura-Europos. Final Report III 1,2 (Los Angeles 1977) 7 ff. Nr. 1 Taf. 1; – M. A. R. Colledge, Parthian Art (London 1977) 99 Tafelabb. 33; – C. Hopkins, The Discovery of Dura-Europos (New Haven/London 1979) 87 f. Abb. S. 88; – J. Teixidor, The Pantheon of Palmyra (Leiden 1979) 65 f. 102 f. 136 f. Taf. 33; – P. Linant de Bellefons, „Aphlad“: Lexicon Iconographicum Mythologiae Classicae 1 (Zürich/München 1981) 879 Taf. 699; – besonders zur Inschrift ferner: L. Robert: Hellenica 13 (1965) 120 f. 124 Anm. 4; – J. T. Milik, Dedicaces faites par des dieux (Paris 1972) 136 f.; – E. Lipiński: Orientalia 45 (1976) 69 f.

Ein gepanzerter, bärtiger Gott steht auf einem Sockel mit zwei – wie er selbst – frontal wiedergegebenen geflügelten Greifen. Er trägt einen mit Sternen verzierten Panzer mit zwei Reihen gefranster Laschen („Pteryges“), Hosen und hohe geschnürte Stiefel. In der Rechten hält er einen griffelartigen Gegenstand sowie als besondere Kennzeichen ein Szepter in der Linken und auf dem Haupt einen sogenannten „Kalathos“ (= „Korb“) mit Binde. Links daneben steht ein barfüßiger Priester mit Spitzhut – einer besonders im nördlichen Syrien gebräuchlichen Form der Kopfbedekkung von Priestern –, der auf einem Räucheraltar mit brennender Flamme opfert. Im Unterschied zu den palmyrenischen Priestern (vgl. Nr. 177) ist das Haupthaar angegeben. In der linken Hand hält er als typische Geräte der Opferhandlung eine Weihrauchdose und eine Flasche. Die lange griechische Inschrift gibt uns zusätzliche Aufschlüsse: „Diese Zweigstelle des Heiligtums des Gottes Aphlad, der Gottheit des Dorfes 'Anath am Euphrat, stiftete 'Adadiabos, Sohn des Zabdibol, des Sohnes des Silloi gemäß einem Gelübde zum eigenen Heile sowie zu dem seiner Kinder und seines ganzen Hauses.“ Darunter befindet sich die Ritzinschrift (Graffito) eines späteren Besuchers.
Mit dem dargestellten, an sich auch sonst belegten Gott ist demnach im vorliegenden Falle der lokale Baal der genannten Siedlung am mittleren Euphrat gemeint. Das Wort „Zweigstelle“ bezieht sich offenbar gleichermaßen auf den Platz als auch auf das Relief selbst. Die Zeitstellung ergibt sich aus einer anderen, 54 n. Chr. datierten Inschrift von derselben Fundstelle. K. P.

193 ▷

ΤΗ·ΙΕΡΟΥ·ΑΦΛΑΔ
ΕΓΟΜΕΝΟΥ ΘΕΟΥ
ΤΗC·ΑΝΑΘ ΚΩΜΗC
ΕΥΦΡΑΤΟΥ ΑΝΕΘΗΚΕΝ
ΑΔΙΑΒΟC
ΔΙΒΩΛΟΥ ΤΟΥ
ΑΘΟΙ ΕΥΧΗΝ
ΤΗC
ΩΤΗΡΙ
ΥΤΟΥ
ΚΑΙ ΤΕΚΝΩΝ
ΚΑΙ ΤΟΥ ΠΑΤΡΟC
ΟΙΚΟΥ

194 Wandmalerei mit Victoria

(Abb. s. Farbtaf. S. 173)

Dura-Europos, sogenanntes „Parthisches Bad"
Letztes Drittel 2. Jahrhundert n. Chr.
Malerei auf Verputz
Höhe: 1,28 m; Breite: 0,85 m
Damaskus 1969 / 4955
Lit.: F. E. Brown in: The Excavations at Dura-Europos. Preliminary Report of the Sixth Season 1932–1933 (New Haven/London/Oxford/Prag 1936) 51. 63 ff. Taf. 41:1; – Comte [R.] du Mesnil du Buisson, Les peintures de la synagogue de Doura-Europos (Rom 1939) 32 Anm. 1 Abb. 27; – Abdul-Hak, Cat. (1951) 12 Nr. 10 Taf. 3:1 oben; – D. Schlumberger, Der hellenisierte Orient (Baden-Baden 1969) 71 Farbtaf. S. 74; – A. Perkins, The Art of Dura-Europos (Oxford 1973) 25. 34 Abb. 28; – Zouhdi, Guide (1976) 132; – Tokyo Exhib. Nr. 217; – C. Hopkins, The Discovery of Dura-Europos (New Haven/London 1979) 125 Abb. S. 126 und 127.

Diese Darstellung einer geflügelten Siegesgöttin fand sich auf einem Pfeiler in einer kleinen Badeanlage, die offenbar bald nach der römischen Eroberung 165 n. Chr. angelegt worden ist. Die auf einer Kugel schwebende Göttin hält in der mit einem Armreif geschmückten Rechten einen Kranz, in der Linken einen Palmzweig, beides charakteristische Siegessymbole. Das Haar ist hochgesteckt in einem Scheitelknoten zusammengefaßt. Die farbliche Differenzierung der Gewandung zeigt, daß der Maler seine mutmaßliche Vorlage zum Teil mißverstanden hat. Es entsteht der Eindruck, daß die Göttin mit einem hochgegürteten, kurzen Chiton (Hemd) von rosa Farbe bekleidet ist, dessen unterer Saum sich in der Hüftpartie aufbauscht. Der unvermittelte Wechsel zu Grün verrät, daß der Maler die um die Beine wehende Stoffpartie als ein anderes Gewand mißverstanden hat. Die Entblößung eines Beines, das aus dem geschlitzten Chiton heraustritt, ist in der römischen Kunst häufig zu belegen. K. P.

195 Statue der Göttin Athena-Allat ▷

Suaida
ca. 2. Hälfte 1. Jahrhundert n. Chr.
Schwarzer Basalt
Höhe: 1,59 m
Damaskus 4219 / 5216.
Lit.: Abdul-Hak, Cat. (1951) 57 f. Nr. 3 Taf. 24 Mitte; 25; – A. Abel: Bulletin de la Société Royale d'archéologie de Bruxelles 49 (1956/57) 5; – H. Klengel, Syria antiqua (Leipzig 1971) Abb. S. 102; – Zouhdi, Guide (1976) 115 f. Nr. 2 Abb. 48; – Tokyo Exhib. Nr. 176; – H. J. W. Drijvers: Phoenix 26 (1980) 84 Abb. 28.

Die mit Sandalen bekleidete Göttin trägt einen gegürteten Chiton mit bis zu den Hüften reichendem Überfall. Die Brust ist von einer Ägis (Ziegenfell) mit Medusenhaupt bedeckt. Schulterpartie und Oberarme verraten eine mangelnde Vertrautheit mit der griechischen Gewandung. Sie sieht hier so aus wie die Endigung eines Panzers mit ärmelartigen Chitonzipfeln. Auch der Helm mit seinem üppigen separat gearbeiteten Helmbusch hat einen fast barock anmutenden Umriß. Am linken Arm trägt die Göttin ein Rundschild mit Buckel in Form eines Medusenhauptes (wie bei der Ägis ein bekanntes unheilabwehrendes Element). In der erhobenen Rechten ist eine Lanze zu ergänzen. Die Fußhaltung und das zurückwehende Gewand erinnern sicher nicht zufällig an die zahlreichen, herabschwebend wiedergegebenen Victoria-Statuen derselben Bildhauerwerkstätten.

Vermutlich sah die einheimische Bevölkerung in dieser Gottheit eher die mit Athena gleichgesetzte Allat. Auf der Basis steht eine griechische Weihinschrift „Für das Heil unseres Herrn", womit ein namentlich nicht genannter Kaiser gemeint ist. Wie die charakteristische Wiedergabe der Augensterne zeigt, ist die Datierung um die Wende des 1. zum 2. Jahrhundert n. Chr. als untere Grenze anzunehmen. Die Statue ist auch auf den 5-Pfund-Noten der syrischen Nationalbank wiedergegeben. K. P.

◁ 196 Grabrelief mit stehendem Mädchen

Harah (Hauran)
2. Jahrhundert n. Chr.
Schwarzer Basalt
Höhe: 1,06 cm; Breite: 42 cm
Damaskus 1350 / 2978
Lit.: Abdul-Hak, Cat. (1951) 60 Nr. 9 Taf. 23:2 links; 29:2 b; – Zouhdi, Guide (1976) 112 Abb. 44.

Die oben unregelmäßig abgeschrägte Grabstele zeigt eine stehende Frauengestalt auf einem rechteckigen Sockelklotz. Ihre Tracht besteht aus einem langen Chiton (Hemd) mit einem über den Kopf gezogenen Mantel, dessen Zipfel mit Quasten beschwert sind. An den Füßen erkennt man einfache Sandalen. Das Haar ist in dicke Strähnen gegliedert. Eine Halskette bildet den einzigen Schmuck. Die Inschrift nennt den Namen der Toten – Bersis, Tochter des Markellos (der römische Name Marcellus); verstorben im Alter von 15 Jahren. Trotz der durch das Material bedingten, relativ groben Ausführung der Details zeigt die Gestalt eine gut ausgewogene Ponderation (Verteilung des Körpergewichtes auf die Gliedmaßen), die durch die schwungvolle Drapierung der Gewänder noch unterstrichen wird. K. P.

197 Kopf einer Göttin

Oasenbereich von Damaskus (1931)
2. Jahrhundert n. Chr.
Schwarzer Basalt
Höhe: 30 cm
Damaskus 1944 / 4199
Lit.: Abdul-Hak, Guide (1951) 74 Nr. 2 Taf. 38:2 a.

Der von einer Statue abgebrochene Kopf zeigt eine dicke, ausschließlich aus Korkenzieherlocken bestehende Haarmasse, die entfernt – aber nur zufällig – an Frisuren der ägyptischen Göttin Isis erinnert. Das Haar wird bekrönt von einem Blattkranz, der mit einem Medaillon in der Mitte verziert ist. An der unteren Bruchkante ist teilweise noch ein Halsreifen erhalten. Die idealisierten Gesichtszüge wirken fast leblos, obgleich eine routinierte Beherrschung der bildhauerischen Technik nicht zu übersehen ist. In stilistischer Hinsicht reflektiert der Kopf ohne Merkmale einer provinziellen Verfremdung den häufig wenig differenzierten Charakter römischer Idealplastik. K. P.

198 Bronzebüste einer Göttin in Medaillonrahmen

Banyas (Hauran) 1965
2. Hälfte 2. Jahrhundert n. Chr.
Bronze
Durchmesser: 38,8 cm; Höhe der Büste: 34 cm
Damaskus 16967
Lit.: Zouhdi, Guide (1976) 90 Nr. 1 Abb. 30; – H. Klengel, Syria antiqua (Leipzig 1971) 111 Abb. S. 98.

Die Schildbüste („clipeata imago") besteht aus zwei Teilen; die hohlgegossene Büste mit Resten einer Bleifüllung ist ohne besondere Halterung in den schildförmigen Rahmen eingesetzt. An seiner Rückseite befinden sich sechs Zapfen zur Befestigung an einer Wand. Vielleicht saß das Ganze in der Mitte eines Giebels, wie dies durch eine Reihe von Darstellungen für Gottheiten und Porträts nachgewiesen ist[1]. Da die Büste aber unterlebensgroß ist, handelt es sich jedoch eher um eine Weihgabe. Jedenfalls ist die vorliegende Schildbüste, abgesehen von einem Beispiel mit Männerporträt aus der Zeit des Kaisers Trajan (Anfang 2. Jahrhundert n. Chr.) in Ankara, die einzige „clipeata imago" aus Bronze in größerem Format[2]. Die mit einem Chiton (man beachte den geknöpften Scheinärmel) bekleidete Büste stellt eine nicht sicher identifizierbare Göttin dar. Die Knotenfrisur und das Diadem geben keinen sicheren Hinweis; vermutlich ist aber Aphrodite gemeint. Die Augenbehandlung der qualitätvollen Büste empfiehlt die oben angegebene Datierung. K. P.

1 Vgl. P. Hommel, Studien zu den römischen Figurengiebeln der Kaiserzeit (Berlin 1954) 110; – ders.: Istanbuler Mitteilungen 7 (1956) 26 f.

2 R. Winkes, Clipeata Imago, Studien zu einer römischen Bildnisform (Bonn 1969) 73 ff. 132 f.

199 Gewand-Fibel *(Abb. s. Farbtaf. S. 172)*

Herkunft unbekannt
1./2. Jahrhundert n. Chr.
Gold
Höhe (einschl. der Anhänger): 11,8 cm; max. Durchmesser: 5,5 cm
Damaskus 4318 / 10127

Die konische Fibel wurde mit ihrer waagerechten Nadel in der Schultergegend getragen und diente zur Befestigung der locker umgelegten Gewandung. An den unteren, reich mit Kügelchen versehenen Randverzierungen sind drei geflochtene Ketten mit Herzblättchen befestigt. Dieser Fibeltypus war anscheinend besonders im südlichen Syrien sehr beliebt, wie dokumentierte Funde[1] und Exemplare derselben Herkunft aus dem Kunsthandel – meist aus Silber – belegen[2]. Verwandte, reicher ausgearbeitete Fibeln waren nach dem Zeugnis von Grabreliefs in Palmyra seit dem späteren 2. Jahrhundert gebräuchlich[3]. K. P.

1 Zwei Silberfibeln aus der Gegend von Sidon in Beirut, Museum der Amerikanischen Universität: D. Mackay: Iraq 11 (1949) 180 Abb. 8 b. c; – 3 Bronzefibeln aus Chisfina (Südsyrien) in Damaskus (2141–2143/4505–4507), unpubliziert.

2 H. G. Horn/G. Salies, Die Nabatäer – ein Königreich in der Wüste, Ausst.-Kat. Bonn 24. 5. – 9. 7. 1978, Abb. S. 96–97 (6 Silberfibeln in Privatbesitz; irrig „aus Petra [?]") = Die Nabatäer – Erträge einer Ausstellung (Bonn 1981) Taf. 87 (vier Exemplare); – T. Hackens, Catalogue of the Classical Collection. Classical Jewellery (Providence, Rhode Island 1976) 142 Nr. 73, Abb. (mit irriger, spätantiker Datierung).

3 D. Mackay: Iraq 11 (1949) 179 f. Taf. 58:1. 2; 60:1. 4; – M. Gawlikowski: Mélanges offertes à K. Michalowski (Warschau 1966) 411 f. 416 ff.

200 Ein Paar Ohrringe *(Abb. s. Farbtaf. S. 172)*

Dair al-Hadjar (Hauran)
1./2. Jahrhundert n. Chr.
Gold mit rotem Halbedelstein (Granat)
Höhe: 4,7 cm; Breite: 6,1 cm
Damaskus 2545 / 5119
Lit.: B. Zouhdi: AAAS 21 (1971) 101 Nr. 34 Taf. 18 (ähnliches Paar ebendort 100 Nr. 29 Taf. 17); – J. El-Chehadeh,

198 ▷

Um die so unterschiedlichen Formen und Erscheinungen verstehen zu können, muß man sich die geologische und geographische Struktur der einzelnen Regionen vor Augen führen. Nordsyrien wird geprägt von Kalksteinformationen, und in der dortigen Architektur herrscht der reine Quaderbau vor, ohne Verwendung von Mörtel. In der Wüstensteppe östlich von Hama und Homs ist der Lehmboden von Lavagestein durchsetzt, Basalt ist das wichtigste Baumaterial neben luftgetrockneten, in einzelnen Fällen auch gebrannten Ziegeln und vereinzelt auftretendem Kalkstein. In Südsyrien liegt die größte Basaltregion; es herrscht die reine Steinarchitektur, in der Holz nicht verwandt wird.
Mit so unterschiedlichen Materialien, unter Einfluß der großen syrischen Städte und in Nachbarschaft zu Palästina und dem Mittelmeerraum, Kleinasien und dem Reich der persischen Sassaniden entstanden in den einzelnen Regionen Bauten von höchster Vielfalt und Aussagekraft. Die Weitarkaden-Basilika von Qalbloze (Abb. 58) im Kalksteinmassiv und der Baukomplex von Qasr ibn Wardan sind beredte Zeugen für die Vielfalt der Achitektur dieses Landes. Die um 450 erbaute Basilika von Qalbloze ist das erste uns erhaltene Beispiel eines Bautypus, bei dem weit gespannte, auf Pfeilern ruhende Arkaden die inneren Säulenstellungen ersetzen, – ein Kirchentypus, der in späteren Jahrhunderten in und außerhalb Syriens weiterentwickelt wurde. Die Anlage Qasr ibn Wardan in der Wüstensteppe umfaßt eine Kuppelbasilika, einen repräsentativen, palastartigen Bau und eine Kaserne. Sie wurde um 564 errichtet. Beim Bau wurden Basalt, Kalkstein und gebrannte Ziegel nebeneinander verwandt und im Außenbau bewußt ein farbiges Erscheinungsbild geschaffen. Die in Grundriß und Aufriß komplizierten Architekturen stellen einen Höhepunkt lokaler Bautradition dar und sagen zugleich einiges aus über den Einfluß des engeren byzantinischen Bereichs auf die Kunst Syriens im 6. Jahrhundert.
Angesichts der Bedeutung dieser syrischen Architektur soll hier auf einige Untersuchungen älterer und neuerer Zeit hingewiesen werden: die Publikation der großen amerikanischen Expeditionen in Nord- und Südsyrien unter H. C. Butler (1899–1949), die Arbeiten von G. Tchalenko und J. Lassus, die vom Institut Français in Beirut ausgingen (1935–1974) und heute mit Aufnahmen zur Topographie und Hausarchitektur Nordsyriens von einer Gruppe französischer Wissenschaftler unter Leitung von J. P. Sodini fortgesetzt werden, die Erforschung der Wallfahrtsstadt Rusafa-Sergiupolis (s. S. 356), die seit vielen Jahren zum wissenschaftlichen Programm des Deutschen Archäologischen Instituts in Berlin gehört und seit 1975 von Th. Ulbert geleitet wird, die Ausgrabung der Stadt Apamea durch belgische Archäologen unter Leitung von J. Ch. Balty und die Aufnahme nordsyrischer Bauplastik durch Ch. Strube. C. S.

Die Säulenheiligen (Styliten)

Der Kult der syrischen Säulenheiligen setzt die im 4. Jahrhundert beginnende Mönchsbewegung voraus. Er wurde ins Leben gerufen von dem Mönch Simeon, der mit der von ihm gewählten Form der Askese am Anfang in mönchischen und kirchlichen Kreisen auf Widerstand stieß. Die große Verehrung, die Simeon schon zu seinen Lebzeiten genoß, wird verständlich vor dem Hintergrund einer Entwicklung, die am Ende des 4. Jahrhunderts weit fortgeschritten war: Die Verehrung für die Märtyrer aus der Zeit der Christenverfolgungen war auf die Asketen übergegangen. Durch sein heiligmäßiges Leben wurde der Asket zum Heiligen.
Simeon kam 386 als Sohn eines Bauern in Kilikien zur Welt. Mit 16 Jahren trat er in das Kloster von Teleda ein, das er nach 10 Jahren wieder verließ. Er begab sich nach Telanissos, dem heutigen Dair Siman, wo er drei Jahre in einer kleinen Gemeinschaft lebte. Dann ließ er sich, in Steigerung seiner Askese, auf einem Berg nahe des Ortes eine Säule aufrichten. Diese Säule wurde bald durch höhere Säulen ersetzt; die letzte war 17–20 m hoch. Simeon verbrachte auf ihnen insgesamt 42 Jahre. Als der Heilige 459 starb, wurde um die letzte Säule, die zur Reliquie geworden war, der kreuzförmige Gedächtnisbau errichtet, das Zentrum des Pilgerheiligtums von Qal'at Siman (Abb. 57).
Zeitgenössische Berichte geben Auskunft über das Leben des Heiligen und den Grad der Bewunderung und Aufmerksamkeit, den die überaus harte, alles bis dahin Bekannte übersteigende Form seiner Askese schon zu seinen Lebzeiten erweckte. Sein Ruhm hatte sich – dank der weltweiten Handelsbeziehungen Antiochias – so weit verbreitet, daß Pilger aus Gallien, England, Spanien und Italien kamen. Der Heilige genoß nicht nur bei Christen, sondern auch unter Persern und Arabern große Verehrung. Schon 15 Jahre vor seinem Tod, so berichtet der Bischof Theodoret von Cyrrhus, hingen Bilder von ihm in den Künstlerateliers in Rom. Das Neue des Stylitismus hatte jedoch auch Widerstand und Befremden hervorgerufen: Glorifizierung der eigenen Person, Aufsehen erregen um jeden Preis, das waren die Vorwürfe. Die Persönlichkeit des Simeon, seine Demut und Bescheidenheit, ließen jedoch die Kritik bald verstummen. Weit entfernt von natürlichen Lebensbedingungen stand der Stylit dem täglichen Leben und den religiösen Fragen seiner Zeit doch nicht fern: Er wurde in kirchlichen Auseinandersetzungen befragt, wirkte als Missionar, sprach Recht in Streitfällen und heilte Kranke. Zweimal am Tag unterbrach er seine Gebete und hielt Ansprachen an die Pilger.
Was wissen wir über die Art der Askese und inwieweit können wir die Säule des Heiligen, die nur in ihrem untersten Teil erhalten blieb, rekonstruieren?
Die Standfläche der 17–20 m hohen Säule war etwa 2 m

breit und wurde, wie der Befund späterer Säulen und Darstellungen des Säulenheiligen (Nr. 229) nahelegen, von einer Balustrade eingefaßt. Der hohe Sockel der Säule blieb an Ort und Stelle erhalten. Auch ihn umgab eine Schrankenanlage, um die Menge der Pilger zurückzuhalten und zu verhindern, daß kleine Splitter aus der Säule herausgeschlagen und als Reliquien mit nach Hause genommen wurden. Für die einfachste Hygiene sorgte wohl ein Kanal im Inneren der Säule.

Nach wenigen Stunden Schlaf verbrachte der Heilige den größten Teil des Tages stehend auf der Säule. Nur einmal in der Woche brachte ihm ein Diener oder Schüler, mit Hilfe einer Leiter (Nr. 229), Speisen nach oben. Den schweren Winterstürmen, Regen und Schnee war er voll ausgesetzt, denn er trug über dem Mönchsgewand mit spitzer Kapuze (Nr. 229) nur ein Schaffell.

Der bekannteste der über 200 Schüler, die Simeon anzog, ist Daniel Stylites. Er errichtete 460 seine Säule in der Umgebung Konstantinopels und hatte enge Beziehungen zu den byzantinischen Kaisern Leon I. und Zenon.

Als Simeon 459 starb, ließ der Patriarch von Antiochia, unter dem Schutz des magister militum (Heerführer) und 600 Bewaffneter, gegen den heftigen Widerstand der Bevölkerung den Leichnam in die syrische Hauptstadt bringen. Für die Datierung und das Verständnis des gewaltigen Baus, der nach dem Tode des Simeon um die Säule herum entstand (Abb. 56. 57), ist von Bedeutung, daß zwischen 471 und 474 Kaiser Leon I. bei Konstantinopel in der Nähe von Daniels Säule eine Kirche und ein Kloster zu Ehren Simeons errichtete und dorthin einen Teil der Reliquien des Heiligen aus Antiochia überführen ließ. Im Jahr 474 wurde Zenon, der 464 magister militum in Antiochia war, Kaiser. Vieles weist darauf hin, daß von Kaiser Zenon, einem Verehrer der syrischen Säulenheiligen, die Initiative zu dem gigantischen Bauvorhaben ausging, und die Finanzierung vom kaiserlichen Hof in Konstantinopel getragen wurde.

Einiges muß über Simeon den Jüngeren gesagt werden, der von etwa 517–592 lebte und neben Simeon dem Älteren der bekannteste syrische Säulenheilige ist. Seine letzte Säule stand nicht weit von Antiochia auf dem „Wunderberg", nahe der Straße, die nach Seleukia Piereia führte. Die Parallelen zwischen der Askese des älteren und des jüngeren Simeon sind so eng, daß manche der uns überlieferten Darstellungen offen lassen, welchen der beiden Styliten sie wiedergeben.

Zum Schluß sei noch erwähnt, daß der Stylitismus im Mittelmeerraum weite Verbreitung fand, bis in das frühe Mittelalter nachlebte und in zahlreichen Darstellungen von Künstlern des Ostens wie des Westens festgehalten wurde. C. S.

Das Pilgerheiligtum von Qal'at Siman

Nach dem Tode des Asketen Simeon (459) wurde um seine Säule eine kreuzförmige Anlage errichtet, deren zentraler Teil, ein Oktogon (Achteck), sich in breiten und hohen Bögen zu den dreischiffigen Kreuzarmen öffnet (Abb. 57). Nur der östliche Kreuzarm ist eine richtige Kirche. In ihr fand die Liturgiefeier statt, während die anderen Kreuzarme als Versammlungshallen für die Pilger dienten.

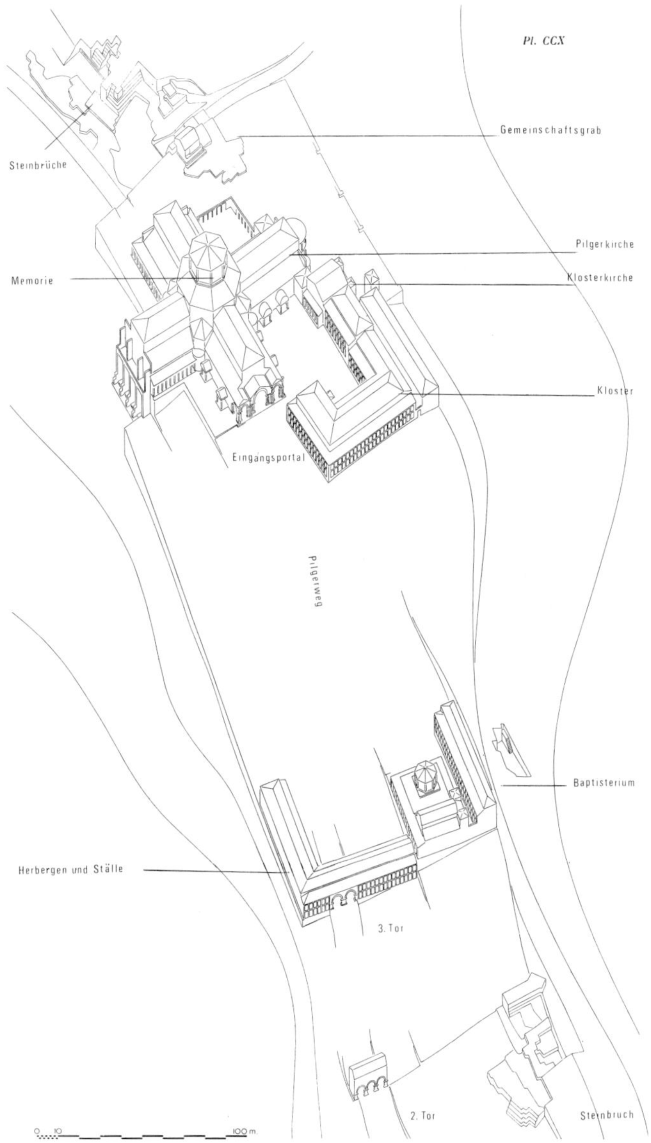

Abb. 38 Das Pilgerheiligtum Qal'at Siman

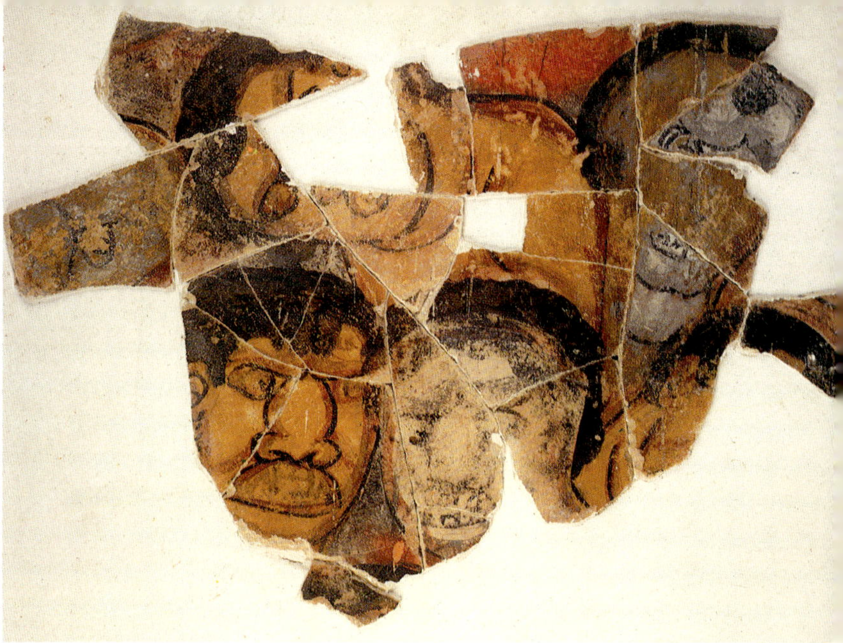

◁ Kat.-Nr. 243. 244
(s. S. 272 f.)

◁ Kat.-Nr. 247/248
(s. S. 274 f.)

Kat.-Nr. 237. 238
(s. S. 266 f.)

216

verdankte – über die Via Sacra (Heilige Straße) zum Heiligtum empor. Sie durchschritten auf diesem Weg drei Bogenanlagen, von denen die erste, wie ein Triumphbogen gebildet ist. Vor seinem Durchschreiten konnten die Pilger in kleinen Verkaufsbuden rechts und links des Weges Lampen, Öl und Pilgerandenken kaufen. Das zweite Tor führte in den Bereich vor dem Baptisterium und das dritte endlich gab Zugang zum engeren Bezirk und der Blick fiel auf die prachtvoll dekorierte und aufwendig gestaltete Eingangshalle des Gedächtnisbaus.
Die beiden Baukomplexe des Heiligtums wurden vor 492 fertiggestellt. Zentrum des Ganzen und Gegenstand der Verehrung ist die Säule des Simeon. Auf die sie umgebende kreuzförmige Anlage, ihre Architektur und Dekoration konzentrierten sich die führenden Kräfte der großen Bauhütte. Das Kloster, in dessen Händen die Organisation des Pilgerbetriebes und Betreuung des Heiligtums lag, ist dem Gedächtnisbau deutlich untergeordnet. C.S.

Es konnte noch nicht geklärt werden, ob das Oktogon überdeckt gewesen ist, oder ein offener Hof die Säule des Heiligen umgab. In der Rekonstruktion G. Tchalenkos (Abb. 38), der die Gesamtanlage aufnahm, rekonstruierte und einzelne Teile mustergültig restaurierte, wurde hypothetisch eine Holzkuppel eingezeichnet. Weitere Untersuchungen unter dem heutigen Plattenboden des Oktogons werden vielleicht Anhaltspunkte für die so wichtige Frage der Überdeckung erbringen.
Auf der Südostseite des Gedächtnisbaus liegt ein Kloster mit einer dazugehörigen Kirche und vor dem nördlichen Kreuzarm das Gemeinschaftsgrab der Mönche. Diesem Baukomplex gegenüber und rund 150 m von ihm entfernt wurde eine zweite Gruppe von Bauten errichtet. Sie umfaßt ein großes Baptisterium, eine südlich an dieses anschließende Basilika und zwei langgestreckte Herbergen für Pilger. Um das Gegenüber der beiden Baukomplexe und die enge Verbindung von Baptisterium und Herbergen zu verstehen, muß man sich klarmachen, daß in dieser Zeit bei weitem nicht alle Besucher des Heiligtums getauft waren. Ungetaufte, die das kreuzförmige Heiligtum nicht betreten durften, konnten also vor der Taufe in der Herberge übernachten, um dann am folgenden Tag zur Gedächtniskirche und der Reliquie des Heiligen vorzuschreiten.
Die Pilger stiegen von Dair Siman – einem Ort, der ausschließlich dem Pilgerbetrieb diente und ihm seine Blüte

216 Kapitell mit Kreuz und Weinblatt

Raqqa, Import aus Kleinasien
2. Hälfte 6. oder 7. Jahrhundert
Marmor
Höhe: 26 cm; Auflagefläche: 29,5 x 29,5 cm
Damaskus A. 1869
Lit.: Zouhdi, Guide (1976) 255.

Obwohl im frühchristlichen Syrien aus einheimischem Stein Bauskulptur von höchster Qualität geschaffen wurde (vgl. Abb. 56.57), so hat man dennoch gelegentlich Kapitelle von auswärts importiert. Diese wurden vor allem wegen ihres besonderen Steines – des Marmors – hoch geschätzt, auch wenn die Qualität der Bildhauerarbeit verhältnismäßig gering war. Ähnliches ist oben schon bei der Skulptur von Palmyra beobachtet worden (s. S. 206).
Dieses und das folgende Kapitell stammen aus Kleinasien, jedoch nicht aus dem Zentrum Byzanz, sondern aus der Provinz. Beide gehören zum Typ der „Kämpferkapitelle". Angesichts der geringen Größe mag dieses Kapitell von einem Ciborium stammen, einem baldachinartigen Überbau eines Altars. In den trapezförmigen Bildfeldern, die von Leisten mit stilisierten Zweigen umrahmt werden, erkennt man – jeweils einander gegenüber – ein Kreuz und ein Weinblatt. Merkwürdigerweise ist der obere Arm des Kreuzes abgemeißelt. Dies geschah vermutlich in islamischer Zeit, als man das Kapitell einem christlichen Bauwerk entnahm und wiederverwendete. E.S.

217 Monogrammkapitell

Herkunft unbekannt, Import aus Kleinasien
2. Hälfte 6. Jahrhundert
Marmor
Höhe: 35 cm; Auflagefläche: 45 x 45 cm
Damaskus 5143
Lit.: vgl. Wulff, Bildwerke I 57 Nr. 168.

Dieses größere Kapitell mag zu der Schranke eines Altars gehört haben. Es ist mit einem Flächendekor aus horizontalen Zickzackbändern geschmückt, der oben und unten von Stäben aus herzförmigen Blättern gerahmt wird. Zwei gegenüberliegende Seiten zeigen in einem runden Medaillon ein kreuzförmig angeordnetes Monogramm.
In zweiter Verwendung ist das Kapitell zu einem Becken umgearbeitet worden. Sein Inneres wurde ausgehöhlt und an einer Seite mit einem Abfluß versehen. E. S.

217

218 Wandmalerei mit drei Heiligen

(Abb. s. Farbtaf. S. 180)

Klosterkirche Mar Jakub bei Qara, 89 km nördlich von Damaskus
12. Jahrhundert
Farbe auf Wandputz
Höhe: 79 cm; Breite: 103 cm
Damaskus
Lit.: vgl. J. Nasrallah: Bulletin d'études orientales 10 (1943/44) 5 ff.; – ders.: AAAS 2 (1952) 149 ff.; – AAAS 6 (1956) 63 ff.; – AAAS 8/9 (1958/59) 59 ff.; – AAAS 11/12 (1961/62) 45 ff.; – J. Leroy: AAAS 25 (1975) 95 ff.

In der Apsis einer kleinen Klosterkirche unweit von Qara wurden im Jahre 1975 unter dem Kalkputz Reste von Fresken gefunden. Zwei Ausschnitte von ihnen können wir hier zeigen.
Qara im Qalamun-Gebirge ist heute ein kleiner Marktflekken von sechs- bis siebentausend Einwohnern. Im Altertum führte hier die Hauptstraße von Damaskus zu den Städten Nordsyriens vorbei. Schon ziemlich früh wurde Qara christianisiert. Nach örtlicher Überlieferung soll der Apostel Thomas im Qalamun gepredigt haben. Hierauf weist auch die Vielzahl der ihm geweihten Kirchen hin.
In byzantinischer Zeit war der Ort offensichtlich von großer Bedeutung und mit zahlreichen Kirchen ausgestattet. Zur Zeit des Konzils von Chalkedon (451) war hier der Sitz eines Bischofs. Bis zur Eroberung durch Baibars (1266) blieb Qara gänzlich christlich. Damals wurde die Bevölkerung niedergemetzelt oder deportiert. Später kamen jedoch einige der Christen zurück und bauten Qara wieder auf. Gegenwärtig leben hier etwa 500 Christen (griechisch-katholische und griechisch-orthodoxe).
Wenige Kilometer nordwestlich von Qara steht das Kloster, das dem heiligen Jakob geweiht ist. Seit 1908 ist es aufgegeben; insbesondere seine Kirche blieb jedoch gut erhalten. Aus ihr stammen unsere Fresken.
Das eine Bruchstück zeigt drei Personen mit Heiligenschein, gekleidet in ein hemdartiges Gewand. Der Kopf der linken Figur, mit stacheligem Haupt- und Barthaar und energischen Gesichtszügen ist noch einigermaßen erhalten. Ungeklärt ist jedoch, was sie in der rechten zur Brust erhobenen Hand hält; vielleicht ist es eine Schriftrolle. Es könnte sich um den heiligen Andreas handeln.
Die mittlere Person hält in der linken Hand eine Schriftrolle und deutet mit der Rechten einen Segensgestus an. Die griechische Inschrift links neben ihr ist schwer zu lesen. Ganz unten erkennt man drei kleine Buchstaben, die vielleicht zu einem älteren Fresko gehören. Vermutlich handelt es sich bei dem Dargestellten um den heiligen Johannes, den Evangelisten. Sein ungewöhnliches, jugendliches Aussehen soll vielleicht darauf hinweisen, daß er der jüngste der Apostel war.
Von der dritten Gestalt ist nur wenig übrig geblieben. Sie hält die rechte Hand wie im Gebet erhoben[1]. Zwischen ihr und der mittleren Figur erkennt man Reste einer syrischen und einer griechischen Inschrift. Syrisch war im Qalamun

Kat.-Nr. 255 (s. S. 279)

Kat.-Nr. 256 (s. S. 280) ▷

die Sprache des Volkes und auch der Liturgie bis ins 18. Jahrhundert. Noch heute spricht man in drei Dörfern syrisch.
Schönheit und Ausstattung der Malereien von Mar Jakub entsprechen den Werken der Blütezeit des 12. Jahrhunderts.
J. N.

1 Ähnlich dem heiligen Erzvater in der Kirche Mar Elian in Homs; vgl. J. Leroy: AAAS 25 (1975) 102.

219 Wandmalerei mit dem heiligen Michael *(Abb. s. Farbtaf. S. 180)*

Klosterkirche Mar Jakub bei Qara, 89 km nördlich von Damaskus
12. Jahrhundert
Farbe auf Wandputz
Höhe: 62 cm; Breite: 92 cm
Damaskus

Dieses zweite Bruchstück zeigt einen Engel mit Heiligenschein und ausgebreiteten Flügeln. Seine Haare werden von einem Band mit einer Gemme in seiner Mitte zusammengehalten. Die linke, zur Brust erhobene Hand hält eine Lanze, deren Spitze nicht erhalten blieb. Die rechte Hand ist mit ihrer Fläche nach außen gedreht und ebenfalls erhoben. Es gibt keine Schwierigkeit, in dieser Gestalt den heiligen Michael zu erkennen[1].
J. N.

1 Vgl. eine Emailikone aus einer Kirche in Konstantinopel (10. Jahrhundert) bei A. Grabar, La peinture byzantine (Genève 1953) 186.

220 Bodenmosaik einer Kirche *(Abb. s. Farbtaf. S. 229)*

Halawa am linken Ufer des Euphrat
471
Verschiedene Steine
a) 1,31 x 1,61 m; b) 1,35 x 1,65 m; c) 1,39 x 1,54 m; d) 1,30 x 1,70 m
Damaskus
Lit.: J. Balty, Mosaiques antiques de Syrie (Bruxelles 1977) 126 f. Nr. 58; – A. Abou Assaf: AAAS 22 (1972) arab. Teil 136 Taf. 141:2 (Inschrift); – umfassende Publikation durch J. Balty in Vorbereitung; – vgl. R. van den Broek, The Myth of the Phönix (Leiden 1972); – P. Canivet: Byzantion 49 (1979) 57 ff.

In dem kleinen Ort Halawa entdeckten im Jahr 1971 syrische Archäologen einige Quadratmeter eines Mosaikbodens, der zum Mittelschiff und zur Apsis einer Kirche gehört. Zwei Inschriften gleichen Inhalts, die eine griechisch, die andere syrisch, nennen das Datum 471 und den Namen des Bischofs Nonnos, der durch Konzilsakten gut bekannt ist. Er trat im Oktober 457 die Nachfolge des Bischofs Ibas an und starb 471, in dem Jahr, das die Inschrift nennt. Dies gibt also einen wichtigen Anhaltspunkt für die Geschichte der Mosaikkunst im Vorderen Orient.
Das Mosaik der Apsis ist fast vollständig erhalten. Es bietet auf der ganzen Fläche Darstellungen von Tieren, Bäumen und Pflanzen in drei übereinander angeordneten Bildstreifen dar.
Die Komposition ist im Bezug auf die Mittelachse der Apsis streng symmetrisch. In ihrer Mitte befindet sich die zentrale Gestalt: der mythische Vogel Phönix mit Nimbus (Strahlenkranz). Er steht auf einem kleinen Hügel. Im Zentrum gelegen, markiert er die Spitze eines Dreiecks, dessen Basis ein zweites, für die Gesamtkomposition wichtiges Element bildet unser Ausstellungsstück: zwei Schafe, die sich seitlich eines Granatapfelbaumes gegenüberstehen. Diese Szene ist in Kirchen jener Zeit sehr häufig zu finden. Zwei Enten und zwei Trappen, Kräuter, Blumen und Sträucher füllen den Grund. Dabei erkennt man unten zwei Zypressen mit doppelter Krone, darüber Apfel- und Birnbaum, zu Seiten des Phönix einen Stier und ein Einhorn und schließlich einen kleinen Baum über dem Phönix.
Das ganze Bildfeld wird von einer Bordüre eingefaßt, deren purpurfarbener Grund von Edelsteinen besetzt ist. Der außen umlaufende, nur teilweise erhaltene Fries, trägt als Schmuck Pflanzen- und Nil-Motive (Fische, Enten, Stelzenläufer).
Alle diese Motive gehören zu den gängigen in Kirchen des Vorderen Orients im 5. und 6. Jahrhundert.
Das Mosaik von Halawa ist fast gleichzeitig mit dem Bodenmosaik der Portikus (Säulenhalle) von Apamea (469). Es bezeugt, daß es damals einen syrischen Stil gab, der im Wesentlichen dekorativ war, – ohne Tiefe und ohne Reliefschattierungen. Die Tiere und die pflanzlichen Elemente sind weitgehend stilisiert und stehen isoliert vor einem einfarbigen Grund. Es handelt sich um eine Phantasie-Komposition, aus der jede Art erzählender Darstellung verschwunden ist. An ihrer Stelle ist ein Prinzip bestimmend, das sich aus der symbolischen Bedeutung einzelner Elemente ergibt. Nicht zufällig nimmt der Phönix eine Schlüsselstellung an der Spitze des zentralen Dreiecks ein: er war in der Antike das Symbol der Unsterblichkeit. Das Christentum übernahm ihn in entsprechender Umdeutung. Auf den Glauben an das ewige Leben verweisen, so scheint es, auch die Schafe seitlich des Granatbaumes. Sie symbolisieren die Seelen, der Granatbaum die Ewigkeit, eine Symbolik, die schon in der heidnischen Grabkunst bezeugt ist. Auch die zwei Tiere im oberen Fries könnten symbolisch gedeutet werden: ein Text des Hippolyt von Rom (1. Hälfte des 3. Jahrhunderts) verbindet in der Tat Stier und Einhorn als Symbol des an das Kreuz genagelten Christus.
J. B.

221 ▷

Kat.-Nr. 257 (s. S. 280)

Kat.-Nr. 258 (s. S. 280)

221 Hölzerne Kirchentür

Kloster Mar Aelian, 10 km von Qaryatain, 115 km nordöstlich von Damaskus
7. Jahrhundert
Zedernholz
Höhe: 177 cm; Breite: 99 cm
Damaskus (mittlere Platte des linken Flügels seit 1922 in Berlin [Ost], Altchristliche Abteilung des Kaiser Friedrich-Museums)
Lit.: Th. Wiegand (Hrsg.), Palmyra. Ergebnisse der Expedition von 1902 und 1917 (Berlin 1932) 4 Taf. 1.2 und Abb. 5.6; – J. Georg, Herzog v. Sachsen: Oriens Christianus 3/4 (1930) 59 ff.; – vgl. G. Jeremias, Die Holztür der Basilika S. Sabina in Rom (1980) 112 f.; – H. Stern: Ars Orientalis 1 (1954) 119 ff.; – G. H. Forsyth: Dumbarton Oaks Papers 22 (1968) Abb. 7.8. 24–26.

Diese Tür ist eine von nur sechs hölzernen Kirchentüren byzantinischer Zeit, die im Mittelmeerraum erhalten blieben. Sie führte in den Altarraum des Klosters Mar Aelian bei Qaryatain, einem Ort mit überwiegend christlich-jakobitischer Bevölkerung. In dieser Gegend haben mehrere Orte eine durchgehend christliche Tradition von der byzantinischen bis in die heutige Zeit.
Rahmenteile und Bildfelder wurden separat gearbeitet und auf eine glatte Rückwand genagelt. Die Innenseite ist also schmucklos. Jeder Flügel besaß fünf Füllungsplatten.
Die abwechselnd rechteckigen und quadratischen Bildfelder zeigen Pflanzen- und Tiermotive; das Rahmengerüst schmücken Blattranken in unterschiedlich reicher Ausbildung. Der Gesamtaufbau entspricht weitgehend dem der Tür von S. Sabina in Rom und der Tür der Marienkirche des Katharinenklosters auf dem Sinai. Darüber hinaus steht letztere auch in dem Wechsel von pflanzlichen Motiven und Tierdarstellungen unserer Tür nahe. Die Ornamentik der beiden Flügel weicht nur in zwei Fällen voneinander ab: Auf dem einen Flügel schließen außen zwei durch eine schmale Leiste getrennte Ranken ab, auf dem anderen steigt nur eine breite, allerdings reicher ausgebildete Ranke auf; die innerste Rahmenleiste der Füllungsplatten trägt hier ein einfaches Zickzackmuster, dort stilisierte Blüten mit Punkten als Ornament der Zwischenfelder. Auf den quadratischen Mittelfeldern erscheinen rechts eine Löwin und links ein Hase (Berlin), von Akanthuszweigen umschlungen. Im Rechteckfeld des linken Flügels steht ein Lamm mit zurückgewandtem Kopf hinter sich kreuzenden Lebensbäumen. Ein Grundprinzip der Darstellung, alle Einzelformen im Vor- und Hintereinander miteinander zu verflechten, ist hier besonders ausgeprägt.
Während die Komposition der Rechteckfelder sassanidischen Einfluß erkennen läßt, haben die Einzelformen des Akanthus und das Nebeneinander von flachen, glatt ausgearbeiteten und abgerundeten, in der Oberfläche differenzierten Ranken ihre Vorstufen in syrischer Baudekoration des 6. Jahrhunderts. Als Charakteristika, die über das 6. Jahrhundert hinaus und in die Nähe der Fassade von Muschatta (Berlin[Ost]), das heißt der umaiyadischen Kunst führen, sind zu nennen: einem dünnen Blattstengel entsteigen mehrere Motive (Akanthus, gabelförmige Blättchen, Knospen, Halbblätter, Halbpalmetten); nicht nur die Blattspitzen, sondern auch einzelne Blatteile enden kugelförmig, werden ganz abgehängt oder werden zu traubenähnlichen Gebilden; das Überkreuzen und Verflechten von Tier und Pflanze wird intensiviert.
Die große Bedeutung der Tür von Qaryatain liegt darin, daß sie eine Vorstellung gibt von der Kontinuität zwischen dem 6. und 7. Jahrhundert, als die Weiterarbeit syrischer Werkstätten nach der arabischen Eroberung eine der Voraussetzungen für die Kunst umaiyadischer Zeit bot. C. S.

222 Hufeisenförmige Tischplatte

Hama
2. Hälfte 4. Jahrhundert
Marmor
Breite: 108 cm; Länge: 107,5 cm; Tiefe mit moderner Einfassung: 7,5 cm
Damaskus 4952
Lit.: G. Roux, Tables chrétiennes en marbre découvertes à Salamine: Salamine de Chypre – IV (Paris 1973) 134 ff. Abb. 66; – M. Bonfioli, Una mensa a sigma a Roma: Atti della Pontificia Accademia romana di archeologia, Rendic. 50 (Rom 1977/78) 114 ff.; – vgl. G. Tchalenko, Églises de village de la Syrie du nord (1979) Planches Abb. 117. 118.

Diese Platte wurde in Hama in einer Zisterne gefunden. Es ist also unbekannt, ob sie aus einer Kirche, einem Grab oder einem Haus stammt. Ihre Unterseite kann nicht untersucht werden, da die einzelnen Fragmente bei der Restaurierung in Gips eingelassen wurden.
Ein erhaben gearbeitetes Friesband umschließt das flache innere Becken. Auf dem Fries sind dargestellt: sich verfolgende und miteinander kämpfende Tiergruppen (Löwen, Bären, Antilopen, Hirsche und Rehe), in der linken Ecke die Büste eines bartlosen Mannes mit Diadem und in der rechten eine Frauenbüste mit Stadtkrone und Perlenschmuck. Das Friesband wird außen von einem Astragal (Perlenschnur) gerahmt.
Vergleichbare Tischplatten – hufeisenförmig oder rund – waren im ganzen Mittelmeerraum verbreitet und kamen aus dessen östlichem Bereich. Es konnte bis jetzt noch nicht nachgewiesen werden, in welchem Zentrum (Konstantinopel? Antiochia?) sie hergestellt wurden. Keine gehört in die

230

Der Begriff Eulogion, „Segen", wird übertragen gebraucht für Gegenstände, die Pilger in den Wallfahrtsorten erwerben und als heilbringende wie segensreiche Andenken mit nach Hause nehmen konnten.
Die beiden Eulogien mit der Darstellung eines Säulenheiligen sind von Bedeutung, weil sie in dem Pilgerheiligtum von Qal'at Siman gefunden wurden und somit feststeht, daß Simeon der Ältere und nicht sein Nachfolger Simeon der Jüngere gemeint ist. Zum Kult der Säulenheiligen siehe S. 230 f.
Simeon ist auf seiner Säule stehend dargestellt. Betrachten wir das erste Eulogion, so erkennen wir den hohen Sockel der Säule und die Balustrade, welche die obere Standfläche umgab. Der Heilige trägt das syrische Mönchsgewand mit spitz zulaufender Kapuze. Über seinem Kopf erscheint ein Kreuz; zwei Engel fliegen auf ihn zu, ihm Kränze darreichend. Am Fuß der Säule steht auf der einen Seite ein Weihrauchfaß, auf der anderen eine Person, die einen nicht deutlich erkennbaren Gegenstand emporhält. Eine Leiter führt zur Standfläche der Säule hinauf.
Die Engel mit dem Kranz als Zeichen des Triumphes des Märtyrers/Heiligen, das Weihrauchfaß, das auf die Funktion des Weihrauches bei Gebeten und Fürbitten an der Säule hinweist, der Diener, Schüler oder Pilger neben der Säule und die Leiter, die den Diener und manchmal auch Besucher zum Styliten hinaufführte, sind aus den Darstellungen des Säulenheiligen vertraut.
Die Darstellung des zweiten Eulogion entspricht weitgehend der auf dem ersten, nur befinden sich auf diesem Stück zwei Personen zu Seiten der Säule. Die liegende Person ist vielleicht eine Frau. Der Gegenstand zwischen ihr und der Säule ist nicht zu deuten.
Das dritte Eulogion zeigt die Anbetung der heiligen drei Könige. Maria sitzt auf einem Thron, das Kind auf den Knien haltend. Die drei Könige, bärtig und in kurzer Tunika (Hemd), nähern sich ihr, die Hände unter dem Gewand verborgen. Zwischen ihnen und Maria steht der Stern von Bethlehem. Auffallend ist die kugelförmige Kopfbedekkung der Könige. Sie wurde zu Recht mit der Tracht der Sassanidischen Könige Persiens verglichen. C.S.

230 Leuchter (Polykandelon)

Damaskus, Kunsthandel
5./6. Jahrhundert
Bronze
Höhe: 10,5 cm; Länge: 28,5 cm
Damaskus 6474/15247
Lit.: K. Weitzmann, Age of Spirituality (Princeton 1979) Nr. 557 und 559; – Wulff, Bildwerke I Nr. 1008.

Ein kugelförmiges Mittelteil trug vier kreuzförmig angeordnete Arme, von denen nur zwei erhalten blieben. Sie haben die Form von Zweigen und enden in Tierköpfen (Delphine?). Der eine Arm ist falsch herum montiert. In einem Lotusblütenkelch sitzt der Ring, an dem der Leuchter hing; ein schlichtes Kreuz geht von der Unterseite des Mittelteils aus.
Zwei Leuchter – der eine im Metropolitan Museum, New York, der andere in der Eremitage, Leningrad – stehen diesem Stück nahe und erhellen seine Funktion. In einem Fall (New York) steigen vom Mittelteil, das die Form eines Globus hat, sechs Zweige auf, deren Spitzen flache Scheiben tragen, während von ihrer Unterseite Ketten herabhängen. Im anderen Fall erscheint das Mittelteil als dreischiffige Kirche und die zweigförmigen Tragarme mit Delphinköpfen enden in breiten Ringen, die Glaslampen trugen. Die leichte Konstruktion des Leuchters in Damaskus, sehr ähnlich dem in Leningrad, macht es wahrscheinlich, daß die Lampen (aus Glas?) direkt von den vier Armen herabhingen, und somit der Leuchter ganz und nicht nur in seinem Mittelteil (New York) erhalten blieb. C. S.

231 Votiv- oder Prozessionskreuz

Aleppo, Kunsthandel
6.–10. Jahrhundert
Bronze
Länge: 37,2 cm; erh. Breite: 17 cm
Aleppo 5180
Lit.: vgl. F. Seirafi: AAAS 10 (1960) Abb. 19; – Wulff, Bildwerke I Nr. 944. 945.

Der Teil des unteren Armes, der erkennen läßt, ob das Kreuz getragen, eingesetzt oder aufgehängt wurde, blieb nicht erhalten. Der Größe des Kreuzes nach kann jedoch ausgeschlossen werden, daß es zu einem Leuchter oder Lampenständer gehörte.

Die Kreuzarme enden an ihren Ecken in flachen, runden Scheiben und sind in unregelmäßigen Abständen mit Punktkreisen verziert. Durch diese einfache Ornamentik, ohne Inschrift und nach seiner Gesamtform allein ist das

232

233

Kreuz nicht zu datieren. Es kann noch im 6. Jahrhundert, aber auch erst wesentlich später entstanden sein. C. S.

232 Lampe

Aleppo, Kunsthandel
5./6. Jahrhundert
Bronze
Höhe: 14 cm; Länge: 24,5 cm
Aleppo 6147
Lit.: vgl. die Bronzelampen mit Ständer aus Syrien: Ross, Catalogue I Nr. 34. 39 sowie a. O. Nr. 37.

Die Lampen aus Bronze, die hier vorgestellt werden, wurden alle im Kunsthandel erworben. Einige sind bis jetzt als Typus nur aus Sammlungen außersyrischer Museen bekannt, andere finden zumindest in der Gesamtform Parallelen in Lampen, die aus syrischen Grabungen stammen, und in einem Fall (Nr. 234) blieb sogar sehr wahrscheinlich ein Stück aus einer der besten syrischen Werkstätten erhalten.
Ein quadratisches Loch im Fuß der Lampe zeigt, daß sie auf einen Ständer gesetzt wurde. Der Lampenkörper, der das Öl aufnahm, hat einen ungewöhnlich langen Hals. Der Deckelknopf in seiner gedrechselten Form ist auffallend groß ausgefallen. Der Deckel selbst, getrennt gearbeitet und in

234

einem Scharnier befestigt, trägt als Schmuck einen Delphin. Vor dem Griff mit dem Ring, der das Halten erleichtert, liegt ein lateinisches Kreuz, umschlossen von einem herzförmigen Rahmen. Vergleichbare Lampen, teilweise mit dem dazugehörigen Ständer, wurden in Syrien gefunden.

C. S.

233 Lampe in Form eines Pfaues

Damaskus, Kunsthandel
6./7. Jahrhundert
Bronze
Höhe: 10 cm; Länge: 14 cm, mit Kette 36 cm
Damaskus 6485/13220
Lit.: vgl. B. Zouhdi: AAAS 24 (1974) 161 ff.; – M. C. Ross: Archeology 13 (1960) 134 ff.; – ders., Catalogue I Nr. 41; – Wulff, Bildwerke I Nr. 768.

Die Lampe hat die Form eines Pfaues: auf dem Schwanz liegt das Loch für den Docht, und der obere Teil des Gefieders bildet den Deckel über dem Fülloch. Der Deckel wurde extra gegossen und mit einem Scharnier befestigt. Alle Details – die Federn der Flügel, die Kopfkrone, Augen und Schnabel – wurden sorgfältig eingraviert.
Etwa ein Dutzend Lampen dieser Form wurden bis jetzt

bekannt. Die meisten standen auf einem Tisch oder Lampenständer, einige hatten wie dieses Stück zusätzlich Ketten zum Aufhängen.
Der Pfau als Symbol des Paradieses hat eine lange Vorgeschichte in der antiken Kunst und lebte in Reliefs, Mosaiken und der Kleinkunst byzantinischer Zeit nach. C. S.

234 Lampe in Fußform

Homs, Kunsthandel
6. Jahrhundert
Bronze
Höhe: 12,5 cm; Länge: 16 cm; Höhe mit Kette: 35 cm
Damaskus 6178
Lit.: vgl. K. Weitzmann, Age of Spirituality (Princeton 1979) Nr. 317; – siehe auch das Polykandelon in Basilikaform a. O. Nr. 559.

Lampen in Fußform waren beliebt in hellenistisch-römischer wie byzantinischer Zeit. In den meisten Fällen wurde der rechte, mit einer Sandale bekleidete Fuß gewählt. Es gab sie sowohl als Hänge- wie als Traglampen.
Bei dieser Lampe wurde die ganze Zehenpartie zur Schnauze mit Dochtöffnung umgestaltet; das kreisrunde Fülloch für das Öl liegt in Höhe des Wadenansatzes. Bemerkenswert ist die Form, die dem Deckel über dem Fülloch gegeben wurde: er erscheint als doppelgeschossiger Zentralbau. Unter- und Oberteil können, da mit eigenem Scharnier befestigt, einzeln aufgeklappt werden.
Bei der Darstellung des Rundbaus, wohl einer Kirche, wurden die Außenwände weggelassen; es erscheinen nur der innere Stützenkranz und die Rippen der Kuppel. Diese Darstellungsweise findet sich auch bei einem in Nordafrika gefundenen Mehrfachleuchter (Polykandelon), dessen Mittelteil die Form einer dreischiffigen Basilika hat.
Das Metropolitan Museum, New York, besitzt eine Lampe in Fußform, die aus Syrien stammen soll. Die enge Übereinstimmung mit unserem Stück macht wahrscheinlich, daß beide Lampen in derselben Werkstatt gearbeitet wurden.
C. S.

235 Weihrauchgefäß oder Hängelampe

Homs, Kunsthandel
6. Jahrhundert
Bronze
Höhe: 16 cm; oberer Durchmesser: 12,5–14 cm
Damaskus 6152/14708
Lit.: vgl. K. Weitzmann, Age of Spirituality (Princeton 1979) Nr. 531. 544.

235

Das kelchförmige Gefäß wurde von drei Ketten getragen und konnte aufgehängt wie auch in der Hand geschwungen werden. Seiner Größe nach könnte es sehr gut ein Weihrauchfaß gewesen sein, doch darf nicht ganz ausgeschlossen werden, daß es als Lampe diente.
Die Gesamtform mit ihrem geschweiften Fuß, dem runden Mittelknauf und dem weit ausgreifenden Oberteil findet enge Parallelen nicht nur in den berühmten syrischen Silberfunden, sondern auch in Gläsern, die zahlreich bei syrischen Grabungen zutage kamen. Da sowohl die Gläser wie die Silberarbeiten in das 6. Jahrhundert datieren, kann unser Stück dieser Zeit zugewiesen werden. C. S.

Kat.-Nr. 261 (s. S. 284)

Islamische Zeit

Die Entwicklung der syrischen Kunstlandschaft wird auch in der islamischen Zeit entscheidend durch die Lage im Schnittpunkt rivalisierender Kulturkreise bestimmt. Das seit altersher befruchtende Zusammenarbeiten der westlich-antiken und der orientalisch-mesopotamischen Kunsttraditionen erreicht im Islam einen erneuten und letzten Höhepunkt.

Als der Feldherr Chalid Ibn al-Walid 636/15 – also bereits 15 Jahre nachdem der islamische Prophet Muhammad mit seiner Übersiedlung von Makka nach Madina eine neue Ära einleitete – die Stadt Damaskus und in der Folge auch das ganze Land für den Islam eroberte, stand Syrien noch völlig unter dem Einfluß der Klassischen Antike. Die Entscheidung des ersten Umaiyaden-Kalifen Muawiya, bereits zwei Jahrzehnte später (656/36) seine Residenz in der antiken Großstadt Damaskus einzurichten, führte unmittelbar zur Auseinandersetzung mit den lokalen Vorgängerkulturen. Von den neuen Machthabern wurden allerdings zunächst die vorgefundenen Bauwerke ohne größere Veränderungen übernommen. Erst als das Umaiyaden-Reich durch fortschreitende Islamisierung eine innere Stabilität erreichte, traten seit Ende des 7. Jahrhunderts die Kalifen auch als Bauherren und Kunstförderer in Erscheinung. Wichtigste Bauaufgabe war die Errichtung von Moscheen in den eroberten Metropolen, die so groß angelegt werden mußten, daß die gesamte muslimische Gemeinde am gemeinsamen Freitagsgebet teilnehmen konnte. Als erste erhielt die Residenzstadt Damaskus eine große Freitagsmoschee (gegründet 707/88), deren vom antiken Vorgängerbau übernommene monumentale Dimensionen den Anspruch des Islam als Weltreligion widerspiegeln. Auch die äußerst prachtvolle Dekoration aus Marmorinkrustationen (Nr. 262) und Goldmosaiken (Abb. 43) dient weniger der Betonung kultischer Funktionen, sondern ist Ausdruck der repräsentativen Bedeutung als herrschaftliche Hauptmoschee im Verwaltungsmittelpunkt des frühislamischen Großreiches.

Neben Moscheen bildete in der Umaiyaden-Zeit der Palast die zweite wesentliche Bauaufgabe. Während in den Städten die repräsentative Funktion von den großen Freitagsmoscheen und kaum von den Residenzen der Kalifen und ihrer Gouverneure wahrgenommen wurde, wird bei den bevorzugt in der Syrischen Wüste gegründeten Palästen des Herrscherhauses ein imperiales Konzept deutlich. In diesen Wüstenschlössern entfaltet sich häufig ein reiches Bildprogramm, aus dem sich sowohl der Machtanspruch der Kalifen als auch eine sinnliche Lebensfreude ablesen läßt. Eines der frühesten Beispiele hierfür ist der Palastkomplex von Qasr al-Hair al-Gharbi (vollendet 727/109) in der Nähe von Palmyra (s. S. 258 ff. Abb. 39–42). Dort – wie auch bei anderen der innerhalb von wenigen Jahrzehnten errichteten Umaiyaden-Residenzen – steht der Kalifenpalast in einer eigens geschaffenen künstlichen Oase, umgeben von weiteren Nebenbauten, wie Bädern und Lustgärten mit Tiergehegen, die für die alleinige Nutzung durch den herrschaftlichen Bauherrn und seinen Hofstaat angelegt wurden.

Für diese monumentalen Bauprojekte der Umaiyaden ist insgesamt der Rückgriff auf die lokalen antiken Vorbilder formbestimmend. Dies ist umso auffälliger, als die Umaiyaden erst in der ersten Hälfte des 8. Jahrhunderts, also in den letzten Jahrzehnten ihrer Herrschaft als Bauherren in Erscheinung traten. Zu diesem Zeitpunkt standen jedoch keine größeren lokalen Bauhütten zur Ausführung der ehrgeizigen Vorhaben mehr zur Verfügung. Daß dennoch versucht wurde, an die Großbauten der antiken Vorgängerkulturen anzuknüpfen, läßt auf ein programmatisches Konzept schließen: Die in Syrien residierenden Umaiyaden hatten bewußt das historische Erbe des Römischen Imperiums angetreten, was sie auch bei ihren Repräsentationsbauten deutlich zu erkennen gaben. Diese repräsentativen Großbauten konnten aber nur errichtet werden, indem Künstler aus dem ganzen Umaiyaden-Reich und aus den benachbarten Kunstlandschaften verpflichtet wurden. So arbeiteten etwa an der Freitagsmoschee von Damaskus oder am Palastkomplex von Qasr al-Hair al-Gharbi mesopotamische Spezialisten mit byzantinischen Meistern und Künstlern anderer Herkunft zusammen. Das Ergebnis ist ein eigenwilliger Mischstil: Dominierend sind beim Dekor zwar sowohl figürliche und naturalistische Darstellungen nach antikem Vorbild als auch seit der Antike in Syrien bekannte Techniken – wie Glasmosaiken, Wandmalereien und Stuckplastiken –, doch werden unter dem Einfluß der mesopotamischen Kunsttraditionen auch abstrakt vegetabile Motive oder schematisierte Figurentypen dem Gesamtprogramm eingegliedert.

Der Rückbezug auf die Antike bestimmt die kulturelle Gesamtentwicklung der frühislamischen Zeit. Deutlich wird dies vor allem in der Übersetzung antiker Autoren ins Arabische, der gemeinsamen – über den Koran verbreiteten – Bildungssprache der ganzen Islamischen Welt. Diese Übersetzertätigkeit wird auch unter den Abbasiden weitergepflegt, die 750/132 in einer von ostislamischen Gebieten aus geführten Revolte die Umaiyaden aus Syrien vertrieben.

In der Architektur wird seitdem der Einfluß der mesopotamisch-iranischen Bautradition bestimmend. In bewußter Abkehr von den bisherigen Gepflogenheiten gründeten die Abbasiden im mesopotamischen Kernland neue Kalifenresidenzen äußerst monumentaler Dimensionen. Die Bauten der neuen Residenzstädte Baghdad (gegründet 762/145) und Samarra (gegründet 836/221) waren von der umaiyadischen Steinarchitektur vor allem durch die für Mesopotamien charakteristische Bauweise mit Lehmziegeln, seltener auch mit gebrannten Ziegeln unterschieden. Dieses Baumaterial ist zwar gegenüber dem für Syrien kennzeichnenden Haustein wesentlich anspruchsloser und weniger zeitbeständig, ermöglichte aber eine rasche Vollendung selbst größerer Anlagen. Die großen Wandflächen erhielten häufig eine Verkleidung aus Stuckreliefs, die zur schnelleren Herstellung oft mit Musterplatten gemodelt wurden. Dabei überwiegen stark abstrahierte vegetabile Motive mit flachen Kanten („Schrägschnitt"), die eine problemlose Vervielfältigung gewährleisteten.

Ein Beispiel für diese abbasidische Reichsarchitektur ist die 772/155 neu gegründete Stadt Raqqa/Rafiqa an der syrisch-mesopotamischen Grenze (s. S. 261). Obwohl zunächst nur als Garnisonsstadt angelegt, entspricht sie in der Ausdehnung annähernd der von den Umaiyaden übernommenen antiken Großstadt Damaskus. Zusammen mit dem weitläufigen Palastareal außerhalb der Stadtmauern erreichte Raqqa schließlich Dimensionen, wie sie bislang für Syrien nicht belegt waren. Auch die in Lehmziegeln errichteten Paläste übertreffen an Größe alle umaiyadischen Repräsentationsbauten, einschließlich der Freitagsmoschee von Damaskus.

Diese abbasidische Stadtgründung machte nicht nur zeitweise Damaskus den Rang als Hauptstadt Syriens streitig, sondern diente gegen Ende des 8./Anfang des 9. Jahrhunderts unter dem Kalifen Harun ar-Raschid sogar kurzfristig als Verwaltungszentrale des Abbasiden-Reiches und übertraf damit auch Baghdad an Bedeutung. Dennoch war die Blütezeit von Raqqa nur ein kurzes Zwischenspiel. Der Einfluß der mesopotamischen Ziegelarchitektur reichte kaum über Nordsyrien hinaus und blieb auch in der Folgezeit weitgehend auf das Grenzgebiet am mittleren Euphrat beschränkt.

Mit einer Verzögerung von mehreren Jahrhunderten werden Elemente der mesopotamisch-iranischen Baukunst schließlich auch im syrischen Kernland heimisch. Nach einer langen Periode der Oberhoheit ägyptischer Dynastien (Tuluniden, Ichschiden und Fatimiden) wurde im späten 11. Jahrhundert Syrien dem Großreich der iranischen Seldschuken angegliedert. Mit den in Damaskus residierenden Seldschukenfürsten und den Nachfolgedynastien der Buriden, Zangiden und Aiyubiden wurden in Iran entwickelte Bautypen in Syrien eingeführt. Als Institutionen des rechtgläubigen Islam errichteten die neuen Machthaber bevorzugt Madrasen (theologische Lehranstalten) und Klöster, aber auch Krankenhäuser und andere soziale Einrichtungen, die häufig das von vorislamisch-mesopotamischen Vorläufern angeregte Planschema mit vier achsialen Iwanen abwandeln. Besonders deutlich ist der Einfluß der östlichen Architekturtraditionen bei den Hauptbauten des Nur ad-Din Mahmud ibn Zangi in Damaskus. Bei dem von ihm gegründeten Krankenhaus (1154-55/549) und seiner Madrasa mit Mausoleum (1172/567), die beide dem Vier-Iwan-Schema folgen, treten erstmals in Syrien Wölbungen aus übereinandergesetzten Nischenreihen auf, die von der Ziegelarchitektur Irans bzw. Mesopotamiens übernommen wurden. Dieses Dekorelement, aus dem sich die charakteristischen sogenannten Stalaktitportale entwickelten, wird jedoch bei späteren Bauten stets in das heimische Steinmaterial übertragen. Dieser Vorgang der Einbindung importierter Architekturmotive in die lokalen Baugewohnheiten ist für die syrische Kunstentwicklung auch weiterhin kennzeichnend.

Die Bereitschaft zur Übernahme und Weiterentwicklung neuer Kunstformen führt im späten Mittelalter zu einer weitreichenden und lang anhaltenden Hochblüte des syrischen Kunstschaffens. Dies wird ganz wesentlich auch von zugewanderten Kunsthandwerkern gefördert, die auf der Suche nach einem neuen Tätigkeitsfeld aus den politisch weniger stabilen Gebieten der Islamischen Welt nach Syrien emigrierten. Besonders angesichts der Bedrohung durch die Kreuzfahrer, die für annähernd zwei Jahrhunderte (von 1098/491 bis 1291/690) weite Teile der Ostküste des Mittelmeeres und zeitweise sogar die Wallfahrtsstadt Jerusalem besetzt hielten (s. S. 261 ff. 363 ff.), diente das syrische Kernland als Rückzugsgebiet künstlerischer Kräfte. Die hohe Mobilität von Bauhütten und Ateliers des Kunsthandwerks förderte darüberhinaus auch den Austausch von Erfahrungen. So ist als Folge der künstlerischen Wechselbeziehungen mit den Kreuzfahrern einerseits die Übernahme von Elementen des islamischen Wehrbaus bei der europäischen Festungsarchitektur zu beobachten, während andererseits die in der westlichen Baukunst ausgebildeten Kreuzgratgewölbe in das Formenrepertoire der syrischen Architektur übernommen wurde.

Für die Gesamtentwicklung ist dabei von Bedeutung, daß diese künstlerische Hochblüte nicht auf Damaskus beschränkt blieb. Trotz der eindeutigen Vorherrschaft der syrischen Hauptstadt bildeten sich als Folge eines föderativen Verwaltungssystems in Syrien zahlreiche Provinzmetropolen, die ebenfalls als Kunstzentren eine Rolle spielten – wie etwa Bosra, Hama, Homs, Aleppo, Raqqa und viele andere. Damit unterscheidet sich Syrien ganz wesentlich von anderen Kunstlandschaften, wo – zum Beispiel in Ägypten mit Kairo oder in Mesopotamien mit Baghdad – die künstlerische Aktivität weitgehend auf die Hauptstädte beschränkt blieb. Auf diese weite Streuung des Kunstschaffens ist zurückzuführen, daß die drei einschneidenden historischen Ereignisse der syrischen Geschichte im Spätmittelalter – 1260/658 die Eroberung Syriens durch die Mongolen, 1400/803 die Einnahme von Damaskus durch Timur und 1516/922 die Eingliederung von Syrien in das Osmanische Imperium durch Selim I. – die lokalen Kunstraditionen nur bedingt in Mitleidenschaft zogen. Vielmehr waren syrische Künstler im Anschluß an den Einfall der Mongolen

Kat.-Nr. 264 ▷
(s. S. 286)

Kat.-Nr. 263 (s. S. 285)

Kat.-Nr. 266 (s. S. 288)

ganz wesentlich an der Entwicklung der mamlukischen Architektur und Kunst in Ägypten beteiligt. Und auch nach der Zwangsverpflichtung Damaszener Werkleute nach Samarqand durch Timur und später nach Istanbul durch Selim I. blieb Syrien weiter künstlerisch produktiv, wie die stetig ausgebauten und vergrößerten syrischen Städte bis heute sichtbar belegen. M.M.

Qasr al-Hair al-Gharbi

Lage: An der Kreuzung der Wüstenrouten Raqqa-Damaskus und Homs – Arabische Halbinsel, in der Nähe des Djabal Rawaq, etwa 60 km südwestlich von Palmyra.
Alter: I. 1. Jahrhundert n. Chr. Bau des Harbaqa-Staudammes und damit Schaffung einer künstlichen Oase sowie Errichtung eines Wegpostens an der Römerstraße nach Palmyra; – II. 559 Gründung eines Klosters durch den Ghassaniden al-Harith ibn Djabala; – III. 724/105–727/109 Reaktivierung der Oase durch den Umaiyaden-Kalifen Hischam und Gründung einer Palaststadt; – IV. 1187/583 bis Anfang 14. Jahrhundert: Installation einer Poststation in der Palastruine.
Forschungen: 1930 Luftaufnahmen und topographischer Survey der Oase (A. Poidebard); 1936–1938 Ausgrabung der umaiyadischen Anlage (D. Schlumberger); 1939–1950 Wiederaufbau des Portaltraktes des Palastes im Damaszener Nationalmuseum (M. Écochard).
Veröffentlichungen: A. Poidebard, La Trace de Rome dans le Désert de Syrie (1934) 187 ff.; – D. Schlumberger: Syria 20 (1939) 195 ff. 324 ff.; – ders.: Syria 25 (1946) 86 ff.; – S. 'Abd al-Haqq: AAAS 1/1 (1951) 129 ff., arabischer Teil 5 ff.; – K. A. C. Creswell, Early Muslim Architecture 1/2 (2. Auflage Oxford 1969) 506 ff.

Unter der Bezeichnung „Qasr al-Hair al-Gharbi" („westlicher Palast des Tiergeheges") wird eine über 19 km auseinandergezogene Ruinengruppe zusammengefaßt, die sich entlang eines vom Djabal (Berg) Rawaq ausgehenden Flußtales erstreckt.[1] Die Geschichte des Ortes geht bis ins 1. Jahrhundert n. Chr. zurück, als Bauleute aus Palmyra am Nordhang des Berges die mächtige, etwa 600 m lange Talsperre von Harbaqa errichteten, wodurch erst die landwirtschaftliche Nutzung des Gebiets ermöglicht wurde. Von hier aus geht ein 18 km langer Kanal in nördliche Richtung ab, der nach ca. 4 km an einer römischen Wegstation vorbeiführt und nach 16,5 km in ein offenes Wasserreservoir einmündet. Hier liegen in einem Umkreis von etwa 3 km mehrere Gebäude; davon sind zwei inschriftlich datiert: der ruinöse Turm eines 559 errichteten christlichen Klosters des Ghassaniden-Fürsten al-Harith ibn Djabala und ein 727/109 im Auftrag des Umaiyaden-Kalifen Hischam erbautes Karawanserei. Bis 1936 wurden beide Bauten nur als Belege

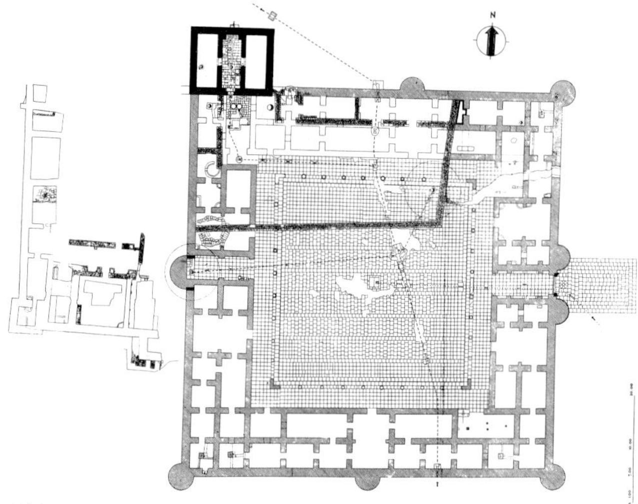

Abb. 39 Der Palast in Qasr al-Hair al-Gharbi

für die nachträgliche Nutzung einer römischen Anlage angesehen. Bei der von 1936 bis 1938 durchgeführten Ausgrabung konnte jedoch der Nachweis erbracht werden, daß hier ein großer frühislamischer Palastkomplex lag.

Abb. 40 Eingangstor des Palastes in Qasr al-Hair al-Gharbi im National Museum Damaskus

Abb. 41 Ausschnitt vom Eingangstor des Palastes in Qasr al-Hair al-Gharbi

Abb. 42 Ausschnitt vom Eingangstor des Palastes in Qasr al-Hair al-Gharbi

Kern dieser Anlage ist der Palast des Kalifen Hischam (724/105–743/125), der den Turm des ghassanidischen Klosters mit einbezieht. Dieser quadratische Bau von 70 m Seitenlänge (Abb. 39) gibt sich schon mit seiner auf das Flußtal ausgerichteten, prachtvoll mit Stuck dekorierten Schaufassade als herrschaftlicher Repräsentationsbau zu erkennen (Abb. 40–42). Um einen Arkadenhof gruppiert liegen sechs in sich abgeschlossene Wohntrakte mit jeweils eigenen Treppenhäusern zu dem heute verlorenen Obergeschoß. Während offenbar vier dieser zweigeschossigen Wohntrakte als Unterkünfte der Herrscherfamilie und des Hofstaates dienten, blieb der östliche Fassadenflügel mit zwei den Haupteingang flankierenden Raumfolgen dem Kalifen vorbehalten. Dies läßt bereits der Wanddekor in den unteren Räumen erkennen, der hier aus gemalten Imitationen einer Marmorinkrustation besteht. Aufschlußreich ist besonders auch die doppelte Verbindung mit dem Obergeschoß: Neben kleinen Wendeltreppen, die eine direkte Verbindung der Geschosse herstellen, führen auch zwei größere Treppenhäuser in den Ecken des Innenhofes in das Obergeschoß. Diese lassen sich durch die Ausstattung mit großen Fußbodenfresken als Prunktreppen zu den offiziellen Repräsentationsräumen definieren. In diesem Bereich ist das Dekorprogramm überaus aufwendig. Neben Fragmenten von Wandmalereien teils höfisch stilisierter teils historisch genrehafter Szenen (Nr. 243. 244) und vegetabil ornamentierter Holzreliefs (Nr. 242) ist besonders der reiche Stuckdekor an der Außenfront und an der Hoffassade bemerkenswert (Nr. 239–241). In der umfangreichen Abfolge figürlicher Stuckreliefs nimmt jeweils eine überlebensgroße Herrscherfigur die zentrale Stelle ein. Die dargestellten Themen sind auf die Funktion der Anlage bezogen: Zum einen wird auf die Gegenwart der herrschaftlichen Macht verwiesen, zum anderen nehmen auch Natur- und Tierdarstellungen sowie Jagdszenen einen auffallend breiten Ram ein. Der Palast war also nicht nur repräsentative Herrscherresidenz sondern zugleich auch Lustschloß des Kalifen.

Diese Doppelfunktion spiegelt sich auch in den übrigen Anlagen der Oase. Als Nebenbau der Residenz ist das etwa 30 m nördlich gelegene kleine Bad anzusprechen, das ebenfalls mit dekorativer Wandbemalung und Stuckreliefs ausgestattet war. Die Baderäume waren außerdem mit reliefierten Marmorplatten dekoriert (Nr. 245).

Weiterhin gehört zum Palast ein etwa 3 km entferntes großes ummauertes Gartenareal von über 1000 m Länge, in das der vom Harbaqa-Staudamm ausgehende Kanal einmündet. Zusätzliches Wasser wird von einem vorgelagerten hufeisenförmigen Auffangbecken aus zugeleitet. Die Aufteilung der Gartenfläche in quadratische, von kleinen Kanälen umlaufene Beete läßt die Deutung als Lustgarten zu, in dem sich vermutlich auch Tiergehege befanden.

Zur Regulierung der Wasserzufuhr dient ein Wasserreservoir etwa 1800 m vor dem Gartenareal. Über dieses quadratische Sammelbecken von 60 m Seitenlänge werden außerdem eine Mühle und ein Karawanserei mit Wasser versorgt. Die Mühle ist ein aufschlußreicher Beleg für die landwirtschaftliche Nutzung weiterer Teile des Geländes, da sie auf Getreideanbau schließen läßt.

Das Karawanserei ist die zweite größere architektonische Anlage des Palastkomplexes. Obwohl der Bau nur wenig kleiner ist als der Palast, sind Grundriß und Ausstattung

vergleichsweise einfach. Den annähernd quadratischen Arkadenhof umlaufen ungegliederte Lagerräume; nur der Fassadentrakt der Ostseite ist in kleinere Wohnräume unterteilt. Der Fassade sind zwei Bautrakte vorgelagert, die einen allgemein zugänglichen öffentlichen Vorhof ausbilden. Der südliche Flügel ist durch eine Gebetsnische als Moschee gekennzeichnet, während der nördliche als Tränke dient. Aufschlußreich ist die Bauinschrift, die sich am Portal des Karawanserei erhalten hat (heute im National Museum, Damaskus); sie bildet die Datierungsgrundlage für die Baumaßnahmen des gesamten umaiyadischen Palastbezirks: „Im Namen Gottes. Es gibt keinen Gott außer Ihm allein und keinen neben Ihm. Die Ausführung dieses Werkes befahl der Diener Gottes Hischam, der Herrscher der Gläubigen. Gott möge seinen Lohn zur Pflicht machen: Gemacht durch die Hände des Thabit, Sohn des Abu Thabit im (Monat) Radjab des Jahres 109 (= 22. 10. – 20. 11. 727)."[2]

Da das Karawanserei an die Wasserversorgung durch den vom Harbaqa-Staudamm ausgehenden Kanal angeschlossen ist, muß dieser bereits vor dem in der Inschrift genannten Vollendungsdatum angelegt worden sein. Damit ist auch für alle anderen mit dem Kanal verbundenen Anlagen – für den Palast, das Bad, die Mühle und den Garten – ein eindeutiger Datierungshinweis gegeben.

Das gesamte Palastareal ist somit jenem Umaiyaden-Kalifen Hischam zuzuschreiben, der es vorzog, nicht in der Hauptstadt Damaskus sondern in der Syrischen Wüste zu residieren. Von ihm wurde auch der Ausbau der frühchristlichen Wallfahrtsstadt Rusafa (s. S. 356 ff.) und die Errichtung der Doppelanlage von Qasr al-Hair asch-Scharqi etwa 90 km nordöstlich von Palmyra in Auftrag gegeben. Alle im Umkreis des antiken Kunstzentrums Palmyra gelegenen Wüstenresidenzen des Hischam reaktivieren vorislamische Anlagen. Daher ist es nur naheliegend, daß Bauformen wie Baudekor den antiken Vorgängerbauten verpflichtet sind. So geht zum Beispiel der quadratische Palastbau mit den Rundbastionen auf römische Wehranlagen zurück. Für die dekorative Ausstattung wurden häufig antike Werkstücke wiederverwendet, wie etwa bei den Portalen des Palastes und des Karawanserei. Eindeutig ist der Rückbezug bei dem reichen Baudekor des Palastes, der sich sowohl in der Thematik als auch bei der vegetabilen Ornamentik und den figürlichen Darstellungen größtenteils an antiken Beipielen orientiert.

Der Rückbezug auf die Antike ist umso auffallender, als nicht mehr an durchlaufende Werkstatttradition angeknüpft werden konnte. Um diese ehrgeizigen Bauprojekte durchführen zu können, mußten aus dem Herrschaftsbereich der Umaiyaden zahlreiche Bauhandwerker unterschiedlicher Herkunft und Spezialisierung zusammengezogen werden. Eine wesentliche Rolle kommt dabei mesopotamischen Baukünstlern zu, die offenbar für die Ausführung des außergewöhnlich umfangreichen Stuckdekors verantwortlich waren. Trotz bewußter Anlehnung an die lokalen Vorbilder ist somit ein Gesamtkunstwerk eigenständiger Prägung entstanden. Auch die Bebauung der künstlichen Oase hebt sich deutlich von den antiken Vorläufern ab. Da dörfliche Siedlungen auffälligerweise fehlen, war offenbar nicht der landwirtschaftliche Ertrag für die Reaktivierung der Oase ausschlaggebend. Vielmehr handelt es sich um ein Landgut zur ausschließlichen Nutzung durch den herrschaftlichen Bauherrn. Dennoch diente diese Anlage nicht einzig der Jagd und anderen höfischen Vergnügen. Die aufwendige Ausstattung gibt der Residenz deutlich den Charakter eines Repräsentationsbaus, der aus der Lage am Schnittpunkt von Handelsstraßen bzw. Wanderrouten der nomadischen Araberstämme seine repräsentative Funktion erhält. M.M.

1 Informationen zur Qasr al-Hair al-Gharbi und Raqqa sind N. Saliby, weitere Hinweise K. Toueir und B. Zouhdi (alle Damaskus) zu verdanken.

2 Die arabischen Inschriften übersetzte Regina Pascual-Heinecke/Damaskus; bei der Lesung der Inschriften war Muhammad al-Khuli/Damaskus behilflich; Passagen aus dem Koran sind zitiert nach R. Paret (Übers.), Der Koran (Stuttgart 1963–1966).

Raqqa

Lage: Am linken Ufer des mittleren Euphrat, westlich der Mündung des Balīch.
Alter: Neben dem seit frühgeschichtlicher Zeit besiedelten Tall Bi'a gründete Alexander der Große eine neue Stadt mit dem Namen Nikephorium, die nach der islamischen Eroberung 639/18 in Raqqa (die Flußniederung) umbenannt wurde. In der weiteren Entwicklung erlebte der Ort zwei Blütezeiten: I. 772/155–836/221: Gründung einer Neustadt, ar-Rafiqa (die Gefährtin), westlich vor Raqqa, zeitweise Sommersitz der Kalifen und Hauptstadt des Abbasidenreiches; – II. 1159/554–1259/657: unter der Herrschaft der Zangiden und der Aiyubiden, bis zur Zerstörung durch die Mongolen.
Forschungen: 1907-1908 erste topographische Untersuchungen und Bauaufnahmen (F. Sarre und E. Herzfeld); 1924 Freilegung eines Töpferofens (E. de Lorey); 1933 Sondagen an der Stadtmauer (D. Schlumberger); 1944–1945 Teilausgrabung des Palastes A ca. 380 m nördlich der Stadtmauer (M. Dunand und R. Duru); 1950–1954 Ausgrabung der Paläste B, C und D ca. 1200 m nordöstlich der Stadtmauer durch die Syrische Antikenverwaltung (N. Saliby); 1968–1969 weitere Ausgrabung des Palastes A mit südlichen Anbauten (K. Toueir); seit 1976 Ausgrabung und Restaurierung des Qasr al-Banat (Mädchenpalast), der Stadtmauern und der Repräsentationsanlage Heraqla etwa 8 km westlich der Stadt (K. Toueir).
Veröffentlichungen: F. Sarre/E. Herzfeld, Archäologische

◁ Kat.-Nr. 265 (s. S. 286)

Reise im Euphrat- und Tigris-Gebiet 2 (1920) 349 ff.; – K. A. C. Creswell, Early Muslim Architecture 2 (1940) 39 ff. 165 f.; – J. Sauvaget: Ars Islamica 13/14 (1948) 31 f.; – S. ʿAbd al-Haqq: AAAS 1/1 (1951) 111 ff.; – N. Saliby: AAAS 4/5 (1954/1955) 205 ff., arabischer Teil 69 ff.; – ders.: AAAS 6 (1956) arabischer Teil 25 ff.; – M. A. al-ʿUsch: AAAS 7 (1957) arabischer Teil 51 ff.; – K. Toueir: Das Altertum 25/2 (1979) 93 ff.

Raqqa verdankt ihre überregionale Bedeutung der Lage an der Grenze zwischen Syrien und Mesopotamien. Von hier gingen die Handelsstraßen aus, die Syrien mit den Nachbarländern verbanden: nach Norden, am Balich entlang, ins östliche Kleinasien, nach Nordosten zu den nordmesopotamischen Metropolen Nisibin bzw. Mossul und nach Südosten ins mesopotamische Kerngebiet bis nach Baghdad. Alle diese Routen mündeten hier in die über Palmyra nach Damaskus führende Wüstenstraße ein. Als Knotenpunkt dieser wichtigen Karawanenstraßen war Raqqa nicht nur die Hauptstadt des syrischen Euphratgebiets, sondern auch eines der bedeutendsten Kunstzentren des Vorderen Orients.

Trotz des antiken Ursprungs ist Raqqa eine typische islamische Stadt. Im Gegensatz zu Damaskus, deren aus der Antike übernommene Anlage sich schrittweise den Bedürfnissen der islamischen Bevölkerung ensprechend veränderte (s. S. 360 ff.), wurde hier etwa 2 km flußaufwärts – vor der antiken Siedlung – eine zweite neue Stadt, ar-Rafiqa („die Gefährtin" [von Raqqa]) angelegt. Durch diese Gründung war die Ursprungsstadt dem allmählichen Verfall preisgegeben, bis schließlich auch der alte Name auf die neue Stadt überging (s. S. 363 ff.).

Die Gründung der neuen Stadt Rafiqa steht unmittelbar im Zusammenhang mit der Verlagerung des politischen und kulturellen Schwerpunkts von Syrien nach Mesopotamien und der Verlegung der Hauptstadt nach Baghdad. Als der Gründer der neuen Residenzstadt Baghdad, der Abbasidenkalif al-Mansur (754/136–775/158), im Jahr 772/155 die Stadt Rafiqa zur Sicherung der Grenze gegen Byzanz und wohl auch zur Kontrolle von Syrien anlegen ließ, zog er Bauleute aus ganz Mesopotamien zusammen. Diese erhielten den Auftrag, sich bei der Stadtanlage an der neuen Kalifenresidenz – einer monumentalen, einheitlich konzipierten Rundstadt – zu orientieren. In der Tat kann der eigentümliche hufeisenförmige Grundriß der mit einem doppelten Mauerzug befestigten Stadt als Variante des konzentrischen Planschemas von Baghdad angesehen werden. Auch die Großbauten dieser Gründungsphase, das besonders prachtvolle Südosttor (Baghdad-Tor) und die im Mittelpunkt der Stadt errichtete Freitagsmoschee, lassen schon durch die Bevorzugung von Ziegeln gegenüber den unter den Umaiyaden gebräuchlichen Hausteinen den Einfluß mesopotamischer Bautraditionen erkennen.

Während Rafiqa den Abbasiden offenbar hauptsächlich als Garnisonsstadt diente, breiteten sich in der fruchtbaren Ebene nördlich der ummauerten Stadt zahlreiche Sommerresidenzen der Familie des Herrscherhauses und ihrer Würdenträger aus. Diese nur zum Teil ausgegrabenen und heute von der modernen Stadt überbauten Repräsentationsanlagen, die sich mit ihren Gärten und Nebenbauten über ein Areal von ca. 3 km Durchmesser erstrecken, folgen in der strikten Trennung von öffentlichen und privaten Bereichen mesopotamischen Vorbildern. Auch in der Dekoration, etwa beim Stuckdekor und in der stark schematisierten vegetabilen Ornamentik (Nr. 246–249), wird der östliche Bezug spürbar.

Das ausgedehnte Palastareal spricht deutlicher noch als die neue Stadt selbst für die zentrale Stellung des Ortes in der frühen Abbasidenzeit, die darin gipfelte, daß der Kalif Harun ar-Raschid seine Residenz für zwölf Jahre, von 796/180 bis 808/192 hierher verlegte. Als sichtbares Denkmal seiner Bautätigkeit ist etwa 8 km flußaufwärts, ehemals durch eine direkte Straße mit dem Palastbezirk verbunden, die Festung Heraqla erhalten geblieben (s. S. 365 f.).

Unter Harun ar-Raschid machte Raqqa kurzfristig auch Baghdad den Rang als kulturelles Zentrum der islamischen Welt streitig. Doch auch nach der Rückverlegung der Kalifenresidenz nach Baghdad ließen die Abbasiden hier große Repräsentationsbauten errichten. Das erweist zum Beispiel der Palast B, der inschriftlich auf den Kalifen al-Muʿtasim (833/218–842/227), den späteren Gründer der neuen Residenz Samarra (ca. 140 km nördlich von Baghdad), bezogen ist.

Mit der Erbauung von Samarra (seit 836/221), die alle künstlerischen Kräfte des Abbasidenreiches beanspruchte, fand diese erste Blütezeit von Raqqa ein schnelles Ende. Die hier entwickelte Schrägschnittechnik (Nr. 249) wurde jedoch unter Mitwirkung der aus Raqqa nach Samarra verpflichteten Kunsthandwerker zum herrschenden Dekorstil, der in der Folgezeit in fast allen islamischen Ländern, besonders aber in Ägypten eine weite Verbreitung fand. Über Ägypten wird dieser Dekorstil im 11. Jahrhundert auch wieder nach Syrien zurückvermittelt (Nr. 259. 261. 267).

Nach einer langen, über drei Jahrhunderte andauernden Zwischenphase erlebte Raqqa unter den Zangiden und Aiyubiden eine zweite, genau hundert Jahre währende Blütezeit. Mit der Eroberung durch Nur ad-Din Mahmud ibn Zangi im Jahr 1159/554 wurde zwar das weitläufige Palastareal nicht wieder reaktiviert, doch entfaltete sich in der ummauerten Stadt eine rege Bautätigkeit. So wurde die in der Zwischenzeit verfallene Große Moschee restauriert und mit einem neuen Minarett bereichert; als sichtbares Zeichen der herrschaftlichen Präsenz ließ der Eroberer bzw. einer seiner Statthalter eine prachtvolle Residenz, den sogenannten Mädchenpalast errichten (s. S. 363 ff.).

Das Bauprogramm des Nur ad-Din Mahmud, das auch ein Krankenhaus, Bäder und zwei Madrasen umfaßte, unterstreicht die Funktion der Stadt als regionales Zentrum. Von wesentlicher Bedeutung ist auch der Aufbau einer umfangreichen Keramikindustrie, die Raqqa zu einem wichtigen Kunstzentrum Syriens erhob. Die intensiven Handelsverbindungen begünstigten auch den künstlerischen Austausch mit den fatimidischen Keramikateliers Ägyptens und den iranischen Produktionsstätten (Nr. 253–258). Das technische Repertoire ist dementsprechend weit gefächert, reicht von unglasierter Reliefkeramik über einfarbig glasierte Ware mit Ritzdekor bis hin zu verschiedenen Varianten der Unterglasurmalerei und der anspruchsvollen Lüsterkeramik. Durch Export, gelegentlich auch durch Wanderwerkstätten, war die Raqqa-Keramik weit über die Grenzen Syriens hinaus verbreitet. M.M.

Damaskus

Lage: Am Rand der Syrischen Wüste in der durch den Barada-Fluß bewässerten Ebene am Hang des Djabal Qasyun (Nordausläufer des Antilibanon).
Alter: Die Hauptstadt der Arabischen Republik Syrien gilt als älteste durchgehend bewohnte Siedlung der Geschichte. Überregionale Bedeutung erlangte die Stadt jedoch erst nach der islamischen Eroberung (636/15): I. 656/36 bis 744/127 Residenz der Umaiyaden-Kalifen und damit Zentrum des frühislamischen Großreiches; – II. seit 750/132 Provinzstadt des Abbasidenreiches; bis Mitte des 12. Jahrhunderts unter wechselnder Oberhoheit: Tuluniden (seit 878/264), Ichschiden (seit 945/333), Fatimiden (seit 970/359), Seldschuken (seit 1076/468) und Buriden (seit 1104/497); – III. 1154/549–1260/658 zweite Blütezeit als Residenz des Nur ad-Din Mahmud ibn Zangi und seiner Nachfolger sowie unter den Aiyubiden (ab 1176/571); – IV. 1260/658–1516/922 Sitz eines Gouverneurs der in Ägypten residierenden Mamluken; – V. 1516/922–1918 Provinzhauptstadt des Osmanenreiches.
Forschungen: 1908 und 1914 erste umfassende epigraphische und baugeschichtliche Untersuchungen im Rahmen einer geplanten Gesamtausgabe der Inschriften von Damaskus von deutschen Wissenschaftlern (E. Herzfeld und M. Sobernheim), sowie grundlegende topographische Bearbeitung 1916/1917 durch das deutsch-türkische Denkmalschutz-Kommando (K. Wulzinger und C. Watzinger unter der Leitung von Th. Wiegand); nach 1921 ausgedehnte Grabungstätigkeit, Restaurierungsmaßnahmen und historisch-baugeschichtliche Untersuchungen französischer Wissenschaftler durch das neu gegründete Französische Institut und den von der französischen Mandatsverwaltung eingerichteten Antikendienst (M. Écochard, E. de Lorey, J. Sauvaget); seit Gründung der Generaldirektion der Altertümer und Museen Syriens zunehmende denkmalpflegerische Tätigkeit und wissenschaftliche Bearbeitung der Damaszener Baudenkmäler durch syrische Wissenschaftler ('A. ar-Rihawi, N. Saliby, M. A. al-'Usch); ab 1979 flächendeckende Surveys der historischen und traditionellen Bausubstanz im Rahmen eines internationalen Komitees zur Bewahrung der Altstadt von Damaskus (J.-P. Pascual, M. Meinecke, D. Sack).
Veröffentlichungen: K. Wulzinger/C. Watzinger, Damaskus, die islamische Stadt (1924); – J. Sauvaget, Les monuments historiques de Damas (1932); – J. Sauvaget/M. Écochard, Les monuments ayyoubides de Damas (1938–1940); – E. Herzfeld: Ars Islamica 9 (1942) 1 ff.; – 10 (1943) 13 ff.; – 11/12 (1946) 1 ff.; – 13/14 (1948) 118 ff.; – K. Dettmann, Damaskus (1969); – A. Rihawi, Damascus (1977); – zahlreiche Aufsätze in den Zeitschriften AAAS, Bulletin d'études orientales und Syria.

Der Altstadtkern von Damaskus wurde 1979 in die UNESCO-Liste der überragenden Kulturdenkmäler internationalen Rangs eingetragen. Damit wurde der überregionalen Bedeutung der Hauptstadt Syriens als eine der wichtigsten Metropolen des Vorderen Orients Rechnung getragen. Damaskus ist nicht nur der eindeutige kulturelle Mittelpunkt der syrischen Kunstlandschaft, sondern nahm auch in der übrigen islamischen Welt immer eine zentrale Stellung ein: Von hier aus verwalteten die Umaiyaden-Kalifen das frühislamische Großreich, das sich vom Atlantik bis zum Indischen Ozean – über Europa, Afrika und Asien – erstreckte (Abb. 60). Hier bildete sich im Mittelalter im Widerstand gegen die Feinde des Islams, vor allem gegen die Kreuzfahrer und Mongolen, ein religiöses und geisteswissenschaftliches Zentrum mit weitreichendem Einfluß.
Ein sichtbarer Zeuge dieser ruhmreichen Vergangenheit ist die historische Altstadt von Damaskus, die den Kern der sich rasch vergrößernden modernen Zweimillionenstadt bildet (s. S. 360 ff. Abb. 73). Über zweihundert Baudenkmäler, die größtenteils auf das Mittelalter zurückgehen, sind hier überliefert. Die traditionellen Wohnbauten haben sich noch in großer Zahl erhalten. Auch der weitläufige, äußerst lebhafte Bazar hat bis heute seine Funktion nicht verloren. Damit gehört die Damaszener Altstadt zu den wenigen islamischen Stadtzentren, die trotz fortschreitender Modernisierung ihren historischen Charakter bewahren konnten.
Seine Vorzugstellung verdankt Damaskus wesentlich dem im Antilibanon entspringenden Barada, der eine fruchtbare Ebene bewässert. Als Ausgangspunkt einer nach Norden durch die Syrische Wüste führenden Karawanenstraße entwickelte sich hier aus einer Handelsniederlassung allmählich eine antike Großstadt mit befestigter Stadtmauer, Kastell, Tempel, Agora und kreuzförmig angelegten Straßenzügen (s. S. 361 Abb. 73).

Aufgrund dieser zentralen Lage verlegte der neu gewählte Umaiyaden-Kalif Muawiya 656/36 seine Residenz nach Damaskus, das bereits zwei Jahrzehnte zuvor von den islamischen Streitkräften eingenommen worden war. Von diesem Zeitpunkt an erlangte die Stadt überregionale Bedeutung, was vor allem zwei Bauvorhaben belegen: Als einzige Veränderung des Stadtgefüges wurde zunächst ein weitläufiger Palast für den Kalifen errichtet und damit Damaskus zur Hauptresidenz der umaiyadischen Herrscherfamilie und folglich zum Verwaltungsmittelpunkt des frühislamischen Weltreiches erklärt. Die Lage des Palastes in der Nachbarschaft des Tempels ergab sich aus der gemeinschaftlichen Benutzung dieses alten Kultzentrums durch Christen und Muslime. Erst als die Islamisierung der Bevölkerung – motiviert durch die Präsenz der neuen Machthaber – sich beschleunigte, wurde als zweites Bauvorhaben die Errichtung einer großen Freitagsmoschee in Angriff genommen.

Der bislang mit den Christen geteilte Tempel wurde durch den baufreudigen Kalifen al-Walid I. (705/86–715/96) nun ganz für den Islam beansprucht und unter Benutzung der antiken Außenmauern zu einer Moschee umgestaltet. Mehr noch als die von dem antiken Vorgängerbau bestimmten monumentalen Proportionen verdeutlicht die prachtvolle Dekoration dieser Moscheeanlage den Anspruch des Islam als Weltreligion. Alle Innenwände erhielten eine zweizonige Verkleidung; unten eine nach antikem Vorbild gestaltete Marmorinkrustation (Nr. 262), darüber Glasmosaiken z. T. mit großflächigen Landschaftsdarstellungen (Abb. 43), die islamische Paradiesesvorstellungen versinnbildlichen.

Die Folgewirkung der 714–15/96 vollendeten Großen Moschee, die von arabischen Historikern als neues Weltwunder gepriesen wurde, sind weitreichend. Durch sie erhielt die Stadt eine neue Ausrichtung: Die zuvor in der östlichen Stadthälfte bei der Agora angesiedelten Handelseinrichtungen verlagerten sich in zunehmendem Maße nach Westen in die Nähe der stärker frequentierten Straßenachse zwischen der Moschee und dem zur Zitadelle ausgebauten Kastell. Bis heute erstreckt sich hier ein weitverzweigtes Handelsviertel mit einem vielfältigen Warenangebot in belebten Geschäftsstraßen und großen überwölbten Karawansereien.

Die kultische Bedeutung dieses ersten repräsentativen Sakralbaus des Islam veranlaßte auch die späteren Machthaber, weitere religiöse Anlagen bevorzugt in seiner Nähe zu errichten. Somit entstand über die Jahrhunderte ein eng mit Sakralbauten verschiedener Funktionen (Moscheen, Madrasen/theologischen Hochschulen, Klöster) sowie mit sozialen Stiftungen (Krankenhäuser, Bäder, Brunnen) durchsetztes Stadtzentrum. Die Ausstrahlung und Anziehungskraft der umaiyadischen Freitagsmoschee wird auch in den Grabbauten deutlich, die sich spätere, für die historische Entwicklung Syriens bedeutende Herrscher in ihrer Umgebung erbauten: darunter die Madrase mit dem Mausoleum des Nur ad-Din Mahmud ibn Zangi (gest. 1174/569), des Herrschers, der angesichts der Bedrohung durch die Kreuzfahrer Syrien unter seiner Herrschaft einigte; das Kuppelgrab des Gründers der Aiyubidendynastie an-Nasir Salah ad-Din/Saladin (gest. 1193/589), der Jerusalem von den Kreuzfahrern zurückeroberte; die Madrasa (heute Akademie) mit dem Mausoleum seines Nachfolgers al-Adil Saif ad-Din (gest. 1218/615), der das vereinigte Aiyubidenreich in Syrien und Ägypten regierte; und schließlich die Madrasa (heute Nationalbibliothek) mit der monumentalen Grabkuppel des frühen Mamlukenherrschers az-Zahir Baibars (gest. 1277/676), der nicht nur die nach Syrien eingedrungenen Mongolen zurückschlug, sondern auch die entscheidende Offensive gegen die Kreuzfahrer einleitete.

Das religiöse Stadtzentrum um die Freitagsmoschee entwickelte sich auch zum bevorzugten Wohnviertel der islamischen Bevölkerung. So ließ zum Beispiel der bedeutendste mamlukische Statthalter in Damaskus, Tankiz an-Nasiri (gest. 1341/740), in unmittelbarer Nähe der Moschee seinen prachtvollen Privatpalast errichten. An derselben Stelle gründete später bezeichnenderweise auch der osmanische Gouverneur As 'ad Pascha al-'Azm 1749/1162 eine weitläufige Palastanlage (das heutige Volkskundemuseum), die in der Mitte des 19. Jahrhunderts als Residenz des deutschen Konsuls diente.

Die große Freitagsmoschee blieb also immer, auch nach der Vertreibung der Umaiyaden (750/132), das kulturelle Zentrum der Stadt. Die Verlagerung der Kalifenresidenz von Damaskus nach Mesopotamien unter den nachfolgenden Abbasiden begründete jedoch entscheidende Veränderungen im Stadtgrundriß. Die in Damaskus ausgetragenen innenpolitischen Machtkämpfe mit den Abbasiden und der rasche Wechsel von Statthaltern unterschiedlicher Herrscherdynastien führte seit dem 10. Jahrhundert zur Umgestaltung des aus der Antike übernommenen Straßensystems, wie es unter den Umaiyaden noch weitgehend beibehalten worden war. An die Stelle der von rechtwinkeligen Straßenzügen umlaufenen Wohnblocks traten nun durch Sackgassen zugängliche Wohnquartiere, die durch Tore zu den Hauptstraßen abgeschlossen werden konnten.

Die Ausbildung solcher geschlossenen Wohnviertel führte konsequenterweise auch zu einer Trennung der verschiedenen religiösen und ethnischen Gruppen. Während die islamische Bevölkerung sich in der westlichen Stadthälfte um die Freitagsmoschee niederließ, zogen die christlichen und jüdischen Minoritäten in östliche Stadtviertel zusammen. Erst mit dieser tiefgreifenden Umstrukturierung, die eine Abkehr von der nach antikem Schema geplanten Stadt bedeutet, erhielt Damaskus das für islamische Städte generell charakteristische Stadtbild. Diese Struktur kennzeichnet auch die Wohnviertel, die seit dem späten Mittelalter

Abb. 43 Mosaiken in der Umaiyadenmoschee in Damaskus

bis in die Osmanenzeit außerhalb der ummauerten Altstadt angelegt wurden. In der Mitte des 12. Jahrhunderts gründeten Flüchtlinge aus Palästina, die von den Kreuzfahrern vertrieben worden waren, im Norden der Stadt, am Abhang des Djabal Qasyun die as-Salihiya genannte Siedlung; diese wuchs im Laufe der Jahrhunderte zu einem städtischen Gemeinwesen mit eigenen Märkten, Freitagsmoscheen, Sakralbauten, Friedhöfen und Wohnquartieren. Eine zweite wesentliche Ausdehnung erfuhr Damaskus in südlicher Richtung, wo sich besonders unter den Mamluken und den Osmanen bis ins späte 16. Jahrhundert entlang der nach Arabien führenden Pilgerstraße eine weitere langgestreckte Vorstadt, „al-Midan", entwickelte, mit zahlreichen, durch prachtvolle Fassaden ausgezeichneten Sakralanlagen.

Die fortschreitende Vergrößerung des Siedlungsgebiets ist ein deutlicher Beleg für die lang andauernde neuerliche Blütezeit von Damaskus. Obwohl die Stadt unter den Mam-

236

luken und den Osmanen in den Rang einer Provinzhauptstadt zurückgestuft wurde, blieb sie weiterhin ein überregional bedeutendes Handelszentrum. Durch die zentrale Lage an der Karawanenstraße von Mesopotamien nach Ägypten wie auch an der Pilgerroute von Kleinasien nach Makka und Madina, den heiligen Städten des Islam, konnte Damaskus den wechselvollen Verlauf der Geschichte bis in die Gegenwart unbeschadet überdauern. Die Funktion als Umschlagplatz (s. Nr. 266–269) begründet auch die Rolle von Damaskus als wichtiges Kunstzentrum. Hier zentrierte sich ganz folgerichtig eine Kunstindustrie, die sowohl östliche, mesopotamische, wie auch ägyptische Elemente übernahm (Nr. 267), und hier fanden auch von den Mongolen vertriebene Werkstätten ein neues Betätigungsfeld (Nr. 263–265 vgl. Nr. 260). M. M.

236 Marmorplatte mit Tuscheinschrift

Qasr al-Hair al-Gharbi, Palast (Grabung 1936–1938)
vor 743/125
Marmor, an drei Seiten fragmentiert; rechts dicht an der Kante gebrochen
Höhe: 7,8 cm; Breite: 6,4 cm; Dicke: 1,5 cm
Damaskus A. 17978
Lit.: Dja'far al-Hasani bei D. Schlumberger: Syria 20 (1939) 372 f. Abb. 29; – A. Grohmann, Arabische Paläographie 1 (1967) 115.

Steinplatten gehören – neben Papyrus, Holz, Knochen, Pergament und anderen Materialien – zu den ältesten Beschreibstoffen der islamischen Kultur. Als 632/11 unter dem ersten Kalifen Abu Bakr (632/11–634/13) die Sammlung des Korans, des heiligen Buches des Islam, in Angriff genommen wurde, fanden sich im Nachlaß des Propheten Muhammad auch auf Steinsplitter geschriebene Fragmente einzelner Suren (Kapitel des Korans).
Die in Qasr al-Hair al-Gharbi ergrabene Marmorplatte ist das älteste erhaltene Zeugnis dieser Gattung. Sie enthält fünf Zeilen eines Briefes des Kalifen Hischam (gest. 743/125) an seinen Neffen und Nachfolger al-Walid Abi l- Abbas: „Im Namen Gottes ... / Von Hisch [am ... an] / [a] l-Walid A [bi l-Abbas] / .... / Sohn des Jusuf ...".
Der in schwarzer Tusche mit einer Rohrfeder geschriebene Text entspricht einer von Papyri bekannten kursiven Variante des Kufi, der altertümlichen Form der arabischen Schrift, die durch eckige Linienführung gekennzeichnet ist. Da die Rückseite der Platte einige in derselben Art gehaltene Schriftproben aufweist, dürfte es sich hier um den Entwurf eines Briefes handeln, den Hischam während eines Aufenthaltes in dem von ihm um 727/109 errichteten Palast von Qasr al-Hair al-Gharbi (s. Nr. 239–245) konzipierte. M. M.

237 Seite eines Korans *(s. Farbtaf. S. 233)*

Damaskus, Umaiyaden-Moschee
vor 911/298
Pergament, an den Rändern beschädigt
Höhe: 22 cm; Länge: 30,5 cm
Damaskus A. 338
Lit.: Catalogue (1969) 223 Abb. 127; – Guide (1980) 209 f. Abb. 83; – vgl. A. J. Arberry, The Koran illuminated (1967) 8 Taf. 19 f.

Da die Sammlung der Offenbarungen des Propheten Muhammad nur in der arabischen Originalfassung verbreitet werden durfte und folglich auch die religiöse Lehre sich auf die arabische Sprache zu beschränken hatte, war der

Koran das Verbindungsglied aller muslimischen Völker. Der überragenden kulturgeschichtlichen Bedeutung des Korans entsprechend, werden die handschriftlich vervielfältigten Exemplare seit der islamischen Frühzeit besonders reich ausgestattet. Dieses Einzelblatt mit den letzten beiden Seiten einer Koranhandschrift ist eines der ältesten datierten Beispiele hierfür: Die mit sechs Zeilen im Kufi-Duktus beschriebene Rückseite enthält die Stiftungsinschrift:
„Es stiftete diese Koranabschnitte und es sind / dies dreißig Abschnitte für die / Freitagsmoschee in Damaskus / 'Abd al-Mun'im Ibn Ahmad, wodurch er den Lohn / Gottes erstrebt und die Erlangung seines Wohlgefallens / im Dhu l-Qa'da des Jahres 298 [= 1.–30. Juli 911]."
Weitere Teile dieses Korans werden in der Chester Beatty Library in Dublin (MS. 1421) aufbewahrt. Die Schmuckseite, die ursprünglich dem letzten Koranvers der Handschrift gegenüberstand, kombiniert geometrische und vegetabile Motive. Das von einem querrechteckigen Flechtornament in Gold mit roten und blauen Binnenformen eingenommene Mittelfeld greift die Tradition der vorislamischen Fußbodenmosaiken und Buchilluminationen Syriens auf. Das links in den Seitenrand ragende Medaillon mit Palmetten hat Vorbilder in der mesopotamischen Ornamentik.
M. M.

237

238 Koranhandschrift *(Abb. s. Farbtaf. S. 233)*

Damaskus (?) (erworben 1951)
1689/1100
Papier mit schwarzer Tinte beschrieben, diakritische Zeichen in Rot, Illuminierung in Gold, Hell- und Dunkelblau, Rot, Rosa und Hellgrün; Ledereinband mit Prägung in zwei Goldtönen
Buchseiten, Höhe: 21,3 cm; Breite: 12,7 cm; – Bucheinband, Breite: 14 cm
Damaskus A. 6676

Der in Leder gebundene Koran mit beigehefteten Anweisungen für das Gebet ist ein charakteristisches Beispiel für die spätere Entwicklung der Koranausstattungen. Ein in anderer Handschrift ausgeführtes Kolophon (Schlußvermerk) im Anschluß des Textes auf der letzten Seite gibt Aufschluß über Entstehungszeit und Illuminator (Buchmaler) des Manuskriptes: „... Die Ehre ihn (den Koran) zu verzieren, hatte / der die Gnade Gottes bedürftige Künstler Musa, einer der Schüler des Darwisch Muhammad 'Arif; (vollendet wurde er) in der Nacht des 29. / Ramadan, des gesegneten Monats, im Jahre 1100 nach der Hidjra des Propheten (= 16. Juli 1689), ihm sei / der höchste Segen und vollkommener / Gruß."
Seit dem 12. Jahrhundert setzte sich in Syrien zunehmend die Rundschrift gegenüber dem altertümlichen Kufi durch. Die größere Buchstabenhöhe begünstigte dabei die hochrechteckige Buchform, die das Querformat der früheren Kufi-Handschriften (s. Nr. 237) bald völlig ablöste. Zur leichteren Lesbarkeit erhielt der Korantext eine komplette diakritische Zeichensetzung durch Zusatzzeichen, welche die genaue Aussprache anzeigen.
Die beiden besonders reich ausgestatteten Anfangsseiten enthalten in jeweils acht Zeilen die ersten beiden Kapitel (Suren) des insgesamt in 114 Suren unterteilten Korans. Die erste Zeile enthält den Titel der Sure, Angaben zur Entstehung und Umfang; erst daran schließt sich in sieben Zeilen der Text an:
(rechts: Sure 1 / Die Eröffnung) „Im Namen des barmherzigen und gütigen Gottes. Lob sei Gott, dem Herrn der Menschen in aller Welt, dem Barmherzigen und gütigen, der am Tag des Gerichts regiert! Dir dienen wir, und dich bitten wir um Hilfe. Führe uns den geraden Weg, den Weg derer, denen du Gnade erwiesen hast, und die nicht dem Zorn (Gottes) verfallen sind und nicht irregehen!"
(links: Sure 2 / Die Kuh, Vers 1–5) „Im Namen des barmherzigen und gütigen Gottes. Alif Lam Mim. Dies ist die Schrift, an der nicht zu zweifeln ist, als Rechtleitung für die Gottesfürchtigen, die an das Übersinnliche glauben, das Gebet verrichten und von dem, was wir ihnen beschert haben, Spenden geben, und die an das glauben, war zu dir, und was (zu den Propheten) vor dir herabgesandt worden ist, und die vom Jenseits überzeugt sind. Sie sind von ihrem Herrn rechtgeleitet, und ihnen wird es wohl ergehen."

Die unterste, neunte Zeile enthält Zusätze der Kopisten über Umfang der einzelnen Suren.
Die zwei inhaltlich zusammengehörigen Anfangsseiten sind auch formal durch einen gemeinsamen Rahmenstreifen mit feingliedrigen Goldranken mit roten und blauen Details zusammengefaßt. Die Schriftfelder sind jedes für sich an drei Seiten von einer geometrisch aufgebauten Bordüre mit vegetabilen Verknotungen gerahmt und oben mit einer doppelten Bekrönung abgeschlossen. Die schwarze bzw. goldene Schrift im Thuluth-Duktus ist in weiße Wolken über goldenen Hintergrund gesetzt. M. M.

239 Frauenbüste

Qasr al-Hair al-Gharbi, Palast (Grabung 1936–1938)
um 727/109
Stuck
Höhe: 40,7 cm; aus mehreren Teilen zusammengesetzt
Damaskus
Lit.: D. Schlumberger: Syria 20 (1939) 349 Abb. 21.

Bei der Freilegung des Palastes von Qasr al-Hair al-Gharbi wurde eine ungewöhnlich große Anzahl von Stuckfragmenten – insgesamt etwa 50 000 – gefunden. Obwohl die Außenmauern nur wenige Meter hoch anstanden, ermöglichte der Ornamentzusammenhang der Bruchstücke die Rekonstruktion und schließlich den Wiederaufbau der ehemals über 14 m hohen Portalfassade im Hof des Damszener Museums (1939–1949; Abb. 40). Bei den beiden halbrunden Türmen, die das Portal – eine aus dem nahegelegenen Palmyra herbeigebrachte monumentale Spolie aus römischer Zeit – flankieren, ließ sich der Aufbau des Stuckdekors fast lückenlos ergänzen. Dieser setzt über einem ca. 5 m hohen Steinsockel an und ist in zwei Zonen unterteilt: Die untere Partie wird von jeweils drei hochrechteckigen, mit geometrischen Mustern ornamentierten Schmuckfeldern eingenommen. Der oberen Zone ist demgegenüber eine architektonische Gliederung mit Brüstungsplatten und darüber aufsitzender Nischengalerie vorgeblendet.
Besonders bemerkenswert ist das reiche Bildprogramm aus stark plastisch modelliertem Stuck. Einen Eindruck davon vermittelt die Büste einer nackten Frau mit langen Lockensträhnen, kronenartigem Kopfputz und Ohrgehängen, die von einem der Zwickelfelder der Blendnischengalerie stammt (Abb. 41). Da in dem Figurenzyklus des Portals auch der herrschaftliche Bauherr, der Umaiyaden-Kalif Hischam, einen zentralen Platz einnimmt, wird mit den Begleitfiguren vermutlich die Familie bzw. der Hofstaat dargestellt sein.
Trotz der stilisierten Gesichtszüge und der kubischen Körperformen ist die Abhängigkeit von antiken Bildwerken offensichtlich (vgl. Nr. 174. 175. 182). Mit dem beinahe attributiv in der linken Hand gehaltenen Vogel erinnert die Frauenbüste an die stets durch eine Taube gekennzeichnete römische Göttin Atargatis. M. M.

240 Nußbaumrelief

Qasr al-Hair al-Gharbi, Palast (Grabung 1936–1938)
um 727/109
Stuck
Höhe: 106 cm
Damaskus
Lit.: Katalog London (1976) 298 Nr. 469.

Beim Wiederaufbau der Fassade wurde ein Gipsabguß dieses Reliefs in das erste Blendnischenfeld des rechten Portalturmes versetzt (Abb. 42). Die naturnahe Darstellung des verästelten Baumes mit nußähnlichen Früchten, um dessen Stamm sich hier zusätzlich eine Weinranke schlingt, findet im frühislamischen Baudekor – zum Beispiel bei den Glasmosaikmalereien der Umaiyaden-Moschee in Damaskus (vollendet 714–15/96) – enge Parallelen. Hier wie dort ist jedoch der Rückgriff auf antike Vorbilder (vgl. Nr. 220) formbestimmend.
In eine andere Richtung weist das Dekormaterial. Zwar sind in unmittelbarer Nähe, in Palmyra, auch größere Stuckzyklen belegt (vgl. Nr. 186–191), die offenbar als Vorbild dienten, doch läßt sich dort keine bis ins 8. Jahrhundert durchlaufende Lokaltradition nachweisen. Vielmehr verbindet die großflächige Verwendung von Stuckreliefs mit Mesopotamien, der ebenfalls dem Herrschaftsbereich der Umaiyaden zugehörigen benachbarten Kunstlandschaft, in der unter den Sassaniden bis in frühislamische Zeit – und darüber hinaus – Stuck als primäres Dekormittel in Gebrauch war. Insofern ist zu vermuten, daß für diese Dekoration mesopotamische Stuckspezialisten herangezogen wurden, die diese erste monumentale Stuckdekoration der islamischen Frühzeit in Syrien herstellten. M. M.

241 Männerfigur

Qasr al-Hair al-Gharbi, Palast (Grabung 1936–1938)
um 727/109
Stuck aus mehreren Fragmenten zusammengesetzt
Höhe: 54 cm
Damaskus A. 4794 + 2665
Lit.: vgl. D. Schlumberger: Syria 20 (1939) 330.

Mit Hilfe der Stuckfragmente konnte auch die Existenz eines Obergeschosses der Palastanlage nachgewiesen wer-

239 ▷

war ehemals ebenfalls reich ausgestattet. Für die Innenwände ließ sich anhand von Grabungsfunden sowohl ein Dekor aus Fresken mit Marmorimitationen und Rankenmotiven als auch eine Inkrustation aus Marmorplatten nachweisen. Da außerdem auch Fragmente ornamentaler Stuckgitter in der aus dem benachbarten Palast bekannten Form ergraben wurden, ist anzunehmen, daß beide Anlagen gleichzeitig entstanden sind.
Von dem ursprünglich offenbar prachtvollen Wanddekor zeugen heute nur wenige Reste, darunter diese Marmorplatte: Sie kann zusammen mit einem ebenfalls im Damaszener Museum aufbewahrten Gegenstück (A. 17989) als Teil eines Türrahmens angesprochen werden. Der aufsteigende Fries aus Füllhörnern mit vegetabilen Abzweigungen und bauchigen Pokalen im regelmäßigen Wechsel erinnert an den umfangreichen Mosaikdekor der Umaiyaden-Moschee in Damaskus (vollendet 714–15/96) bei dem – durchaus vergleichbar – Einzelmotive zusammengruppiert werden, die sowohl den lokalen antiken Vorbildern als auch dem sassanidischen Formenschatz entlehnt sind. M.M.

246 Stuckrelief

Raqqa/Rafiqa, Palast B (Grabung 1959)
um 835
Stuck, geschnitzt; aus mehreren Fragmenten zusammengesetzt
Höhe: 132 cm; Breite: 60 cm
Damaskus
Lit.: S. 'Abd al-Haqq: AAAS 1/1 (1951) 117 Abb. 7 (links); – vgl. D.T. Rice: Ars Islamica 1 (1934) 61. 65 Abb. 10.

Von 1950 bis 1952 wurde über 1 km nordöstlich der ummauerten Stadt Raqqa der sogenannte Palast B ausgegraben. Nach gemalten Kufi-Inschriften (jetzt ebenfalls im Damaszener Museum) stammt dieser aus Lehmziegeln errichtete Palast aus der Regierungszeit des Abbasidenkalifen al-Mu'tasim (833/218–842/227). Den monumentalen Ausmaßen von 168 x 74 m und dem reichen Baudekor nach handelt es sich offenbar um die Residenz eines Angehörigen der Herrscherfamilie.
Wie schon bei dem Umaiyadenschloß Qasr al-Hair al-Gharbi (vgl. Nr. 239–241) ist auch hier reliefierter Stuck das primäre Dekormittel, doch bleibt der Stuck auf Borten und Friese an besonders betonten Baugliedern beschränkt. Am reichsten ist der Zugang vom Repräsentationsteil zum Familientrakt ausgestattet, von dessen Türrahmen dieses Fragment stammt. Die in wechselnder Folge aneinandergereihten Vier- und Sechspässe sind mit einfachen Ranken möglichst lückenlos ausgefüllt. Auch in die Zwickelfelder zwischen den Medaillons sind kleine Rankenenden eingepaßt, die sich vom Rahmenstreifen abspalten.
Die Entfernung von den vergleichsweise naturnahen Stuckzyklen der Umaiyadenzeit ist evident und wird noch durch das Fehlen von figürlichen Darstellungen unterstrichen. Dennoch sind im Vergleich zum kurz zuvor in Raqqa entwickelten Schrägschnittstil (vgl. Nr. 249) die vegetabilen Einzelformen trotz aller Stilisierung noch wesentlich naturalistischer. Offenbar gelangte neben dem technisch wesentlich einfacheren Schrägschnitt auch ein grundlegend unterschiedener Dekorstil zur Anwendung, bei dem die Überschattung der Negativformen in die Ornamentwirkung mit einbezogen wurde. Dieses durch tiefe Schnittkanten bewirkte „Tiefdunkel" kennzeichnet auch den vermutlich etwas früheren, formal eng verwandten Stuckdekor in Hira (bei Kufa im Iraq); bei diesem tritt die Abhängigkeit von vorislamisch-sassanidischen Vorläufern (Ktesiphon) jedoch formbestimmender in Erscheinung (vgl. Nr. 252).
M.M.

247 Bemalte Holztafel

(Abb. s. Farbtaf. S. 232)

Raqqa/Rafiqa, Palast B (Grabung 1952)
um 835
Holz mit Farbspuren in Rot, Ocker und Schwarz; fragmentiert
Höhe: 13 cm; Breite: 35 cm
Damaskus A. 16064
Lit.: N. Saliby: AAAS 4/5 (1954/1955) 210 f.; – vgl. S. 'Abd al-Haqq: AAAS 1,1 (1951) 114.

Nur im Repräsentationsbereich des Palastes B, in den großen Räumen südlich des Audienzsaales (s. Nr. 250), wurden Reste des ursprünglichen Holzdekors gefunden, darunter auch das Fragment einer ehemals wohl quadratischen Holztafel, das möglicherweise zu einer kassettierten Holzdecke gehörte.
Im Zentrum des nur zur Hälfte erhaltenen Stücks läßt sich ein vierzackiger Stern mit vegetabiler Innenfüllung ergänzen, aus dem kelchförmige Ornamentmotive herauswachsen. Diese symmetrisch aufgebauten, amorph floralen Mustereinheiten sind aus dem nur wenig früher in Raqqa entwickelten Schrägschnittstil abzuleiten (vgl. Nr. 249).
M.M.

248 Bemalte Holztafel

(Abb. s. Farbtaf. S. 232)

Raqqa/Rafiqa, Palast B (Grabung 1952)
um 835
Holz mit blauer, roter, ockerfarbener Bemalung und schwarzen Konturlinien
Höhe: 52,2 cm; Breite: 11,1 cm
Damaskus A. 16063
Lit.: wie Nr. 247.

Das ebenfalls aus den Repräsentationsräumen des Palastes B stammende Holzfragment scheint auch ursprünglich nicht wesentlich größer gewesen zu sein. Das durch breite Rahmenstreifen mit Zackenmustern an den Schmalseiten begrenzte zentrale Ornamentfeld wird von einer aufsteigenden Ranke eingenommen. Gegenständige, zu Vierergruppen zusammengerückte Einrollungen mit angedeuteten Halbpalmetten wechseln ab mit kelchförmigen Motiven.
Im Gegensatz zu der mit dem Schrägschnittstil in Verbindung stehenden Holztafel desselben Fundkomplexes (Nr. 247) ist hier der Rankenaufbau weniger abstrakt, entspricht also insgesamt stärker dem Stil des Stuckdekors dieses Palastes (Nr. 246).
Die Fragmente der Holzausstattung sind demnach aufschlußreiche Belege für das Nebeneinander mehrerer Dekorstile, die an ein und derselben Anlage in den verschiedenen Dekorgattungen parallel oder in übergreifenden Varianten gleichzeitig auftreten konnten. M.M.

249 Marmorkapitell

Raqqa/Rafiqa (gestiftet 1956)
um 800
Marmor, flach reliefiert; eine der Eckvoluten beschädigt, eine andere abgebrochen
Höhe: 25 cm; Länge/Breite: 29/30 cm
Damaskus A. 9687
Lit.: vgl. E. Herzfeld bei Sarre/Herzfeld, Archäologische Reise im Euphrat- und Tigris-Gebiet – II (Berlin 1920) 352 f. Abb. 322 f.; – IV (1920) Taf. CXL 2–4; – M.S. Dimand: Ars Islamica 4 (1937) 323 f. Abb. 45 f.

Für die Abbasidenzeit ist ein neuer Dekorstil besonders charakteristisch, bei dem im Gegensatz zur früher geläufigen plastischen Modellierung oder Ritzzeichnung naturnaher Einzelformen (vgl. Nr. 240. 242. 245. 262) die vegetabile Ornamentik einer stärkeren Abstraktion unterzogen wird. Bei Reliefs dieser Entwicklungsstufe ist die Ornamentzeichnung stets aus schrägen, nur flach vertieften Kanten gebildet.

249

Obwohl dieser Schrägschnittstil allgemein mit Samarra, der 836/221 gegründeten Residenzstadt der Abbasiden am Tigris (ca. 130 km nordwestlich von Baghdad) in Verbindung gebracht wird, läßt sich der neue Dekorstil schon früher in Raqqa nachweisen. Die mit der Neugründung der Stadt durch den Kalifen al-Mansur im Jahr 772/155 eingeleiteten Bauprogramme führten zu einer Verlagerung des baukünstlerischen Schwerpunkts von Baghdad nach Raqqa, die schließlich in der kurzfristigen Übersiedlung der Kalifenresidenz nach Raqqa gipfelten. Von den Neubauten des Kalifen Harun ar-Raschid, der für 12 Jahre, von 796/180 bis 808/192, die Stadt zum Zentrum des abbasidischen Weltreiches erhob, dürften auch die Kapitelle stammen, an denen die schrittweise Umformung des antiken Akanthuskapitells verfolgt werden kann.
Das Kapitell aus Raqqa ist ein Beispiel für die Endstufe dieser Entwicklung. An die korinthischen bzw. kompositen (aus Einzelformen zusammengesetzten) Kapitelle der antiken Baukunst erinnern noch die Eckvoluten. Der Akanthus ist jedoch zu kelchförmigen Palmetten umgeprägt oder durch abstrakte kurvige Binnenformen ersetzt worden.
M.M.

abgebrochen. Da somit das Gerät nicht mehr seinen ursprünglichen Zweck erfüllen konnte, wurde es mit einem zusätzlich aufgesteckten Kerzenhalter – der verständlicherweise bei dem Stück aus Cleveland fehlt – zu einem Leuchter umfunktioniert.
Der Bruch des Löwenköpfchens, die daraufhin versuchte Reparatur und dann die nachträgliche Veränderung des Geräts fanden wahrscheinlich kurz nach der Herstellung noch in der Werkstätte statt. Dies könnte erklären, warum die Tauschierung unterblieb, die das Gerät in Cleveland auszeichnet. Der beim Clevelander Stück eingeritzte und mit Silberdraht ausgelegte Dekor ist ein Kennzeichen der im Euphrat- und Tigris-Gebiet tätigen Metallwerkstätten, deren wanderfreudige Meister meist aus Mossul stammten und die gegen Mitte des 13. Jahrhunderts auch für aiyubidische Auftraggeber in Syrien tätig waren. Allerdings war das Gerät nicht lange in Benutzung: Nach einer im späten 12. Jahrhundert ansetzenden kurzen Blütezeit unter den Aiyubiden wurde nämlich auch die Stadt Balis – wie die nahegelegene Metropole Raqqa – 1259 von den Mongolen zerstört und danach nicht wieder aufgebaut. Dieses historische Ereignis begründet den vorzüglichen Erhaltungszustand und gibt einen exakten Rahmenwert für die zeitliche Entstehung des Leuchters. M. M.

261 Armreif

(Abb. s. Farbtaf. S. 253)

Euphrat-Gebiet (erworben 1939 in Raqqa)
11. Jahrhundert
getriebenes Goldblech, am Verschluß Goldauflagen aus gedrehtem Draht und in Filigran; die Edelsteineinlagen sind verloren
Durchmesser: 11–13 cm; Dicke: 1,8–2,5 cm; Durchmesser der Verschlußplatte: 4,4 cm
Damaskus A. 2799
Lit.: Catalogue (1969) 209 Abb. 116; – Katalog London (1976) 202 Nr. 242; – Guide (1980) 197 Abb. 72; – vgl. E. Atil, Art of the Arab World (1975) 41 Nr. 14.

Der große, bis auf die fünf ausgebrochenen Edelsteine der Verschlußplatte vollständig erhaltene Armreif wurde – zusammen mit einem heute in der Freer Gallery of Art in Washington befindlichen Gegenstück (Inv. Nr. 48.25) – in Raqqa gefunden. Solche prachtvollen Reifen aus Gold oder Silber dienten als Armschmuck und wurden paarweise am Handgelenk oder am Oberarm über den Ärmeln von Prunkgewändern getragen.
Das Material des Schmuckstückes ist getriebenes Goldblech, das zu einem hohlen Rohr zusammengedreht wurde. Die Naht wird an der Innenseite von einem durchlaufenden Dekorstreifen mit Schuppenmuster überdeckt, der auch die spiralig geführte Inschrift mit Segensformeln im eckigen Kufi-Duktus in zehn Abschnitte unterteilt: „Dauernde Macht, / beständiges Glück, / ewiges Gelingen, / wahren, frommen Segen, / vollständige Gnade, Gedeihen, / dauernde, ewige Macht, / . . . . . . , / Beharrlichkeit, Wohltat, / beständige Glückseligkeit / dem Besitzer."
Zwischen dem dritten und vierten Schriftteil sitzt ein Scharnier. Die Schließe, deren halbrunde Hälften durch einen Zapfen zusammengehalten werden, ist an der Außenseite besonders reich mit Zierhalbkugeln aus Golddraht ausgestattet, die ehemals mit in Gold gefaßten Edelsteinen abwechselten. Die Innenseite der Verschlußplatte ist mit kleinteiliger Filigranarbeit dekoriert.
Einen Hinweis auf die Entstehungszeit gibt der konzentrisch aufgebaute Filigran-Dekor der Verschlußplatte. Der von zwei Borten aus aneinandergereihten Kreisen gerahmte Hauptfries zeigt ein abstrakt vegetabiles Ornament aus acht kurvigen Mustereinheiten mit den auffallenden paarweisen Einrollungen, die für den abbasidischen Schrägschnittstil charakteristisch sind (vgl. Nr. 247–249). Da Schmuckstücke mit vergleichbarer Filigranarbeit auch aus dem fatimidischen Ägypten bezeugt sind, andererseits sich in Syrien von ägyptischen Vorbildern inspirierte Holzarbeiten mit Schrägschnittelementen aus dem 11. bzw. frühen 12. Jahrhundert erhalten haben (Nr. 259. 267), ist eine allgemeine zeitliche Einordnung gegeben. M. M.

262 Reliefplatte

Damaskus, Umaiyaden-Moschee
714–15/96
Marmor mit Spuren von Vergoldung
Höhe: 162 cm; Breite: 45 cm
Damaskus A. 11
Lit.: K. A. C. Creswell, Early Muslim Architecture – I (1932[1]) 120 Taf. 47a; – I/II (1969[2]) 177 Taf. 62A a. c; – vgl. M. van Berchem: Mémoires présentés à l'Institute Égyptien 3 (1897) 429. 507 Taf. 10 Abb. 7.

Die von 707/88 bis 714–15/96 im Auftrag des Kalifen al-Walid errichtete Hauptmoschee von Damaskus wurde nach spätantikem Vorbild mit einem äußerst reichen zweizonigen Dekor aus Marmorinkrustationen und Glasmosaiken ausgestattet. Während große Partien der an den oberen Wandflächen versetzten Mosaikmalereien bis heute erhalten blieben, ist die originale Marmorverkleidung der unteren Wandzone fast völlig verlorengegangen. Einen Hinweis auf den ursprünglichen Marmordekor gibt jedoch diese Reliefplatte, die als einzige von ehemals acht ähnlichen Stücken den letzten Brand von 1893 überstand.
Die acht Platten flankierten jeweils paarweise vier Inschriftentafeln, die im Transept (Querschiff) der Bethalle an den beiden Pfeilern vor der Hauptgebetsnische saßen. Die

Inschriften, von denen zwei ebenfalls ins Damaszener Museum gelangten (Inv. Nr. A.5 und A.7), beziehen sich unter anderem auch auf die Marmorinkrustationen der Transeptpfeiler, die 1082–83/475 im Auftrag des iranischen Seldschukensultans Malikschah bzw. seines als Statthalter in Syrien eingesetzten Sohnes Tutusch – erneuert wurden (RCEA Nr. 2734–2737). Dennoch dürfte es sich bei der erhaltenen Ornamentplatte um ein älteres Stück handeln: Zum einen sind die Inschrifttafeln bedeutend kleiner (120 x 57 cm) und mußten deshalb durch einen zusätzlichen Marmorrahmen mit den flankierenden Reliefplatten in Bezug gesetzt werden. Zum anderen ist aus alten Fotos zu ersehen, daß nach dem Muster der älteren Platten neue Tafeln mit identischer Komposition aber einfacherer Ornamentik angefertigt worden sind.
In die schmale, hochrechteckige Platte ist ein Rhombus mit zentralem Medaillon eingepaßt. Das Mittelfeld wie auch die vier Eckzwickel, die von einem Perlstab umrahmt werden, sind einheitlich mit Weinranken gefüllt.
Auch wenn diese Ornamentierung völlig der antiken Formensprache verpflichtet ist, so klingen doch in der Kombination von geometrischer Gliederung und vegetabiler Binnenzeichnung sowie in der Neigung zur lückenlosen Flächenfüllung bereits charakteristische Tendenzen der islamischen Dekorkunst deutlich an. Damit entspricht die Reliefplatte auch der entwicklungsgeschichtlichen Stellung des Gesamtdekors der Umaiyaden-Moschee und kann der 714–15/96 vollendeten Ausstattungsphase des islamischen Ursprungsbaus zugerechnet werden. M. M.

263 Schale *(Abb. s. Farbtaf. S. 256)*

Damaskus (erworben 1944 in Damaskus)
2. Hälfte 13. Jahrhundert
Keramik mit schwarzer Zeichnung unter Türkisglasur, aus Bruchstücken zusammengesetzt und teilweise in Gips ergänzt
Durchmesser: 37,5 cm; Höhe: 10,7 cm
Damaskus A. 3827
Lit.: M. A. al-'Usch: al-Ma'rifa 1,5 (1962) 102 f. Abb. 6; – Catalogue (1969) 248 Abb. 139; – Guide (1980) 232 Abb. 102; – vgl. G. Contenau: Syria 5 (1924) 205.

Die große Schale entspricht zwar in der Technik dem für Raqqa im frühen 13. Jahrhundert kennzeichnenden Keramiktypus mit schwarzer dekorativer Malerei unter türkisgrüner Glasur (s. Nr. 257), für den Dekor lassen sich dort jedoch keine Parallelen aufzeigen. Der ausnehmend große Bodenspiegel trägt ein kreuzförmig angeordnetes Rankenornament, das in den Hauptachsen in zarte, dreigeteilte Verästelungen ausläuft; den Diagonalen sind Medaillons aufgesetzt. Die skizzenhaft angedeuteten vegetabilen Ein-

262 ▷

tes ..." und Sure 5, Vers 55–56): „Im Namen des barmherzigen und gütigen Gottes. Gott ist euer wirklicher Freund, und sein Gesandter, und die, die glauben, – die das Gebet verrichten, die Almosensteuer geben und sich (beim Gebet) verneigen. Wenn sich jemand Gott und seinen Gesandten und denen die glauben, anschließt. Die auf Gottes Seite stehen, werden Sieger sein!"
Von dem ehemals anschließenden Register ist neben der Stiftungsinschrift von 1103–4/497 im Damaszener Museum nur noch eine weitere, besonders kunstvoll gestaltete Holztafel erhalten. Das Mittelfeld ist zwar gitterhaft durchbrochen, doch auf beiden Seitene unterschiedlich dekoriert: die Vorderseite enthält die Basmala: „Im Namen des barmherzigen und gütigen Gottes" in verflochtenem Kufi über Rankengrund und die Rückseite nur die Worte: „Gott. Friede" über spiraligen Arabeskenranken und im Rahmen außerdem einen weiteren Koranvers (Basmala und Sure 3, Vers 18): „... Gott bezeugt, daß es keinen Gott gibt außer ihm. Desgleichen die Engel und diejenigen, die das Wissen besitzen. Er sorgt für Gerechtigkeit. Es gibt keinen Gott außer ihm, der Mächtige und Weise."
Das technische Repertoire ist ausnehmend reich. Neben doppelseitiger und einfacher Durchbruchschnitzerei treten kassettierte, aus verzahnten Einzelteilen zusammengesetzte Platten, zweischichtiges sowie flaches Relief, gedrechselte Säulchen und eine sparsame Inkrustierung bei den Gittern auf. Entsprechend groß ist die Variationsbreite der Ornamentik, die alle wesentlichen Einzelelemente – geometrische Muster, pflanzliche Formen und Schrift – in vielfältigen Kombinationen umfaßt. Dabei ist auffallend, daß voll entwickelte Arabesken neben altertümlichen Schrägschnittmotiven zur Anwendung gelangten. Damit steht der ausführende Meister noch in der fatimidischen Tradition, der auch die älteren syrischen Holzarbeiten (s. Nr. 259) verpflichtet waren, doch ist dieses Gitter weitaus reicher und technisch perfekter gearbeitet als alle bekannten zeitgleichen ägyptischen Dekorationen. M. M.

268 Helm

Aleppo (erworben 1933)
15. Jahrhundert
Eisen mit Messingbeschlägen, teilweise nachträglich vergoldet und ziseliert, an einigen Stellen durchgerostet
Höhe: 25 cm
Damaskus A. 1555
Lit.: vgl. H. Stöcklein: Ars Islamica 1 (1934) 213 f. Abb. 13; – D. Barrett, Islamic Metalwork in the British Museum (1949) XVII. XXIII Taf. 30; – L. A. Mayer, Mamluk Costumes (1952) 41 ff. Taf. VII f.

Bald nach 1400 kam die von zugewanderten Spezialisten aus Mossul (s. Nr. 260) begründete Produktion von inkrustierten Bronzearbeiten der Mamlukenzeit in Ägypten und Syrien weitgehend zum Erliegen. Wie bei den syrischen Keramiken (s. Nr. 266) wird dieses Auslaufen einer langen künstlerischen Tradition unter anderem auch mit der von dem Eroberer Timur veranlaßten Deportation von Damaszener Künstlern nach Turkestan im Jahr 1401 begründet. Wenn auch die Bronzewerkstätten sich in der Folgezeit auf wenig anspruchsvolle Gefäße mit einfacher Ritzzeichnung beschränkten, so wurden von den gleichzeitigen Waffenschmieden weiterhin vergoldete und mit Edelmetallen inkrustierte reiche Rüstungen angefertigt. Das bezeugen vor allem die umfangreichen Bestände der Waffensammlung im Topkapı Saray in Istanbul, in der die bei der osmanischen Eroberung von Syrien und Ägypten (1516 bzw. 1517) erbeuteten militärischen Ausrüstungen aufbewahrt werden.
Der in Aleppo erworbene Mamlukenhelm ist ein vergleichsweise einfaches Exemplar, dessen konisch zulaufende, recht gedrungene Form für das 15. Jahrhundert charakteristisch ist. Erhalten ist mit dem vorkragenden Augenschirm auch noch das verschiebbare Naseneisen mit einer tropfenförmigen Platte am oberen Ende, die vermutlich als Rangabzeichen gedeutet werden kann. Wie die Befestigungsspuren erkennen lassen, war dieser Helm ursprünglich zusätzlich mit Nackenschutz, Wangenklappen und Kettenbehang ausgestattet. M. M.

269 Säbel

Iran (erworben 1969 in Damaskus)
17. Jahrhundert (?)
Stahlklinge mit Goldeinlagen und gravierten Inschriften; Horngriff; Handschutz aus Silber mit Ritzzeichnung
Länge: 98 cm
Damaskus A. 16737
Lit.: vgl. L. A. Mayer, Islamic Armourers and their Works (1962) 26 ff. Taf. IV Va; – C. Pauseri: Gladius 4 (1965) 5 ff.

Mit Damaskus wird eine Gattung von Säbeln aus gehärtetem Stahl in Verbindung gebracht, deren Klingen eine charakteristische Maserung aufweisen, die an die noch heute in Damaskus hergestellten Damaststoffe gemahnt. Schwerter dieses Typs waren als Folge des durch den Ägyptenfeldzug Napoleons ausgelösten neuen Orientinteresses im 19. Jahrhundert in Europa hochbegehrte Sammlungsobjekte. Obwohl meist in ostislamischen Ländern – hauptsächlich in Iran, aber auch in Indien – produziert, wurden diese Waffen in solch großer Zahl über Damaskus nach Europa expor-

269

tiert, daß sich im Sprachgebrauch die Bezeichnung „Damaszener Stahl" etablierte.
Ein Beispiel der oft erst für den Export produzierten Waffen ist dieser komplett erhaltene Säbel, der auf der rechten Klingenseite unter dem Handschutz in zwei gravierten Schriftkartuschen eine religiöse Formel und eine Signatur aufweist: „Oh Erfüller aller Wünsche." – „Werk des Asad Allah."
Auf der linken Klingenseite steht in einer verflochtenen Goldschrift eine nicht vollständig entzifferte, weitere religiöse Formel in medaillonförmigem Rahmen: „Oh Herrscher über alle Reiche, rette uns vor dem Untergang! ..."
Der hier genannte Asad Allah, der durch zahlreiche weitere Signaturen, häufig auch mit der zusätzlichen Herkunftsbezeichnung „aus Isfahan" belegt ist, gilt allgemein als der qualitätsvollste aller bekannten Waffenschmiede. Obwohl bislang seine Lebensdaten noch nicht exakt bestimmt sind, wird er zu den Künstlern gezählt, die am Hofe des Safawidenherrschers Schah Abbas I. (1588/996–1629/1038) in Isfahan/Iran tätig waren. Allerdings sind die mit dem Namenszug des Asad Allah ausgezeichneten Schwerter den historischen Inschriften nach zeitlich über mehrere Jahrhunderte – vom frühen 17. bis zum frühen 19. Jahrhundert – verteilt. Die Signaturen sind daher überwiegend Werkstattzeichen oder ganz allgemein als Qualitätskennzeichen zu verstehen. M. M.

Abb. 44 Beduinenzelt

sein und hängt von staatlichem Schutz ab, denn das von ihm genutzte Land mit seinem Pflanzenwuchs ist für den Nomaden und seine Herden nur zu verführerisch, und des Bauern Speicher beinhalten, was der Nomade nicht hat: pflanzliche Produkte, besonders Getreide.
Nomadischen Wertvorstellungen widerspricht es nicht, weidend oder gar raubend in die Lebensräume von Bauer und Städter einzudringen. Nur Absprachen, Kooperation sowie politischer und militärischer Schutz durch die Zentralgewalt können den Nomaden in die durch ihn allein nutzbaren Gebiete, in denen Ackerbau nicht möglich ist, zurückdrängen. Dort ist der Pflanzenwuchs so spärlich, daß der Nomade mit seiner Herde ständig auf der Suche nach Weideplätzen in Bewegung ist und im Laufe eines Jahres weite Wanderungen durchführt, auf denen er sein bewegliches Heim, das Zelt, mit sich führt. Diese weiten Wanderungen unterscheiden den Nomaden vom Hirten, der im Dorf lebt oder in dieses periodisch zurückkehrt.
Das häusliche Leben des Nomaden, der sich selbst Arab (= Araber) nennt, spielt sich in seinem transportablen Heim, dem Ziegenhaarzelt (al-Bait asch-Scha'ar) ab (Abb. 44.45). Der am weitesten verbreitete Zelttyp besteht aus einem Zelttuch, meist sechs der Breite nach zusammengenähten Ziegenhaarbahnen von ca. 0,7 x 7 m. Dieses ca.

4 m x 7 m (gelegentlich auch größere oder kleinere) Tuch bildet das Dach des Zeltes. Es wird durch bis über 2 m lange Zeltstangen getragen, Rück- und Seitenwände bilden an dieses angenähte Tücher. Die Vorderseite des Zeltes ist in der Regel offen. Nur im Winter werden auch hier Tücher angebracht. Das Innere des Zeltes wird quer in zwei Teile, einen Männer- und einen Frauenteil getrennt. Der Männerteil dient als eine Art Empfangsraum, wo das Familienoberhaupt männliche Gäste empfängt und mit Kaffee oder Tee, der über einer hier befindlichen Feuerstelle bereitet wird, bewirtet. Der meist größere Frauenteil enthält eine weitere Feuerstelle, die aufgerollten und übereinander gestapelten Matratzen, Decken und Teppiche, Brennmaterial (Kameldung u. ä.), das Küchengerät, Lebensmittelvorräte und Wasserbehälter.
Wie das Haus des Nomaden an die extremen Lebensbedingungen in der Wüste oder Steppe angepaßt ist, ist es auch die nomadische Gesellschaft. Innerhalb des Hauses, der Kernfamilie (Aila) herrscht in hohem Grade Gleichberechtigung zwischen den einzelnen Familienmitgliedern. Die Familien sind auf der ersten höheren Ebene in Familienverbänden (Clans = al-'Aschira) organisiert, die sich auf der nächsthöheren Ebene mit anderen Clans zu Stämmen (al-Qabila) zusammenschließen, welche meist in großen Stammesföderationen organisiert sind. Auf jeder Ebene kommt die endgültige Entscheidung einer Person zu. Oberhalb der Kernfamilienebene werden aber Entscheidungen durch Beratungen der Männer vorbereitet.
Waren noch um die Jahrhundertwende die Nomaden, besonders die kriegerischen Kamelnomaden, Herren des offenen Landes, so hat sich seither viel geändert. Das Kamel hat seine Rolle als teuer verkaufbares Lasttier verloren. Das Lastauto hat es ersetzt. Dadurch wurde den Kamelnomaden ihre wirtschaftliche Basis entzogen, und viele von ihnen wandelten sich zu friedlichen Ziegen- und Schafzüchtern, andere zu Bauern oder wanderten gar in die Städte ab. Dieser Prozeß, der vor allem in den letzten Jahrzehnten an Vehemenz gewonnen hat, hat zwar quantitativ in der Geschichte keine Parallelen, ist aber qualitativ nichts Neues. Schon früher waren in Zeiten innerer Ruhe, Sicherheit und wirtschaftlichen Wohlstandes Nomaden seßhaft geworden.
Wir wissen aber auch von Zeiten öffentlicher Unsicherheit, von Kriegen und lang anhaltenden Dürren, die Seßhafte zwangen, zu einer nomadisierenden Lebensweise überzugehen. Dies trifft besonders auf die Regenfeldbauern im Osten und Norden Syriens zu, die in unmittelbarer Nachbarschaft mächtiger Nomadengruppen lebten und vorwiegend Getreideanbau betrieben. Anders verhält es sich mit den innersyrischen Berg-, Oasen- und Flußtalbauern. Sind auch in ihren Gebieten demographische Schwankungen zu beobachten und Bevölkerungsbewegungen zu verzeichnen, so ist hier das Bauerntum kaum gefährdet.

Trotz aller landschaftsbedingten, ethnischen oder religiösen Verschiedenheit weist das Leben der Bauern Syriens eine große Gleichförmigkeit auf, und ihre Häuser und Gehöfte haben große Ähnlichkeit miteinander. Der Plan der Bauernhäuser oder Gehöfte ist von ihrer Funktion her geprägt. Wohn-, Wirtschafts- und Speicherräume sowie Ställe sind an ein bis vier Seiten eines Hofes angeordnet. Konstruktionsmethoden und Baumaterial sind regional verschieden. Wo Stein vorhanden ist, wird mit ihm gebaut. Ist dieser ungeeignet oder fehlt er, finden Lehmziegel oder Lehmfachwerk Verwendung. Das Flachdach herrscht vor. In der

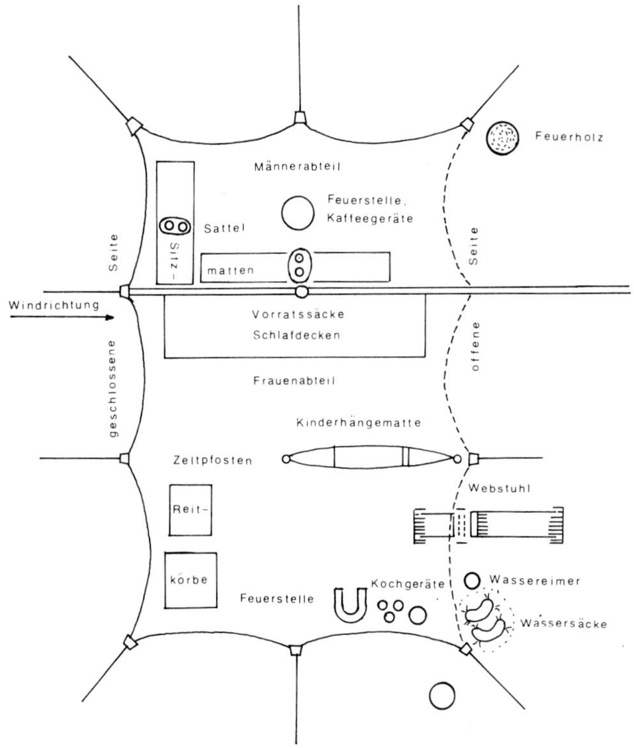

Abb. 45 Grundriß eines Beduinenzeltes

Regel wird es aus Holzbalken und Ästen über Holz- oder Steinstützen errichtet. Ausnahmen bilden nur das Gebiet zwischen Aleppo und Homs und das südsyrische Basaltgebiet. Im letzteren werden Stein-Flachdächer, die auf Bögen und Kragsteinen ruhen, verwendet, im ersteren herrscht das bienenkorbförmige Lehmziegelkuppeldach (Abb. 46) vor. Auch bei den Bauern sind Familie und Clan Grundzellen des dörflichen Lebens. Über ihnen steht die Dorfgemeinschaft. Diese Dorfgemeinschaft wird im Idealfall von einem aufgrund seiner persönlichen Autorität von allen Dorfbe-

wohnern geschätzten Schaich oder Muchtar (= der „Erwählte") geleitet. Jedoch spielten bis vor wenigen Jahrzehnten Großgrundbesitzer als Entscheidungsinstanz eine wichtige Rolle. Lebte der Großgrundbesitzer im Dorf, wie z. B. häufig bei den Drusen im Südosten des Landes, war er ein reicher Bauer unter ärmeren, die von ihm zwar teils wirtschaftlich abhingen, sozial aber nicht notwendig unter ihm standen. Anders der „absentee landlord", der in der Stadt lebende Großgrundbesitzer, der in der Regel einen Teil seines Vermögens in Landbesitz investiert hatte und aus diesem, wie aus städtischen Investitionen, Renten bezog. Dieses System, seit einigen Jahrzehnten „Rentenkapitalismus" genannt, spielt eine wichtige Rolle in der traditionellen nahöstlichen Wirtschaft. Es prägte das Verhältnis zwischen Dorf und Stadt, ein recht unausgewogenes Verhältnis, in dem das Dorf der Gebende und die Stadt der Nehmende war.

Literatur

A. Musil, Arabia Petraea. Ethnologischer Reisebericht (Wien 1908); – M. von Oppenheim, Die Beduinen. Band 1 und 2 (Leipzig 1939 und 1943); – J. Weulersee, Paysans de Syrie et du Proche-Orient (2. Aufl. Paris 1946); – E. Wirth, Syrien. Eine geographische Landeskunde (Darmstadt 1971) 188–276.

Die islamisch-orientalische Stadt und ihre Bewohner

Heinz Gaube

An der Küste und besonders zwischen dem östlich von ihr aufsteigendem Gebirge und der Wüste liegen die großen Städte Syriens. Sie alle sind vorislamische Gründungen, und die meisten von ihnen blühten schon in der vorgriechischen Zeit, in der Syrien ein Land kleiner Stadtstaaten war, die mit fernen Ländern in Handels- und Kulturaustausch standen. Diese lange städtische Geschichte spiegelt sich in Form und Plan der meisten syrischen Städte wider, und die zwei größten Städte des Landes, Damaskus (s. S. 263 ff. 360 ff.) und Aleppo, können als regelrechte Musterbeispiele für das Studium der islamisch-orientalischen Stadt gelten. Sie sind von der altorientalischen, der hellenistisch-römischen und der islamischen Kultur geprägt und zeigen aufs deutlichste, daß Syrien nicht irgendein Boom- oder Elendsland der Dritten Welt ist, sondern ein altes Kulturland im islamischen Orient, wo einem Aufgeschlossenheit und Modernität genauso entgegenweht wie ehrfurchtgebietende Patriarchenluft.

Ohne zu weit auf Theorien über die Entstehung der Stadt einzugehen, soll dennoch ein Blick auf die Stadt unter dem im vorangegangenen Kapitel eingeführten Begriff der „orientalischen Trilogie": Nomade, Bauer, Städter geworfen werden. Sozio-ökonomisch läßt sich die Stadt als Ort nicht-agrarischer Produktion, Handelsplatz, Dienstleistungszentrum und Sitz der Regierungsgewalt definieren. All das könnte sie nicht sein, hätte sie nicht ein agrarisches Hinterland. Dieses produziert, was die Stadt nicht produziert, nämlich Lebensmittel – es kauft, was die Stadt produziert – es versorgt das städtische Gewerbe mit Rohstoffen und den Handel mit Gütern – es nimmt Dienstleistungen der Stadt, seien es die des Priesters, des Friseurs, des Notars, des Gauklers oder Gelehrten, in Anspruch – und finanziert durch seine Steuern die in der Stadt zentrierte Verwaltung. Darüber hinaus stattet es über die im vorangegangenen Kapitel geschilderte Eigentumsverflechtungen einen Teil der städtischen Oberschicht mit Kapital aus, mit dem diese im städtischen Bereich investiert, produziert und spekuliert.

Umland und Stadt sind eine unauflösbare Einheit, das Eine kann nicht ohne das Andere funktionieren. Ist das Umland der Körper dieser Einheit, so ist die Stadt sein Gehirn. Hier laufen alle Fäden zusammen, hier wird geplant, gelenkt, von hier kommen die Innovations- und Investitionsschübe, und in sie fließen die Gewinne zurück. Ist das Umland der Produzent tierischer und pflanzlicher Lebensmittel und Rohstoffe, so ist die Stadt der Wirkungs- und Lebensort aller derer, die in nicht-agrarischer Produktion, im Handel und in vielfältigen Dienstleistungen tätig sind. Ist das Zelt bzw. das Zeltlager in Wüste und Steppe der Lebensraum des Nomaden, und ist das schon komplexer organisierte Dorf, mit funktional gleichen aber in Größe und Ausstattung recht unterschiedlichen Häusern, umgeben von seinen Fluren, Lebensraum des Bauern, so ist der städtische Lebens- und Arbeitsraum aufgrund der vielseitigen und komplexen Funktionen der Stadt ein wesentlich differenzierteres Gebilde. In ihm müssen verschiedenartiges Wirtschaften und Wohnen in einem organisatorisch Ganzen zusammen-

◁ Abb. 46 Dorf mit „Bienenkorbhäusern" am Djabul-See

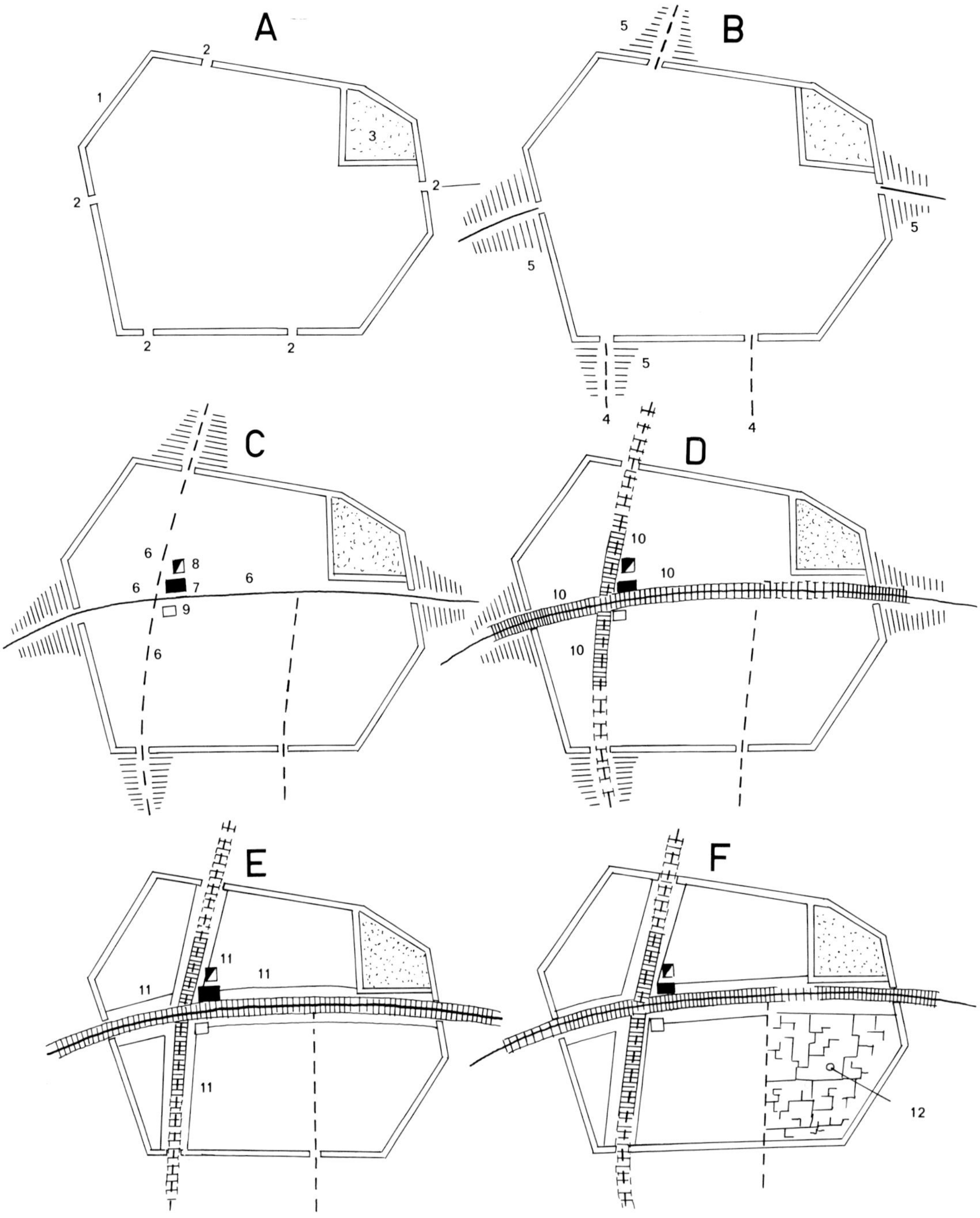

1 = Stadtmauer	5 = Vororte	9 = Schulen
2 = Stadttore	6 = Städtische Hauptverkehrsadern	10 = Bazare
3 = Zitadelle	7 = Grosse Moschee	11 = Karawanserei
4 = Überlandstrassen	8 = Verwaltungsgebäude	12 = Wohnviertel

Abb. 47
Schematisches Modell
einer islamischen Stadt

gefaßt sein, das höchste Wirkung mit geringstem Aufwand verbindet.
Das ist in der islamisch-orientalischen Stadt in höchstem Maße gelungen und verschafft ihr, ungeachtet der verschiedenen historischen Wurzeln – seien es im islamischen Westen hellenistisch-römische oder gar frühere oder im Osten iranische und altorientalisch-mesopotamische – einen hohen Grad an Einheitlichkeit bezüglich ihrer Organisation und Erscheinung, die es uns erlaubt, von d e r islamisch-orientalischen Stadt zu sprechen. Ihre wesentlichen Elemente, die wie Teile eines Körpers – mögen die sie tragenden Personen auch noch so verschieden sein – praktisch immer anzutreffen sind und die Verdinglichung der vier städtischen Grundfunktionen (s. o.) darstellen, lassen sich anhand eines schematischen Modelles am besten verdeutlichen.
Die *Stadtmauer* (Abb. 47 A: 1), äußeres Kennzeichen jeder islamisch-orientalischen Stadt, hat meist einen unregelmäßigen Grundriß, in dem sich Wachstum und Schrumpfen der Stadt widerspiegeln. Sie enthält eine variable Zahl von *Toren* (Abb. 47 A: 2). In die Mauer eingeschlossen, aber meist mit direkter Verbindung nach außen, liegt die *Zitadelle* (Abb. 47 A: 3), Sitz der Regierungsgewalt. Durch manche der Tore gelangen *Überlandstraßen* (Abb. 47 A: 4) in die Stadt. An den belebtesten von ihnen kommt es zur Ausbildung von *Vorstädten* (Abb. 47 B: 5), in denen wirtschaftliche Nebenzentren, meist in Tornähe, entstehen. Innerhalb der Stadtmauern setzen sich die Überlandstraßen als *Hauptachsen* innerstädtischer Kommunikation (Abb. 47 C: 6) fort. Die *Große Moschee* (Abb. 47 C: 7) liegt in der Regel an der Hauptachse der Stadt. Im Umkreis der Großen Moschee liegen oft *Verwaltungsgebäude* (Abb. 47 C: 8) und mindestens eine wichtige *Schule* (Madrasa) (Abb. 47 C: 9).
Der kaum endende Strom von Passanten in den innerstädtischen Hauptachsen zieht Handel und Gewerbe an. So sind die Hauptachsen von Läden und Werkstätten gesäumt, welche den Suq oder Bazar der Stadt (Abb. 47 D: 10) bilden. Um Kunden und Händler/Handwerker vor Sonne und Regen zu schützen, sind die Suq-Teile der Hauptachsen mit Dächern aus Holz oder Stein versehen – oder zumindest mit Planen überspannt. Im Zentrum des Suqs, meist nahe der Großen Moschee, herrscht die höchste Passantenfrequenz. Hier werden die teuersten Güter, Stoffe, Schmuck und dergleichen, verkauft. Läden mit weniger teuren Waren liegen zur Peripherie des Suqs. In der Nähe der Tore finden sich in der Regel Läden und Werkstätten, deren Angebot auf den Bedarf der ländlichen Kundschaft ausgerichtet ist. Der Suq oder Bazar ist das charakteristische Kennzeichen der islamisch-orientalischen Stadt. Vergleichbares kennen wir weder aus der vorislamischen Zeit noch aus anderen Zivilisationen. Er ist das wirtschaftliche Kontrollzentrum der Stadt und ihres Umlandes. Großhandel und Kleinhandel, Handwerk und Manufakturen, Kreditwesen und Maklertum sind hier als organisatorisch Ganzes in einer architektonischen Gesamtheit zusammengefaßt. Hinter den Läden und Werkstätten liegen die Chane oder Karawansereien, Sitz von Groß- und Fernhandel, Gewerbehöfe, Lagerhallen und Büros (Abb. 47 E: 11).
In Syrien wie in einer Reihe anderer islamischer Länder finden sich keine Wohnungen oder Wohnhäuser im Suq. Wohnen und Wirtschaften sind streng geteilt. Die Wohnquartiere (Abb. 47 F: 12) finden sich über die ganze Stadt verteilt, innerhalb und außerhalb der Mauern, und waren früher durch Tore gegeneinander abgeschlossen. Größere Wohnquartiere besitzen als notwendige Ergänzung zu den Wohnhäusern öffentliche Einrichtungen wie: Moschee, Bad (Hammam), Backstube, öffentlicher Brunnen, Schule und kleiner Markt (Quartier-Suq) für Waren des täglichen Bedarfs, die im zentralen Suq zu kaufen zu zeitaufwendig wäre. Zugang zu den Wohnhäusern erfolgt von den innerstädtischen Hauptachsen über Nebenachsen, Gassen und Sackgassen. Die Sackgasse bildet die kleinste Organisationseinheit der Stadt oberhalb der Hausebene. In der Regel sind von einer Sackgasse her nur einige Häuser erschlossen. Früher waren die Sackgasseneingänge durch Tore vom Rest des Viertels abschließbar.
Wollen wir uns das bisher theoretisch Abgehandelte an einem konkreten Beispiel aus Syrien verdeutlichen, so bietet sich die nordsyrische Großstadt Aleppo als hervorragendes Beispiel an. Eine „Stadtgeographische Skizze" aus dem Jahre 1970 (Abb. 48) zeigt uns die wesentlichen Elemente des Aleppo der späteren sechziger Jahre. Inzwischen ist die Zahl der Durchbruchstraßen gewachsen, die im Laufe der Zeit die hergebrachte Struktur der Altstadt völlig zerstören werden. Auf dem Plan sehen wir auf der einen Seite die neueren, seit Ende des letzten Jahrhunderts errichteten Viertel mit den in ihnen gelegenen neuzeitlichen Einrichtungen wie Bahnhof, Kraftwerk, Postamt. Daneben erkennen wir die Altstadt mit ihren unregelmäßigen, wie Blutgefäße verlaufenden Gassenzügen und ihren funktionalen Schwerpunkten, in denen wir die oben schematisch behandelten leicht wiederfinden können. Es sind das: die Stadtmauer, die Tore, die Zitadelle (die bis in das 12. Jahrhundert die übliche Randlage hatte, dann aber durch die Vergrößerung des von der Mauer eingeschlossenen Bereiches nach Süden und Osten in die heutige Mittellage kam) (Abb. 49), die schwarz ausgezogenen Überlandstraßenmündungen, die in Tornähe zu Suqs werden, die außerhalb der Mauern um diese liegenden Vorstädte, die innerstädtischen Hauptachsen die zur Großen Moschee und zum zentralen Suq mit seinen Tausenden von Läden und seiner Vielzahl von Chanen (Karawansereis), Gewerbehöfen und Lagerhallen streben und hier in einem sehr regelmäßigen Gassennetz, das seinen Ursprung im Gassennetz des hellenistisch-römischen Aleppo hat, aufgefangen werden.
Um den Suq und die Zitadelle liegen innerhalb und außer-

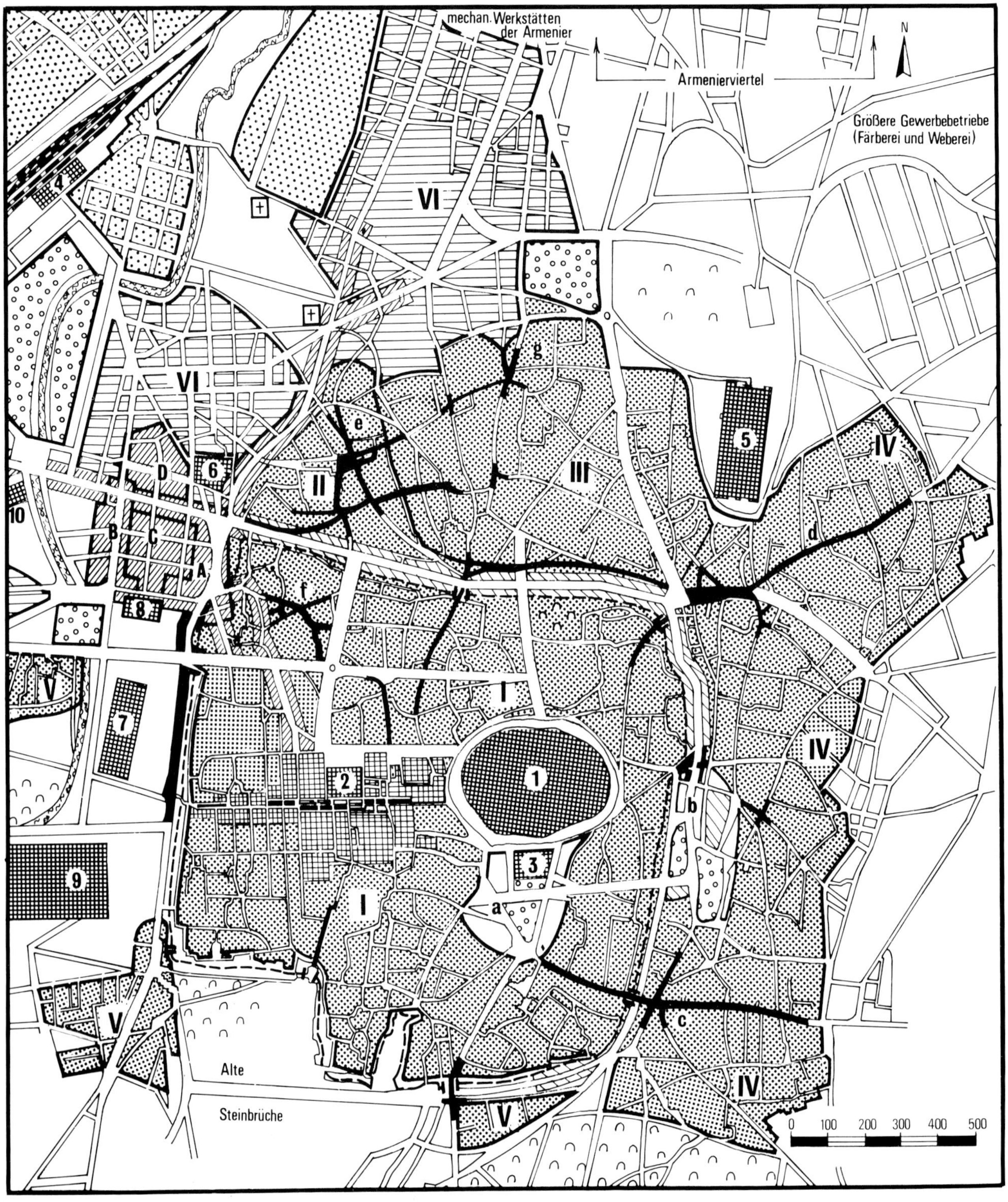
mechan. Werkstätten
der Armenier
Armenierviertel
N
Größere Gewerbebetriebe
(Färberei und Weberei)
VI
VI
4
5
6
10
D
B
C
A
8
II
III
IV
e
g
f
d
I
V
7
1
2
3
IV
b
9
a
I
V
c
IV
V
Alte
Steinbrüche
0 100 200 300 400 500

Abb. 49 Aleppo im 18. Jahrhundert

◁ Abb. 48 Die Altstadt von Aleppo

- Öffentliche Gebäude und Einrichtungen
- Zentraler Bazar mit Khanen
- Modernere Geschäftsviertel und Geschäftsstraßen (»City«)
- Quartier- und Vorstadtbazare
- Standorte des Großhandels außerhalb des Bazars
- Altstadt und alte Vorstädte um 1850
- Jüngere Wohnviertel aus der Zeit 1890–1930
- Moderne Wohnviertel aus der Zeit nach 1945
- Öffentliche Grünflächen und Parks
- Friedhöfe
- Trasse der spätmittelalterlichen Stadtmauer mit Toren

halb der Stadtmauer die Wohnviertel. Um die Jahrhundertwende betrug ihre Zahl fast 100. In der Zusammensetzung ihrer Bevölkerung, die von Viertel zu Viertel zwischen über 3000 und unter 200 Personen schwankte, insgesamt hatte die Stadt damals etwa 100 000 Einwohner (heute ca. 750 000), spiegelt sich die religiöse und ethnische Vielfalt Syriens und die aus ihr notwendig erwachsende Toleranz wider. Mit Ausnahme der Viertel südlich von Suq und Zitadelle und östlich der Stadtmauer, die fast ausschließlich von Muslimen bewohnt, ethnisch aber stark aufgegliedert waren (Araber, Turkmenen, Kurden, Zigeuner), lebten in den übrigen Stadtvierteln Angehörige verschiedener Religionsgruppen miteinander. Nördlich von Suq und Zitadelle überwogen im Bereich innerhalb der Stadtmauer die Juden, während in den Vierteln nördlich außerhalb der Stadtmauer Christen die Mehrheit der Bevölkerung darstellten. Faszinierend ist in diesem Teil des alten Aleppo, daß in fast jedem Viertel Muslime und Christen zusammenleben, daß, so kann gefolgert werden, außerhalb von Familie und Großfamilie die Quartiersbindung über der Bindung an die eigene Religionsgemeinschaft stand. Nur so ist ein friedliches Zusammenleben innerhalb der Quartiere vorstellbar.

Literatur

E. Wirth, Syrien. Eine geographische Landeskunde (Darmstadt 1971) 277–331; – E. Wirth: Saeculum 26 (1975) 45–94; – E. Wirth in: E. Meynen (Hrsg.), Geographie heute (Wiesbaden 1973) 323–333.

Syrien und Mesopotamien/Kleinasien im 3. und 2. Jahrtausend v. Chr.

Cord Kühne

Syriens geschichtliche Periode beginnt bereits um die Mitte des 3. Jahrtausends vor Christus. Wie uns die stichprobenhafte archäologische Erforschung zeigt, waren syrische Siedlungsgebiete an der Mittelmeerküste, in der binnenländischen Regenbauzone und entlang den Flußläufen Obermesopotamiens schon lange zuvor von bäuerlichen und städtischen Kulturen geprägt worden. Dieses Kulturland, für das wir eine gewisse alte Schicht von nichtsemitischen Ortsnamen feststellen können, hatte bereits früh starke Anziehungskraft auf die an seinem Rande in den niederschlagsarmen Steppengebieten weithin nomadisierenden, in ihrer Menge schier unerschöpflichen semitischen Stämme ausgeübt. Angelockt durch die Vorzüge und Bequemlichkeiten der seßhaften Lebensweise, hatte ein Teil dieser auf ihre Kleinviehherden angewiesenen und durch die Natur an harte Entbehrungen gewöhnten Nomaden von jeher Bereitschaft gezeigt, sei es auf friedlichem Wege, sei es durch Eroberung, in der Ackerbauzone Fuß zu fassen und selbst seßhaft zu werden. Auf diese Weise mag es zu erklären sein, daß der semitische Bevölkerungsanteil der Siedlungsgebiete, wie es den Anschein hat, schon vor Beginn der historischen Periode vorherrschend geworden war.

Ähnlich lagen die ethnischen Verhältnisse sowohl in Palästina als auch – für uns besonders interessant – im mittleren Zweistromland, das heißt in dem unmittelbar nördlich von Sumer gelegenen, später „Akkad“ genannten Bereich, von dem aus und über den hinweg sich etwa seit dem Aufblühen der sumerischen Hochkultur ein im Lauf der Jahrhunderte nie ganz versiegender, zeitweilig zur Flut anschwellender Strom von semitischen Zuwanderern nach Sumer ergossen hat. Die Annahme ethnischer Verbindungen zwischen Syrien und diesem kulturell von Sumer unmittelbar beeinflußten und auf Sumer seinerseits Einfluß nehmenden Bereich des mittleren Zweistromlandes ist an sich wahrscheinlich und wird hier gerade im Blick auf die geschichtlichen Ereignisse vertreten, läßt sich aber derzeit kaum beweisen: die ältesten bekannten Sprachdenkmäler aus beiden Regionen liegen räumlich sehr weit auseinander und zeigen neben deutlicher Sprachverwandtschaft auch sprachliche, nicht nur dialektale, Unterschiede.

An der Ostflanke des Mittelmeers gelegen, physikalisch vielgestaltig und stark gefächert, nimmt Syrien geographisch eine vermittelnde Rolle zwischen Anatolien sowie dem obermesopotamischen Vorland der armenischen und kurdischen Berge im Norden und dem mittleren und südlichen Zweistromland und anschließend Iran und Elam im Osten sowie Palästina und weiterhin Ägypten im Süden ein. Von seiner Beschaffenheit her zum Polyzentrismus (= Bildung vieler Mittelpunkte) hin angelegt, mit natürlichen Schätzen, namentlich mit Holzreichtum gesegnet, durch seine Lage zum Umschlagplatz von materiellen und kulturellen Gütern vorherbestimmt, stand das alte Syrien unter dem potentiellen Druck nicht nur seiner nomadischen Zaungäste, sondern auch solcher Nachbarn, die, nicht minder begehrlich als jene, aufgrund ihrer staatlichen Organisation stark und ausdehnungsfähig waren.

Gegen Anfang der syrischen Geschichte gab es in Vorderasien zwei bedeutendere Machtkonzentrationen. Die eine, das ägyptische Alte Reich, unterhielt über See enge, aber wohl durchaus friedliche Handelsbeziehungen zu dem am Fuß des Libanons gelegenen, offenbar freiwillig ägyptisierten Byblos (s. S. 306), die andere, das seit Beginn der Frühdynastischen Epoche um 3000 v. Chr. (ca. Mitte des 27. Jahrhunderts v. Chr.) mit dem semitisch unterwanderten mittleren Zweistromland verbundene und unter wechselnder Führung stehende Sumer, scheint während jener Epoche nicht nur in friedlichem wirtschaftlich-kulturellen Austausch, sondern zumindest gelegentlich auch in politischmilitärischer Auseinandersetzung mit Syrien gestanden zu haben. Ein erster Hinweis darauf findet sich in einer der Sagen, die sich an die Gestalt des sumerischen Helden und Herrschers Gilgamesch knüpfen, an dessen Geschichtlichkeit kein ernsthafter Zweifel besteht. Die in mehreren epischen Fassungen überlieferte Sage vom siegreichen Kampf des Gilgamesch mit Chubaba, dem „Herrn des Zedernwaldes", verlegt den Schauplatz des Geschehens von der mauerbewehrten sumerischen Metropole Uruk (deren Bevölkerung ob der herrscherlichen Abenteuerlust die sorgenvollen Köpfe schüttelt) in das ferne westliche Syrien, wohin Gilgamesch und seine Mannen unter anderem nach langer Flußfahrt euphrataufwärts gelangen. Der historische Kern der Erzählung wird ein wegen seiner Kühnheit unvergessener einmaliger Beutezug gewesen sein, der möglicherweise auch der Einschüchterung der Nomaden und der Sicherung der uralten Handelswege dienen sollte. Denn aus Syrien bezog das baumarme alluviale Zweistromland den in einer Zeit rascher kultureller Entwicklung umso heißer begehrten Baustoff Holz, daneben wohl auch Metalle, Steine, Wein, Baumöl und anderes mehr.

Der vielleicht erstmals von Gilgamesch geträumte, trotz des einen Erfolges aber noch unerfüllte, Traum von einer einheitlichen Herrschaft zwischen Persischem Golf und Mittelmeer mag seiner Verwirklichung um einen Schritt näher gekommen sein, als, in umgekehrter Richtung, siegreiche Herrscher aus dem „syrischen" Mari das Königtum auch über Sumer ausübten, wie uns die um ein halbes Jahrtausend jüngere sumerische Königsliste zu berichten weiß. Sie mag sich auf einen Abschnitt noch vor dem 25. Jahrhundert v. Chr. beziehen. Und noch einmal, gegen Mitte dieses Jahrhunderts, am Ende der frühdynastischen Epoche, gibt es einen Hinweis auf übergreifende politische Beziehungen zwischen Sumer und Syrien: Lugalzagesi von Uruk rühmt sich, daß ihm die Götter die Fremdländer unterworfen hätten. Vom „Unteren Meer" an der Mündung von Euphrat und Tigris bis zum „Oberen Meer" (dem Mittelmeer) habe er freie Bahn gehabt und kein Gegner sei gegen ihn aufgestanden.

Dieses aus politisch sehr unruhigen Zeitläufen stammende Selbstzeugnis des Königs hat wohl keine unmittelbare Herrschaftsausübung über Syrien im Blick, wohl aber meldet es einen sumerischen Anspruch auf Oberherrschaft an. Die Archive der ungefähr gleichzeitigen „protosyrischen" Schicht aus Ebla scheinen zu diesem Thema zu schweigen; ihr politischer Horizont ist enger gezogen, aber sie verdeutlichen doch, welch starken kulturellen Einfluß Sumer auch auf das ferne westliche Syrien ausübt. Sumerische Schrift und Sprache stehen am Anfang syrischer Schriftlichkeit, und die Lerninhalte der sumerischen Schreiberausbildung bestimmen auch die Schreiberschule von Ebla, wo man ein der sumerischen Sprache völlig andersartig gegenüberstehendes semitisches Idiom spricht (s. S. 324). Aber auch etwas weiteres zeigt sich: die übernommene Schrift wird in einem tieferen Sinne vereinnahmt, indem sie zur Wiedergabe auch jener „eblaitischen" Sprache benutzt und dieser angepaßt wird. So gelingt es, dem ungeheuren Bedürfnis nach Dokumentation nachzukommen, das in dem hochdifferenzierten, auf vielfache Übertragung von Verantwortung und entsprechende Kontrollen gegründeten Staatswesen von Ebla besteht.

Lugalzagesi von Uruk wird gestürzt von einem ehemaligen Trabanten eines seiner Vasallen, einem genialen Abenteurer ostsemitischer Herkunft namens Scharrum-kin, dessen politische Laufbahn mit der Gründung einer Stadt Akkade außerhalb Sumers im Norden des späteren Babyloniens begonnen hat und dem es gelungen ist, sich an die Spitze einer Erhebung der semitischen Teile des Reiches zu stellen. Nach dem Sieg über den Oberherrn und die zu diesem haltenden sumerischen Stadtfürsten, fällt der Herrschaftsanspruch Scharrum-kin und seiner jungen Residenz Akkade zu, die für etwa zweihundert Jahre zum unerhört glänzenden Mittelpunkt Vorderasiens wird. Syrien gehört sozusagen von Anfang an – die Quellen sprechen vom 3. Regierungsjahr des Scharrum-kin – offiziell zum Akkade-Reich das sich von der Küste des Persischen Golfes (zeitweilig mit Einschluß des heutigen südlichen Irans) bis an den Libanon, das Mittelmeer und an den Taurus – gelegentlich sogar bis ins Innere Anatoliens – erstreckt und das, sowohl aus Provinzen wie aus mittelbar beherrschten Protektoraten bestehend, die altorientalischen Vorstellungen von Weltherrschaft bzw. von einer Art Kaisertum für die künftigen zwei Jahrtausende bis hin zu Alexander formt. Während der für Handel und Wandel sehr vorteilhaften Akkade-Herrschaft scheint Syrien sich in die Protektorate Mari, Ebla und Armanum zu gliedern, welch letzteres etwa das Gebiet um Aleppo bezeichnet. Nach einem der nicht wenigen Aufstände, die das Akkade-Reich überdauert, erobert und zerstört Scharrum-kins Enkel Naram-Sin gegen die Mitte des 24. (22.) Jahrhunderts Ebla und vereinigt dessen Territorium mit Armanum.

Als zu Anfang des 23. (21.) Jahrhunderts das Akkade-Reich seinen innewohnenden Spannungen erliegt, beginnt zunächst einmal für den westlichen Teil Syriens eine – bislang freilich nur aus wenigen Indizien erschließbare – Epoche erneuter Selbständigkeit. Deren System ist vorgegeben: die zahlreichen bestehenden oder auch neu gegründeten örtlichen Herrschaften, in ihrem Tatendrang wesentlich befruchtet von einer semitischen Zuwandererwelle, die wir als die amurritische bezeichnen, stehen einander wohl in rivalisierenden Bündnissen gegenüber, jeweils unter der Leitung traditionell-hausmächtiger Fürsten oder (neu) zur Macht gelangter Eroberer nomadischer Abkunft. Als Schriftsprache behalten sie das ihren westsemitischen Idiomen verwandte Akkadische, die seinerzeit frisch verschriftete ostsemitische Amtssprache des Akkade-Reiches,

bei. Immer wieder weitgehend angepaßt an den jeweiligen Stand der Entwicklung, den das Akkadische in seiner babylonischen Heimat nimmt, wird es gerade in den Kanzleien Syriens und der mesopotamischen Randgebiete zu der ein Jahrtausend lang gültigen internationalen Verkehrssprache Vorderasiens.
Der eigentliche politische Haupterbe des Akkade-Reiches ist indessen die bald über fast ganz Mesopotamien und Ostsyrien gebietende III. Dynastie von Ur, die, obwohl stark beeinflußt durch Akkades Vorbild, ein letztes Aufblühen und Reifen des Sumerertums verkörpert. Ihr und auch Sumers Ende am Beginn des 21. (19.) Jahrhunderts wird mit ausgelöst durch wachsenden amurritischen Druck und durch das Verhalten des Statthalters in Mari. Mit dem Fall von Ur gewinnen dann auch im größten Teil Mesopotamiens einschließlich Sumers die bereits in Syrien herrschenden ethnischen Kräfte und schwankende politische Verhältnisse die Oberhand.
Archive des 20. (18.) Jahrhunderts, darunter das mehr als 25 000 Tontafeln umfassende Palastarchiv von Mari, gewähren uns Einblick in das politische, gesellschaftliche und wirtschaftliche Leben einer interessanten, aber unsicheren Zeit, in der bedeutende amurritische Reichsbildungen ebenso rasch zerfallen wie sie zustande gekommen sind: etwa die eines Jachdun-Lim, eines Schaichs, der unter anderem die Herrschaft über Mari an sich reißt oder diejenige eines Schamschi-Adad (I.), der, ebenfalls nomadischer Abkunft, das bereits bedeutende, etwa mit Handelsinteressen stark in Anatolien engagierte Assur erobert und der bei rastlosem Einsatz seines genialen Organisationstalents mit Gewalt, List und Diplomatie den größeren Teil des Zweistromlandes und Syriens – und damit auch den gesamten Fernhandel – unter seine Kontrolle bringt. Nach Schamschi-Adad (gestorben ca. 1921 [1718] v. Chr.) gelingt es dem berühmten nachmaligen Gesetzgeber Hammurapi von Babylon, Sproß einer schon eingesessenen Amurriter-Dynastie, den ererbten kleinen Territorialstaat vermöge eines lückenlosen Wirtschaftsmanagements, eines funktionierenden Nachrichtendienstes, geschickter Kriegsführung und einer gewissenlos taktierenden Diplomatie zur Vormachtstellung zu führen und seine Grenzen bis an den Persischen Golf und nach Nordmesopotamien auszudehnen. Nur Syrien bleibt unter der Führung der Dynastien von Aleppo und Qatna unabhängig von Babylon, dessen Macht nach Hammurapis Tod rasch wieder zu schrumpfen beginnt.
Das von einer Aleppiner Nebenlinie angelegte, vom Anfang des 19. (17.) bis in die erste Hälfte des 18. (16.) Jahrhunderts reichende ältere Palastarchiv von Alalach am Unterlauf des Orontes vermittelt uns wichtige, wenn auch begrenzte, Kenntnisse über feudale Strukturen und das regionale Geschehen dieser Zeitspanne, während indessen zumindest im Norden Syriens ein bereits im 20. (18.) Jahrhundert örtlich spürbarer nichtsemitischer Bevölkerungsanteil beträchtlich zunimmt und sprachlich und politisch an Bedeutung gewinnt. Es handelt sich um die etwa seit der Akkade-Zeit als Bewohner der nördlichen und nordöstlichen Teile Mesopotamiens bekannten Hurriter (s. S. 325), die sich allmählich nach Westen und Süden ausgebreitet haben.
Etwa zu Beginn des 18. (16.) Jahrhunderts entsteht im Umfeld der heutigen Nordgrenze Syriens, wohl gestützt auf einige von Hurritern beherrschte Stadtstaaten, ein Hurriter-Reich, das unter der Führung einer über den Kaukasus (?) eingewanderten, aber bereits assimilierten indoarischen Oberschicht zu einer Großmacht, dem Mitanni-Reich, heranwächst. Im zweiten Viertel des 18. (16.) Jahrhunderts kommt es zu einem politischen und militärischen Zusammenstoß der Hurriter mit dem aus Inneranatolien südwärts nach Nordsyrien vordringenden, von einer teils indogermanischen Bevölkerung getragenen Älteren Hethiter-Reich, das unter Hattusili I. (dem Zerstörer des älteren Alalach) Großmachtansprüche anmeldet und diese unter dessen Nachfolger Mursili I. (drittes Viertel 18. [16.] Jahrhundert) vor allem auf Kosten des mit den Hurritern verbündeten traditionellen (bereits hurritisch unterwanderten) Großkönigtums von Aleppo durchsetzt. Nach der Eroberung Aleppos und seiner Satellitenstaaten vollendet Mursili die Umwälzung der Verhältnisse durch einen waghalsigen Plünderungszug nach dem fernen Babylon, wo er den Untergang der Hammurapi-Dynastie herbeiführt.
Während in Babylonien, sozusagen im Kielwasser der Hethiter, mit den Kassiten eine letzlich wohl aus dem iranischen Bergland stammende nichtsemitische Einwandererschicht die Macht ergreift und ein neues Königshaus stellt und während die ersten beiden Pharaonen der XVIII. Dynastie der Fremdherrschaft der Hyksos am Nil ein Ende setzen, fallen den Hurritern bzw. dem Mitanni-Reich die Früchte der hethitischen Syrienzüge in den Schoß: nach langer Abwesenheit von daheim wird Mursili das Opfer einer Adelsverschwörung und unter seinen Nachfolgern verliert das Hatti-Reich die Kraft, seine von Hurritern und alteingesessenen Amurritern bestrittene Herrschaft über Syrien auszuüben. Mitanni kann die Sympathien der verstreut wohnenden Hurriter nutzen und seine politische Macht und seinen Einfluß rasch weiter ausdehnen. Indem es wohl zum Teil die alten örtlichen Machtstrukturen durch Verträge an sich bindet, gelingt es ihm, südwärts bis nach Phönikien und Palästina vorzustoßen, wo es – etwa im Verfolg von Bündnisverpflichtungen – mit den Ägyptern zusammenprallt, die, nach Vernichtung der letzten Hyksos in Südpalästina, eine breite Sicherheitszone jenseits der ägyptischen Grenze auf asiatischem Gebiet einzurichten und zu kontrollieren suchen, um einer erneuten Einmischung von außen künftig besser vorbeugen zu können. Der so ausgelöste mitannisch-ägyptische Interessenkonflikt beherrscht das 15. Jahrhun-

dert, in dessen Verlauf der Waffenlärm in Palästina und (zumindest im mittleren) Syrien selten verstummt. Die ägyptische Berichterstattung dazu ist uns einigermaßen bekannt. Ihre teils eindrucksvollen, teils formelhaften Erfolgsmeldungen können nicht darüber hinwegtäuschen, daß selbst bei zähestem Einsatz, trotz einer mit Babylonien und Assyrien abgesprochenen Einkreisungspolitik und trotz großartiger taktischer Leistungen namentlich des I. und des III. Thutmosis von einem ägyptischen Sieg über Mitanni nicht die Rede sein kann. Erst der Wiedereintritt des nach 1420 neu erstarkenden Hethiter-Reiches in den Kreis der Großmächte nötigt Mitanni zu einem für Ägypten günstigen Friedensschluß, bei dem eine etwa in Höhe der heutigen libanesischen Nordgrenze ansetzende Demarkationslinie die Levante in eine nördliche, mitannische, und eine südliche, ägyptische, Interessensphäre aufteilt.

In einer Zeit der sich beruhigenden politischen Großwetterlage und des Aufschwungs der internationalen Diplomatie, in deren Gefolge zwischenstaatliche Vertragsschlüsse, dynastische Heiraten und ein ausgedehnter Geschenk- und Güteraustausch stehen, kann sich die arg gebeutelte, auf lokaler Ebene stark zerstrittene und verunsicherte Levante nur sehr langsam erholen, bedeutet sie den Mächten nach der äußeren Sicherstellung doch kaum mehr als eine willkommene Quelle der Einkünfte, als ein Objekt des Raubbaus. Diesen Eindruck vermitteln zumindest die in der ägyptischen Residenz von El-Amarna aufgefundenen Briefe der dem Pharao dienstbaren syrisch-phönikisch-palästinischen Kleinkönige und Stadtfürsten, Zeugnisse, die gleichzeitig mit den Schriftstücken des internationalen diplomatischen Verkehrs archiviert wurden und die erfüllt sind mit Klagen über die Umtriebe räuberischer Elemente und angeblich abtrünniger Nachbarn wie auch über die Unwirksamkeit der ägyptischen Kontrollorgane. Die Briefe entstammen dem mittleren 14. Jahrhundert, einem Zeitabschnitt, in dessen Verlauf der Hethiter-König Suppiluliuma I. die Erbfehde mit dem Mitanni-Reich zu Hattis Gunsten entscheiden kann. Mit dem Zusammenbruch Mitannis als Großmacht kommt es alsbald zu hethitisch-ägyptischen Spannungen hinsichtlich des Fortbestandes der bisherigen Nordgrenze der ägyptischen Interessensphäre sowie hinsichtlich der hethitischen Neuordnung Syriens. Der zeitweilig militärisch ausgetragene Konflikt, der dem abseits stehenden Assyrien die gern genutzte Gelegenheit bietet, sich nahezu ungehindert der osteuphratischen Gebiete zu bemächtigen, zieht sich bis gegen die Mitte des 13. Jahrhunderts hin, bis man sich – Jahre nach einem hethitischen Sieg über Ramses II. bei Qadesch (1275/4, s. S. 342 ff.) – endlich auf die Anerkennung bestehender Verhältnisse, einigt.

Zumindest in einigen Bereichen der Levante sind unterdessen Handel und Wandel aufgeblüht. Wo die Autorität der jeweiligen Großmacht – abgegolten durch hohe Abgaben der abhängigen Staaten – die innere Ordnung gewährleisten kann – das ist im hethitischen Imperium weitgehend der Fall und dürfte mittlerweile wenigstens auch für die wichtigeren Häfen der ägyptischen Zone zutreffen –, können land- und forstwirtschaftliche Erträge ungeschmälert eingebracht und gegebenenfalls exportiert, können metall- und textilverarbeitende Gewerbe, zum Beispiel die heimische Purpurfärberei, sowie der Fern- und Überseehandel mit vollem Einsatz betrieben und können die zur Deckung des Reichsbedarfs, namentlich für die Rüstung, notwendigen Rohstoffe und Fertiggüter mit Gewinn erzeugt oder umgeschlagen werden.

Ein in solcher Weise florierendes syrisches Gemeinwesen ist zum Beispiel der kleine, gemäß den Begriffen der Zeit bereits als Mittelmacht anzusprechende, unter hethitischem Protektorat stehende Küstenstaat Ugarit. Seine gleichnamige Hauptstadt ist schon im 20. (18.) Jahrhundert als Fürstensitz bekannt und sein Haupthafen dürfte bereits damals als Umschlagplatz für zypriotisches Kupfer an die Fernhandelsstraßen Syriens angeschlossen gewesen sein. Umfangreiche staatliche Archive aus dem 14. und 13. Jahrhundert lassen die politische und wirtschaftliche Entwicklung Ugarits unter der hethitischen Oberherrschaft erkennen und gewähren Einblick in die Gliederung, die Verwaltung und die Institutionen des von Semiten und Hurritern bewohnten, von Händlern aus aller Herren Ländern (Ägyptern, Hethitern, Zyprioten, Leuten aus der Ägäis, Kilikiern, Assyrern usw.) aufgesuchten Königreiches, dessen Kanzleien neben der babylonischen (akkadischen) Keilschrift und Verkehrssprache auch das heimische nordwestsemitische Idiom benutzen und für dieses die ungemein moderne bodenständige Alphabetschrift der Levante (eine Vorform unserer Schrift) verwenden.

Während Ugarit bis in die zweite Hälfte des 13. Jahrhunderts für das Hatti-Reich vor allem wegen seiner wirtschaftlichen Leistungskraft wichtig ist, gewinnt der Küstenstaat im letzten Jahrhundertviertel als Eigner einer, wenn auch zunächst für den Handel bestimmten Flotte von wenigstens zweihundert Seeschiffen eine nachweisliche besondere Bedeutung für den militärischen Schutz des Reiches. Das bis dahin nur als Landmacht hervorgetretene Hatti-Reich, das im Osten seit längerem von Assyrien bedroht wird, im Norden unter dem ständigen Druck nicht zu befriedender Bergvölker leidet und an Aufstände in den zur Ägäis blikkenden westkleinasiatischen Reichsteilen gewöhnt ist, sieht sich jetzt an seiner Südküste zunehmend Plünderungen und Landnahmen durch aus dem ägäischen Raum stammende Seefahrer ausgesetzt, die – den spätantiken Vandalen und den mittelalterlichen Normannen vergleichbar – nur zur See wirkungsvoll bekämpft werden können. Wohl mit Hilfe der im Reich verfügbaren Schiffstonnage gelingt es den Hethitern unter Suppiluliuma II., das von den Freibeutern als Basis benutzte Zypern zu erobern. Doch scheint dieser

Sieg der letzte zu sein, den das bereits auf tönernen Füßen stehende Reich erlebt. Entweder im Zusammenhang eines unglücklich verlaufenden Feldzugs oder eines abgesprochenen Vorgehens verschiedener Gegner kommt es plötzlich zu der schon lange vorhersehbaren Katastrophe, deren volle Tragweite zuvor freilich kaum abzuschätzen gewesen sein dürfte: Das Hethiter-Reich verschwindet wie mit einem Schlag und für immer von der politischen Bühne, und sein Schicksal wird von mehreren seiner Satelliten, zum Beispiel Ugarit, geteilt. Die gesamte Levante wird von plündernden und sengenden westlichen „Seevölker"-Scharen überzogen, die sich schließlich zum Überfall auf Ägypten sammeln und im letzten Augenblick mit letzter Kraft von Ramses III. vernichtend geschlagen werden (1180/79). Doch die bronzezeitliche Zivilisation Vorderasiens hat bereits ihr Ende gefunden. Der baldige Abschied Ägyptens von seiner traditionellen Großmachtstellung und das Ende der Kassiten-Dynastie in Babylonien besiegeln die allgemeine Umwälzung, aus der allmählich neue tragende Kräfte hervorgehen. In Syrien und Mesopotamien sind es die Aramäer, die einer neuen Epoche, etwa mit ihrer nordwestsemitischen Sprache, den eigenen Stempel aufdrücken werden.

1 Der Autor verwendet die in Klammern gesetzte Kurzchronologie.

Literatur

W. von Soden in: Propyläen-Weltgeschichte – I (Berlin 1961) 525 ff. – II (Berlin 1962) 41 ff.; – E. Cassin/J. Bottéro / J. Vercoutter (Hrsg.), Die altorientalischen Reiche – I (1965) – II (1966); – H. Klengel, Geschichte Syriens im 2. Jahrtausend v. u. Z. 3 Bände (Berlin 1965/1969/1970); – C. Kühne, Die Chronologie der internationalen Korrespondenz von El-Amarna: AOAT 17 (Neukirchen-Vluyn 1973); – H. Klengel, Handel und Händler im alten Orient (Leipzig 1979).

Syrien und Ägypten

Marianne Eaton-Krauß

Noch vor der Reichseinigung um 3100 v. Chr., mit der die ägyptische Vorgeschichte zu Ende ging, knüpften Händler erste Beziehungen zwischen Ägypten und seinen östlichen Nachbarn an. Zeugnisse dieser Kontakte wurden bisher nur am ägyptischen Ende des Handelsweges gefunden: Lapislazuli, vorderasiatische Rollsiegel und Keramik; auch die Übernahme entsprechender Motive bezeugt den fremden Einfluß auf das ägyptische Kunsthandwerk. Die mengenmäßig bedeutenderen, aber vergänglichen Handelsgüter wie Öl und vermutlich Textilien (Wollgewebe) kann die Archäologie nicht direkt nachweisen. Die Ägypter gaben im Austausch für diese Importe wohl Gold. Mit den Produzenten selbst (Vertretern der frühgeschichtlichen Kultur von Uruk, deren Einfluß vom mesopotamischen Kernland bis nach Elam im Osten und in den syrischen Raum reichte) kamen die Ägypter nicht in Berührung, sondern wahrscheinlich nur mit Zwischenhändlern: die Waren wurden zunächst auf dem Euphrat und dann die Mittelmeerküste entlang ins Delta transportiert. Die Zwischenstationen an der Küste steuerten zu diesem Handel bei; schon damals fand Koniferenholz aus den syrischen Gebirgen seinen Weg an den Nil, wie prädynastische Grabfunde in Oberägypten beweisen.

Ob die Hafenstadt Byblos auch schon zu diesen Zeiten eine bedeutende Rolle im Ägyptenhandel einnahm ist ungewiß. Erst mit Chasechemui, dem letzten Herrscher der 2. Dynastie, ist um 2675 v. Chr. ein ägyptischer König durch Funde namentlich in Byblos nachweisbar. Anscheinend bestand zu seiner Zeit bereits die später für das Alte Reich bezeichnende Form der ägyptisch-syrischen Beziehungen: ein friedlicher Handelsaustausch, der vornehmlich über den ägyptisierten Hafen Byblos abgewickelt wurde. Von dort bezog der königliche Monopolhandel das begehrte Zedernholz und eine bei der Mumifizierung gebräuchliche Pechsorte. Vielleicht wurden auch Sklaven nach Ägypten verhandelt: im Totentempel des Königs Sahure (um 2450 v. Chr.) bei Abusir sind nach Syrien gehende und von dort zurückkommende Schiffe dargestellt; die Decks der heimkommenden Schiffe wimmeln von „Asiaten" – Männern, Frauen und Kindern – die den ägyptischen König preisen. Die mit diesen Schiffen gebrachten Bären galten in Ägypten als etwas typisch syrisches; noch eintausend Jahre später werden Bären in diesem Sinn erwähnt. Zur Fracht gehören auch Gefäße, deren Form den Ägyptern wohl besonders auffällig war. In syrischer Keramik, die bei Ausgrabungen in Beamtengräbern des Alten Reiches ans Licht kam, führte man Öl, Wein, Honig und das schon erwähnte Pech nach Ägypten ein.
Im syrischen Raum gemachte Funde des Alten Reiches stammen fast ausschließlich aus Byblos. Um so erfreulicher war daher die 1977 im Mardich geglückte Entdeckung von Gefäßfragmenten mit den Namen zweier ägyptischer Köni-

ge (Nr. 77). Sie sind aber nicht als Beweis direkten Kontaktes zwischen Ägypten und dem Stadtstaat Ebla zu deuten. Ähnliche Funde sind aus Byblos gut bekannt. Nach aller Wahrscheinlichkeit gelangte Nr. 77 über Byblos nach Ebla.
Mit dem Zusammenbruch des Alten Reiches scheinen die ägyptischen Asienkontakte für einige Zeit auszusetzen. In einem etwas später niedergeschriebenen literarischen Werk beklagt ein Ägypter das Fehlen von Zedernholz und des für die Einbalsamierung benötigten Pechs.
Das nun folgende Mittlere Reich (Dynastie XI–XIII) umspannt den Zeitraum von ca. 2100 bis 1650 v. Chr.; in Syrien-Palästina entspricht dies der Mittleren Bronzezeit. Die wichtigste Quelle für den damaligen Stand der Beziehungen ist die Sinuhe-Erzählung, die in Ich-Form von der Flucht eines Hofbeamten nach Syrien und seiner Rückkehr berichtet.[1] Sinuhe ließ den Koregenten Sesostris I. (um 1960 v. Chr.) im Stich als dessen Vater, der Seniorregent Amenemhet I., einem Attentat zum Opfer fiel. Die Flucht des Sinuhe endete bei amoritischen Hirten in „Retenu", wie die allgemeine ägyptische Bezeichnung des syrischen Raums damals lautete. Die Erzählung verherrlicht Sesostris I., der Sinuhe aus seinem Asyl zurückrief; Sinuhes Äußerungen zur ägyptischen Asienpolitik geben mithin den offiziellen Standpunkt des Königs wieder. Danach waren die ägyptischen Absichten nur auf friedliche Beziehungen ausgerichtet. Die diplomatischen Kontakte selbst werden als intensiv geschildert; es ist die Rede von königlichen Boten, die im syrischen Gebiet mit Aufträgen und Briefen unterwegs waren.
In der Tat gibt es aus der Zeit des Mittleren Reiches nur einen einzigen Beleg für einen militärischen Einfall der Ägypter in Asien. Die Stele eines Mannes namens Hui-Sobek, eines Zeitgenossen des Sesostris III. (um 1860 v. Chr.), berichtet von seiner Teilnahme an einem Feldzug gegen den Stadtstaat Sichem im Hügelland von Palästina. Nach heutiger Auffassung galt das Unternehmen nur dem Schutz der Handelswege vor räuberischen Nomaden.
Während des Mittleren Reiches wurden die gleichen Waren wie früher aus dem syrischen Raum nach Ägypten exportiert. Der Menschenhandel ist jetzt reichlich belegt; das Wort „Asiate" entwickelte sich zu einem Synonym für „Sklave". Die Ägypter setzten diese Syrer gerne im Haushaltsdienst ein, die Frauen vor allem als Weberinnen.
Bei Ausgrabungen in Syrien-Palästina sind als wichtigste Funde ägyptischer Herkunft private und königliche Steinstatuen zutage gekommen. Beispielsweise wurden in der Hafenstadt Ugarit die Statue eines Wesirs, die Statuette einer Tochter des Amenemhet II. und Fragmente von Sphingen des Amenemhet III. gefunden. Nach älterer Auffassung bezeugt die Statue des Wesirs eine von diesem Mann geleitete Gesandtschaft nach Ugarit; die königlichen Rundbilder sollen dagegen Geschenke des ägyptischen Hofes sein. Aus diesen und ähnlichen Funden, wie z. B. Skarabäen mit Königsnamen des Mittleren Reiches, wollte man ein ausgedehntes asiatisches Imperium der Ägypter in jener Zeit erschließen.
Die Forschungen des Hamburger Ägyptologen W. Helck haben aber gezeigt, daß die in Syrien-Palästina gefundenen ägyptischen Statuen des Mittleren Reiches erst zur Hyksos-Zeit dorthin gekommen sind. Als erste Fremdherrscher regierten die sechs Hyksos von ca. 1640-1530 v. Chr.[2] als XV. Dynastie über Unter- und Mittelägypten. Herkunft, Art der Machtübernahme und Ausdehnung ihres Herrschaftsbereiches sind umstritten. Sicher ist daß Ahmose, der Gründer des Neuen Reiches, um 1530 v. Chr. den letzten Hyksos aus dessen Residenz Avaris im Ostdelta vertreiben konnte. Ahmose verfolgte die Anhänger des Fremdherrschers nach Südpalästina, dort belagerte er die Stadt Scharuhen und stieß vielleicht bis an den Euphrat vor. Dieser Erfolg bestimmte die expansionistische Asienpolitik des Neuen Reiches. Die Pharaonen gründeten ein Reich, das in Vorderasien aus hunderten von Klientelstädten bestand. Die Feldzugsannalen des Thutmosis III. nennen eine Reihe solcher Städte, die der König zu seinen Vasallen zählte. Hier taucht z. B. Ugarit zum ersten Mal in einer ägyptischen Quelle auf. Einhundert Jahre lang gehörte die Stadt zum ägyptischen Einflußbereich (Nr. 120, 125, 143, 144), bis ein Rückgang der ägyptischen Macht unter Echnaton die Stadt zum Vasallen des hethitischen Königs Suppiluliuma werden ließ.
Einen Einblick in die syrisch-ägyptischen Beziehungen dieser Zeit gestatten die sogenannten Amarna-Briefe, ein 1887 in Tall al-Amarna, der kurzlebigen Hauptstadt des Echnaton, gefundenes Tontafelarchiv. Es handelt sich um Schreiben, die das Auswärtige Amt des Pharao nach Syrien sandte oder von dort erhielt. Diese Korrespondenz läßt das Ende des Mitanni-Reiches erkennen, des bislang bedeutendsten Gegners Ägyptens und den Aufstieg des Hethiter-Reiches als seinen neuen Rivalen. Schauplatz der Auseinandersetzungen zwischen diesen Mächten war Nordsyrien. Jahrzehnte später fand hier zur Zeit des Ramses II. (1279–1213 v. Chr.) die Qadesch-Schlacht statt, die einzige große militärische Niederlage, die Ägypten in seinem Kampf um die Macht in Vorderasien hinnehmen mußte (s. S. 342 ff.).
Die Vorstellungen der Ägypter des Neuen Reiches über Syrien und seine Bevölkerung sind durch viele Belege zu illustrieren. Tributbringende Syrer werden z. B. zusammen mit anderen Ausländern häufig in den Wanddekorationen von Beamtengräbern dargestellt. Im Grab von Rehmire, einem Wesir des Thutmosis III., sind die syrischen Männer in langärmeligen Tuniken mit bunten Borten und Quasten gekleidet (Abb. 50). Einer der Syrer trägt einen Vollbart; ein anderer hat einen Spitzbart und von einem Stirnband gehaltenes langes Haar. Er schultert einen Kupferbarren und hält rechts ein Ölgefäß. Kupfer und Öl waren zwei der

Abb. 50 Syrer aus Wandgemälden im Grab des Rehmire in Theben

Abb. 51 Syrer aus Wandgemälden im Grab des Rehmire in Theben

wichtigsten Güter, die Ägypten im Neuen Reich direkt oder im Zwischenhandel aus Syrien bezog. Zu den Tributgaben gehören auch ein Bär und zwei Elefantenzähne. Bei den Syrerinnen und ihren Kindern (Abb. 51) handelt es sich nach dem Begleittext um „menschliche Beute". Typisch für die Frauentracht sind das in den Nacken fallende Haar, der Stufenrock und ein kurzer Umhang, der Oberkörper und Arme verdeckt.
Am deutlichsten ist der ägyptische Einfluß auf Syrien in der Kunst zu erkennen; in anderen Bereichen ist eine entsprechende Feststellung nur schwer zu treffen. Ägyptische Importe wurden häufig nachgeahmt; manchmal fällt es schwer Original und Kopie zu unterscheiden (Nr. 125). Es kam aber auch zur Übernahme isolierter bildlicher Elemente in direkter oder abgewandelter Form (Nr. 120, 144).
Der kulturelle Einfluß Syriens auf Ägypten ist dagegen im Neuen Reich in vielen Einzelheiten nachweisbar. Die Ägypter nahmen syrische Gottheiten in ihr Pantheon auf. Beispielsweise gründete Ramses II. für die syrische Göttin Anat eine Kultstätte in seiner Residenzstadt. Zahlreiche syrische Fremdwörter bereicherten die ägyptische Sprache. Syrer kamen jetzt nicht nur als Sklaven an den Nil, sondern auch als Söldner und eine Anzahl machten sogar als Hofbeamte Karriere. Einen direkten Einfluß auf die ägyptische Geschichte übte der Syrer Bija aus, der als „Großer Schatzmeister des ganzen Landes" den minderjährigen Siptah gegen Ende der XIX. Dynastie zum König machte. Als in der Mitte des 12. Jahrh. v. Chr. die ägyptische Präsenz in Syrien endete, kam der kulturelle Austausch weitgehend zu einem Stillstand; in den folgenden Jahrhunderten beschränkten sich die Kontakte zwischen beiden Bereichen im wesentlichen auf einen gegenüber früher reduzierten Handelsaustausch.

Anmerkungen

1 Die Erzählung des Sinuhe: E. Hornung, Meisterwerke altägyptischer Dichtung (Zürich/München 1978).

2 Absolute Chronologie nach: R. Krauß, Das Ende der Amarnazeit: Beiträge zur Geschichte und Chronologie des Neuen Reiches: Hildesheimer Ägyptologische Beiträge 7 (Hildesheim 1978).

Literatur

R. Drenkhahn, Die Elephantine-Stele des Sethnacht und ihr historischer Hintergrund (Wiesbaden 1980) (Bija und das Ende der XIX. Dynastie); – W. Helck, Die Beziehungen Ägyptens zu Vorderasien im 3. und 2. Jahrtausend v. Chr. (2. verbesserte Auflg. Wiesbaden 1971); – ders.: Ugarit-Forschungen 8 (1976) 101 ff.; – E. Hornung, Grundzüge der ägyptischen Geschichte (2. überarbeitete und erweiterte Auflg. Darmstadt 1978); – H. Klengel, Handel und Händler im alten Orient (Wien/Köln/Graz 1979); – W. St. Smith, Interconnections in the Ancient Near East: A Study of the Relationships between the Arts of Egypt, the Aegean, and Western Asia (New Haven, Conn./London 1965); – R. Stadelmann, Syrisch-Palästinensische Gottheiten in Ägypten (Leiden 1967).

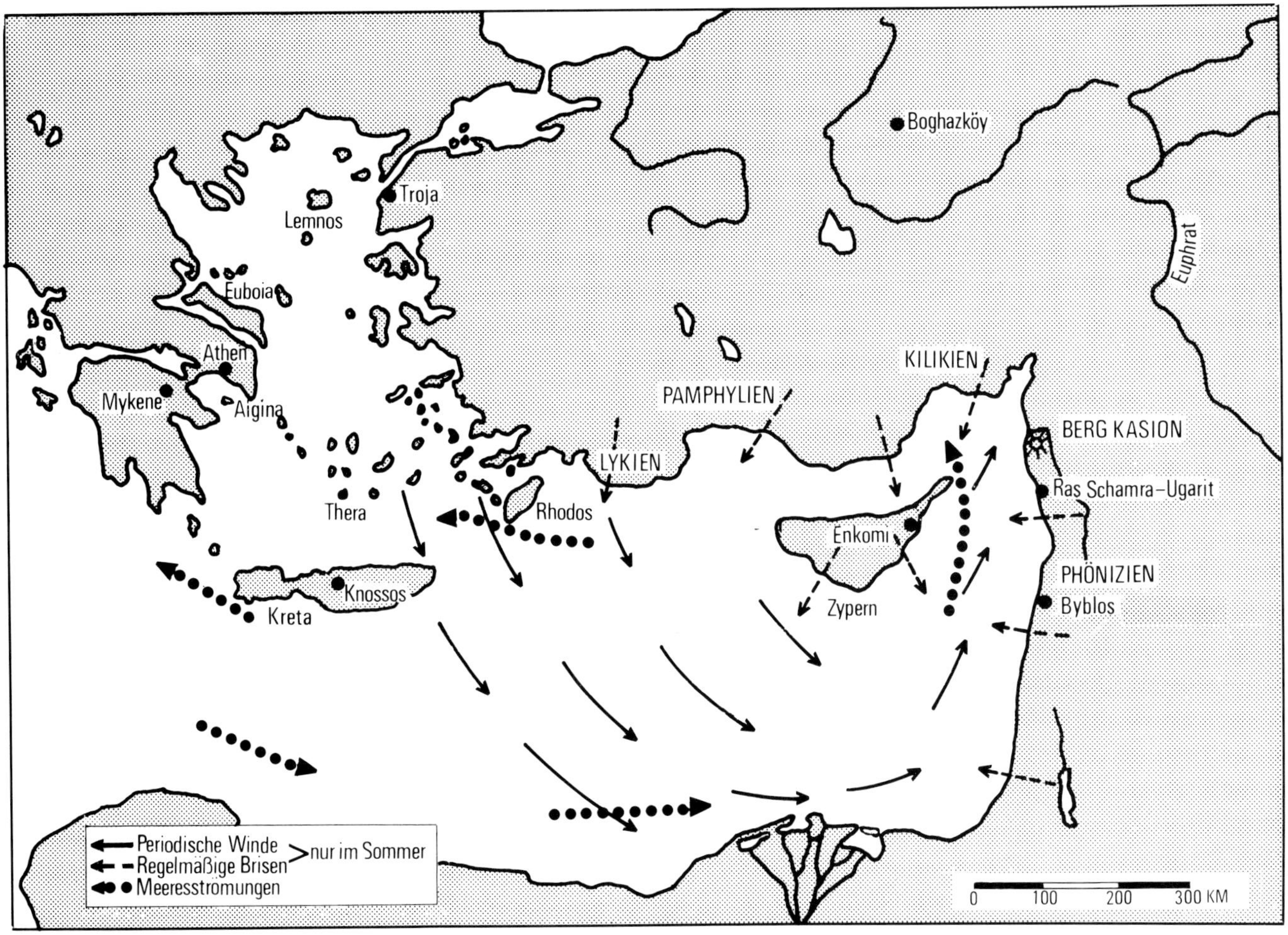

Abb. 52 Winde und Meeresströmungen im östlichen Mittelmeergebiet

Syrien und Zypern / Kreta / Griechenland

Hans-Günter Buchholz

Tief wurzelt im Bewußtsein des Abendlandes die Vorstellung, daß alle höhere Gesittung aus dem Morgenland stammt („ex oriente lux"). Doch ist damit weder geklärt, von welcher Region des Vorderen Orients in wesentlichen Lebensbereichen Impulse ausgingen, noch ab wann. Die Griechen erzählten sich Geschichten von den königlichen Geschwistern Kadmos und Europa im Lande Kana'an, die auf verschiedenen Wegen nach Hellas gelangten. Die Burg der Stadt Theben in Boiotien hieß nach ersterem als ihrem Gründer „Kadmeia". Der semitische Prinz hat auch die nach ihm benannten „kadmeischen Buchstaben" in Griechenland eingeführt (Herodot V 58). Seine Schwester Europa wurde jedoch vom Herrn des Olymp, dem Gott Zeus in Gestalt eines Stiers, nach Kreta entführt, wo sie ihm die Söhne Minos, Rhadamanthys und Sarpedon gebar. Nach allgemeiner Auffassung im griechischen Altertum trug sich dies lange vor der Geburt des Herakles zu, in einer vorgeschichtlichen Epoche, die wir die Bronzezeit nennen und von der der Sänger Hesiod berichtet: „... Waffen waren aus Erz und ehern die Häuser, Erz ihr Ackergerät; noch gab es kein schwärzliches Eisen" (Werke und Tage, Vers 150 f.).

In der Tat kommen im festländischen Hellas, auf Kreta und den übrigen ägäischen Inseln neben „vorgriechischen" Namens- und Sprachresten auch semitische Religions- und Sprachelemente vor, die – zumindest teilweise – bereits im zweiten Jahrtausend v. Chr. unseren Kontinent erreicht haben könnten. Literarische Nachrichten, schriftgeschichtliche und linguistische Tatbestände sowie archäologische Funde, über die noch zu sprechen sein wird, haben manche Forscher davon überzeugt, daß die sagenhaften Gestalten Kadmos und Europa historische Persönlichkeiten gewesen sind.

Dem Mythos nach soll die Stadt Tyros im Libanongebiet Ausgangspunkt des Geschehens gewesen sein. Die frühe Verbindung der Levanteküste mit ägäischen Gebieten ist aber nur auf dem Weg übers Meer denkbar. Auch als Küstenschiffahrt war das bronzezeitliche Seewesen abhängig von Strömungen und jahreszeitlich bedingten Winden (vgl. die Karte, Abb. 52); denn noch im siebenten Jahrhundert v. Chr. vermerkte der Dichter Hesiod: „Fünfzig Tage, nachdem sich am Himmel die Sonne gewendet, bis zum Ende des Sommers ... kommt die geeignete Zeit für die ... Seefahrt" (Werke und Tage, Vers 663 ff.).

Selbst auf kurzen Strecken wie der von Byblos im Libanon nach Zypern war die Seereise nicht ungefährlich, wie ein ägyptischer Bericht aus der Zeit Ramses XI. zeigt: „... Der Wind trieb mich nach dem Land Alasia ... Wenn das Meer wütete und der Sturm mich an das Land warf, so wirst Du (die Herrscherin von Alasia) nicht zugeben, daß sie mich erschlagen, der ich doch ein Bote des Amun bin ..." (Reise des Priesters Wen-Amun aus Karnak, Golenischeff-Papyrus, um 1100 v. Chr.).

Schiffe sind in vorgeschichtlicher Zeit und im weiteren Altertum in großer Zahl im östlichen Mittelmeer untergegangen. Hundert Jahre vor dem zitierten ägyptischen Bericht sank ein bronzezeitliches Schiff mit reicher Kupferladung in Gestalt von typisch kyprisch-ägäischen Barren am Kap Gelidonya an der Südküste Anatoliens. Es stellt eine Pionierleistung der Unterwasserarchäologie dar, daß es so umfassend und erfolgreich untersucht wurde. Auch ein vor dem Hafen von Kyrenia an der Nordküste Zyperns gesunkenes spätklassisches Schiff mit einer Ladung von rhodischem Wein und Mühlsteinen aus Kos wurde geborgen und sogar in seinen Holzteilen so weit präpariert, daß ein Nachbau gelang.

Man hat die Steinanker der Bronzezeit „die Keramikscherben der Unterwasserarchäologie" genannt und mit ihrer Hilfe die durchweg den Küsten folgenden Handelswege nachzeichnen können. Die Engländerin Honor Frost ist eine der Begründer dieser Forschungen und hat neben Hafenuntersuchungen an den Küsten Syrien-Palästinas und der Türkei die vorgeschichtlichen Anker in ihren zeitlichen Besonderheiten, ihrer Herkunft nach dem verwendeten Gestein oder dem Auftreten von Ankermarken bestimmt (Symbolen und Zeichen aus den kyprominoischen, ägyptischen oder anderen Schriftsystemen). Sie hat auch die zuvor für rohe Steinidole gehaltenen Steinanker vor dem Baal-Tempel des bedeutendsten Handelszentrums an der nordsyrischen Küste, Ugarit, richtig als dem Gotte von solchen Kapitänen dargebrachte Teile der Schiffsausstattung erkannt, die ihrem göttlichen Herrn für die Errettung aus Seenot ein Opfer versprochen hatten.

In dem sogenannten „Ägäischen Quartier" von Ugarit gibt es sogar ein Privatgrab, dessen Türlaibung aus zwei gewaltigen Steinankern besteht, auf denen der lange, zusätzlich auf Mauern aufliegende Sturz ruht. Es kann mit Recht als „Kapitänsgrab" angesprochen werden; unter ihm kam bei früheren Ausgrabungen von Cl. Schaeffer ein Mitbringsel aus dem fernen Westen, ein schönes Gefäßfragment der kretischen Kamaresgattung zutage (Mittelminoisch II, 18. Jahrhundert v. Chr., Abb. 53). Die besprochenen Steinanker der Bronzezeit sind unlängst auch im westlichen Mittelmeer beobachtet worden, so auf Malta, vor Palermo, in der Bucht von Neapel und vor der Tibermündung. Daß damals die Seeverbindungen ebenfalls durch die Dardanellen, das Marmarameer und den Bosporus ins Schwarze Meer reichten, erweisen Funde von Steinankern vor der südbulgarischen Küste und Kupferbarren mit minoischen Schriftmarken aus der Nähe, die mehrere Jahrhunderte älter sein müssen als die schon genannten Barren des am Kap Gelidonya untergegangenen Schiffes.

Abb. 53 Scherbe der kretischen Kamares-Ware aus Ugarit

Daß wir die Seetüchtigkeit der Schiffe aus der Mitte des zweiten Jahrtausends v. Chr. und die Möglichkeit zu enorm weiten Fernfahrten nicht unterschätzen dürfen, wissen wir spätestens, seitdem uns Sp. Marinatos mit seinen Ausgrabungen auf der Insel Thera großartige Fresken mit den detaillierten Darstellungen von Schiffen und Häfen, sowie auf Fernfahrten erlebter fremder Tierwelt und Landschaft zurückgewonnen hat (Abb. 54).

Antike Nachrichten über See-Expeditionen der Phönikier in den offenen Atlantik, der Phokaier und Samier in das ferne Westland „Tartessos" auf der iberischen Halbinsel, zeigen ebenso wie die Jasonsage, die Irrfahrten des Odys-

Abb. 54 Schiff aus Wandgemälde in Thera

seus und viele andere Meeresabenteuer des griechischen Mythos mit welch regen und wagemutigen Aktivitäten zur See wir während der Bronze- und frühen Eisenzeit zu rechnen haben. Ja, die gesamte griechische Kolonisationsgeschichte des 9. bis 7. Jhs. v. Chr. war nichts anderes als eine gewaltige Abfolge von immer neuen Wanderungswellen per Schiff übers Meer. Sie richteten sich nach den von den Mykenern vorgezeichneten Zielvorstellungen. Denn schon im 14. bis 12. Jahrhundert gab es an den ostmittelmeerischen Küsten helladische Hafen-Stützpunkte wie Perlen an einer Kette. Aus dem Raum südlich und nördlich von Ras Schamra/Ugarit kennen wir jetzt dutzende größerer und kleinerer mykenischer Emporien mit Mengen importierter späthelladischer Keramik, unter anderem in Tall Sukas, Ibn Hani, Ras al-Basit und Sabuni. Das Mündungsgebiet des Orontesflusses, wo die frühgriechische Kolonie Al-Mina ausgegraben worden ist, war seit jeher ein verkehrsgeographisch bedeutender Küstenabschnitt; denn hier trafen sich die Fernstraßen in den asiatischen Kontinent hinein mit den Seewegen nach Europa, hier kreuzte sich die große Ost-West-Verbindung mit der uralten Nord-Süd-Völkerstraße, die noch Alexander der Große nach der Schlacht bei Issos zog und die Ägypten mit Anatolien verknüpfte.
Im Totentempel Amenophis' III. (1408–1372 v. Chr.) sind Inschriften mit Namen von Orten gefunden worden, die in den ägäischen Raum – besonders nach Kreta – weisen und in richtiger Reihenfolge so etwas wie den Reisebericht, das Logbuch eines Griechenlandfahrers jener Zeit spiegeln. Expeditionen in derartig ferne Länder wurden offenbar als so gewaltige Leistungen empfunden, daß sie im Bericht des Königs nicht fehlen durften. Diese „Keftiu-Liste" folgt den Namen von Küstenorten im östlichen Mittelmeer, so daß auch hier relativ landnahe Seerouten unter Einbeziehung der nordsyrisch-kilikischen Küste zu erschließen sind.
Die Frage, ab wann es Kontakte zwischen Syrien und der Ägäis gab, ist für die Steinzeit nur vermutungsweise zu beantworten. F. Schachermeyr hat den Begriff der „Kulturtrifft" geprägt. Letzterer schreibt er die Ausformung von seßhaften, Ackerbau treibenden Kulturen in Griechenland und auf der übrigen Balkanhalbinsel zu. Manche Besonderheit der Töpferei, Bemalung der Gefäße und deren Typenmerkmale, hat er über die Landbrücke der Türkei bis nach Kilikien, bis an die Grenze des nordsyrischen Raums zurückverfolgt. Nach seinen Vorstellungen scheidet für diese nur indirekt greifbaren frühen Beziehungen wohl der Seeweg weitgehend aus.
Während des dritten Jahrtausends v. Chr. formierten sich, gegeneinander abgegrenzt, mehrere große Ausprägungen menschlicher Gesittung auf griechischem Boden: die frühhelladische, frühkykladische und frühminoische Kultur, welche im großen und ganzen den Siedlungen I bis V von Troja zeitlich entsprachen. Die Epoche, in der die genannten Kulturen blühten, nennt man die frühbronzezeitliche. Im Fundinventar dieser Zeit herrschen neben lokal begrenzten und allenfalls mit benachbarten Regionen ausgetauschten Objekten gelegentlich Formen und Importgegenstände aus den angrenzenden balkanischen und westanatolischen Räumen vor. Selten ist weitgereistes Kulturgut.
Beispielsweise verknüpfen sogenannte Miniaturanker aus Ton die Peloponnes und Mittelgriechenland mit Makedonien, Bulgarien und Troja einerseits, andererseits mit den Liparischen Inseln, Sizilien und Malta. Unverwechselbare geschnitzte Knochenplatten mit Reliefbuckeln derselben Zeit sind aus Malta, Sizilien, Griechenland und Troja

bekannt. Man müßte also nach Auswahl der eben genannten archäologischen Leitformen schließen, daß Griechenland inmitten einer sehr weiträumigen Kontaktzone lag, die nord- und westorientiert gewesen ist und, was den Balkan angeht, sich reiner Landverbindungen bediente. Nicht einmal Kreta, die Inselwelt der Ägäis und die Westküste Kleinasiens hätten in diesem Bild ihren Platz.
Greift man als Leitform andere Gegenstände heraus, etwa steinerne Streitäxte mit einem Schaftloch aus Griechenland, Kreta, Troja und dem übrigen Kleinasien bis hin nach Aï in Palästina, so ergeben sich ganz andere Verbindungslinien, nämlich solche ausgesprochener Ost-West- bzw. West-Ost-Orientierung unter Einschluß von Anatolien. Legt man wieder andere Gegenstände zugrunde, beispielsweise nahezu identische mit geometrischen Ornamenten verzierte Knochengriffe – von Messern und anderen Kupfergeräten –, so ergibt sich ebenfalls eine weiträumige, an Seewege gebundene Übereinstimmung dieser Objekte, diesmal unter Ausschluß Anatoliens. Man fand sie im Küstengebiet Syriens, in Palästina sogar landeinwärts in Aï, sodann auf den Kykladen, auf Lemnos und Leukas.
Wenn bei Rollsiegeln vom Djamdat Nasr-Typus in Troja oder von akkadischer Art auf Lemnos der Landweg quer durch die Türkei nicht gänzlich auszuschließen ist, so weist doch frühbronzezeitliches Importgut im Süden der Ägäis auf Verbindungen über See hin.
Von etwa 2000 v. Chr. ab ist eine Zunahme des zuvor auf wenige Objektgruppen beschränkten und überhaupt nur sporadischen Güteraustauschs festzustellen: Wir kennen mittelbronzezeitliche östliche Keramik aus Thera und mehrere Rollsiegel altbabylonischen Stils aus Kreta und dem übrigen südägäischen Bereich. Sodann wurde auf der Insel Kythera ein Stein mit einer Keilinschrift entdeckt, die einen Herrscher von Eschnunna aus der Zeit der 1. Dynastie von Babylon nennt. Dies Dokument verbindet Hellas mit Mesopotamien, was ohne Einschluß Nordsyriens nicht denkbar ist.
Wenig später setzte eine lebhaftere Ausfuhr von Westen nach Osten ein. Texte aus Mari am mittleren Euphrat nennen beispielsweise als kretische Arbeit eine Pinzette. Besonders eindrucksvoll sind unter den Funden aus Ras Schamra, Qatna und Byblos, ferner von zyprischen und ägyptischen Ausgrabungsstätten eierschalendünne schwarze mittelminoische Gefäße mit prächtiger weißer und orangeroter Bemalung, die nach der namengebenden ersten Hauptfundstelle auf Kreta „Kamaresvasen" heißen.
Als „Motivwanderung" ist das Vorkommen von Darstellungen des wagemutigen kultisch-akrobatischen Überspringens von Stieren in der Kleinkunst Kretas und Syriens anzusehen. Dabei muß offenbleiben, wer der gebende, wer der nehmende Partner gewesen ist. Das aus dem minoischen Kulturkreis wohlbekannte Bildthema wurde zuerst von H. Seyrig auf syrischen Rollsiegeln bemerkt und tauchte unlängst auf einem Siegelabdruck in Schicht VII von Tall Atschana/Alalach auf (erste Hälfte des 17. Jhs. v. Chr. oder früher, jedoch nicht später als die Zerstörung der Bauten in dieser Schicht durch die Hethiter unter König Hattusili I.).
Mit dem Beginn der Spätbronzezeit kurz vor der Jahrtausendmitte, also gegen 1500 v. Chr., erreichten dann die Kontakte des ägäischen Kulturkreises mit Zypern, Syrien und Ägypten den ersten Höhepunkt. Besonders die Ägypter besaßen für bestimmte Qualitätsgüter von den „Inseln inmitten des Meers" die Bezeichnung „Keftiuware" und für Schiffe, die sie brachten, „Keftiuschiffe". Die Insel Zypern war ihnen unter dem Namen „Alasia" vertraut. Der „Keftiuhandel" trägt in den ägyptischen Darstellungen den Charakter von Tributsendungen, dargebracht von Männern im „Keftiu-Lendenschurz" mit altkretischer Frisur und reichem Spiraldekor, einer Besonderheit minoischer Kunst, an Kleidungsstoffen und den sonstigen Produkten dieser Keftiuleute.
Seit dem 16. Jahrhundert v. Chr. gibt es unter den Funden aus Kreta, Thera und vom helladischen Festland Gegenstände aus ägyptischer Fayence, ägyptischem Glas, Steingefäße und andere Steinarbeiten, Skarabäen und Schmuck. Ein Teil dieses Fundgutes dürfte den Weg über syro-palästinensische und zyprische Häfen gefunden haben; ein anderer Teil war das Ergebnis der ägyptisch-kana'anäischen Mischkultur.
Insbesondere die sogenannten Keftiubarren, kissenförmige Rohkupferstücke von unregelmäßiger, jedoch auf ein Grundgewicht von 29 kg zurückgehender Schwere, kennen wir in großer Zahl aus den minoischen Palästen von Kato Zakro und Hagia Triada, sodann aus Keos, Euboia und neuerdings aus Südbulgarien. Dieselbe Barrenform erscheint auf den ältesten Keftiubildern Ägyptens (Malereien des Rechmiregrabes, um 1450 v. Chr.: siehe Abb. 50). Etwas jüngere Varianten desselben Barrentyps verbanden die Ägäis mit Zypern und seit 1200 v. Chr. sogar mit Sardinien. Auf der Insel im östlichen Mittelmeer ist durch solche Barren die enge Verknüpfung des Kupferhandels mit der lokalen Religion sogar inschriftlich und figürlich bezeugt. Fragmente solcher schweren Barren samt ihren Miniaturnachbildungen kennen wir auch aus Syrien und Palästina – neuerdings sogar aus der Hauptstadt des Hethiterreichs –, so daß gerade der Kupferhandel die maritime Verknüpfung der eben genannten Gebiete mit Zypern und der Ägäis demonstriert. So läßt sich das mit derartigen Barren beladene und bereits erwähnte Schiff, das am Kap Gelidonya unterging, in diesen Zusammenhang einordnen. Ich halte die Bergwerke und Kupferhütten Zyperns (Alasias) für die Produktionsstätten der beschriebenen Barrenform. So heißt es beispielsweise im Papyrus Anastasi IV in London aus der Zeit Sethos II. um 1200 v. Chr.: „Schaffe dem Pharao herbei Rohkupfer in vielen Barren ..., die auf dem Nacken der Alasiakinder getragen werden".

Elfenbein vom indischen Elephanten, den es in der Bronzezeit noch in den Ebenen am unteren Orontes gab, und Straußeneier gehörten zu den begehrten Luxusgütern, die Syrien nach Griechenland lieferte. Komplette, schön verzierte Elephantenzähne besitzen wir aus Mykene und Kato Zakro, Elfenbeinwerkstätten, die anzeigen, daß der Rohstoff im minoisch-mykenischen Kulturkreis weiterverarbeitet wurde, in Knossos, der Argolis und in Messenien. Straußeneier wurden gelegentlich bemalt, meist durch Zutaten aus Metall und Fayence zu Prachtgefäßen umgearbeitet. Außerhalb Syriens kennen wir sie aus Zypern, Kreta, Thera und Mykene.

Bei ovalen Döschen aus Elfenbein mit zurückgewandtem Entenkopf kommt hinzu, daß nicht nur der kostbare Werkstoff, sondern die spezifische Form in der mykenischen Welt Eingang fand: Stücke aus Ras Schamra in Syrien, Dan in Palästina und in Griechenland sind sich zum Verwechseln ähnlich (Nr. 116).

Zu den kostbarsten Handelsgütern gehörten edle Steine, wohlriechende Stoffe, wie Parfüm und Räucherwerk, sowie Pigmente, beispielsweise das nach einem Geheimrezept erzeugte „Ägyptisch-Blau", das für die Wandfresken in den Häusern von Thera importiert wurde. Unter anderem hat man in zahlreichen mykenischen Fundstätten, auf Kreta, Thera, Zypern und in Ras Schamra einander sehr ähnelnde Waagschalen, und Feingewichte aus Blei, Bronze oder Stein gefunden, die bezeugen, daß es einen international strukturierten Handel solcher Dinge, die sorgsam gewogen werden mußten, gab (Nr. 114–116).

Die Aufnahme von Rollsiegeln aus dem Orient und deren Nachahmung in örtlichen Werkstätten setzte sich ebenso in der Späten Bronzezeit fort wie die Einfuhr fremder Keramik als Behältnis wertvollen Inhalts, von Öl oder ähnlichem. So kommen unter den Funden von Thera, Athen, in mykenischen Ausgrabungsstätten der Argolis und anderen Gebieten der Peloponnes wie auch auf Kreta sogenannte kana'anäische Vorratsgefäße vor. Kleinere bemalte und lederartig braune Gefäße („Whiteslip- und Basering-Keramik") hatten auf Zypern ihren Ursprung und wurden auf Rhodos, Kos, Thera, Melos, an mehreren Stellen Kretas – neuerdings sogar in Westkreta –, sowie in Troja beobachtet. Die flaschenartigen Krüglein der genannten lederbraunen Ware, die wie umgedrehte Mohnkolben aussehen, hat man als Verpackung von Opium ansprechen wollen.

Von den überaus zahlreichen teils bronzenen, teils aus vergoldetem Kupfer bestehenden Statuetten des kriegerischen Gottes Reschef haben nicht wenige Griechenland, ja, sogar Sizilien und Sardinien erreicht. Sie gehören überwiegend dem 12./11. Jahrhundert v. Chr. an und können nicht als Handelsgut bezeichnet werden, vielmehr als überaus wertvolle magisch-religiös wirkende Mitbringsel von Fernfahrten in den Osten. Sie sind unter anderem aus Byblos und Palästina, Ras Schamra und Zypern bekannt, aus Delos und Phylakopi auf Melos, Patsos in Kreta und Tiryns.

Dem Zustrom von Metallen, Elfenbein, Straußeneiern, Fayence, Glas, Öl, Holz und vielleicht Opium stand ein gewaltiger Gegenstrom minoischer und mykenischer Keramik gegenüber, die an verschiedenen Stellen der östlichen Welt nachgeahmt, bzw. von ausgewanderten Menschen aus Hellas in der Fremde angefertigt und teilweise dem dortigen Geschmack angepaßt wurde, besonders auf Zypern, in Kilikien und Nordsyrien. Die Zahl der Fundorte mit importierter und sogenannter levanto-helladischer Töpferware – meist gemeinsam mit zyprischer – geht buchstäblich in die Hunderte.

Wir sprechen von den Auswanderern als „Achäern", indem wir uns des Sprachgebrauchs Homers bedienen, außerdem, weil bei den Anrainern am östlichen Mittelmeer ähnlich klingende Bezeichnungen im Gebrauch waren (Ahhijawa, 'Aqa[ja]was). Freilich sind nicht überall, wo ägäische Importe auftauchten, auch Einwanderer festgestellt worden. Ständig kommen neue Fundpunkte zu den bekannten hinzu, so wurden kürzlich mykenische Gefäße aus Tyros, der Heimat des Kadmos und der Europa, veröffentlicht.

In Kreta entwickelte man zwei lineare Silbenschriften, die komplizierte Zahlsysteme besaßen. Sie gelangten auf die Kykladen und das helladische Festland sowie in abgewandelter Gestalt nach Zypern und Ras Schamra, wo wir sie als „Kyprominoisch" und „Levantominoisch" ansprechen. Es ist kein Zufall, daß in Ras Schamra/Ugarit, dem Treffpunkt unterschiedlicher Völker, Sprachen und Rassen, konkurrierender Weltbilder und Schriftsysteme, einem bronzezeitlichen Ort mit hoher geistiger Beweglichkeit, der Sprung aus der umständlichen syllabaren Keilschrift in eine Buchstabenschrift gelang (dazu ausführlich W. Röllig, unten S. 328 ff.).

Die Unruhezeiten der „Großen Wanderung", d. h. die Epoche des Untergangs der mykenischen Kultur und der Einwanderung der Dorer in die Peloponnes, nach Kreta und auf die Inseln Rhodos und Kos, des gemäß griechischer Tradition kurz nach 1200 v. Chr. erfolgten „Trojanischen Kriegs", der Auswanderung weiterer Wellen von Peloponnesiern südachäisch-arkadischen Dialekts nach Zypern und von „Kreti und Pleti" (Kretern und Philistern) nach Palästina, wurden als tiefer historischer Einschnitt empfunden, der ungefähr mit der Ablösung der Bronze durch Eisen als Werkstoff zusammenfiel. Die Festsetzung der Philister im Raum von Aschdod und Askalon gehörte zu den großen Umwälzungen am Ende der Bronzezeit, dem „Seevölkersturm", der Spuren in den nordsyrischen, kilikischen und kyprischen Küstenstädten hinterließ und sich in den Texten von Ugarit spiegelt. Man hat diese kriegerische Zeit als Ende blühender Metallurgie und Handelsverbindungen verstehen wollen, doch läßt sich auf Zypern um und nach 1200 v. Chr. aus den Funden eine besonders rege Produktion der Bergwerke, Schmelzhütten und Werkstätten erschließen. Der spät-helladische Friedhof in Perati, Attika, weist einige aus dem Orient stammende Beigaben auf, die sicherstellen, daß die Ostbeziehungen Griechenlands nicht völlig abbrachen.

Nach erfolgter Konsolidierung erfuhren die Verbindungen eine neue Intensivierung. So zeigt sich – abgesehen von phönikischen Produkten im Gebiet der phönikischen Westkolonisation in Nordafrika, auf Sizilien, Sardinien, den Balearen, an Teilen der spanischen und marokkanischen Küste – seit dem 7. Jh. v. Chr. ein bemerkenswert starker Zustrom zypro-nordsyrischer, späthethitischer Gegenstände und sogar von Objekten aus Luristan und dem Kaukasus vor allem in griechischen Heiligtümern sowie in reichen etruskischen Familiengräbern.

Abb. 55 Griechischer Bronzeschild aus Karkemisch

Zu den Funden gehören kaukasische Bronzeglocken, Luristantrensen, Keulen und Metallgefäße, Elfenbeinarbeiten und Glasschmuck nordsyrisch-zyprophönikischer Produktion, reich verzierte Tridacnamuscheln und Kleinplastik verschiedenen Materials. Im Hera-Tempel von Samos kam auf jede ionisch-griechische Terrakottafigur mindestens eine weitere zyprischer Herkunft. Wenn man zur Feststellung der Verbreitung bestimmter Objekte des 7. Jhs. v. Chr. Verbreitungskarten anlegt, wird die Rolle der Insel Rhodos, Zyperns und des nordsyrischen Küstengebiets als Zwischenstationen von Handel und Verkehr hervorstechen, gleichviel, ob es sich um Fernverbindungen von den westpersischen Bergländern bis Etrurien oder von der syrischen Euphratregion bis Ionien und Kreta handelt. Auch ein griechisch-archaischer Bronzeschild mit einem Gorgoneion kann den Fundort Karkemisch am mittleren Euphrat kaum anders als über die syrischen Küstenstationen erreicht haben (Abb. 55, London, Brit. Mus.).

Begegnungen zwischen Morgen- und Abendland – vage sich in der Vorgeschichte der Frühbronzezeit abzeichnend, vom frühen zweiten Jahrtausend an zunehmend und kräftig seit der Jahrtausendmitte, sodann wieder in der Früharchaik in einem solchen Ausmaß, daß diese Epoche als die „orientalisierende“ der griechischen Kunst genannt worden ist – erfolgten nachweisbar auf dem Seewege zwischen Nordsyrien, Zypern und Hellas und trugen zur Formierung der griechischen Kultur erheblich bei.

Literatur:

E. Forrer, Eine unbekannte griechische Kolonie des 16. Jahrhunderts v. Chr. in Phönikien, in: 6. Internat. Kongreß für Archäologie, Berlin 1939 (1940) 360 ff.; – T. J. Dunbabin, The Greeks and their Eastern Neighbours (1957); – H.-G. Buchholz, Der Kupferhandel des zweiten vorchristlichen Jahrtausends im Spiegel der Schriftforschung, in: Minoica, Festschrift für J. Sundwall (Berlin 1958); – H.-G. Buchholz, Keftiubarren und Erzhandel im zweiten vorchristlichen Jahrtausend, in: Prähistorische Zeitschrift 37 (1959) 1 ff.; – H.-G. Buchholz, Steinerne Dreifußschalen des ägäischen Kulturkreises und ihre Beziehungen zum Osten, in: JdI 78 (1963) 1 ff.; – M. Riemschneider, Von Olympia bis Ninive im Zeitalter Homers (1963); – J. Boardman, The Greeks overseas (1964, deutsche Ausgabe ist angekündigt); – W. St. Smith, Interconnections in the Ancient Near East (1965); – H.-G. Buchholz, Talanta, Neues über Metallbarren der ostmediterranen Spätbronzezeit, in: Schweizer Münzblätter 16 Heft 62 (1966) 58 ff.; – H.-G. Buchholz, The Cylinder Seal, in: G. F. Bass, Cape Gelidonya, a Bronze Age Shipwreck, in: Transactions of the American Philosophical Society 57 (1967); – H.-G. Buchholz, Die östliche Herkunft eines griechisch-geometrischen Gefäßdetails, in: JdI 83 (1968) 58 ff.; – F. Schachermeyr, Ägäis und Orient (1968); – H.-G. Buchholz, Die ägäischen Schriftsysteme und ihre Ausstrahlung in die ostmediterranen Kulturen, in: Frühe Schriftzeugnisse der Menschheit (Hamburg/Göttingen 1969) 88 ff.; – P. J. Riis, The First Greeks in Phoenicia and their Settlement at Sukas, in: Ugaritica 6 (1969) 435 ff.; – H.-G. Buchholz, Bemerkungen zu bronzezeitlichen Kulturbeziehungen im östlichen Mittelmeer, in: APA 1 (1970) 137 ff.; – E. Linder, Maritime Texts of Ugarit, a Study in Late Bronze Age Shipping (Diss. Brandeis 1970); – H.-G. Buchholz/V. Karageorghis, Altägäis und Altkypros (1971); – M. C. Astour, Ugarit and the Aegean, in: AOAT 22 (1973) 17 ff.; – H.-G. Buchholz, Ägäische Funde und Kultureinflüsse in den Randgebieten des Mittelmeers, in: AA 1974, 325 ff.; – D. Gray, Seewesen, in: F. Matz/H.-G. Buchholz, Archaeologia Homerica, mit einem Beitrag von Sp. Marinatos, Das Schiffsfresko von Akrotiri, Thera (1974); – H.-V. Herrmann, Hellas, in: RLA IV (1972-75) 303 ff.; – J. Bouzek, Östlicher Mittelmeerraum und Mitteleuropa, die bronzezeitlichen Beziehungen auf Grund der ärchäologischen Quellen, in: Mitteleuropäische Bronzezeit (Berlin 1978) 47 ff.; – M. Heltzer, Goods, Prices and the Organizations of Trade in Ugarit (Wiesbaden 1978); – N. K. Sandras, The Sea Peoples (1978); – W. Helck, Die Beziehungen Ägyptens und Vorderasiens zur Ägäis bis ins 7. Jahrhundert v. Chr. (1979); – H.-G. Buchholz, Some Observations concerning Thera's Contacts overseas during the Bronze Age, in: Thera and the Aegean World II (1980) 227 ff.; – H.-W. Catling, Cyprus and the West, 1600–1050 B. C. (Sheffield 1980); – J. Chr. Billigmeier, Kadmos and the Possibility of a Semitic Presence in Helladic Greece (1981).

Eine Kulturlandschaft in byzantinischer Zeit

Christine Strube

Kaum eine Region hinterläßt einen so nachhaltigen Eindruck auf den Besucher Syriens wie das nordsyrische Kalksteinmassiv mit seinen „toten Städten". Es ist der Teil Syriens, dessen Bauten mit der Publikation M. de Voguëés für lange Zeit der Inbegriff syrischer Architektur der spätantik-frühbyzantinischen Zeit wurden. Im Rahmen dieser Ausstellung in ihn breiter einzuführen liegt nahe, weil wir besonders gut informiert sind über die geographisch-wirtschaftlichen Beziehungen, die zu dem Wohlstand seiner Bewohner und der Blüte seiner Architektur führten. Zudem kam in diesem Gebiet der Kult der Säulenheiligen auf, eine Form des Märtyrer- und Heiligenkultes, von der mehrere Objekte der Ausstellung Zeugnis ablegen (Nr. 224, 230).

Das Kalksteinmassiv, das in der Antike Belus hieß, besteht aus einer Reihe kleiner Bergketten zwischen 400 und 800 m Höhe, die sich westlich der heutigen Straße Aleppo-Hama hinziehen und öfter von großen und kleinen Ebenen unterbrochen werden. Auf seinen Höhen liegen 457 Ruinenstätten, von denen knapp ein Drittel neu besiedelt ist, allerdings oft nur von einer einzigen Familie; die restlichen Orte sind weiterhin unberührt. Die Zahl der ehemals existierenden Siedlungen wird wesentlich höher, wenn man die modernen Orte hinzuzählt, die sich auf alten Fundamenten erheben. Dann kommt man zu der Gesamtzahl von etwa 750 antiken Ruinenstätten- eine erstaunlich dichte Besiedlung eines verhältnismäßig kleinen Gebietes, auch wenn diese Orte in der Regel kleine und große Dörfer und nicht reguläre Städte waren.

Alle Orte des Belus datieren in die Zeit vom 1.–7. Jahrhundert n. Chr. Ihre Geschichte beginnt in der Zeit, als Syrien eine bedeutende römische Provinz war. Sie erlebten ihre größte Blüte unter byzantinischer Herrschaft vom 4.–7. Jahrhundert. In dieser zweiten Epoche stand einer dünnen, griechisch sprechenden Oberschicht der Großteil der Bevölkerung gegenüber, die Altsyrisch sprach, eine semitische Sprache. Die Orte unterstanden verwaltungsmäßig im nördlichen Teil der Hauptstadt Antiochia und im Süden der Stadt Apamea, die nicht weit von der heutigen Stadt Hama entfernt ist. Von der blühenden Metropole Antiochia ist uns fast nichts erhalten geblieben und das gilt auch für das alte Beröa, das heutige Aleppo. Allein das antike Apamea wird seit einigen Jahren schrittweise durch die belgischen Grabungen unter Leitung von J. Ch. Balty erschlossen.

Das Besondere der Situation in den „toten Städten" ist, daß nicht nur Kirchen vom 4.–7. Jahrhundert, sondern auch Villen, einfache Häuser, öffentliche Versammlungshäuser, Marktplätze und Bazare, Thermen und Grabbauten vom 1.–7. Jahrhundert reich vertreten sind. Der Kontrast zwischen der kargen Berglandschaft heute und ihrem Reichtum an antiken Bauten ist so groß, daß sich die Frage erhebt: Wie entstanden diese Orte, und wie ist das hohe Niveau ihrer Bauten zu erklären? Zuerst nahm man an, die Abholzung eines ehemals reichen Waldbestandes hätte zur Verödung der Berge geführt. Doch dann begann der russische Architekt G. Tchalenko in grundlegenden Untersuchungen die wirtschaftliche und soziale Struktur des Belus zu rekonstruieren, indem er geographische, historische und archäologische Arbeiten umfassend miteinander verband. Seine Ergebnisse zeichneten ein wesentlich differenzierteres Bild: Wie heute konnte man auch in der Antike nur in den Ebenen vom Getreideanbau leben. Die Grundlage des Reichtums in den Bergen war der Olivenanbau, eine Monokultur, die an den Rändern der Berge durch Weinkultur und im Inneren durch den Anbau von Feigen ergänzt wurde. Die langwierige, unendlich zähe Erschließung des Bergmassivs begann von außen. Es waren die reichen Grundbesitzer der Ebenen, die in den Bergen kleinere, nur wenige Monate des Jahres bewohnte Villen bauten, Olivenbäume anpflanzten und über die Mittel verfügten, die zehn bis zwölf Jahre abzuwarten, bis ein Olivenbaum zu tragen beginnt. Diese Kultivierung begann bereits im 1. Jahrhundert, als Syrien noch römische Provinz war.

Die Basis des Wohlstandes war das reibungslose Funktionieren des Exports von Olivenöl und des Imports von täglichen Gebrauchsgütern. Darum war nicht die Zerstörung der Olivenhaine der Ruin der Kulturlandschaft, sondern die durch die politischen Ereignisse veränderte wirtschaftliche Situation: der persische Krieg (603-630), die damit verbundene Sperrung des Mittelmeerraumes und der nach dem Einfall der Araber endgültige Zerfall der alten Handelswege. Die Monokultur bot den Bewohnern des Belus keine wirtschaftliche Lebensgrundlage mehr. Die Orte wurden nicht durch die Araber zerstört, sondern die meisten von ihren Bewohnern verlassen. Kirchen-, Haus- und Grabbauten blieben erhalten und da nur wenige Orte im Mittelalter neu besiedelt wurden, fand man noch 1935 die Siedlungen des 1.-7. Jahrhunderts unbewohnt vor.

In der Kultivierung des Belus hat die Bearbeitung des Kalksteins von Anfang an eine große Rolle gespielt und dem ständigen Umgang mit diesem Material (Anlage von Zisternen, Öl- und Weinpressen) ist ein Grund für das Können der einzelnen lokalen Werkgruppen. Es ist erwiesen, daß die Bewohner der Bergsiedlungen, die nur einen Teil des Jahres durch den Olivenanbau ausgelastet waren – der Olivenbaum braucht vier bis fünf Monate Pflege, an welche die Ernte sofort anschließt –, in ihren eigenen Dörfern im Steinbruch und als Steinmetze arbeiteten. Zudem gab es professionelle Werkgruppen, die in den verschiedenen Tei-

len des Belus für wichtige Bauten herangezogen wurden und die sehr wahrscheinlich auch in den großen Städten arbeiteten.
Das bekannteste Architekturdenkmal des Kalksteinmassivs und einer der bedeutendsten frühchristlichen Bauten des Mittelmeerraumes ist das Pilgerzentrum von Qal'at Siman (Abb. 56. 57 Abb. 322). Es wurde nach dem Tode des Heiligen Simeon um die Säule errichtet, auf der er viele Jahre in strenger Askese gelebt hatte. Vieles weist darauf hin, daß die gewaltige Anlage, deren Errichtung ohne finanzielle Unterstützung von zentraler Stelle aus undenkbar gewesen wäre, auf Initiative des Kaisers in Byzanz (Kaiser Zenon 476–491) zurückgeht (vgl. auch Abb. 58. 59 [S. 323. 326] = Qalbloze und Abb. 59 a [S. 327] = Qasr ibn Wardan in der Wüstensteppe).

Syrien und Europa in frühislamischer Zeit

Heinz Gaube

Jahrhunderte war das Mittelmeer ein römisches Meer gewesen. Und hatten zwar Folgen der Völkerwanderung Italien, Spanien und Nordafrika zeitweilig unter germanische Herrschaft gebracht, so war es Kaiser Justinian, dem es zwischen 533 und 554 gelang, die römische (byzantinische) Herrschaft ein letztes Mal über das gesamte Mittelmeergebiet auszudehnen. Die unter den römischen Kaisern geschaffene Wirtschaftseinheit Mittelmeerraum lebte nochmals kurz auf. In ihr spielten die Syrer, in deren Land die Karawanen mit Gütern aus Indien, China und der Arabischen Halbinsel ihren Endpunkt hatten, eine wichtige Rolle.
Diese einheitliche antike Mittelmeerwelt, die über Syrien, Ostanatolien, das Rote Meer und den Indischen Ozean, wenn auch nicht krisenfest und problemlos, so doch, aufs Ganze gesehen, ständig mit Indien und China, den Ursprungsländern von Seide, Gewürzen und anderen Luxusgegenständen, verbunden war, brach im 7. Jahrhundert auseinander. Hatte die Grenze zwischen Römern/Byzantinern und Iranern für Jahrhunderte vorher die internationalen Verhältnisse im Mittelmeerraum bestimmt, so entstand als Folge des Aufkommens des Islam und der islamischen Eroberungen im 7. und 8. Jahrhundert ein völlig neuer islamischer Wirtschafts- und Kulturraum, der von der Iberischen Halbinsel über Nordafrika und Ägypten, Palästina und Syrien, Mesopotamien und Iraq, Iran und Transoxanien bis an die Westgrenzen Indiens reichte. War die antike Welt in West (= Rom/Byzanz) und Ost (= Iran) geteilt, so war die nachantike, durch das Aufkommen des Islam bestimmte Welt im Mittelmeerraum und seinen Nachbargebieten in Süd (= die Länder des Islam) und Nord (= Byzanz und Europa) geteilt.
Der Wandel des Mittelmeeres vom friedlichen Meer, das zwischen seinen Küsten als Mittler wirkte, zu einer Konfliktzone hatte weitgehende historische Folgen. Morgen- und Abendland wurden als Kulturraum voneinander getrennt und sollten für Jahrhunderte eigene Wege gehen. Der belgische Historiker J. Pirenne gründete auf diese Aufspaltung des Mittelmeerraumes 1922 seine heute noch diskutierte These zur Entstehung des Mittelalters. Entgegen evolutionistischen Vorstellungen sah Pirenne die Antike vom Mittelalter durch eine gewaltsam herbeigeführte Zäsur getrennt, die das Aufkommen des Islam verursacht hatte. Der Islam zerbrach die seeabhängige wirtschaftliche, kulturelle und politische Einheit der Mittelmeerwelt und damit auch die ökonomische Basis des Merowinger-Reiches (481–751), was zum Aufkommen der Karolinger (752–987) und durch sie zur Einleitung des europäischen Mittelalters geführt hat. Ohne Mohammed, den Propheten des Islam, hätte es, so Pirenne, keinen Karl den Großen gegeben. In der Entwicklung Europas bis zu Karl dem Großen spielten die Syrer, die unter den Merowingern und vorher den Handel mit dem Orient fest in der Hand hielten, eine große Rolle. Wir wissen von syrischen Gemeinden im Merowinger-Reich, und es will scheinen, als hätten damals die Syrer auch kulturell in Südwesteuropa ein Wort mitzureden gehabt.
Einen tiefen Einschnitt brachte die islamische Eroberung Syriens zwischen 633 und 638. Ein Großteil der Kaufmannsbevölkerung der syrischen Küstenstädte wanderte in das byzantinische Reich aus, und die des aktiven Teils ihrer Bevölkerung entblößten Städte verloren ihre wirtschaftliche Bedeutung. Manche von ihnen wurden zu Kriegshäfen der islamischen Flotte. Auf der anderen Seite des Mittelmeers begann der Niedergang des ehemals für den Orienthandel zentralen Hafens Marseille (Abb. 60).
Die Verbindung Europas mit Syrien, Ägypten und Nordafrika kennzeichnet also die vormittelalterliche Zeit unseres Kontinents, während mit den Karolingern eine mehr auf

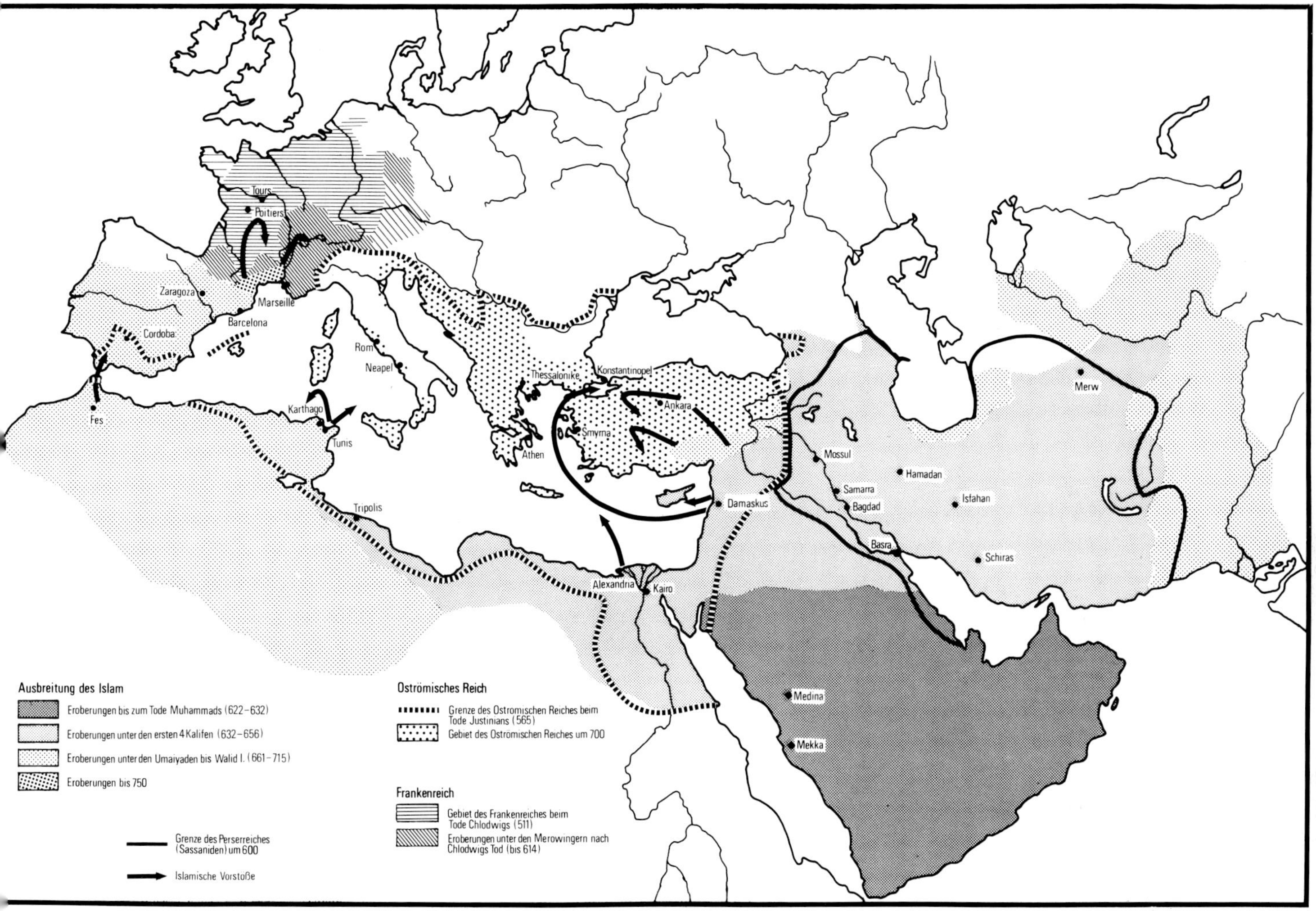

Abb. 60 Die Ausbreitung des Islam

sich selbst gewandte Periode der Geschichte Europas begann, die zur Ausbildung der spezifischen mittelalterlich-europäischen Kultur führte. Auf der anderen Seite des Mittelmeers können wir einen vergleichbaren Prozeß beobachten. Dort wurde die spätantike Kultur von einer mittelalterlich-islamischen abgelöst, die wie unsere ihre Wurzeln in der Antike hatte. Hier war bis 750 n. Chr. Damaskus als Hauptstadt des umaiyadischen Kalifen-Reiches das überragende Zentrum. Aus den Häfen der meist durch Perser wiederbesiedelten Küstenstädte Syriens liefen die Schiffe der Kalifen zu ihren Angriffen gegen die Byzantiner aus, und umgekehrt waren diese Städte erste Ziele byzantinischer Angriffe.

Den Niedergang ihres Handels mit dem übrigen Mittelmeerraum konnte die Wirtschaft des neuen islamischen Reiches vorerst verkraften, hatten sich doch Syrien riesige Märkte im wirtschaftlich blühenden Osten des Reiches aufgetan, und das Land schwamm als Kernprovinz des Reiches in Reichtum und Wohlstand. Syriens erste 110 Jahre unter dem Islam hatten somit zwar zu Bevölkerungsveränderungen und zum Niedergang des Fernhandels über das Mittelmeer geführt, dennoch gedieh das Land, und der Glanz der Reichshauptstadt Damaskus sowie zahlreicher Kalifen- und Prinzenresidenzen überstrahlte es.
Dieser taumelhafte Zustand sollte mit dem Fall der Umaiyaden und dem Aufkommen der Abbasiden, die

Baghdad (ab 750) zu ihrer Hauptstadt gemacht hatten, ein Ende nehmen. Spielten Syrer unter den Umaiyaden eine nicht unwesentliche Rolle im Staat und waren syrische Nomadenkrieger die militärische Stütze der Umaiyaden-Herrschaft, so hatte die Abbasiden-Herrschaft ausgesprochen antisyrische Züge. Das Land, vom Mittelpunkt an den Rand gerückt, fiel auf seine eigenen, geschwächten ökonomischen Beine zurück und geriet ins Abseits, da es seiner Rolle als Mittler zwischen Orient und Europa beraubt war. Aber nicht nur Syriens Mittelmeerhandel war zusammengebrochen. Alexandria und die nordafrikanischen Küstenstädte hatten dasselbe Schicksal erlitten, Die Verbindung Syriens mit seinen Nachbarländern und Europa war auf ein Minimum reduziert, seine einst blühenden Hafenstädte dämmerten, obendrein häufigen byzantinischen Angriffen ausgesetzt, dahin.

War Syrien zu dieser Zeit völlig passiv, so entwickelten sich weiter im Westen neue Schwerpunkte. Vom heutigen Tunesien aus unternahmen meerorientierte Herrscher Angriffe gegen das byzantinische Sizilien und Süditalien und eroberten 831 Palermo. Die muslimischen Angriffe gegen Südeuropa nahmen im 9. Jahrhundert zu: 842 wurden Arles, 845 Marseille, 846 Rom, 856 Neapel und 859 die Peloponnes angegriffen und teils stark zerstört.

In dieser Periode der Unsicherheit kam der Mittelmeerhandel fast völlig zum Erliegen. Die einzigen Handelsverbindungen zwischen Europa, der islamischen Welt, Indien und Fernost scheint damals eine Gruppe von Kaufleuten aufrecht erhalten zu haben, von der uns ein arabischer Autor des ausgehenden 9. Jahrhundert berichtet. Er nennt diese Kaufleute Radaniya. Ihre Heimat war Frankreich und ihre Religion jüdisch: Weder Muslime noch Christen konnten zwischen Europa und dem Orient reisen und Europa besonders mit den heißbegehrten Gewürzen aus dem Orient versorgen. Bei ihren Handelsfahrten benutzten sie vier verschiedene Wege, zwei über das Meer, zwei über das Land. Auf je einer dieser Routen berührten sie Syrien auf dem Wege nach Osten. Daß sie über Syrien hinaus weiter nach Osten reisten, zeigt deutlich, daß im 9. Jahrhundert Syriens eigener Osthandel zum Erliegen gekommen war.

Dies sollte sich aber im folgenden Jahrhundert ändern. 909 war in Nordafrika eine neue Dynastie, die Fatimiden, an die Macht gekommen, die 969 Ägypten und 991 Syrien eroberte. Pragmatisch denkende Administratoren erkannten die Vorteile, die der Mittelmeerhandel Wirtschaft und Finanzen des Staates zu bringen vermochte, und schufen die Grundlagen dazu. Bald darauf erfahren wir von europäischen Kaufleuten in Kairo, vom Ausbau syrischer Häfen und dem Wiedererblühen von Marseille – ganz zu schweigen vom wachsenden Reichtum italienischer Städte. Wir sind im 11. Jahrhundert. 400 Jahre war die Verbindung zwischen Europa und Syrien nahezu unterbrochen gewesen, jetzt hatte man sich auf die Nützlichkeit des Kontaktes zurückbesonnen.

Mit Gütern reisten auch Ideen über das Mittelmeer, wuchs die Kenntnis vom „Heiligen Land" in Europa, wuchs die Begierde, dort fest Fuß zu fassen. Ein Mittel dazu waren die Kreuzzüge. Sie intensivierten den Kontakt zwischen Syrien und Europa, wenn auch unter fragwürdigen Vorzeichen. De facto setzte sich aber im Mittelmeerhandel der Kreuzfahrerzeit fort und intensivierte sich, was unter den Fatimiden begonnen worden war. Die europäischen Kaufleute benutzten die frommen oder weniger frommen Kreuzfahrer, solange sie benutzbar waren. Als deren Zeit vorbei war, traten sie mit den Besiegern der Kreuzfahrer, den Mamluken, in noch intensivere Handelsbeziehungen, die seitdem zwischen Syrien und Europa nie mehr abrissen.

Pirenne hatte wohl schon recht gesehen. Morgen- und Abendland trennten sich zwar, doch nur um sich als zwei neue Gesichter des Erbes einer viel älteren, tiefer gründenden, nicht trennbaren und unentrinnbaren Schicksalsgemeinschaft zu artikulieren. Sie gehören zusammen, ohne daß einer den anderen dominieren muß oder als Vorbild zu dienen hat. Was immer auch Eiferer hier und dort sagen mögen.

Literatur

E. Ashtor, Studies on the Levantine Trade in the Middle Ages (London 1978); – W. Heyd, Geschichte des Levantehandels im Mittelalter (Stuttgart 1879); – P. E. Hübinger (Hrsg.), Bedeutung und Rolle des Islam beim Übergang vom Altertum zum Mittelalter (Darmstadt 1968); – J. Pirenne, Mahomet und Karl der Große (Frankfurt 1963. Fischer-Taschenbücher 553).

Die Kreuzritter in Syrien

Heinz Gaube

Von früher Schulzeit an sind uns die Kreuzzüge vertrauter Teil mittelalterlicher Geschichte. Doch europäisches Verständnis dieses fast zwei Jahrhunderte währenden politischen und kulturellen Kontakts zwischen Europa und dem historischen Syrien – dem vom Roten Meer bis zum Euphrat und von der Wüste bis zum Mittelmeer reichendem Bilad asch-Scham – bewegt sich in der Regel nach wie vor auf der Ebene von „Als Kaiser Rotbart lobesam" oder „Er reitet, er reitet", wird von der Ringparabel eines Lessing aufklärerisch mißdeutet oder gar grob verfälscht als der leider mißglückte Versuch einer europäischen Besitzergreifung des bis heute allen drei großen monotheistischen Religionen gleichermaßen „heiligen" Landes, welches das historische Syrien ist.

Wer waren aber die Kontrahenten, und was waren ihre Ziele? Auf der einen Seite standen durch kurzsichtige Streitereien und politisch in Teilstaaten zersplitterte, geschwächte Muslime als Verteidiger. Auf der anderen Seite standen beute- und landhungrige europäische Adlige, die in ihrer Heimat keine Chancen mehr besaßen, profitgierige Kaufleute aus den italienischen Handelsstädten, aufgrund einer Wirtschaftskrise dem Hungertod nahe Massen aus vielen Teilen Europas, die das Kreuz eher um eines vollen Magens als um des Gotteslohns willen nahmen, und durch die Kirche bis zur Selbstgeißlung fanatisierter und um der Wirtschaftsinteressen weniger manipulierter Pöbel. Sie alle hatte Papst Urban II. am 27. 11. 1095 zum Kreuzzug aufgerufen und nicht verschwiegen, daß er sich davon auch Frieden in der Heimat, das Ende von Raub, Unsicherheit und bürgerkriegsähnlichen Zuständen, allgemeiner Armut und Unterernährung der Bevölkerung versprach.

Soweit die düstere Seite. Syrien aber stand damals auf dem Höhepunkt seiner kulturellen Blüte. Der syrische Herrscher Saladin (Salah ad-Din) hatte einen an Ritterlichkeit ebenbürtigen Gegner in Richard Löwenherz. Richard hatte enge Beziehungen zu Saladins Bruder al-Adil, dem er seine Schwester zur Frau geben und beide mit Jerusalem belehnen wollte, um die muslimisch-christlichen Streitereien um die Stadt zu beenden. Auch gab Richard Adils Sohn, al-Kamil, in aller Form den Ritterschlag. Und al-Kamil ging als Freund Friedrich II. des Hohenstaufen in die Geschichte ein.

Freundschaft und Haß, Toleranz und Fanatismus, große Schlachten mit schweren Verlusten und friedliches Neben- und Miteinander kennzeichnen diese zweihundertjährige Kreuzzugs-Episode in der langen Geschichte Syriens, über die uns lateinische wie arabische Zeugnisse recht gut informieren. Ja, selbst ein Bild des Alltäglich-Banalen ist uns in den Memoiren eines gelehrten syrischen Ritters der Kreuzfahrerzeit erhalten. Dort ist von gegenseitigem Viehdiebstahl, von unverbrüchlicher Treue zwischen einzelnen „Franken", wie die Kreuzfahrer von den Arabern genannt wurden, und Syrern die Rede, dort lernen wir arabisierte Kreuzfahrer kennen und teilen der Araber Entsetzen über die rückständige Medizin der Kreuzfahrer, dort erfahren wir, daß Templer den Autor beim Gebet in Jerusalem vor fanatischen Christen beschützt haben und daß ein anderer Franke ihn in Antiochia vor dem christlichen Pöbel verteidigte. All dies und noch viel mehr scheinbar Widersprüchliches gab es in diesen zwei Jahrhunderten syrischer Geschichte, in denen die Kreuzfahrer nur eine Teile des Landes beherrschende Minorität waren, die ohne wirtschaftliche Kooperation mit den Einheimischen, Muslimen oder Christen, nicht hätte existieren können.

Die allgemein übliche Periodisierung dieser Zeit wird nach Kreuzzügen vorgenommen. Das mag von Europa her gesehen sinnvoll sein, von Syrien her gesehen ist es nicht. Von hier bietet sich eine Einteilung in drei Perioden an: a) die Zeit der christlichen Eroberungen von 1095 bis 1114, b) die der muslimischen Gegenoffensiven bis zum Tode Saladins 1193 und c) die Zeit des Nebeneinanders und ständigen Kämpfens zwischen Kreuzfahrern und Muslimen und innerhalb der einzelnen Gruppen bis zur endgültigen Vertreibung der Kreuzfahrer zwischen 1263 und 1291.

Die erste Periode fällt in eine Zeit, in der Syrien Zankapfel zwischen den Fatimiden Ägyptens und den Seldschuken Irans und Iraqs war. Der Streit der beiden stärksten muslimischen Mächte miteinander erlaubte den Kreuzfahrern, sich ihre eigenen Staaten – Jerusalem, Tripolis, Antiochia und Edessa – aus dem faktisch von keiner der beiden Mächte beherrschten Syrien herauszuschneiden. Dieser Umstand war zeitgenössischen arabischen Historikern, die die Kreuzfahrer als Gottesstrafe für die innere Zerrissenheit der Muslime ansahen, durchaus bewußt. Diese innere Zerrissenheit wurde überwunden durch Imad ad-Din Zangi (1127–46), Sohn eines türkischen Sklaven des Seldschukenkönigs von Iran, der sich einen Staat erkämpft hatte, welcher von Nordmesopotamien bis Nordsyrien reichte, und dessen Sohn Nur ad-Din (1146–73), der nicht nur als bedeutender Krieger, sondern auch als generöser Förderer von Wissenschaft und Kunst in die Geschichte eingegangen ist. Die Muslime gewannen 1144 Edessa zurück. Was die beiden Zangiden begonnen hatten, setzte der 1138 im Iraq geborene und in Baalbek im Libanon aufgewachsene Kurde Saladin fort. 1185 war Saladin Herr eines Staates, der von Ägypten bis Nordmesopotamien reichte und somit das Territorium der Kreuzfahrer umschloß. Sieg folgte auf Sieg. 1187 wurde Jerusalem erobert, und 1189 war die Macht der Kreuzfahrer auf wenige Küstenorte und Antiochia reduziert.

Der dritte Kreuzzug (1187–1192) führte zu einer Entlastung für die Kreuzritter, die über Verträge und militärische Erfolge Teile der Küste zurückzugewinnen vermochten. 1192 wurde zwischen Saladin und den Kreuzfahrern Frieden geschlossen. Wenige Monate danach starb Saladin in Damaskus. Obgleich er nicht untreffliche Söhne hatte, spiegelt sich seine außerordentliche persönliche Autorität in der Nervosität wider, welche die Bevölkerung seines Reiches in seinen letzten Tagen, als die Kunde von seiner Krankheit an die Öffentlichkeit gedrungen war, ergriff: „Es verbreitete sich große Furcht, und die Kaufleute begannen voll Unruhe, ihre Waren von den Märkten wegzuschaffen" berichtet uns ein arabischer Historiker.
Saladins Tod war ein Wendepunkt. Sein Reich zerfiel in kleine, von Mitgliedern seiner Familie regierte Staaten, die miteinander und mit den Kreuzfahrern Krieg führten. Bisweilen verbanden sich Kreuzfahrer mit Muslimen gegen Kreuzfahrer und Muslime mit Kreuzfahrern gegen Muslime: die dritte, bis 1263, als der Mamluke Baibars seine erfolgreichen Kriegszüge aufnahm, währende Periode der Kreuzfahrerzeit Syriens begann. Sie ist durch eine Patt-Situation mit leichten Vorteilen für die Kreuzfahrer gekennzeichnet und war eine Zeit kulturellen Austausches und besseren Verstehens der beiden Seiten. Das Verbindende, gleiche gesellschaftliche Stellung der Ritter auf beiden Seiten, gleiche ökonomischen Interessen, gleiche ökonomischen Grundlagen ihrer Herrschaft, gleiche Untertanen und die Assimilation vieler kleiner Kreuzritter an ihre Umgebung überwogen vielerorts das Trennen mehr und mehr. Es besteht kein Zweifel, daß eine Reihe kleiner Kreuzritter in der einheimischen Bevölkerung aufgegangen ist und in ihren Nachkommen, Einwohnern Syriens, des Libanon und Palästinas, fortlebt.
Was außer Haß und Mißtrauen, die damals zwischen westlichen und orientalischen Christen und Muslimen gesät wurden, außer Erinnerungen an schöne Kirchen der orientalischen Christenheit (z. B. in Aleppo), die als Revanche für Schändung muslimischer Kultbauten durch Kreuzfahrer konfisziert und in muslimische Schulen und Moscheen umgewandelt wurden, ist von den Kreuzfahrern in Syrien geblieben? Ruinen: Reste von Stadtbefestigungen, Kirchen und Burgen. Diese Bauten der Kreuzfahrer sind es, die auch heute noch den westlichen Reisenden mit einer gewissen Wehmut erfüllen, ihn in romantische Stimmung versetzen, oder im Glücksfall herausfordernd mit dem eigenen Erbe in einer fremden Umgebung konfrontieren.
Die Städte der Kreuzfahrer unterschieden sich nicht von ihren muslimischen Vorgängern oder Nachbarn. Die Kreuzfahrer, von denen viele aus urban unterentwickelten Gebieten kamen, fanden eine Jahrtausende alte ostmediterrane Stadtkultur vor, in der sie sich einrichteten. Das Leben in diesen Städten war ein arabisches und kein europäisches. So wissen wir z. B. von Akko – Ende des 12. Jahrhunderts die wichtigste Stadt der Kreuzfahrer – daß alle Zollformalitäten auf Arabisch abgewickelt wurden und daß, trotz Krieg zwischen Saladin und den Kreuzfahrern, muslimische Kaufleute aus Damaskus große Geschäfte mit italienischen Städten über Akko abwickelten.
Die großen Kirchen der Kreuzfahrer sind Bauten der südeuropäischen Spätromanik und Frühgotik. Die schönsten von ihnen liegen an der libanesischen und syrischen Küste, in Beirut (in eine Moschee umgewandelt), Byblos und Tartus. Alle sind dreischiffige Basiliken. Die in Beirut hat den ausgewogensten Grundriß, die in Byblos wirkt heute aufgrund unzulänglicher Restaurationen nach 1170 mit Ausnahme des Ostteiles etwas unproportioniert und bäuerlich, die Marien-Kathedrale in Tartus schließlich, heute Museum, zeigt vom frühen Ostteil zur späteren Westfassade hin den Übergang von Romanik zu Gotik.
Augenfälligste Zeugnisse der Kreuzfahrer in Syrien sind aber ihre Burgen. Alle wurden an schon vorher befestigten Stellen errichtet und verschmelzen oft lokale Traditionen mit europäischen. Der einfachste Typ von Burg ist ein fester Turm (Donjon) mit einer Außenbefestigung um ihn. Ein schönes Beispiel für diesen Typ ist Safita (Castel Blanc) zwischen Homs und der Küste auf einer 320 m hohen Felskuppe gelegen. Safita und das ihm benachbarte Jahmur (Castel Rouge) können als Ritterburgen defensiven Charakters angesehen werden. Ursprünglich waren sie Sitze von Landadligen. Von nur einer Außenmauer umgebene, in der Vorkreuzfahrer-Zeit gebaute und durch die Kreuzfahrer umgebaute, Burgen sind die auf eindrucksvollen Bergspornen liegenden Anlagen von Marqab (nahe Banyas an der Küste) und Sahyun (unweit Lattaqiya in den Bergen). Bedeutendstes Beispiel der Kreuzfahrerarchitektur in Syrien – als schönste Burg der Welt gepriesen – ist der Krak des Chevaliers (Hisn al-Akrad) (Abb. 61). Der Krak war nicht Sitz eins Landadligen, sondern eine Kloster-Kasernen-Burg der Johanniter, die gleich anderen geistlichen Orden als Konkursverwalter des freiunternehmerischen Kreuzrittertums nach Syrien gekommen waren und Burg nach Burg aufgekauft hatten. Der Bau der komplizierten Anlage, die erfolgreich als Offensivburg funktioniert hat, wurde 1142 an der Stelle einer älteren Anlage begonnen. Die letzte Ausbauphase ist 1201/2 datiert. Sie besteht aus einem doppelten Befestigungsring und umfangreichen Einbauten (Lagerräume, Ställe, Kasernen, Kirche, Rittersaal) und konnte über 2000 Mann fassen.
1271 mußten aber auch die Johanniter des Krak kapitulieren. Sie kapitulierten vor einer neuen Macht, den Mamluken, die gleich Saladin Syrien und Ägypten unter ihre Herrschaft gebracht hatten. Gegen ein vereintes Syrien und Ägypten konnten die Kreuzritter nicht bestehen.
Was außer unguten Erinnerungen an eine der vielen nicht glanzvollen Zeiten Europas, deren Wiederholung heute viele Muslime in der aus verständlichen Gründen vom

Abb. 61 Die Burg Krak des Chevaliers

Westen unterstützten zionistischen „Landnahme" des „Heiligen Landes" sehen, ist geblieben? In Syrien schöne Ruinen, denen nach dem Ersten Weltkrieg die französische Mandatsmacht in tiefer Vorgängerverehrung – „ma présence ici consacre la victoire de la croix sur le croissant" (meine Anwesenheit hier bestätigt der Sieg des Kreuzes über den Halbmond) hatte 1920 General Gourand in Damaskus am Grabe Saladins gesagt – reichlich Pflege angedeihen ließ. Europa brachten die Kreuzzüge neben einigen lateinischen Übersetzungen arabischer wissenschaftlicher und literarischer Werke auch Veränderungen in Rüstung und Lebensstil der Ritter. Doch vor allem auf wirtschaftlichem Gebiet hatten die Kreuzzüge ihre größte Auswirkung. Eine Vielzahl vorher unbekannter Nutzpflanzen wie z.B. Sesam, Karobe (Johannisbrot), Hirse, Reis, Zitrone, Melone, Aprikose, Scharlotte und Zuckerrohr kamen nach Europa, und die „Wohlgerüche des Orients" fanden bei uns Eingang. Auch eine Reihe technischer Innovationen beruht wohl auf jenem keineswegs immer nur kriegerischem Kontakt Europas mit jener räumlich so nahen und kulturell bis heute noch so fern erscheinenden Kultur des Islam, der die Kreuzzugszeit prägt.

Literatur

F. Gabrieli, Die Kreuzzüge aus arabischer Sicht (Zürich/München 1973); – H.E. Mayer, Geschichte der Kreuzzüge (5. Aufl. Stuttgart 1980, Urban-Taschenbücher 86); – W. Müller-Wiener, Burgen der Kreuzritter im Heiligen Land, auf Zypern und in der Ägäis (Berlin o.J.); – L. Rathmann, Geschichte der Araber. Band 1 (Berlin [Ost] 1975) 199–210; – G. Rotter (Übers.), Usama ibn Muniqidh: Ein Leben im Kampf gegen Kreuzritterheere (Tübingen/Basel 1978).

Abb. 56 Das Pilgerheiligtum Qal'at Siman

Abb. 57 Der Säulenstumpf in der Kathedrale in Qal'at Siman

Abb. 58 Die Basilika in Qalbloze

Völker, Sprachen und Schriften

Wolfgang Röllig

Es verwundert nicht, daß ein Land, das geographisch keine Einheit bildet, auch in seiner Kultur und seiner völkischen Struktur recht uneinheitlich war und ist. Die Funktion einer Landbrücke, eines Verbindungsweges zwischen verschiedenen Hochkulturen, die Syrien zukommt, hat die Aufnahme fremden Kulturgutes erleichtert und die Bildung einer eigenen Nation erschwert. Aber ein ethnischer Schmelztiegel, wie er dabei entsteht, ist auch besonders produktiv, erzeugt außergewöhnliche Neuerungen und ist in der Lage, sie nach außen hin zu vermitteln.

Wer wohnte früher in Syrien? Diese Frage ist für die Zeit ohne schriftliche Überlieferung nicht zu beantworten. Die Keramik des Archäologen spricht nicht, gibt über die völkische Zugehörigkeit ihrer Produzenten keine Auskunft. Wenn man eine bäuerliche Kultur in den Ackerebenen des Nordens und den fruchtbaren Landstrichen des Westens von einer nomadischen im Steppengebiet unterscheidet, so klingt diese Erkenntnis banal. Für die Sprache und die Volkszugehörigkeit besagt sie zunächst nichts. Sobald wir allerdings historische Nachrichten erhalten, zeigen sie, daß bestimmend im ganzen Gebiet Semiten sind – und das ist bis heute so geblieben. Allerdings: Auch die Semiten sind keine einheitliche Größe.

Akkadisch, d.h. die ostsemitische Sprache, die sich gegen Ende des 3. Jahrtausends v. Chr. in einen babylonischen und einen assyrischen Dialekt trennte, hat man offenbar schon in der frühdynastischen Epoche auch in Syrien, jedenfalls im Norden des Landes gesprochen. Bereits die sogenannte „Sumerische Königsliste", eine nach gewissen literarischen Gesichtspunkten zusammengestellte Folge von Dynastien des Zweistromlandes aus dem 20. (18.) Jahrhundert v. Chr., enthält auch eine Dynastie von Mari, deren frühester Herrscher bereits akkadisch „Ilum-pu" heißt. Inschriften auf in Mari gefundenen Statuen und eine Anzahl sehr früher Texte belegen Eigennamen, die ebenfalls gut akkadisch sind, bieten auch sprachliche Eigenheiten, die den Texten der sogenannten Akkade-Zeit Babyloniens (ca. 2450–2250 [2350–2150] v. Chr.) sehr nahe stehen.

Es konnte deshalb eigentlich keine Überraschung sein, daß die zahlreichen Texte des königlichen Archivs von Tall Mardich/Ebla auch eben diese Sprache überliefern. Nur ist das nun zur Verfügung stehende Material so groß, seine Erschließung noch so in den Anfängen, daß es augenblicklich noch nicht möglich ist, die Besonderheiten dieses frühen Akkadischen (= „Eblaitisch") in Einzelheiten zu beschreiben. Hinzu kommt noch eine besondere Erschwernis: Die Schreiber der Texte verdanken ihre Fertigkeit offenbar einer sumerischen Schule, deren Ursprung wahrscheinlich in Kisch, in Nordbabylonien, zu suchen ist. Sie schrieben deshalb eine seltsame Mischung von sumerischer formelhafter Sprache und ihrem eigenen, orthographisch noch nicht recht verfestigten Idiom. Noch steckt dessen Erforschung in den Anfängen. Soviel ist aber sicher, daß offenbar die akkadische semitische Bevölkerung des südlichen Mesopotamien, die wir früher nur dort glaubten finden zu können, sehr viel weiter verbreitet war, wahrscheinlich den ganzen „Fruchtbaren Halbmond" besiedelt hatte.

Amoritisch ist die Sprache Syriens, die am weitesten auch nach Babylonien selbst hineingewirkt hat, denn sie wurde von Nomaden gesprochen, die auch in Südmesopotamien seßhaft wurden und dort große und berühmte Dynastien wie die des Hammurapi von Babylon begründeten. Es ist ebenfalls eine semitische Sprache und gehört zur größeren Gruppe des Kana'anäischen, das uns am besten im Hebräischen des Alten Testaments überliefert ist. Das soll aber nicht bedeuten, daß beide Sprachen identisch sind und auch völkisch eine direkte Verbindung mit den Hebräern besteht. Wir haben aber inzwischen genug Zeugnisse dafür, daß eine ursprünglich nomadisierende Bevölkerungsgruppe, die sich selbst als „Amurru" = „Westleute" bezeichnete, wie in Südmesopotamien so auch in Syrien einzog und dort wohl zunächst ein wenig seßhaftes Leben führte. Aus der Sicht der alten Ackerbaukultur Babyloniens werden sie beschrieben als solche, „die kein Getreide kennen", „der Mann, der Trüffeln am Rande des Fruchtlandes ausgräbt, der das Knie nicht (vor der Gottheit) zu beugen weiß, der rohes Fleisch ißt, der zeitlebens kein Haus kennt, der nach seinem Tode nicht (richtig) bestattet wird". Aber das ändert sich rasch. Bald entstehen in Syrien Machtzentren mit amoritischer Oberschicht in Mari, Aleppo, Alalach, Qatna usw. Sie setzen die alte städtische Kultur, die Ackerbaukultur fort und müssen sich nun ihrerseits gegen die nachrückenden Stämme zur Wehr setzen, die vom Wüstenrand aus operieren. Es ist wohl kein Zufall, daß der Djabal Bischri, der beherrschende Höhenzug im Nordwesten der syrischen Wüste, so oft im Zusammenhang mit diesen Kleinviehnomaden genannt wird. Hier war das Reservoir, aus dem immer wieder neue Stämme hervorbrachen – wir kennen die Namen der großen wie Hanäer, Suchu, Idamaras, Jamutbal, aber auch ihre Untergliederungen. Die Marjaminiten = „Südleute" etwa, wurden durch die Unterstämme Amnanum, Jachrurum und Ubrabum vertreten, jeweils von Schaichs angeführt, die auch als Verhandlungspartner von den Königen der Machtzentren anerkannt wurden.

Ihre Sprache hat sich vor allem in Eigennamen und einigen charakteristischen Begriffen erhalten. Im Schriftverkehr – und nur dieser ist uns ja als Quelle zugänglich – verwendete man die babylonische Sprache und Schrift in der zeitgemäßen Stufe des Altbabylonischen, das offenbar im ganzen syrischen Raum in den Schreiberschulen gelehrt wurde und jedenfalls auch die Umgangssprache bei Hofe war. In den ersten Jahrhunderten des 2. Jahrtausends v. Chr. war offenbar Syrien fast völlig in den babylonischen Kulturraum integriert, der seinerseits durch die Amoriter geprägt war.

Hurritisch ist zunächst nur in spärlichen Spuren im ausgehenden 3. Jahrtausend v. Chr. in Nordmesopotamien nachweisbar. Wir müssen also annehmen, daß bereits damals Angehörige des Volkes, das die Sprache sprach, dorthin eingewandert waren. Sie kamen offenbar aus Nordosten, aus Armenien und dem Zagros-Gebirge. Allmählich werden die hurritisch gebildeten Personennamen häufiger und nach dem Zusammenbruch der altbabylonischen Staatenwelt begegnet uns das Hurriter-Reich auch als historische Größe. Zeitweilig muß das ganze nördliche Syrien unter hurritischer Herrschaft gestanden haben, denn nicht nur in Nuzi, dem Königreich Arrapcha in der Nähe von Kirkuk, spricht man diese Sprache, sondern bis nach Ugarit hinein hat sie ihr Verbreitungsgebiet. Es ist die erste für uns faßbare nichtsemitische Sprache auf syrischem Boden. Da aber die Überlieferung dieser Sprache – wir kennen sie vor allem aus Texten der Hethiter-Hauptstadt Boghazköy – so schlecht ist wie bei kaum einer anderen altorientalischen, können wir sie bis heute nicht richtig verstehen. Es handelt sich um eine „agglutinierende" (= aneinanderklebende) Sprache, bei der der Wortkörper nicht verändert wird und alle grammatischen Beziehungen durch Suffixe (= Nachsilben) zum Ausdruck gebracht werden. Sie ist übrigens verwandt mit dem Urartäischen, der Sprache des Van-See-Reiches im 1. Jahrtausend v. Chr.

Eine Besonderheit ist schließlich, daß die Hurriter bei ihrem Siegeszug durch Nordmesopotamien und Nordsyrien bis zur Mittelmeerküste offenbar von einer indo-arischen Gruppe angeführt wurden, die im Wesentlichen den Adel darstellte und besonders mit Pferd und Wagen umzugehen verstand. Wieder sind es Namen und einige Fachausdrücke, auch ein paar Götternamen wie Indra, Varuna und Nasatya, die das indoarische Element bezeugen- dessen Bedeutung aber sicher weit geringer war, als die Forschung gelegentlich angenommen hat.

Hethitisch ist eine indogermanische Sprache, und auch sie ist in Syrien gesprochen worden. Kurz vor dem Untergang des Mitanni-Reiches der Hurriter war das hethitische Großreich (Hatti) mit Schuppiluliuma neu erstarkt und nach Nordsyrien vorgedrungen. Karkemisch wurde zum Sitz eines Vizekönigs, Emar am Euphrat zu einer Festung ausgebaut. Auch in Ugarit, das zeitweilig Hatti als Schutzmacht anerkannte, hat man hethitisch zu sprechen und zu schreiben verstanden. Dennoch scheinen beide Sprachen, das Hurritische wie in noch stärkerem Maße das Hethitische, dem Lande eigentlich fremd geblieben zu sein. Fremde Ortsnamen gibt es keine, Personen mit kleinasiatischen Namen zwar noch im äußersten Nordwesten bis ins 1. Jahrtausend v. Chr. hinein – doch ein integriertes Bevölkerungselement scheinen vor allem die Hethiter nicht geworden zu sein.

Ugaritisch ist wieder eine semitische Sprache, die dem Kana'anäischen, zu dem auch das Amoritische gehörte, nahesteht. Allerdings gibt sie uns noch manche Rätsel auf, was wohl auf zwei Gründe zurückzuführen ist. Einmal haben wir aus dem Umkreis von Ugarit, der westsyrischen Staatenwelt des 14. und 13. vorchristlichen Jahrhunderts, noch wenig sprachliche Überlieferung, so daß eine klare Beurteilung der eventuellen Sonderstellung von dessen Sprache unmöglich ist. Zum anderen finden wir in Ugarit selbst eine erstaunliche Vielfalt von Sprachen vor, wie es allerdings bei einer Handelsmetropole nicht allzusehr überrascht. Neben der einheimischen Sprache wurde offenbar besonders viel Hurritisch gesprochen, denn das Ugaritische hat mehrfach Wörter und Bildungselemente dieser Sprache übernommen. Hethitisch verstand man zu lesen und zu schreiben, aber auch das Ägyptische und vor allem das Babylonische wurde geläufig benutzt, letzteres mit seiner komplizierten Keilschrift auch und vor allem für Rechtsgeschäfte und diplomatische Korrespondenz. Selbst das längst ausgestorbene Sumerisch vermochten die ugaritischen Schreiber zu meistern.

Wir müssen uns die Bevölkerung dieser Stadt also als bunt zusammengewürfelt vorstellen. Sicher überwog das einheimisch-semitische Element. Dazu traten zahlreiche Hurriter, hethitische Soldaten und Beamte, gelegentlich eine ägyptische Delegation bzw. Garnison. Auch aus dem ägäischen Raum waren Leute hier zu finden, wie Tontafeln mit kyprominoischen Zeichen beweisen. Welche Sprache sich dahinter verbirgt, ist allerdings noch ungewiß.

Assyrisch fand Eingang in Syrien, als mit dem Erstarken des Mittelassyrischen Reiches der Expansionsdrang dieses Volkes sich auch nach Westen wandte. Das geschieht kurz nach 1300 v. Chr. und fortan ist bis zum Untergang des letzten assyrischen Königs in Harran 609 v. Chr. die beherrschende Keilschriftsprache das Assyrische gewesen, das ja nur ein Dialekt des Akkadischen (neben dem Babylonischen) war. Mittelassyrische Urkunden finden sich im Chabur-Gebiet, neuassyrische Monumentalinschriften und Keilschrifttexte im ganzen syrischen Raum, der ja lange Zeit zum assyrischen Provinzsystem gehörte.

Aramäisch ist diejenige semitische Sprache, die von Syrien ihren Ausgang nahm. Denn wieder scheinen die Nomaden bzw. Beduinen, die es sprachen, aus der Syrischen Wüste gekommen zu sein. Sie bedrohen schon im ausgehenden 2. Jahrtausend v. Chr. die assyrische Grenze, können auch die Vormachtstellung Assurs in Nordsyrien brechen und dortselbst selbständige Fürstentümer gründen. Ihre Stämme, die sich jetzt „Häuser" („bit") nennen, werden allmählich seßhaft: Bit Halupe am Chabur-Fluß, Bit Bachiani an der Chabur-Quelle mit den bedeutenden Orten Guzana (Tall Halaf) und Sikani (Tall Fachariya), Bit Adini am

Abb. 59 Die Basilika in Qalbloze

Abb. 59 a Die Kirche in Qasr ibn Wardan ▷

Euphratbogen mit Hauptstadt Til Barsip (Arslantasch). Sie entwickeln eine durchaus eigenständige Kultur, allerdings in Anlehnung an assyrisches Erbe, und schreiben ihre eigene Sprache – im leicht abgewandelten phönikischen Alphabet. Aramäische Sprache und Schrift breitet sich in den folgenden Jahrhunderten rasch aus. Inschriften gibt es bald in Kleinasien und in Arabien; man schreibt es in Assur und in Palästina. Die gesamte altorientalische Welt wird von den Aramäern durchsetzt und beeinflußt, bis mit der Machtübernahme durch die Achämeniden das Aramäische als Verwaltungssprache des Riesenreiches seinen Siegeszug durch die ganze alte Welt antritt. Zentrum bleibt aber weiterhin Syrien, wo in Damaskus das erste aramäische Großreich seine Hauptstadt hatte, wo in Palmyra ein aramäischer Dialekt gesprochen wurde, wo in den großen christlichen Bischofssitzen wie Edessa, Nisibis und Antiochia das „Syrische" zur Sprache von Kult und Theologie erhoben wurde. Und noch heute gibt es in Syrien Sprachinseln, in denen das Aramäische im täglichen Umgang gebraucht wird.

Arabisch ist die semitische Sprache, die auch heute noch in Syrien gesprochen wird und die schon bald mit der aramäischen Sprache konkurrierte. Denn schon im 8. und 7. vorchristlichen Jahrhundert kamen erneut semitische Stämme aus der Wüste, jetzt mit Kamelen weitaus beweglicher als ihre Vorgänger. Sie begründeten schon in hellenistischer Zeit eigene Reiche am Rande des Kulturlandes, waren meist Händler wie die Palmyrener und vor allem die Nabatäer, die ihre Hauptstadt zeitweilig in Syrien (Bosra) hatten. Zwar übernahmen diese Araber zunächst aramäische Schrift und Sprache; immer deutlicher aber wird der Ausdruck ihrer eigenen Kultur mit thamudischen und safatenischen Inschriften, in denen arabische Götter angerufen, arabische Männer, Frauen und Stämme genannt werden. Die älteste arabische Inschrift, die Grabinschrift des Imrulqais, „König aller Araber" (328 n. Chr.) hat sich in an-Namara in Syrien gefunden. Seinen Siegeszug tritt diese Sprache mit der Eroberung Syriens durch die Muslime und die Errichtung des Kalifats in Damaskus (671 n. Chr.) an, die die völlige Arabisierung des Landes zur Folge hat.

Griechisch und Latein spielen demgegenüber nur eine ganz untergeordnete Rolle. Mit der Eroberung des Landes durch Alexander den Großen (333 v. Chr.) und die Hellenisierung durch die Diadochen, speziell die Seleukiden, wird natürlich auch in Syrien in den gebildeten Kreisen Griechisch gesprochen. Wichtige Inschriften werden zweisprachig abgefaßt. Als 64 v. Chr. Pompeius Syrien mit der Euphratgrenze dem Römischen Reich zufügt, geschieht Ähnliches mit dem Lateinischen. Trotz der beachtlichen kulturellen Bedeutung der griechischen und römischen Einflußnahme, hat doch auf sprachlichem Gebiet die Beeinflussung wenig Dauer gehabt, zumal breite Schichten der Bevölkerung davon offenbar gar nicht betroffen waren.

Vor allem zwei Schriften sind in Syrien verwendet worden: Die Keilschrift und die westsemitisch-phönikische Buchstabenschrift (Abb. 62).

Keilschrift ist ein kompliziertes System, nach dem recht abstrakt wirkende, ursprünglich aber bildhafte Zeichen in den feuchten Ton einer Tontafel eingekerbt werden. Jedes Zeichen kann ein ganzes Wort (Wortzeichen), eine Silbe (Silbenzeichen) oder ein Determinativ (Deutezeichen zur Klassifizierung der folgenden oder vorausgehenden Zeichengruppe) sein. Die ursprünglich für die Niederschrift des Sumerischen verwendeten rund 500 Zeichen lassen sich recht leicht auch für andere Sprachen verwenden und werden so für das Akkadische und das Eblaitische, das Amoritische und das Hurritische, auch für das Hethitische und gelegentlich das Aramäische verwendet. Als gemischte Wort-Silben-Schrift ist sie offenbar dem Ägyptischen überlegen, denn selbst die Korrespondenz mit dem ägyptischen Königshof wird von syrischen Fürsten der Amarna-Zeit in Keilschrift geführt. Daß die Fähigkeit der Schreiber der „Provinz" zur Handhabung des nicht einfachen Systems und der gelegentlich komplizierten Zeichenformen oft nicht ausreichten, steht auf einem anderen Blatt.

Äußerlich der Keilschrift nachgeahmt, seinem System nach aber der westsemitischen Konsonantenschrift entsprechend, ist die ugaritische Schrift. Funde von kleinen Tafeln mit jeweils einem ABC haben sogar erwiesen, daß die Buchstabenfolge, wie sie uns auf dem Wege über die Griechen ebenfalls überkommen ist, bereits damals festlag. Lediglich einige Zusatzbuchstaben wurden hinzugesetzt, die vor allem gebraucht wurden, um hurritische Fremdwörter zu schreiben. Anders als in der Keilschrift sind die Zeichenformen nämlich sehr viel einfacher. Anders ist auch der Gebrauch von Worttrennern. Gemeinsam mit der Keilschrift hat das Ugaritische die uns vertraute Schriftrichtung von links nach rechts.

Völlig verschieden von der Keilschrift und bestens geeignet zum Beschreiben von Holz und Stein, Papyrus und Pergament ist die phönikische Konsonantenschrift. Sie wird so genannt, weil schon die Griechen die Phönikier als ihre Erfinder bezeichneten – und in der Tat stammen die meisten der frühen Texte mit den charakteristischen Buchstabenformen, die dann auch die Griechen entlehnten, aus den phönikischen Küstenstädten. Aber dem gingen mancherlei tastende Versuche an verschiedenen Orten Palästina-Syriens und auf der Sinai-Halbinsel voraus. Wir haben davon bisher nur eine bruchstückhafte Überlieferung, so daß wir die Entwicklung der reinen Konsonantenschrift, die zumindest in ihrer äußeren Form vom Ägyptisch-Hieratischen beeinflußt war, nicht in allen Stadien verfolgen können. Schon vor der Ausformung der ugaritischen Schrift, also wahrscheinlich bereits im 14. Jahrhundert, muß zumindest das dieser Schrift zugrundeliegende Prinzip, die Reduzierung der Wörter auf ihr reines Konsonantengerüst, ver-

Schriften in Syrien

	Ugaritisch	Phönizisch	Aramäisch (Palmyra)	Syrisch (Estrangelo)	Arabisch
ʾa	𐎀	𐤀	𐡠	ܐ	ا
b	𐎁	𐤁	𐡡	ܒ	ب
g	𐎂	𐤂	𐡢	ܓ	ج
ḫ	𐎃				خ
d	𐎄	𐤃	𐡣	ܕ	د
h	𐎅	𐤄	𐡤	ܗ	ه
w	𐎆	𐤅	𐡥	ܘ	و
z	𐎇	𐤆	𐡦	ܙ	ز
ḥ	𐎈	𐤇	𐡧	ܚ	ح
ṭ	𐎉	𐤈	𐡨	ܛ	ط
y	𐎊	𐤉	𐡩	ܝ	ى
k	𐎋	𐤊	𐡪	ܟ	ك
š	𐎌				ش
l	𐎍	𐤋	𐡫	ܠ	ل
m	𐎎	𐤌	𐡬	ܡ	م
ḏ	𐎏				ذ
n	𐎐	𐤍	𐡮	ܢ	ن
ẓ	𐎑				ظ
s	𐎒	𐤎	𐡯	ܣ	س
ʿ	𐎓	𐤏	𐡰	ܥ	ع
p	𐎔	𐤐	𐡱	ܦ	ف
ṣ	𐎕	𐤑	𐡲	ܨ	ص
q	𐎖	𐤒	𐡳	ܩ	ق
r	𐎗	𐤓	𐡴	ܪ	ر
ṯ/š	𐎘	𐤔	𐡵	ܫ	ث
ġ	𐎙				غ
t	𐎚	𐤕	𐡶	ܬ	ت
ʾi	𐎛				
ʾu	𐎜				
ś	𐎝				

Abb. 62
Schriften in Syrien

breitet gewesen sein – auch wenn längere Texte der Buchstabenschrift noch nicht entdeckt sind. Der Zeichenbestand ist auf 22 Zeichen reduziert, was auch bei der Übernahme der Schrift für andere semitische Sprachen nicht verändert wird und gelegentlich zu Schwierigkeiten führt, weil der Konsonantenbestand größer war.
Schon im 10. Jahrhundert v. Chr. wird das phönikische Alphabet von den Aramäern übernommen. Es unterscheidet sich erst wenig, später immer mehr von seiner Mutter, zumal mit breitem Gebrauch der Schrift sich allmählich kursive Formen herausbilden. So lassen aramäische Papyri, aber auch die Steininschriften der Palmyrener und Nabatäer, der Thamud und der Safa kaum noch die ursprünglichen Buchstabenformen erkennen, und mit der Ausformung der arabischen Schrift, die natürlich den gleichen Ursprung hat, ist der Prozeß der Umformung auch für uns Heutige unübersehbar. Zwar wurden einige ursprüngliche Konsonantenzeichen nun auch zur Andeutung von Vokalen verwendet, werden durch über- und untergesetzte Punkte mehr Buchstaben und damit Sprachlaute unterschieden – aber das Prinzip der von rechts nach links geschriebenen Konsonantenschrift ist bis auf den heutigen Tag geblieben.

Literatur

Sprachen: C. Brockelmann in: B. Spuler, Handbuch der Orientalistik Bd. 3/1 (Leiden 1953); – C. H. Gorden, Ugaritic Textbook (Rom 1965); – H. Donner/W. Röllig, Kanaanäische und aramäische Inschriften (3 Bde., 3. Aufl. Wiesbaden 1969–71); – D. J. Wiseman (Hrsg.), Peoples of Old Testament Times (Oxford 1973).
Schriften: Hans Jensen, Die Schrift in Vergangenheit und Gegenwart (3. Aufl. Berlin 1969); – G. R. Driver, Semitic Writing from Pictograph to Alphabet (3. Aufl. London 1976); – J. Friedrich, Geschichte der Schrift (Heidelberg 1966).

Götter, Kulte und Mythen

Volkert Haas

1. Die ältesten „ethnographischen" Nachrichten

Aus Syrien – einem Lande, reich an Göttern und Dämonen, Mythen und Fabeln – wurde immer schon von geheimnisvollen und merkwürdigen Begebenheiten berichtet. So erzählt ein hethitischer Keilschrifttext von einem wilden Volk, das Menschenfleisch zu verspeisen pflegte: „Welcher Mensch unter ihnen stirbt, den pflegen sie zu essen. Wenn sie einen fetten Menschen sehen, dann töten sie ihn und essen ihn auf." Erst eine Speiseprobe vermag darüber Aufschluß zu geben, um welche Art Geschöpfe es sich handelt: Man gibt ihrem Häuptling gebratenes Schweinefleisch – verzehrt er es, so ist er ein Mensch, verzehrt er es aber nicht, so muß er ein Gott sein.
Natürlich gab es damals – im 2. Jahrtausend v. Chr. – in Syrien keine Kannibalen. Doch scheint es sich bei dieser Erzählung nicht um reine Phantastik zu handeln. Denn einer „Speiseprobe" ganz ähnlicher Art bediente sich ja auch der nach griechischen Überlieferungen aus Lydien oder Phrygien stammende König Tantalus. Um zu erfahren, ob die Götter wirklich allwissend seien, bzw. um deren wahre Natur zu erkennen, schlachtete er seinen eigenen Sohn Pelops und setzte ihn den zum Gastmahl geladenen Göttern als Braten vor.

2. Grundzüge der syrischen Religionen

Trotz der geographisch durchaus verschiedenartigen Gliederung des Landes ist eine weitgehende Einheitlichkeit und Tradition der religiösen Vorstellungen unverkennbar.
Die in Mesopotamien und in Kleinasien geläufige Ansicht von verschiedenen Göttergenerationen ist spätestens seit der Mitte des 2. Jahrtausends v. Chr. auch in Syrien verbreitet. Dabei handelt es sich im wesentlichen um drei Generationen. Zu der ältesten gehört das Paar Himmel und Erde, die vordem noch eine Einheit gebildet hatten. Durch die gewaltsame Trennung beider entsteht der Lebensraum. Die Erschaffung des Kosmos erfolgt in der zweiten Generation durch einen der Söhne dieses Paares, der als göttlicher Demiurg, d. h. Kulturbringer, engstens mit dem Getreide in Beziehung steht und als König der Götter gilt. Die nächst folgende Generation sind die dynamischen Gottheiten der gegenwärtigen Zeit. Ihr Herrscher ist der den Regen bringende Sturm- und Wettergott. Er wiederum bildet mit seiner Schwester, einer Liebes- und Kriegsgöttin, ein enges Paar.
Während der Himmel, das Oben, die Domäne des männlichen Himmelsgottes und (später?) des Wettergottes ist, wird die Erde, das Unten, als Göttin vorgestellt. Ihre verschiedensten Aspekte manifestieren sich in einzelnen Göttinnen, der Mutterschaft, des Schicksals, der Geburt, des Todes, des Herdes und der Fruchtbarkeit. Sie sind lediglich Emanationen des großen weiblichen Prinzips Erde. Als Gottheiten gelten natürlich auch die beiden großen

Gestirne Sonne und Mond. Darüber hinaus findet sich eine immense Zahl lokaler Mächte, wie Berg-, Fluß-, Quell- und Flurgottheiten, die als Gemeindeschutzgötter zusammengefaßt werden könnten. Gottheiten der Handwerker und der Händler sind besonders für die großen Städte an der Küste bezeugt.
Die ältesten Urkunden aus Syrien/Nordmesopotamien stammen aus der Mitte oder 2. Hälfte des 3. Jahrtausends v. Chr. Sie wurden in den Handelsstädten Ebla und Mari gefunden und gehören zu den ältesten Zeugnissen semitischer Religion im Nahen Osten. Die Gottheiten sind vorwiegend westsemitischer Herkunft und begegnen zum Teil auch noch in jüngerer Zeit wie z. B. der aus Ebla stammende Kaschalu, der mit dem ugaritischen Gott der Kunstfertigkeit Kotar identisch sein könnte, oder Kamisch, der im Alten Testament als Chamosch, der Gott der Moabiter, erscheint. Detailliertere Aussagen jedoch über das Wesen der in diesen frühen Texten genannten Gottheiten auf Grund jüngerer Belege sind nur bedingt möglich. Denn wie unterschiedlich die Funktionen einer Gottheit gleichen Namens an verschiedenen Orten und im Lauf der Zeiten sind, zeigt z. B. der Gott Rasap, der in Ebla mit dem nordbabylonischen Unterweltsgott Nergal gleichgesetzt ist, in Phönizien aber als Blitz- und Donnergott gilt; in hurritischen Texten aus Boghazköy wiederum ist er (in der Form Irschappa) der Gott der Kaufleute und in ägyptischen Urkunden des Neuen Reichs ist Reschef ein Kämpfer gegen die Mächte des Unheils und wird als freundlicher Schutzgott, der „Bitten erhört" angerufen.
Seit der Mitte des 2. Jahrtausends nehmen hurritische (s. S. 325) Götter und mythische Überlieferungen in Syrien einen nicht unbedeutenden Raum ein. Der Kern der hurritischen Götterwelt besteht aus der Elementarkonzeption „Himmel und Erde", dem Wettergott Teschub nebst seiner Schwester, der Kriegs- und Liebesgöttin Schawuschka, dem Sonnengott Schimike, dem Mondgott Kuschuch, einem dem Teschub eng verwandten Stiergott Tilla und dem Getreide- und Unterweltsgott Kumarbi sowie der Erd- und Unterweltsgöttin Allani.

3. Die Götter verschiedener Städte

In Ebla gab es annähernd 500 Gottheiten, deren bedeutendste – vermutlich der Getreidegott Dagan – stets als „Herr" oder „mein Herr" angesprochen wird. Vertreten sind ferner der Himmelsgott El, Sipisch – wahrscheinlich der Sonnengott, der Mondgott Zuinu, die Wettergötter Baal und Adad, die im 2. Jahrtausend als Landesgöttin geltende Heba(t) und eine Gottheit Adamma. Erwähnt seien ferner der altsemitische astrale Liebes- und Kriegsgott Aschtar, der Gott der Viehherden Schamagan, der amoritische Gott Lim, der bereits genannte Rasap, der im 2. Jahrtausend als Kriegsgott bekannte Aschtabi sowie die Flußgottheiten Euphrat und Balich. Vorsemitischer Herkunft scheinen die Göttin Ischchara, der Berggott Ammarigu und dessen Numen Adarwan mit dem Beinamen „Herr der Adler" zu sein.
Die Gottheiten werden als Statuen von zum Teil beträchtlicher Größe in den Tempeln aufgestellt. Eine Lieferung für zwei Standbilder im Tempel des Adad besteht für das eine aus acht Minen Silber (knapp 4 kg) und für das andere aus 15 Minen Silber und drei Minen Gold (über 8 1/2 kg). Die Opfer, zumeist von Schafen, finden hauptsächlich im Februar und im Juli, also zur Zeit der Aussaat und Ernte statt.
Etwa gleichzeitig mit Ebla finden sich in Mari die Gottheiten Dagan, Adad, Enki und die Muttergöttin Ninchursanga, ferner der Sonnengott und der Vegetationsgott Dumuzi unter dem Namen Ama'uschumgal. Neben der Muttergöttin aus dem sumerischen Süden ist die Göttin Ischtar unter vier Namen – womöglich vier Erscheinungsformen – vertreten. Es begegnen ferner die Göttinnen Abirtum und Ninkur sowie vermutlich zwei weitere Dagan-Gestalten.
Eine wesentliche Vergrößerung erfährt die Götterwelt in der Zeit der III. Dynastie von Ur. Von den auffallend vielen Göttinnen seien Belet-ekallim, bzw. Nin'egala, die „Palastherrin" genannt, die besonders in der Gegend am mittleren Euphrat von hoher Bedeutung ist, ferner Ningal, die „große Herrin", die Gemahlin des Mondgottes. An neu hinzugekommenen männlichen Gottheiten finden sich Lammer, Iturmer, Nerigal, die Zwillingsgottheit Maschtaba, Ischar, Meschar und andere.
Nur wenig ist vom Kulte selbst bekannt. Hervorgehoben aber sei die Rolle, welche die Zeremonie der Salbung oder Ölung von Götterstatuen spielte. In einem Festritual für die Ischtar in Mari, in dessen Verlauf Kultsänger sumerische Lieder vortrugen, begegnen auch Opfergaben für die Totengeister und Totenfeiern für die Manen der Könige. Erwähnenswert schließlich sind Götterreisen oder Reisen zu Göttern, denn es war keineswegs das Gleiche, ob man z. B. dem Dagan in Mari oder dem Dagan von Terqa huldigte.
In Ugarit vermittelt ein reichhaltiges Textarchiv einen Einblick in die Götterwelt und in die Mythen der Stadt im 2. Jahrtausend v. Chr. An der Spitze steht der Himmelsgott El, der Vater und König der Götter. Während er in den Mythen nur passiv in Erscheinung tritt, ist sein Sohn, der dynamische Stier- und Fruchtbarkeitsgott Baal, derjenige, der zumeist im Zentrum des Geschehens steht.
Baals Wohnsitz ist der Berg Sapon, der heutige Djabal al-'Aqra an der Mündung des Orontes, etwa 50 km von Ugarit entfernt. Auf dem Gipfel des meist von Wolken verhangenen und schneebedeckten Berges befindet sich der strahlende Palast des Baal. Seine Schwester und engste Gefährtin ist die wilde Kriegs- und Liebesgöttin Anat, vor der

selbst El in Angst und Schrecken gerät. Ihr häufiger Beiname „Mädchen" verdeutlicht, ebenso wie die Bezeichnung der Ischtar als „Jungfrau", daß sie keinem Manne bzw. Gotte ehelich verbunden ist. Ihr Titel „Herrin" ist gelegentlich mit „Gebirge", also „Herrin des Gebirges" verbunden. Als Kriegsgöttin schlachtet sie die Kämpfenden hin und watet wollüstig in deren Blut: „Ihre Leber schwillt vor Lachen, ihr Herz füllt sich mit Freude, Anats Leber ist voll Entzücken, weil sie knietief im Blut der Helden watet." Als Schwester des Baal spielt sie eine zentrale Rolle in dem Vegetationsmythos vom sterbenden und wiederauferstehenden Baal. Dessen Widersacher sind der Meeresgott Jamm, – wie Poseidon gleichzeitig auch der Fürst der Seen und der Flüsse – sowie der alte Unterwelts- und Getreidegott Mot, der im Mythos von Anat in Stücke geschlagen, durch ein Sieb geseiht, verbrannt, mit einem Mühlstein zerrieben und auf dem Felde ausgesät wird.
An weiteren kana'anäischen Gottheiten im Pantheon von Ugarit seien noch genannt: Der männliche Attar, der im kana'anäischen Raum als Morgenstern erscheint, während die weibliche Form Attart (Aschtart, Astarte) dem Abendstern entspricht. Ableitungen des Venussterns sind die Zwillingsgöttinnen Schahr „Morgendämmerung" (= Morgenstern) und Schalim „Abenddämmerung" (= Abendstern). Der Gott des Handwerks, der auch den Palast des Baal erbaute, ist „Kotar-wa-Chasis", „der Tüchtige und Geschickte", sein Genosse ist der Kunstschmied Hajin „der Kundige". Erwähnt seien ferner der Mondgott Jarich mit seiner Gemahlin, der sumerischen Mondgöttin Nikkal sowie die Sonnengöttin Schapsch, die ihr weibliches Geschlecht mit der Sonnengöttin Schamsch der Araber gemeinsam hat.
In Opfer- und Götterlisten aus Ugarit finden sich weiterhin auch nicht-kana'anäische Gottheiten: zum Teil altsyrische, zum Teil hurritische, die wohl auf eine hurritisch-mitannische Handelskolonie mit eigenem Kult zurückgehen.
Als die Hethiter um die Mitte des 2. Jahrtausends unter ihrem erfolgreichen König Hattusili I. erstmals Raubzüge nach Nordsyrien unternahmen, erbeuteten sie in Haschu(wa) am Ostufer des Orontes unweit von Aleppo die folgenden Götterstatuen: „Wettergott, Herr von Armaruk, Wettergott, Herr von Halap (Aleppo), Allatum, Adalur, Liluri, zwei silberne Rinder, drei Statuen aus Silber und Gold, zwei hamri(-Kulthäuschen), die Tochter der Allatum, Hebat, drei Statuen aus Silber, zwei Statuen aus Gold."
Der Beiname des Wettergottes, „Herr von Armaruk" bezieht sich auf den auch im Pantheon von Ebla genannten und in Nordsyrien gelegenen Berg Ammarigu, der wahrscheinlich mit dem Djabal Siman zu identifizieren ist. Allatum, der akkadisierte Name der hurritischen Allani, ist eine Erd- und Unterweltsgöttin; Adalur ist ein Berg(gott) im nördlichsten Amanus-Massiv.

4. *Die großen Gottheiten*

4.1 Dagan und Kumarbi

Das Kultgebiet des Dagan, dessen älteste Zentren im 3. Jahrtausend Ebla, Mari, Terqa und Tuttul sind, hat sich über weite Teile Syriens und Palästinas bis nach Nordmesopotamien hin erstreckt. Der Dagan von Tuttul war so berühmt, daß er auch in Ebla als „König von Tuttul" verehrt wurde. Berühmte Kultorte dieses Gottes befanden sich auch in Jarimut und Hana. Seine beiden Tempel in Terqa hießen „Haus der Todesruhe" und „Haus der Kälteschauer".
Zumindest in Syrien ist Dagan seinem Wesen nach ein Getreidegott. In einer sumerischen Götterliste ist er mit dem obersten sumerischen Gott Enlil gleichgesetzt. Als Herrschergott heißt er „König des Landes" und „Herr der Götter". Seine Gemahlin ist Schala(sch), die mit Ninlil, der Gemahlin des Enlil, gleichgesetzt ist. Der Sohn des Dagan ist der Wettergott Adad, der sonst als Sohn des Himmelsgottes gilt. Als seine Tochter wird einmal auch die Ischtar genannt.
Dagan wurde in der zweiten Hälfte des 2. Jahrtausends v. Chr. mit dem hurritischen Gerstengott Kumurwe > Kumarbi, dem „Vater der Götter" gleichgesetzt. Seine Kultorte waren Urkisch (Tall 'Amuda) und Tuttul (Tall Bi'a) und vielleicht auch die Stadt Kumar, von der sein Name abgeleitet sein könnte. Kumarbi ist wie sein mediterranes Äquivalent, der vorhellenische Gerstengott Kronos, ein Demiurg, der Himmel und Erde voneinander trennt, um den Lebensraum zu erschaffen. Diesen Schöpfungsakt schildert der hurritische Mythos vom „Königtum im Himmel", der sich an die Götter insgesamt, an die oberirdischen und an die unterirdischen richtet:
„[Hört, ihr Götter, die ihr im Himmel seid] und auf der dunklen Erde! Es mögen hören, die mächtigen Götter [...], Nara [Napschara, Min]ki, Ammunki. Es mögen hören Ammezadu – [die früheren Götter], die Väter und Mütter [der Götter]! Es mögen hören Enlil, [Ninlil] und die starken und mächtigen Götter! In den alten Tagen war Alalu König des Himmels. Als Alalu den göttlichen Thron einnahm, trat der mächtige Anu, der erste der Götter, vor ihn; er warf sich ihm zu Füßen und reichte ihm den Becher.
Während neun Jahre war Alalu König im Himmel. Als das neunte Jahr gekommen war, lieferte Anu dem Alalu eine Schlacht und besiegte ihn. Alalu floh vor ihm und nahm den Weg zur Unterwelt. Er brach auf zur Unterwelt, und Anu setzte sich auf den Thron. Kumarbi, der mächtige, bot ihm seine Nahrung dar; er warf sich ihm zu Füßen und reichte ihm den Becher.
Während neun Jahren war Anu König im Himmel. Als das neunte Jahr gekommen war, lieferte Anu gegen Kumarbi einen Kampf: Kumarbi lieferte an Stelle des Alalu gegen Anu einen Kampf. Den Augen des Kumarbi hielt er nicht

länger stand, der Anu. Er entwand sich den Händen des Kumarbi, und Anu floh wie ein Vogel, der zum Himmel fliegt. Hinter ihm her stürzte sich Kumarbi und packte ihn an den Füßen, den Anu, und zog ihn vom Himmel herab. Er biß dessen Geschlechtsteile ab, da ergoß sich das Sperma in seinen Bauch. Als es sich dort befand, als Kumarbi das Sperma des Anu verschlungen hatte, freute er sich und lachte. Da wandte sich Anu an ihn, richtete die Worte an Kumarbi: „Du freust dich über das, was du in deinem Bauche hast, weil du mein Sperma verschlangst. Freue dich nicht über das, was du in deinem Bauche hast. Ich habe darin eine schwere Last niedergelegt. Mit drei mächtigen Göttern habe ich dich geschwängert. Ich habe dich geschwängert mit dem mächtigen Gott des Gewitters, mit dem Fluß Aranzah und mit dem großen Gott Taschmischu, mit drei fürchterlichen Göttern, deren Samen ich in dich gelegt habe und du wirst am Ende die Felsen des Berges Tascha mit deinem Kopf schlagen!“ Nachdem er diese Worte gesagt hatte, erhob sich Anu in den Himmel und verbarg sich dort. Kumarbi, der weise König, spie aus, was er im Munde hatte ...“
Obwohl Kumarbi das Sperma des Himmelsgottes wieder ausspie, wurde er dennoch „schwanger“ und gebar im Gebirge Kanzura die ihm prophezeiten Götter. Der neue Himmelskönig wurde der Wettergott Teschub, der seinen Vorgänger und die diesen umgebenden Gottheiten in die Unterwelt verbannte.

4.2. Stier und Wettergott

Während die Erd- und Muttergöttin wohl stets menschengestaltig vorgestellt war, erscheint ihr männlicher Partner, der Fruchtbarkeits- und Regengott, häufig in der Gestalt des Gottstieres.
Bereits im 7. Jahrtausend v. Chr. begegnen uns in der Siedlung Çatal Hüyük in der Konya-Ebene (Südanatolien) an den Wänden angebrachte Rinderschädel und mit Rinderhörnern versehene Herdstellen. In Muraibit, am mittleren Euphrat, wurden schon tausend Jahre früher Rinderschädel in Lehmbänken der Häuser deponiert.
Im 2. Jahrtausend v. Chr. ist die Stiergestalt sowohl dem kana'anäischen Baal, dem syrisch-mesopotamischen Adad, dem kleinasiatischen Taru, dessen Name wohl zu griechisch Tauros „Stier“ zu stellen ist, als auch dem westhurritischen, d. h. nordsyrischen Teschub zu eigen. Auf den Stierkult jener Zeit weist eine Nachricht von den Syrienfeldzügen des Hattusili I., der im Tempel von Hachcha (Nordsyrien) einen Stier aus Silber, in Zalpar (am oberen Euphrat) ein silbernes Rind und in Haschu(wa) zwei silberne Rinder raubt. Daß diese Vorläufer des Goldenen Kalbes des Alten Testaments nicht von Anfang an dem Wettergott beigestellt waren, zeigt ein Beschwörungstext aus Ebla, wo ein weißschwarzer Stier des Gottes Enlil mit offenbar übelabwehrenden Eigenschaften genannt ist.

4.3. Die Göttinnen Heba(t) und Ischtar

Eine bodenständige syrische Göttin ist Heba(t), der wir bereits in Ebla begegnet waren. Ihr Name könnte mit semitisch Hawwa(t), biblisch Eva, zu verbinden sein. In der zweiten Hälfte des 2. Jahrtausends ist sie die „Herrin des Zedernlandes“ (Libanon) sowie die Stadtgöttin von Halap, Kummanni und anderen Orten. Später wurde sie zur Gemahlin des Teschup erklärt.
Die eigentliche Gefährtin des Wettergottes ist jedoch nicht die Heba(t), sondern seine Schwester: In Ugarit sind es Baal und Anat, in Nordmesopotamien Adad und Ischtar, und bei den Hurritern Teschub und Schawuschka, die ein enges Paar bilden. Ischtar ist die semitische Göttin der Sexualität und der Leidenschaft, des Aufruhrs und des Krieges. In ihrer eher männlichen Eigenschaft als Kriegsgöttin erscheint sie am Himmel als Morgenstern, in ihren mehr weiblichen Eigenschaften aber ist sie der Abendstern. Ihr Kult war in Mesopotamien, Syrien und Kleinasien populärer als der irgendeiner anderen Gottheit.
Die Ischtar scheint in Nordsyrien zumindest in älterer Zeit in weit stärkerem Maße als später in Kleinasien und in Mesopotamien die Merkmale einer Muttergöttin zu tragen. Die nordsyrische und südostkleinasiatische Ischtar-Schawuschka, deren Kulte sich – wenn auch nicht mehr unter ihrem Namen – bis in christliche und islamische Zeit in Resten erhalten haben, stand in einer engen Beziehung zu den Gebirgen, bzw. zu den Berggöttern. In verschiedenen lokalen Kulten scheint sie als die Geliebte des Berggottes gegolten zu haben:
Das Amanus-Gebirge war wegen seiner Zypressen- und Buchsbaumbestände weithin berühmt und wurde auch als „Zypressengebirge“ bezeichnet. Jedes einzelne seiner Bergmassive gilt als selbständige Gottheit, wie Tibar, der „Berg der Terebinthen“ oder der mit Zypressen bewachsene Adalur an der Mittelmeerküste.
Die beherrschende Göttin des Amanus ist die „Ischtar vom Amanus“. Ein Charakteristikum ihres Kultes sind die Tauben. Wir hören von einer vergöttlichten Taube, von Opfern an kultisch verehrte Tauben, von taubenförmigen Gefäßen sowie von einem Taubenfest und einem Taubenlied in hurritischer Sprache. Die Taube, die den erotischen Aspekt der Göttin symbolisiert, verbindet die Ischtar vom Amanus mit der aus griechischer Überlieferung bekannten kyprischen Aphrodite-Urania, jener Liebes- und Taubengöttin, die von den Gebirgshöhen ihrer Insel aus über die syrisch-phönikische Küste bis nach Ägypten (in der Gestalt der Hathor) und bis zum Berge Eryx in Sizilien (in der Gestalt der Venus Caelestis) Verbreitung fand. Ein weiteres Zeremoniell im

Kulte der Ischtar vom Amanus ist der „Festakt des Klagens", der uns leider nur aus der Überschrift eines keilschriftlichen Bibliothekskatalogs bekannt ist. Er mag Vorbild jener antiken Überlieferungen von der den Tod des Adonis beklagenden Aphrodite, bzw. der Dea Syria, gewesen sein.

Zwar erfahren wir aus dem 2. Jahrtausend v. Chr. von der Ischtar vom Libanon nur wenig. Um so reichhaltiger aber berichtet das Schrifttum aus hellenistischer und frühchristlicher Zeit über die dortigen Kulte der Liebesgöttin in ihren verschiedenen Ausprägungen, wie z. B. über die in den Küstenstädten Sidon und Tyros in Gestalt eines Steines verehrten Astarte, über die syrische Aphrodite oder über den verrufenen wollüstigen Kult der himmlischen Göttin zu Aphaca. Daß diese Kulte zum Teil weit in die Vergangenheit zurückreichen, ist kaum zu bezweifeln.

Zwischen Aleppo und Ras Schamra scheint auch der Berg Bischaischa(bhi) zu liegen, von dem ein merkwürdiger Mythos über die Vergewaltigung der Göttin durch den Berggott berichtet: „Da [sah der] Berg [Bischaischa] die Glieder der Ischtar [und mit ihr] zu schlafen st[and ihm] der Sinn. Und so schlief Bischaischa mit [der Ischtar]. Die Ischtar [aber ...] sprang auf und ... sich die Glieder [... und sprach]: „Wer hat mir zu solcher Zeit [...] Schande angetan? Und dem Wettergott ke[in ...] ferner ein anderer Feind." Und dies sprach Ischtar zornig. Als nun Bischaischa die Ischtar erzürn[t sah und diese] Worte hörte, da fürchtete er sich, und de[r Ischtar] zu Füßen fiel er wie ein Apfel [nieder und sprach]: „Töte mich nicht, dann will ich dir [Heil und] Leben aussprechen ..."

Dieser Mythos ist letzlich dem Themenkreis der Kämpfe des Wettergottes gegen den mit seiner Gefolgschaft rebellierenden Kumarbi zuzuordnen, wenn man die Vergewaltigung der Göttin als eine bewußte Herausforderung an den Wettergott betrachtet. Erinnerungen an die Titanenkämpfe des Kumarbi und seines Kreises gegen den Wettergott klingen auch in der Erwähnung von Auseinandersetzungen zwischen Wetter- und Meergott sowie der Berge und dem Wettergott an. Anscheinend macht Bischaischa, wenn er versucht, die Göttin zu beschlafen, nur von einem alten Recht Gebrauch, nämlich auf dem Gipfel des Gebirges die heilige Hochzeit mit der Ischtar zu vollziehen. Dieser Brauch war wohl vor der Herrschaft des Wettergottes üblich gewesen, später aber abgeschafft worden.

4.4. Die Muttergöttin Kubaba

Ihr Hauptkultort ist Karkemisch, wo sie seit Beginn des 2. Jahrtausends v. Chr. als Stadtgöttin mit dem Beinamen „Königin" erscheint. In Karkemisch nennt sich die Tochter des Königs Aplachanda, die Prinzessin Matruna, „Dienerin der Kubaba". Sie ist demnach Priesterin der Stadtgöttin. Seit etwa 1350 v. Chr. bildet Kubaba mit der bereits aus Ebla bekannten Gottheit Adamma ein enges Paar. Adamma könnte aus den Lallnamen Ada „Vater" und Amma „Mutter" zusammengesetzt sein. Entsprechend ist das Geschlecht dieser alten syrischen Gottheit nicht zu bestimmen. In Ebla findet sich auch eine Gottheit Adamtum, die vielleicht den femininen Aspekt des eventuell sexuell indifferenzierten göttlichen Wesens anzeigt. Obgleich im hethitischen Schrifttum hermaphroditische Gottheiten nicht nachweisbar sind, kennen wir aus Boghazköy eine solche Terrakottafigur.

Die Attribute der Kubaba – Spiegel, Granatapfel, Vogel, Hase, Löwe und Stier – zeigen das Wesen der Göttin an: Sie ist die Herrin des Lebens, der Fruchtbarkeit und die Mutter der Tiere. Die zwar schon lange vermutete Identität der Kubaba mit der phrygischen Kybele und der lydischen Kybebe kann heute als gesichert gelten. Ursprünglich ist Kybele hermaphroditisch gewesen, bis Dionysos-Liber sie grausam kastrierte und so auf ein nur noch weibliches Wesen reduzierte.

4.5. Die Göttin Ischchara

Auch Ischchara, ebenfalls schon im Pantheon von Ebla vertreten, ist eine alte syrische Göttin, die ihrem Wesen nach der Ischtar nahe verwandt ist.

Als oberste Göttin des hethitischen Einflußbereichs in Syrien wird sie in dem ägyptischen Staatsvertrag zwischen Ramses II. und Hattusili III. bezeichnet: „Ischchara, Herrin der Berge und Flüsse des Hatti-Landes."

In altbabylonischer Zeit ist die Urzeitschlange Baschmu ihr Symbol, es wird z. B. ein Eid bei der „ Baschmu-Schlange der Ischchara" geleistet. Später wird auch der Skorpion zu ihrem Tier. In einem ugaritischen Text bringt der König für die „'uschchr chlmt" Trankopfer dar. Diese Konsonantenfolge bezeichnet die Göttin Ischchara und eine Art Schlange. Zu vergleichen ist hebräisch „chomet" und syrisch „chulmata" = „Eidechse". Eine enge Einheit bildet die Göttin mit dem Mondgott Kuschuch. In Hattuscha gilt sie zusammen mit dem Mond als Eid- und Schwurgottheit. Ihre Gefährlichkeit kommt besonders darin zum Ausdruck, daß sie die Urheberin der nach ihr benannten Ischchara-Krankheit ist.

4.6. Die „früheren Gottheiten"

Zu den altsyrischen Gottheiten möchte ich schließlich eine Gruppe stellen, welche die Hethiter als die „früheren Gottheiten", und die nach Syrien eingewanderten Hurriter als die „Gottheiten der (Erd-)Tiefe" bezeichnen. Sie sind in Zahlengruppen von sieben, neun und zwölf zusammengefaßt und werden mit den sumerischen bzw. babylonisch-assyrischen Unterweltsgöttern Anunnaku gleichgesetzt. Der Wettergott Teschub hat sie nach den „Titanenkämpfen" zusammen mit dem Gotte Kumarbi in die Unterwelt verbannt. Abgesehen von Kumarbi besitzen sie keinen eigenen Kult. Zumeist sind sie aufgerufen, Verunreinigungen – Miasmen – und sonstige Krankheitserreger in die Unterwelt zu schaffen. Als Schwurgötter fungieren sie in hethitischen Staatsverträgen mit nordsyrischen Fürsten.

5. Verschiedene heilige Objekte

Heilige, d. h. von magischen Kräften erfüllte „Wesen" sind neben den natürlichen Dingen, wie bestimmten Steinen, Pflanzen und Tieren, auch von Menschenhand gefertigte Objekte. Solche Gegenstände der kultischen Verehrung sind nun nicht nur menschen- und tiergestaltige Figuren, sondern auch abstrakt anmutende Idole und mannigfaches Kultgerät wie Götterwaffen, Standarten oder Opfergefäße und selbst das Tempelmobiliar. Von diesen verschiedenen Kultgegenständen wollen wir die weitverbreiteten Miniaturkapellen näher betrachten. Unter den kultischen Gegenständen im Tempel der Stadt Haschu(wa) begegneten uns zwei „hamri" genannte heilige, mit Silber und Gold geschmückte Miniaturhäuser, die Hattusili I. zusammen mit verschiedenen Götterstatuen nach Hattuscha und Arinna verschleppte. „Hamri" ist die Bezeichnung eines sakralen Gebäudes, das dem Wettergott Adad bzw. dem Teschub, aber auch dem Stadtgott Assur und der Ischtar heilig ist. In Assur legte man im „hamri"-Gebäude den Eid bei der Gottheit ab. Im Westen Nordsyriens ist „hamri" auch ein Heiligtum der Göttin Ischchara und im Tempel von Haschu(wa) ein offenbar göttlich verehrtes Kulthäuschen, wohl vergleichbar mit den Miniaturhäusern aus Ton, die archäologisch seit dem 3. Jahrtausend nachweisbar sind (Nr. 48 und 97). Interessanterweise begegnen solche Kulthäuschen auch im 1. Jahrtausend v. Chr. und später als Gerät der zyprischen Aphrodite Urania vor allem an der syrisch-phönikischen Küste.

6. Der Schauplatz der Mythen

6.1. Der Götterberg

Südlich der Orontesmündung erhebt sich direkt am Meer das fast 2000 m hohe Gebirge Hazzi, heute von den Syrern Djabal al-Aqra', der „kahlhäuptige Berg" genannt. Auf die alte Bezeichnung Hazzi geht der griechische Name Oros Kasion sowie die römische Bezeichnung mons Casius zurück. Die Ugariter und Kana'anäer nannten ihn Sapon bzw. Safon, den „Nordberg", wegen seiner Lage am nördlichen Ende der kana'anäischen Küstenregion. Er war der heilige Götterberg, auf dessen Gipfel sich der Palast des Baal befand und über den die Götter vom Himmel herabstiegen, während die meisten anderen Gebirge nur von untergeordneten lokalen Mächten bewohnt waren. Seine Heiligkeit hat der Berg auch in hellenistischer und seleukidischer Zeit nicht verloren. Nun ist der Gipfel die Wohnstätte des Wettergottes Zeus, des Gottes mit dem Adler. Auf dem Berggipfel bringen sogar die römischen Feldherren während ihrer Syrienfeldzüge dem Jupiter Casius Opfer dar. Trajan und Hadrian opfern ihm silberne Schalen und ein vergoldetes Stierhorn, Gaben, die dem Gott schon in hethitischer Zeit willkommen waren, denn Stierhörner als Trinkgefäße waren bereits beliebte Weihgaben für Teschub. Nähere Einzelheiten über die dortigen Kulte zu dieser Zeit kennen wir nicht. Auf seleukidischen Münzen aber ist ein Tempel zu erkennen, der über dem Berge oder über einem heiligen Stein des Gebirges errichtet ist.

6.2. Die Drachenkämpfe

An der syrischen Küste und im antiken Kilikien ist die Heimat der Drachen und Schlangenungeheuer, die letztlich alle Geschöpfe und zum Teil Erscheinungsformen des Meergottes sind. Da sie die Herrschaft der Götter bedrohen, ist stets der Wettergott als deren König ihr Widersacher. Von einem Kampf des Baal gegen den Meeresgott berichtet ein ugaritischer Mythos: Der Meeresfürst Jamm verlangt von El die Auslieferung des Baal und die Erlaubnis zum Bau eines Palastes. Da El beide Forderungen erfüllt, rüstet Baal zum Kampf. Sein Kriegsgerät besteht aus altertümlichen, über magische Kräfte verfügenden Wunderwaffen. Die Waffen des Baal sind zwei von Kotar hergestellte und durch eine besondere Beschwörung wirkungsvoll gemachte Schläger oder Keulen: die eine heißt „Treiber", die andere „Vertreiber". „Treiber" verletzt Jamm an der Schulter, „Vertreiber" trifft ihn zwischen die Augen und schleudert ihn zu Boden. Was mit dem so besiegten Jamm weiter geschieht, ist unklar. Baal aber hat durch seinen Sieg seine Macht wiedergewonnen.
Erscheinungsformen des Jamm sind die Meeresungeheuer Lotan, der Leviathan im Alten Testament, und der Drache „tnn", der mit dem siebenköpfigen Ungeheuer Tannin identisch ist; sie sind im Alten Testament zu Widersachern Jahwes geworden.
Als syrischer Mythos kann auch die in hethitischer Sprache verfaßte Erzählung vom Drachen Chedammu gelten. Kumarbi versucht, das Königtum im Himmel, das der Wettergott Teschub ihm entwunden hatte, wiederzuerlangen. Zu diesem Zweck zeugt er mit der eine Meile breiten Meerriesin Schertabschuruhi, der Tochter des Meermannes, die Amphibie Chedammu, die ebenfalls von ungeheuerlicher

Leibesbeschaffenheit ist, und die ihre maßlosen Kräfte nur im Zerstören übt. Bald wird das Ungetüm für Götter und Menschen eine entsetzliche, unerträgliche Plage, da seine monströse Gefräßigkeit das gesamte Land verwüstet: „Die Zicklein und Lämmer, die man ihm gibt, sind ohne Zahl, Fische – Fische der Flur, Hunde des Flusses – verschlingt es zu Tausenden. Wie ein Mahlstein vernichtet es das Land und zerdrückt die Städte mit seinem Leib."
Als erste der Gottheiten erblickt die Ischtar von Ninive auf ihrem Wege zum Meer das verödete Land, die entvölkerten Städte und schließlich auch den Chedammu selbst. Voll Entsetzen eilt sie zum Himmel – wahrscheinlich auf den Berg Hazzi hinauf – um ihrem Bruder Teschub die furchtbare Entdeckung mitzuteilen. Der Himmelskönig bricht sogleich in Tränen aus; die erschütterte Schwester verweigert zum Zeichen der Notzeit jegliche Nahrung. Auf einer Versammlung, an der auch Kumarbi teilnimmt, beschließt die Mehrheit der Götter die Vernichtung des „Rebellen" Chedammu, da sie ja ohne die Menschen nicht versorgt wären und selber die Arbeit zu verrichten hätten. In diesem Sinn wendet sich Ea, der Gott der Weisheit und steter Freund der Menschen, direkt an den mißgünstigen Kumarbi; er richtet an ihn die Frage, ob ihm etwa die Menschheit nicht stets bereitwillig Opfer dargebracht habe. Zuletzt einigen sich die Götter in den Plan, die Ischtar solle mit Hilfe ihrer sexuellen Verführungskünste das gierige Scheusal aus dem Wasser locken und mit einem Zaubertrank unschädlich machen. Unglücklich über diesen gefährlichen Auftrag, den die heldenhaften Götter ihr übertrugen, bereitet sie sich auf das nahende Abenteuer vor. Erst einmal geht sie in das Badehaus, wo sie sich salbt und schmückt, um dem Chedammu um so begehrenswerter zu erscheinen. Nun erst geht sie, begleitet von ihren beiden strahlend schönen Dienerinnen Ninatta und Kulitta zum Meeresstrand. Während die beiden lieblich musizieren, entkleidet sich Ischtar – „sie zeigt dem Chedammu ihre nackten Glieder". Der dachte zwar einen Augenblick daran, die Schöne zu fressen, besinnt sich aber schnell eines Besseren und beginnt ein Gespräch mit ihr. Der im folgenden sehr zerstörte Text scheint das Versprechen der nackten Göttin, sich dem Ungetüm hinzugeben, enthalten zu haben. Chedammu, von dem Bild der entkleideten Ischtar und der sie umtänzelnden Musikantinnen seiner stumpfen Sinne kaum noch mächtig, wird nun vollends erledigt, als ihm die Ischtar wohlriechende Ingredienzien und Aphrodisiaca ins Wasser schüttet: „Da ergriffen den gewaltigen Chedammu seine Sinne (nämlich, süßer) Schlaf und – wie Rind und Esel dösig – unterscheidet er gar nichts mehr und frißt Frösche und Molche." Der so Benommene ist jetzt leicht aus dem Wasser zu locken. Begehrlich verlangt er zwar noch, daß die Ischtar sich zu ihm begebe. In der diesem kleinen Literaturwerk eigentümlichen humoristischen Diktion kommt er dann aber „bäuchlings aus der Mitte" des Wassers hervor. Ischtar „hält ihm ihre nackten Glieder entgegen", so daß „seine Männlichkeit hervorspringt". Der beschädigte Text gibt kaum mehr die Möglichkeit, die Handlung weiter zu verfolgen. Sicherlich aber ist der tölpelhafte Chedammu noch ans Ufer gekrochen, wo ihn die Götter dann überwunden haben werden.
Der Mythos, der vom siegreichen Kampf des Zeus gegen die gigantische Urkraft Typhon berichtet, geht weitgehend auf den hethitischen Mythos des Kampfes des Wettergottes gegen Illuyanka zurück. Typhon wurde nach der Übernahme des Königtums im Himmel durch (Teschub-)Zeus nach den Gigantenkämpfen unter der Führung von (Kumarbi-)Kronos geschaffen. Er ist aus einem Ei entschlüpft, das Kronos mit seinem Sperma eingerieben und Hera mit der Bitte übergeben hatte, es unter dem Gebirge Arimon in Kilikien zu vergraben. Gewissermaßen vom Berge ausgebrütet, wurde Typhon rasch zu einem halb menschlichen, halb drachenartigen Ungeheuer von riesigem Wuchs.
In einer Erzählung des Apollodor heißt es: „als die Götter der Giganten Herr geworden waren, wurde Ge noch zorniger, begattete sich mit Tartaros und zeugte den Typhon in Kilikien. Er war halb Mensch, halb Tier. An Größe und Kraft übertraf er alle Wesen, die Ge geboren hatte. Sein menschengestaltiger Oberkörper war von ganz ungeheurer Größe, so daß er alle Berge überragte und sein Kopf häufig die Sterne berührte. Von seinen Händen reichte die eine bis zum Abend, die andere bis zum (Sonnen-)Aufgang. An diesen ragten hundert Drachenhäupter hervor. Der Unterkörper aber hatte übergroße Schlangenleiber, deren Windungen gar bis zum Scheitel reichten und ein lautes Zischen von sich gaben. Sein ganzer Leib war geflügelt. Schmutzige Haare flatterten ihm von Kopf und Wangen und Feuer blitzte aus seinen Augen. Von solcher Größe und Kraft schleuderte Typhon glühende Felsen gar gegen den Himmel und stürmte mit Gezisch und Geschrei daher, und ein Meer von Feuer sprudelte aus seinem Munde. Als nun die Götter ihn gegen den Himmel anstürmen sahen, flohen sie nach Ägypten und verwandelten sich, auch dahin verfolgt, in Tiere. Zeus aber schleuderte gegen Typhon, als er noch fern war, Blitze. Als er aber näher herangekommen, schreckte er ihn mit der goldenen Sichel, zwang ihn zur Flucht und verfolgte ihn bis zum Kasion-Berge, der Syrien überragt". Dieser Beschreibung liegt zweifellos ein vulkanischer Ausbruch des Berges zugrunde: Der Vulkanausbruch ist in der Sprache des Mythos der glühende Atem des zum Himmel hinauffauchenden Typhon, aus dessen Maul Feuer quillt. Nach einem Bericht des Strabo habe der Orontes früher Typhon geheißen, weil sich der von den Blitzen des Zeus tödlich verletzte Typhon auf der Suche nach einem Schlupfwinkel hier in die Erde eingewühlt und so das Bett des Flusses gebildet habe – gleichwie die aus dem Berge hervorbrechenden Lavamassen.

Da die Drachen- und Schlangenmythen so eng mit Syrien verbunden sind – ja dort ihr eigentliches Ursprungsland zu sein scheint – liegt der Gedanke nahe, daß in diesem Raum in vorhistorischer Zeit Drachen- und Schlangenwesen die ältesten und später verdrängten Gottheiten gewesen seien. Dann würden all die Götterkämpfe jenen Prozeß ihrer Entmachtung noch reflektieren. Vielleicht nicht zufällig steht die mythische Schlange baschmu noch in enger Beziehung zur Göttin Ischchara (s. o.).

Vielleicht sollte man die späte hellenistische Erzählung von Perseus und Andromeda, die man in der Antike nach Joppa in Palästina verlegt hat, und als deren Ursprungsland durchaus die nordsyrische Küste gelten kann, auf diesem Hintergrund sehen. Als Theseus an die Küste von Joppa gelangte, sah er die Jungfrau Andromeda an einen Felsen gekettet. Sie sollte einem von Poseidon gesandten Meeresungeheuer zur Sühnung geopfert werden, weil ihre Mutter Kassiopeia die Meeresgöttinnen beleidigt hatte. War uns doch auch im Chedammu-Mythos die Meeresgöttin Schertabschuruhi begegnet. Theseus tötete den Drachen, befreite Andromeda und zeugte mit ihr den Thronerben. Könnte der Kern der Geschichte nicht der sein, daß Andromeda einst die Priesterin des göttlichen Drachen gewesen ist?

In jüdischer Überlieferung ist der Drache sogar zum Symbol für Syrien geworden. Er ist jenes vierte Tier im Buche Daniel das wie Typhon bis zum Himmel hinaufwuchs und die Sterne zur Erde schleuderte: „Danach war ich schauend in Nachtgesichten, und siehe, ein viertes Tier war da, schrecklich und furchtbar und überaus mächtig. Es hatte riesige Zähne und Klauen von Erz. Es fraß und zermalmte, und den Rest zertrat es mit seinen Füßen. Und es war verschieden von allen Tieren vor ihm und hatte zehn Hörner... Und siehe, ein anderes kleines Horn schoß zwischen ihnen auf, und drei von den ersten Hörnern wurden vor ihm ausgerissen, und siehe, Augen wie Menschenaugen waren an diesem Horn und ein Mund, der große Dinge redete. Und das kleine Horn wurde übermächtig groß nach Süden und nach Osten und nach der Pracht, und es wurde groß bis zum Himmel und warf etliche von dem (Himmels)heer und von den Sternen zur Erde und zertrat sie, und er tat groß gegen die Fürsten des Heeres."

7. Der heilige Barlaam

Außer den erwähnten Münzen gibt es keine archäologischen Zeugnisse für den Kult auf dem Berge Kasion. Die Ruinen des Tempels, den es nach literarischen Nachrichten gegeben haben soll, sind noch nicht gefunden. Man vermutet sie am nordöstlichen Abhang des Berges, wo heute die Ruinen des St. Barlaam Klosters zu sehen sind, eines Klosters, das sich mit seinem Heiligen, dem Barlaam, zur Zeit der Kreuzzüge großer Beliebtheit erfreut hat. Seither wurde der Berg nach seinem Heiligen auch mons Parlerius genannt. An den heiligen Barlaam knüpft die Legende die Ausrottung des alten heidnischen Kultes. Barlaam, der im sechsten Jahrhundert n. Chr. in Antiochien den Märtyrertod erlitt, ist gewissermaßen der letzte Nachfolger der alten Götter des Berges geworden: Er war aus einem an den Abhängen des Kasion gelegenen Dorfe gebürtig und erhält bei einer Pilgerfahrt nach Jerusalem in einer Vision den Auftrag, den Fürsten der Dämonen, der über den Berg gebietet, zu vertreiben und dort die Herrschaft Christi zu errichten. Als Barlaam eben an den Berg gekommen ist, tritt ihm der Fürst der Dämonen entgegen, um ihm den Weg zu verlegen. Er versucht ihn zunächst durch allerlei Zauberkunststücke einzuschüchtern und als das keinen Erfolg hat, ist er bestrebt, sich mit dem Eindringling gütlich zu einigen. Diesem aber gelingt es, seinen Gegner samt dessen Schar in eine Felsenhöhle einzuschließen. Dadurch alleiniger Herr der Gegend geworden, besteigt Barlaam den Gipfel des Berges und errichtet dort seinen Wohnsitz.
Doch selbst der heilige Barlaam vermochte den alten Kultus nicht völlig auszurotten. So brachten die armenischen Gregorianer des Kasion-Massivs jährlich am 19. Juli ihrem heiligen Parlon, also dem Barlaam, in den Ruinen seines Klosters ein Opfer dar. Die islamischen Nosairier vollführen auf dem Gipfel des Kasion bei Sonnenaufgang noch heutzutage Riten, die mit Recht als Überreste antiker Bräuche bezeichnet worden sind.

Literatur

Demnächst erscheint eine ausführliche Fassung des Katalogbeitrages mit Belegstellen und Literaturangaben; – H. W. Haussig (Hrsg.), Götter und Mythen im Vorderen Orient (Stuttgart 1965).

Die Literatur

John F. Healey

Die Fülle schriftlicher Überlieferung aus dem Altertum der Landschaften Syriens und Nordmesopotamiens während der Zeitspanne vom 3. Jahrtausend v. Chr. bis zur Eroberung durch die Araber ist außerordentlich reich. Allerdings warten viele bedeutende Texte – einschließlich der meisten aus dem alten Ebla – noch auf ihre Publikation. Offensichtlich blieben alle Arten alter Textgattungen erhalten: Mythen, Legenden, Rituale, Hymnen, Gebete, Königs- und Grabinschriften, Briefe, Listen, Verträge und anderes mehr.

Nur einige dieser Schriften entsprechen dem, was wir heute als „Literatur" bezeichnen. Die meisten der Dokumente aus Grabungsorten wie Ebla, Mari und Ugarit bilden regelrechte Archive, die sich mit dem täglichen Leben in der Gemeinschaft befassen. Die schriftliche Aufzeichnung sollte derartige Vorgänge aktenkundig machen, während man vieles aus der „Schönen Literatur" – Mythen, Weisheitslehren und anderes – anscheinend vor allem mündlich weitergab. In der Tat haben einige der uns überlieferten größeren Mythen und Legenden, wie zum Beispiel das Gilgamesch-Epos, eine komplizierte Entwicklung durchgemacht, in deren Verlauf sie immer mehr anwuchsen, ehe sie dann in einer abschließenden Fassung niedergeschrieben wurden. Diese mündliche Überlieferung mag oft bei kultischen Zeremonien stattgefunden haben, in deren Rahmen man auch Hymnen und Mythen vortrug.

Nahezu alles Schrifttum ist in einen religiösen Zusammenhang eingebettet und weitgehend vom Glauben geprägt. Diese offensichtliche Vorherrschaft der Religion sollte man jedoch vor dem Hintergrund der Tatsache sehen, daß viele unserer Hauptfunde aus Archiven stammen, die von Tempelpersonal verwaltet wurden. In der Tat gibt es daneben auch eine beachtliche profane Literatur aus dem Alten Orient, insbesondere die sogenannten „Weisheits"-Texte, welche Folklore, Sprichwörter, Ratschläge für Politik und Ehe sowie manches andere miteinander verbinden.

Wir kennen zur Zeit erst wenig von der Weisheitsliteratur Alt-Syriens, obgleich sich einiges manchmal in Mythen und Legenden eingebettet findet. Gewiß waren auch babylonische Weisheitstexte hier im Westen verbreitet. Kopien von ihnen wurden zum Beispiel in Ugarit gefunden.

Der kosmopolitische Charakter der literarischen Szene Syriens ist beachtlich: In Ebla waren zum Beispiel Mythen der sumerischen Götter wohlbekannt. Diese Tatsache bereitet große Schwierigkeiten, wenn man versucht, einheimisch Syrisches von Importiertem und davon Abgeleitetem zu unterscheiden.

Der bedeutendste Fundort von Quellen zum syrischen Schrifttum des 3. Jahrtausends v. Chr. ist Ebla. Unter den dort ausgegrabenen Tontafeltexten gibt es eine Anzahl umfangreicher literarischer Werke, von denen jedoch bisher nur wenige veröffentlicht worden sind.

Die nächste Textgruppe stammt aus dem nordmesopotamischen Mari. Sie entstand im 20. (18.) Jahrhundert v. Chr. und ist im Hinblick auf die Literatur nur von geringem Interesse. Dasselbe gilt für die Texte aus Alalach und die Briefe des 14. Jahrhunderts v. Chr. aus dem ägyptischen Amarna, welche sich mit Phönikien und Syrien beschäftigen. Diese zuletzt genannten enthalten jedoch häufig literarische Partien.

Unsere Hauptquellen zur altsyrischen Literatur wurden in Ugarit gefunden. Seit den frühen Jahren der dort 1929 begonnenen Ausgrabungen kamen nicht nur Dokumente des täglichen Lebens und der Verwaltung zutage, sondern auch umfangreichere Literaturwerke, welche man im 14. Jahrhundert v. Chr. kopiert hatte. Hervorzuheben ist dabei die Tatsache, daß sie nicht in akkadischer Sprache, sondern in einer eigenständigen verfaßt sind, die wir heute als „ugaritisch" bezeichnen (s. S. 325. 328). Da diese Texte zudem keine Übersetzungen irgendwelcher bekannter Originale in Akkadisch oder anderen Sprachen sind, können wir einigermaßen sicher sein, daß sie die lokale literarische Kultur repräsentieren.

Bei den umfangreicheren Werken sind Mythen und Legenden zu unterscheiden. Die Legenden handeln grundsätzlich von Diesseitigem. Sie berichten über menschliche Heroen, obgleich auch Götter miteinbezogen werden. Die Mythen dagegen beschränken sich ausschließlich auf die Welt der Götter. Wahrscheinlich dienten sie auf Grund ihrer Verbindung mit Weltordnung und Fruchtbarkeit als Ergänzung zu Ritualen. Mesopotamische Texte weisen auf diesen Brauch hin. Wir sollten deshalb jedoch nicht grundsätzlich annehmen, daß die Menschen des orientalischen Altertums unfähig waren, eine Geschichte zur bloßen Unterhaltung oder aus Hang zur Spekulation zu schaffen. Die ugaritischen Legenden könnten so entstanden sein.

Der wichtigste ugaritische Mythos handelt von Baal, dem Hauptgott der Stadt. Er besteht aus einer Anzahl einzelner Episoden, die vermutlich erst später zu einem Ganzen vereint worden sind: 1. dem Konflikt zwischen Baal und der See (Jamm), 2. dem Bau von Baals Palast und 3. der Auseinandersetzung zwischen Baal und dem Tode (Mot). Diese drei Geschichten vermögen wir in ihrem Verlauf zu skizzieren, obgleich die Abfolge der Tafeln, auf denen sie niedergeschrieben sind, nicht immer gewiß ist. Wir folgen hierbei der jüngsten Übersetzung durch J. C. L. Gibson[1].

Die Geschichte von Baal und Jamm ist – wie auch die andern Episoden – in einem poetischen Stil geschrieben, der sich durch Parallelismus und Wiederholung einzelner Partien auszeichnet. Sie beginnt in ihrer noch erhaltenen Form mit dem erhabenen Gott El, der den Gott der Handwerker anweist, einen Palast für Jamm zu erbauen. Diese

Handlung symbolisiert die Übergabe des Königtums an Jamm, worauf sich einer der anderen Götter beklagt. Jamms Vorherrschaft ist offensichtlich gefährdet, und El rät ihm, Baal zu vertreiben, um selbst Sicherheit zu gewinnen. Der Gott der Handwerker jedoch steht auf Baals Seite und bedroht Jamm. Dieser verlangt, daß El ihm den Baal ausliefere, und zu Baals großem Ärger stimmt El zu. Nach einer Lücke im Text wird der Kampf zwischen Baal und Jamm, dem Seeungeheuer, dramatisch beschrieben. Baal ist anfangs nicht sehr erfolgreich; er ist jedoch durch den Gott der Handwerker mit einem Satz magischer Waffen ausgestattet:

> „Und die Keule schnellte aus der Hand des Baal,
> wie ein Adler aus seinen Fingern.
> Sie traf den Schädel des Fürsten Jamm (= See),
> zwischen die Augen des richtenden Flusses (= Jamm).
> Jamm brach zusammen und stürzte zur Erde;
> seine Gelenke zitterten,
> seine Gestalt zerknitterte."

Jamm wird geschlagen und getötet, Baal zum König ernannt.

Es ist nicht schwer, bei diesem Text einen kultischen Hintergrund bzw. eine bestimmte Lebenssituation zu erkennen, obgleich wir keinen näheren Hinweis darauf besitzen. Baal stellt die Macht der festgesetzten Ordnung dar; er ist fähig, die See und ihr Ungeheuer in Schach zu halten[2]. In andern Traditionen ist dies mit der Erschaffung der Welt verbunden. Dies trifft vor allem auf den babylonischen Mythos von Marduks Sieg über Tiamat zu. Die Weltschöpfung nämlich wird als eine Beherrschung des noch chaotischen Universums aufgefaßt. Diese Art eines göttlichen Sieges ist in gleichem Zusammenhang nicht nur in Babylon sondern auch in Israel bekannt[3].

Der zweite Teil des Baal-Mythos betrifft den göttlichen Palast; er ist eine logische Folge des Sieges über Jamm. Begonnen wird mit einem Gastmahl, vielleicht der Siegesfeier Baals. Baal sendet eine Botschaft an seine recht schrekkenerregende Schwester, die Kriegsgöttin Anat, und bittet sie um ihre Anwesenheit. Als sie eintrifft, erklärt ihr Baal seinen Ärger darüber, daß er keinen eigenen Palast besitze. Dieser Mangel schmälert offensichtlich Baals Macht, denn es hört auf zu regnen. Anat geht zu El und bittet ihn unter Drohungen, Baal einen Palast zu schenken. Da ihr Gesuch anscheinend erfolglos blieb, wird eine Botschaft an den Gott der Handwerker gesandt mit der Bitte, Geschenke für die Gemahlin des El herzustellen. Diese übergeben ihr Baal und Anat; sie geht daraufhin zu ihrem Gatten El und erlangt seine Erlaubnis für den Palastbau. Die Baupläne werden hergestellt, wobei man erörtert, ob Fenster vorgesehen werden sollten. Der Palast ersteht in großer Pracht; die Feuer der dabei tätigen Schmiede leuchten im Gebäude:

> „Feuer wurde angezündet im Herrenhaus,
> Flammen im Palast.
> Sieh da! einen Tag und einen zweiten –
> die Feuer verzehrten sich im Herrenhaus,
> die Flammen im Palast …
> Dann, am siebten Tag
> entwichen die Feuer dem Herrenhaus,
> die Flammen dem Palast.
> Das Silber war zu Platten geformt,
> das Gold zu Ziegeln.
> Der mächtige Baal frohlockte:
> ‚Ich habe mein Herrenhaus aufgebaut aus Silber,
> meinen Palast aus Gold!'"

Baal rühmt sich seiner Kraft und donnert aus seinem Palast heraus. Er lädt den Gott der Unterwelt, Mot, zu einem Gastmahl ein und fordert ihn auf, sein Untertan zu werden.

Ganz offensichtlich benötigt Baal einen Palast, um seiner Rolle als Gott des für den Ackerbau lebensnotwendigen Regens und der Fruchtbarkeit gerecht zu werden. Dieser mythologische Palast muß mit dem tatsächlichen Tempel des Baal in Ugarit irgendwie verbunden gewesen sein. In diesem Zusammenhang wäre die naheliegendste Erklärung des Mythos, ihn als Sage zur Gründungsfeier des Baal-Tempels zu sehen, derer man sich möglicherweise in bestimmten zeitlichen Abständen erinnerte. Die Einweihung des salomonischen Tempels in Jerusalem liefert hierfür eine interessante Parallele.

Der abschließende Teil des Baal-Mythos nimmt die Einladung an Mot (Tod) wieder auf. Mot ist beleidigt worden und sagt, Baal müsse nun sterben. Baal bittet daraufhin El erfolglos um Hilfe und er – oder möglicherweise ein Stellvertreter – betritt die Unterwelt, so daß ihn alle für tot halten. El klagt. Anat und die Sonnengöttin tragen den Körper zum Begräbnis. Inzwischen wird die Sonne heiß, da Baal fehlt, um Wolken und Regen zu schaffen. Nach längerer Zeit greift Anat den Mot an und vernichtet ihn zeitweise. An dieser Stelle träumt El, daß Baal schließlich doch lebt:

> „In einem Traum von Latipan (El),
> dem freundlichen Gott,
> in einer Vision des Schöpfers der Geschöpfe –
> die Himmel regneten Öl,
> die Bäche führten Honig.
> Latipan, der freundliche Gott, frohlockte;
> er stellte seine Füße auf eine Fußbank,
> er öffnete seine Kehle und lachte,
> er erhob seine Stimme und rief:
> ‚Jetzt kann ich mich niedersetzen in Ruhe,
> und meine Seele in mir ist beruhigt,
> denn der mächtige Baal lebt,
> denn der fürstliche Herr der Erde ist da.'"

Bald darauf tritt auch Mot wieder ins Leben und der Konflikt geht weiter. Er und Baal kämpfen wie wilde Tiere:

„Sie starrten sich an wie glühende Kohlen;
Mot war stark, Baal war stark.
Sie stießen einander wie Wildstiere;
Mot war stark, Baal war stark.
Sie bissen einander wie Schlangen;
Mot war stark, Baal war stark.
Sie rissen sich nieder wie Windhunde;
Mot fiel nieder, Baal stürzte über ihn."

Baal ist Sieger, und der Text endet dann mit einem Preislied auf die weise Sonnengöttin, die schließlich zugunsten Baals entschieden hatte.

Hier gibt es eindeutige jahreszeitliche Motive. Die Herrschaft von Mot ist zeitgleich mit der Abwesenheit von Regen und Fruchtbarkeit, den Gaben des Baal. Baal spielt zumindest teilweise die Rolle des sterbenden und wiederauferstehenden Gottes ähnlich dem mesopotamischen Tammuz; Mot jedoch ist die allgemeine Macht des Todes und der Zerstörung, eher als eine Gottheit des Ackerbaus.

Es gibt noch zwei andere größere Schriften, die beide mehr legendär als rein mythologisch sind. Jede von ihnen scheint einen historischen Kern zu besitzen, obgleich es unmöglich ist, diesen eindeutig von jüngeren Ausschmückungen zu befreien.

Die Legende des guten Keret, Königs von Chubur, beginnt mit dessen Hiob-artiger Beschreibung; er lebt im Elend, der Familie und Erben beraubt. In einem Traumgespräch mit El erklärt er, daß er Söhne benötige. El rät ihm, eine weite Reise zu unternehmen und eine Stadt namens „Udm" zu belagern, wodurch er eine neue Frau gewinnen würde. Keret folgte diesem Rat und erhält Huray, Tochter des Königs von „Udm", zur Gattin. Inzwischen zwingt Baal den El dazu, Keret zu segnen. Dieser bringt es wieder zu Wohlstand; er zeugt Töchter und Söhne. Später jedoch erkrankt Keret. Er ist dem Tode nahe trotz Bittgesängen, Zauberriten und dem allgemein verbreiteten Zweifel, daß er tatsächlich sterben würde. Endlich schickt El einen weiblichen Dämon, der die Krankheit vertreiben soll. Keret lebt wieder auf. Sein Sohn Jassib jedoch, der so gottlos gewesen war, seine Absetzung zu versuchen, wird deshalb mit einem allumfassenden Fluch belegt.

In dieser Erzählung finden wir genügend Hinweise darauf, daß sie sich mir der Rechtfertigung bestimmter politischer Situationen oder Abstammungsfragen beschäftigt, vielleicht mit vergangenen Bündnissen und unüblichen Erbfolgen im Königtum. Es bleibt jedoch unklar, ob diese Geschichte ausgerechnet einen ugaritischen Hintergrund besitzt.

Die Legende von Aqhat ist verwickelter und schwer zu charakterisieren: Aqhat ist der dringend erwünschte Sohn eines rechtschaffenen Mannes mit Namen Daniel; er ist ein Geschenk des El und kam mit Hilfe des Baal zur Welt. Der Gott der Handwerker schenkte dem Sohn einen Bogen und einen Satz von Pfeilen. Anat ist jedoch auf diese außerordentlichen Waffen eifersüchtig – vielleicht war der Bogen gar von einem neuen Typ? – und sie bietet Aqhat Unsterblichkeit im Austausch gegen Pfeile und Bogen an:

„,Verlange Leben, o Held Aqhat,
verlange Leben, und ich will es dir geben,
Unsterblichkeit, und ich will sie dir schenken;
ich lasse dich die Jahre zählen mit Baal,
mit den Söhnen des El sollst du die Monate zählen.'
Aber der Held Aqhat antwortete:
,Lüge nicht, o Jungfrau,
denn für einen Helden ist dein Lügen unziemlich.
Als letztes Geschick –, was erhält der Mensch?
was erhält der Mensch als sein endliches Los?
Glasur wird auf meinen Kopf gegossen,
gebrannter Kalk auf meinen Schädel;
und den Tod aller Menschen werde ich sterben,
sogar ich, fürwahr, werde sterben!'"

Anat ist rachsüchtig und erlangt die Erlaubnis des El, den Aqhat anzugreifen. Hierzu bedient sie sich eines adlergestaltigen Dieners, der Aqhats Leichnam auffrißt. Der Tod des Aqhat führt zu Mißernten. Daniel versucht, durch verschiedene rituelle Handlungen Abhilfe zu schaffen. Als er vom Tode seines Sohnes erfährt, fleht er zu Baal. Aqhats Leichnam wird wiedergefunden und bestattet. Dort, wo der Text dann abbricht, bereitet sich Aqhats Schwester darauf vor, Rache zu nehmen. Möglicherweise erzählte der verlorene Schluß von einer Wiederauferstehung des Aqhat und neuer Fruchtbarkeit.

Von besonderem Interesse sind in diesem Fall die Anklänge an die babylonische Gilgamesch-Tradition, insbesondere in dem oben zitierten Dialog zwischen Aqhat und Anat. Unsterblichkeit ist auch im Gilgamesch-Epos ein Leitmotiv, und hier wie dort wird der Tod als ein Teil des menschlichen Geschickes bezeichnet. Unsterblichkeit kommt nur den Göttern zu.

Bis auf einige kürzere ugaritische Schriften, die noch weniger verständlich sind, dürfen die hier vorgestellten als die wichtigsten syrischen Literaturwerke des 2. Jahrtausends v. Chr. gelten. Im 1. Jahrtausend v. Chr. ändert sich die Quellenlage grundsätzlich: Nur die althebräische Literatur kam in größerem Umfang auf uns. Aus Syrien gibt es kaum Wesentliches. Die phönikischen Texte dieser Zeit erschöpfen sich zumeist in kurzen Königs- und Begräbnisinschriften, die aramäischen sind nur in Nebensächlichem umfänglicher.

Die syrische Kultur des späteren 1. Jahrtausends v. Chr. und der ersten Jahrhunderte n. Chr. war nicht einheitlich. Im Küstengebiet und in einigen größeren Städten wurde das Griechische zur Sprache im Geistesleben der Gebildeten.

Einige bedeutende syrische Schriftsteller leisteten beachtliche Beiträge zur griechischen Wissenschaft, unter ihnen Philo von Byblos (ca. 61–141 n. Chr.) und Lukian von Samosata (geboren ca. 125 n. Chr.), dessen Werke eine phantastische Reisegeschichte enthalten. Viele Syrer jedoch, die griechisch schrieben, wanderten in die westlichen Kulturzentren aus, wo sie in der griechisch-römischen Welt aufgingen.

Mit dem frühen Christentum setzte sich die Blüte dieser hellenisierten Tradition fort. Dies war insbesondere in Antiochia der Fall, wo der große Johannes Chrysostomos (347–407 n. Chr.) für die Berühmtheit der Stadt sorgte. Gleichzeitig lebte im östlichen Syrien das Aramäische wieder auf. Seit dem Beginn der christlichen Zeitrechnung gibt es viele aramäische Inschriften aus Palmyra und anderen Orten, und als dann Edessa (= Urfa in der heutigen Türkei) zum Zentrum des aramäischen Christentums wurde, entwickelte sich der lokale Dialekt dieser Stadt, das „Syrische", zur Schriftsprache einer umfassenden theologischen und literarischen Tradition[4].

„Syrische" Literatur ist praktisch ausschließlich christlich. Neben Bibelübersetzungen, Zusatzschriften, d.h. sogenannten „apocryphen" Werken und anonymen Märtyrergeschichten ragt im vorislamischen Syrien als namentlich bekannter Schriftsteller Ephraim der Syrer besonders hervor (ca. 306–373 n. Chr.)[5]. Er war ein großer Dichter und ein außerordentlich fruchtbarer Autor, der sich selbstverständlich nahezu ausschließlich mit religiösen Themen in oft äußerst polemischer Art befaßte. Ephraim bediente sich in seiner Dichtkunst einer Mannigfaltigkeit von Versmaßen in einer Regelmäßigkeit, die ohne Vorläufer in der älteren semitischen Poesie ist. Bemerkenswerterweise geht die von ihm häufig verwendete Form des Streitgespräches auf uralte sumerische Vorbilder zurück, und der Sieg Christi über den Tod – ähnlich wie in der Tradition des Neuen Testamentes – spiegelt die alte Mythologie wider. Der Tod sagt zu Christus: „... meine Herrschaft regiert über alles. Wie könnte dein Kreuz mich erobern ...?", aber auch: „Entsetzliche Qualen ergriffen den Tod" und nach seiner Niederlage: „Unser lebendiger König ist auferstanden und ist erhoben worden wie ein Sieger aus der Unterwelt".

Ephraim und andere Autoren, die in „Syrischer" Sprache schrieben, wie Isaak von Antiochia (gestorben 460/1 n. Chr.) und Jakob von Sarug (ca. 451–521 n. Chr.), repräsentierten ein Wiederaufleben der literarischen Tradition Syriens. Man darf hoffen, daß künftige Forschungen mehr Texte aus dem 1. Jahrtausend v. Chr. zutage bringen, damit die weite Lücke zwischen Ugarit und Edessa überbrückt wird – ähnlich wie in Ebla jetzt das Schrifttum des 3. Jahrtausends v. Chr. wiederersteht.

Anmerkungen

1 J. C. L. Gibson, Canaanite Myths and Legends (Edinburgh 1978).

2 89. Psalm Vers 9 und 10: „Herr, Gott Zebaoth, wer ist wie du ein mächtiger Gott? Und deine Wahrheit ist um dich her. Du herrschest über das ungestüme Meer, du stillest seine Wellen, wenn sie sich erheben."

3 74. Psalm Vers 13 ff.: „Du zertrennst das Meer durch deine Kraft und zerbrichst die Köpfe der Drachen im Wasser ..."

4 A. F. J. Klijn, Edessa. Die Stadt des Apostels Thomas (Neukirchen-Vluyn 1965).

5 E. Beck, Ephraem der Syrer: Lobgesang aus der Wüste (Freiburg i. Br. 1967); – S. P. Brock, The Harp of the Spirit (London 1975).

Literatur

J. Aistleitner, Die mythologischen und kultischen Texte aus Ras Schamra (2. Aufl. Budapest 1964); – E. Beck, Ephraem der Syrer: Lobgesang aus der Wüste (Freiburg i. Br. 1967); – W. Beyerlin (Hrsg.), Religionsgeschichtliches Textbuch zum Alten Testament (Göttingen 1975); – S. P. Brock, The Harp of the Spirit (London 1975) (zu Ephraim); – J. C. L. Gibson, Canaanite Myths and Legends (Edinburgh 1978); – A. Jirku, Kanaanäische Mythen und Epen aus Ras Schamra-Ugarit (Gütersloh 1962); – A. F. J. Klijn, Edessa. Die Stadt des Apostels Thomas (Neukirchen-Vluyn 1965); – W. Röllig, Altorientalische Literaturen: Neues Handbuch der Literaturwissenschaft – I (Wiesbaden 1978).

Eine Schlacht zwischen Ägyptern und Hethitern bei der syrischen Stadt Qadesch im Jahre 1285 v. Chr.

Walter Mayer

In der „Amarna-Zeit“ am Ende der 18. Dynastie (14. Jahrhundert v. Chr.) war die ägyptische Machtposition in Syrien und Palästina mehr und mehr zurückgegangen. Dies lag zum Teil an der zunehmenden Stärke der Hethiter während der fast vierzigjährigen Regierungszeit des Suppiluliuma (ca. 1370–1330 v. Chr.), vornehmlich aber an dem durch innere Schwierigkeiten bedingten Kräfteverfall unter Amenophis IV./Echnaton (1364–1347 v. Chr.) und seinen Nachfolgern.

Sethos I. (1304–1290 v. Chr.), zweiter Herrscher der 19. Dynastie, ergriff dann mit großer Energie die Initiative zur Wiederherstellung der ägyptischen Oberhoheit in Syrien. Auf hethitischer Seite war dabei Mursili II. (ca. 1329–1300 v. Chr.) ein ernstzunehmender Gegner. Auf einem seiner syrischen Feldzüge gelang Sethos kurzzeitig die Besetzung von Qadesch (heute Tall Nabi Mand), wie eine dort aufgefundene Stele zeigt.

Diese Stadt liegt südlich des Sees von Homs in einem Winkel, der von dem nordwärts fließenden Orontes und einem von Südwesten her zulaufenden Nebenfluß gebildet wird. Ihre große strategische Bedeutung beruhte auf der Lage am Nordausgang der Biqa‘, der Senke zwischen Libanon und Anti-Libanon. Jedes Heer, das die schmale und von zahlreichen Wasserläufen durchschnittene Küstenstraße vermeiden wollte, mußte auf dem Marsch nach Norden durch die Biqa‘ und damit an Qadesch vorbei. Kein Wunder also, daß damals Qadesch nicht zum ersten Male von sich Reden machte: Bereits auf dem 1. Feldzug des Thutmosis III. (1468) wurde eine antiägyptische Koalition von syrischen Fürsten unter der Führung des „abscheulichen Feindes von Qadesch“ bei Megiddo geschlagen.

Die ägyptische Herrschaft in Qadesch unter Sethos I. war wohl nur von kurzer Dauer. Die Stadt muß sehr bald wieder den Hethitern zugefallen sein. Dessen ungeachtet konnte der junge Ramses II. (1290–1224 v. Chr.) auf den Vorarbeiten und Erfolgen seines Vaters aufbauen. Syrien gliederte sich in dieser Zeit in zahlreiche Fürstentümer, die zumeist durch Verträge mit den Hethitern verbunden waren. Zu diesen zählte neben Qadesch als eines der wichtigsten das zwischen Orontes und Mittelmeer gelegene Amurru unter seinem Herrscher Benteschina. Während nun Mursili II. und sein Sohn und Nachfolger Muwatalli fest entschlossen waren, an diesen Bündnissen festzuhalten, hatte Ramses II. den Ehrgeiz, die Erfolge seines Vaters Sethos zu wiederholen und zu übertreffen. Dies mußte zur großen Kraftprobe zwischen Ägypten und dem Reich der Hethiter führen.

Auf seinem „ersten Feldzug des Sieges“ im vierten Regierungsjahr (1286) gelangte Ramses II. bis zum Nahr al-Kalb zwischen Beirut und Byblos, wo er ein stelenartiges Relief in der Felswand anbringen ließ. Diese Machtdemonstration schien Benteschina von Amurru bewogen zu haben, dem Hethiterkönig Muwatalli die Gefolgschaft aufzukündigen. Für Muwatalli war dies der Anlaß, in Amurru einzugreifen.

So kam es im darauffolgenden Jahr zur Schlacht bei Qadesch (1285), in der sich Ramses durch persönliches Heldentum besonders ausgezeichnet haben will. Diese Waffentat zu rühmen, wurde er nicht müde. So sind wir über diese Schlacht durch Wort und Bild in zwei Fassungen – dem längeren „Gedicht“ und dem kürzeren „Bericht“ unterrichtet, die Ramses in den Tempeln von Karnak, Luxor und Abydos, im Ramesseum und in Abu Simbel anbringen ließ. Hinzu kommt noch die Abschrift, die ein Schreiber auf Papyros hinterlassen hat. Allen diesen Texten ist gemein, daß Ramses sich darin eines ungeheuren Sieges rühmt. Die Schlacht bei Qadesch ist somit die am ausführlichsten geschilderte des gesamten vorklassischen Altertums. Sie könnte auch die am besten dokumentierte sein, wenn uns hethitische Quellen etwas mehr dazu sagen würden. Bislang wurde in den Archiven von Boghazköy – der alten Hethiter-Hauptstadt Hattuscha – nur ein einziger Text gefunden aus dem allerdings hervorgeht, daß auch die Hethiter ihrerseits den Sieg für sich in Anspruch genommen haben. Was hat sich nun tatsächlich abgespielt?

Ramses überschritt im Frühling seines 5. Regierungsjahres die ägyptische Grenze. Sein Ziel mußte es sein, die Hethiter, die alle ihre Verbündeten mobilisiert hatten, möglichst weit im Norden zu treffen und zu schlagen, um Amurru so zu sichern. Er konnte sich daher nicht auf einen Kampf um feindliche Städte – wie Qadesch – einlassen, sondern mußte sie umgehen. Nach einem Sieg über die Hethiter wäre für deren Eroberung noch genug Zeit gewesen. Die Ziele Muwatallis mußten genau entgegengesetzt sein. Er mußte Ramses möglichst weit im Süden – am besten noch im ägyptischen Einflußbereich – stellen, um sich danach der Bereinigung der Verhältnisse in Amurru widmen zu können.

Die Einzelheiten von Ramses Marschroute sind umstritten. Militärische Überlegungen sprechen jedoch dafür, daß er mit seiner Hauptmacht die vom Feind verhältnismäßig leicht zu sperrende Küstenstraße weitgehend gemieden hat. Nach den ägyptischen Quellen marschierte er jedenfalls einen Monat nach Überschreiten der Grenze am Ostufer des Orontes durch die Biqa‘ nach Norden in Richtung Qadesch. Seine Armee bestand neben seiner Garde aus den vier Divisionen „Amun“, „Der Re“, „Ptah“ und „Seth“. Über die Personalstärke dieser Divisionen wissen wir nichts

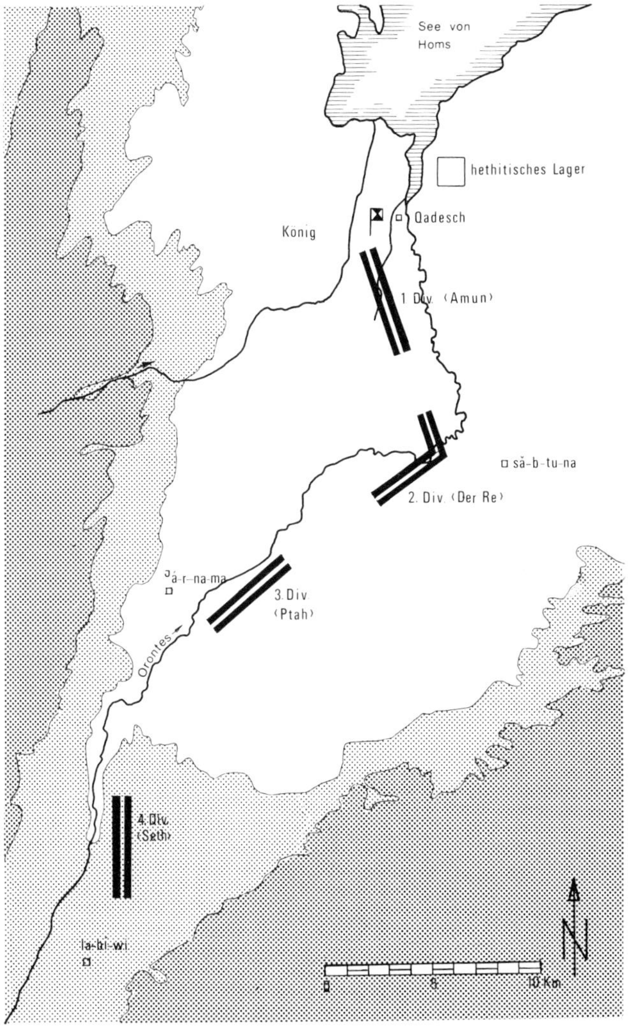

Abb. 63 Der Verlauf der Schlacht bei Qadesch

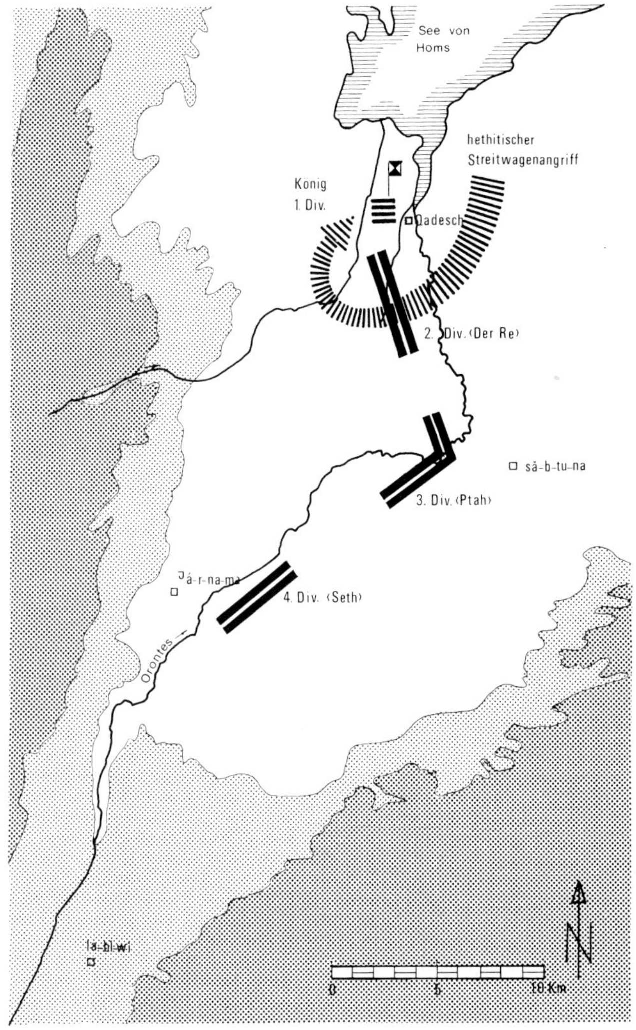

Abb. 64 Der Verlauf der Schlacht bei Qadesch

sicheres – geschätzt werden 5000 Mann und mehr. Auch die Stärke und Zusammensetzung der Garde ist nicht bekannt. Zu ihr muß aber ohne Zweifel das Streitwagenkorps der Armee gehört haben.

Wohl in dem Lager, das Ramses einen Tagesmarsch – etwa 20 bis 25 km – von Qadesch entfernt bezogen hatte, wurden ihm zwei Nomaden vorgeführt. Der genaue Zeitpunkt dieses Ereignisses läßt sich nicht ermitteln. Beim Verhör erklärten die beiden, sie kämen im Auftrag ihres Stammes, der zwar den Hethitern untertan sei, aber zu den Ägyptern übergehen wolle. So legitimiert gaben sie die wichtigste Information: Muwatalli stünde mit seinem Heer weit im Norden bei Aleppo. In der Tat waren aber diese Nomaden hethitische Agenten, die wohl gezielt auf den zwar sehr von sich überzeugten, aber doch in militärischen Dingen noch recht unerfahrenen, wenn nicht völlig ahnungslosen Ramses angesetzt waren. Ihre Aussage bewirkte, daß Ramses am folgenden Tag friedensmäßig, mit großen Abständen zwischen den einzelnen Divisionen und offensichtlich ohne jede Aufklärung den Orontes an einer Furt durchquerte und auf einen Punkt westlich Qadesch losmarschierte, wo er sein Lager aufschlug. Dabei befand sich der König mit der bereits erwähnten „Garde“ an der Spitze, dicht gefolgt von der 1. Division „Amun“.

Unterdessen war Muwatalli aber nicht bei Aleppo, sondern bei Qadesch. Unter Ausnutzung des Geländes, durch den Hügel von Qadesch gegen Feindeinsicht gedeckt, hatte seine Armee von 35 000 Mann – nach den ägyptischen Quellen – ihr Lager nordostwärts Qadesch aufgeschlagen. Während die Ägypter friedlich ihrem Tagesziel entgegenmarschierten, warteten bereits die hethitischen Streitwagen – 2500 der ersten und 1000 der zweiten Welle – ausgeruht und noch immer ungesehen in ihren Ausgangsstellungen (Abb. 63).

Am Tagesziel angelangt begannen die „Garde“ und die 1. Division „Amun“ mit dem Lagerbau. Dabei wurden in der Umgebung zwei verdächtige Subjekte aufgegriffen und dem König zum Verhör vorgeführt. Nach einer Tracht Prügel gestanden die Befragten, daß sie hethitische Kundschafter seien, und daß die hethitischen Truppen nordostwärts Qadesch stünden. Ramses und sein Stab dürften über die neue Lage ziemlich entsetzt gewesen sein. Zwar wurde der Wezier losgehetzt, um den Anmarsch der drei übrigen Divisionen zu beschleunigen – es war aber bereits zu spät, um die Katastrophe noch zu verhindern. Während die 4. Division „Seth“ noch weit entfernt war und auch bis zum Ende nicht mehr in das Kampfgeschehen eingreifen konnte, durchquerte die 3. Division „Ptah“ die Orontesfurt. Die 2. Division „Der Re“ marschierte unterdessen auf das Lager zu. Zu diesem Zeitpunkt durchquert die erste hethitische Welle eine vorher gewiß sorgfältig erkundete Furt unmittelbar südlich Qadesch, formiert sich neu und greift die ahnungslos dahinziehende Marschkolonne der 2. Division in ihrer ganzen Länge an. Mit Sicherheit war dieser Angriff von einer gewaltigen Lärm- und Staubentwicklung begleitet. So völlig überrumpelt, wurde die 2. Division von Panik befallen und aufgerieben. Die hethitischen Streitwagen aber stürmten gefolgt von der zweiten Welle auf das Lager der Ägypter los (Abb. 64).

An dieser Stelle sind einige Bemerkungen zu den Einsatzmöglichkeiten des Streitwagens erforderlich. In der zweiten Hälfte des 2. Jahrtausends v. Chr. waren Streitwagen immer mit zwei Hengsten bespannt. Ausbildung und Training dieser Tiere begannen im Alter von zwei Jahren und waren wohl überaus hart und verlustreich. Mit etwa 10 Jahren scheinen die Hengste aus dem aktiven Dienst entlassen und für die Zucht abgestellt worden zu sein. Ausgebildete Wagenpferde waren also ein kostbares und teures Gut, das es im Kampf nach Möglichkeit zu schützen galt. Auf dem Wagen befanden sich ein Fahrer und ein Bogenschütze. Erst im 9. Jahrhundert v. Chr. scheint man zum Viererzug übergegangen zu sein. Dies und eine Verstärkung und Vergrößerung der Wagen erlaubte in der Folgezeit einen 3. Mann, der mit zwei Schilden ausgerüstet den Schutz der beiden anderen zu übernehmen hatte. Zugleich dürfte er wegen des besseren Überblicks die Funktion des „Kommandanten“ wahrgenommen haben. Die Hauptwaffe war der Bogen zusammen mit zwei Köchern für die Pfeile. Eine Lanze wurde mitgeführt als Reservebewaffnung, für das Verfolgungsgefecht und wohl auch zu Signalzwecken im fahrenden Verband. Der Bogen seinerseits war die „Fernkampfwaffe“ des Altertums, die für den Nahkampf unbrauchbar war. Aus diesen und noch anderen Faktoren ergeben sich die Einsatzmöglichkeiten des Wagens. An erster Stelle dürften die Aufklärung und die Marschsicherung gestanden haben. Im Gefecht mußten zuerst die gegnerischen Wagen ausgeschaltet werden. Danach konnte beim Gegner durch Angriffe im Rücken und in der Flanke aus sicherer Entfernung mit Pfeil und Bogen erhebliche Verwirrung angerichtet werden, sofern das Gelände dies gestattete. War der Gegner in die Flucht geschlagen, so konnten die Wagen von der erschöpften Infanterie die Aufgabe der Verfolgung übernehmen. Auf keinen Fall aber konnten die Wagen stehende oder vorgehende Infanterie frontal angreifen, da hierbei die Pferde extrem gefährdet gewesen wären und der Bogen als Waffe nicht zur Geltung gekommen wäre. Der Streitwagen war somit keine „Durchbruchswaffe“ wie der Panzer, mit dem er häufig verglichen wird.

Bei Qadesch wurde die 2. Division überraschend aus der Flanke angegriffen und überrollt. An Gegenwehr war dabei gar nicht zu denken. Die ägyptischen Quellen berichten ausdrücklich, daß die hethitischen Wagen mit einem zweiten Kämpfer bemannt gewesen seien. Dies war eine völlig singuläre Maßnahme und nur für die speziellen Bedingungen dieses Überfalls gedacht. Die „Feuerkraft“ der Wagen war dadurch verdoppelt worden – die letztlich nur geringfügige Beeinträchtigung der Beweglichkeit konnte dafür gut in Kauf genommen werden.

Die Ereignisse im ägyptischen Lager bleiben im Dunkeln. Ganz offensichtlich ist nur, daß Ramses tatsächliche Vorgänge zu verschleiern sucht: Wortreich schildert er sein persönliches Heldentum und seinen alleinigen Kampf (nur mit seiner „Führungsstaffel“), durch den er die Hethiter über den Orontes zurückgeworfen haben will. Aller Wahrscheinlichkeit nach haben die Hethiter das Lager umkreist und beschossen. Dabei scheint Ramses mit einem Teil der Wagen und Teilen der 1. Division „Amun“ nach Norden geflohen zu sein. Nachdem die Hethiter ihre Pfeile verschossen hatten, zogen sie sich planmäßig wieder über den Orontes zurück. Zu diesem Zeitpunkt dürfte auf dem Schauplatz ein weiteres ägyptisches Kontingent erschienen sein, das von der Küste her durch das Eleutheros-Tal nach Qadesch marschiert war, um sich dort mit der Hauptmacht zu vereinigen. Ob diese Truppe aber – wie Ramses behauptet – noch in den Kampf eingegriffen hat, muß zumindest fraglich bleiben. Nach dem Rückzug der Hethiter setzte sich Ramses wohl in der Nacht mit den Resten seiner schwer angeschlagenen Verbände nach Süden ab und konzentrierte sich auf die Orontes-Furt und die 3. und 4. Division. Am nächsten Morgen erhielt er einen Brief des Muwa-

talli, der die Ankündigung des Kampftages und nicht – wie Ramses glauben machen möchte – ein Friedensangebot enthalten haben dürfte. Es schien den Ägyptern aber besser, den Hethitern das Feld zu überlassen und sich nach Süden zurückzuziehen. Muwatalli verfolgte Ramses bis Damaskus, dessen Umland er verwüstete. Anschließend wurde die hethitische Oberhoheit über Amurru wiederhergestellt – Benteschina wurde abgesetzt und interniert.
Versucht man rückschauend die Schlacht bei Qadesch auch unter dem Gesichtspunkt der Relation von Ziel, Zweck und Mittel zu würdigen, so zeigt sich, daß Ramses sein Ziel, die Zurückdrängung des hethitischen Einflusses in Syrien und die dauerhafte Etablierung einer ägyptischen Oberhoheit in Amurru, total verfehlt hat. Auf dem Zug durch feindliches Gebiet hatte er auf selbstverständliche Maßnahmen wie sorgfältige Aufklärung und geschlossene Marschformation verzichtet. Als die Ereignisse ihn und die Hälfte seiner Armee buchstäblich überrollten, war er nicht in der Lage, die Initiative zurückzugewinnen. Der völligen Katastrophe konnte er nur mit knapper Not entrinnen.
Muwatalli dagegen scheint sich ein genaues Bild von seinem Gegner Ramses und dessen Absichten gemacht zu haben. Seine strategischen Ziele waren klar: die Rückgewinnung Amurrus und das Zurückdrängen des ägyptischen Einflusses. Um diese Ziele zu erreichen, handelte er schnell, kühn und unkonventionell. Er ergriff die Initiative und diktierte den Ägyptern Qadesch als Schlachtfeld. Die Vormarschstraße westlich Qadesch und des Sees von Homs ließ er frei, um möglichst lange der ägyptischen Aufklärung zu entgehen, mit der er als Feldherr rechnen mußte. Sein Agentencoup erwies sich als voller Erfolg. Als die Ägypter erschienen, war das Gelände erkundet und die hethitische Armee war ausgeruht und kampfbereit. Durch den massierten Angriff der Streitwagen mit der durch die unkonventionelle Bemannung verdoppelten „Feuerkraft" war mehr als ein Viertel des ägyptischen Heeres aufgerieben und ausgefallen. Weiter waren Muwatallis taktische Ziele zunächst wohl nicht gesteckt. Der Schönheitsfehler aus hethitischer Sicht dürfte gewesen sein, daß die Ägypter sich nicht mehr zur Entscheidungsschlacht stellten.
Die ägyptischen Feldzüge der folgenden Jahre dienten nur der Wahrung des Besitzstandes. Der Kräfte verschleißende Kampf um Syrien und Palästina zwischen Ägyptern und Hethitern dauerte an. Erst im Herbst 1270 v. Chr. kam es zum Abschluß eines Bündnisvertrages zwischen Ramses II. und dem durch die ständig zunehmende Macht Assyriens wohl beunruhigten Hethiterkönig Hattusili III. (ca. 1275–1250 v. Chr.). Die daraus resultierenden engen und freundschaftlichen Beziehungen dauerten bis zum Untergang des Hethiter-Reiches um 1200 v. Chr. an.

Literatur

W. Helck, Die Beziehungen Ägyptens zu Vorderasien im 3. und 2. Jahrtausend v. Chr. (2. verbesserte Aufl. Wiesbaden 1971) 198 ff.; – W. Mayer: Ugarit-Forschungen 10 (1978) 175 ff.; – W. Nagel, Der mesopotamische Streitwagen und seine Entwicklung im ostmediterranen Bereich (Berlin 1966); – W. Wolf, Das alte Ägypten (München 1971, dtv 3201) 144 f. (mit weiterer Literatur); – Y. Yadin, The Art of Warfare in Biblical Lands in the Light of Archaeological Discovery (London 1963) 103 ff.

Die Erforschung Alt-Syriens

Hartmut Kühne

Fast jeder Orientreisende berührt, sei es über Land oder Wasser, auf seiner Route Syrien, weil es im Herzen des Vorderen Orients liegt. Man sollte deshalb meinen, daß diese zentrale Lage auch zu einem besonders frühen Zeitpunkt zu einer besonders intensiven Erforschung der alten Kulturen Syriens geführt hat. Dies ist jedoch nicht der Fall.
Syrien war zunächst auch in forschungsgeschichtlicher Hinsicht ein Durchgangsland. Dies hatte zwei Gründe: einerseits war das Interesse der ersten Erforscher des Alten Orients auf die ihnen bekannten Städte Babyloniens und Assyriens gerichtet. Zum anderen existierte Syrien in seinen heutigen politischen Grenzen im vorigen Jahrhundert noch nicht (s. S. 12); man verstand unter „Syrien" den Landstreifen, der zwischen dem Euphrat und der Mittelmeerküste lag und der südwärts Palästina einschloß. Das Interesse an der Erforschung der biblischen Stätten Palästinas war bereits erwacht, so daß auch jene Forscher durch Syrien hindurchzogen, die in Palästina arbeiteten.
Analog zu der jüngeren politischen Geschichte der Arabischen Republik Syrien kann man die Erforschung Alt-Syriens in drei Etappen aufteilen. Die erste erstreckt sich vom Beginn des Interesses bis zum Ende der Osmanischen Herrschaft am Ende des Ersten Weltkrieges; die zweite wird durch die französische Mandatsregierung bis zur Unabhängigkeit des Staates Syrien am Ende des Zweiten Weltkrieges geprägt; die dritte schließlich steht im Zeichen der souveränen Arabischen Republik Syrien und dauert bis heute an.

1. Die Zeit bis zum Ende des Ersten Weltkrieges

Unter den zahlreichen Reisenden, die Syrien seit dem Ende des 17. Jahrhunderts durchzogen, mögen die Namen Carsten Niebuhr, W. S. und A. Blunt, Eduard Sachau und Gertrude Bell stellvertretend für viele andere stehen. Sie alle haben über oberflächlich anstehende Ruinen, über die modernen Städte und Dörfer und über die Lebensgewohnheiten der Araber berichtet. Mit einigen Ausnahmen haben sie keine archäologische Feldforschung im heutigen Sinne betrieben.

Erstes Licht auf bedeutende Bauwerke aus der Römischen Zeit wurde durch die deutschen Ausgrabungen in Baalbek (heute im Staat Libanon) zwischen 1900 und 1904 geworfen. Die Leiter dieser Unternehmung haben auch römische Überreste in der Umgebung untersucht, die später unter dem Titel „Römische Tempel in Syrien" veröffentlicht wurden.

Zwei weitere Ausgrabungen sollten erwähnt werden, obwohl die Orte heute auf türkischem Staatsgebiet liegen. Sie werfen jedoch ein Licht auf das wissenschaftliche Interesse, das dem syrisch-türkischen Grenzgebiet um die Jahrhundertwende beigemessen wurde. Es handelt sich um die Ausgrabung des Ortes Sendschirli, der von deutschen Forschern bereits zwischen 1882 und 1894 untersucht wurde. Zusammen mit dem anderen Ort, der unmittelbar an der Markierungslinie liegt, hat er erste Erkenntnisse über aramäische Staatswesen im 1. Jahrtausend v. Chr. geliefert. Bei diesem anderen Ort handelt es sich um Karkemisch, der von englischen Forschern zwischen 1911 und 1914 und noch einmal 1920 ausgegraben wurde.

Mit der deutschen Ausgrabung in Tall Halaf in den Jahren 1911–1915 und noch einmal 1927–1929 wurden Schichten desselben Zeitraumes wie in Karkemisch und Sendschirli angeschnitten; das baugeschichtlich bedeutende Gebäude eines Palastes mit überlebensgroßen Statuen konnte freigelegt werden (s. Abb. 35, Nr. 166–169). Mit diesen Untersuchungen war erstmals die Identifizierung eines aramäischen Stadtstaates namens Guzana auf syrischem Boden erreicht.

An anderer Stelle sind auf dem Tall Halaf gleichzeitig Schichten einer prähistorischen Kultur freigelegt worden, für die der Ort namengebend ist. Diese Kultur des 6. Jahrtausends v. Chr. zeichnet sich durch eine besonders qualitätvolle, bemalte Keramik aus.

Der Ausgräber des Tall Halaf, Baron Max Freiherr von Oppenheim, hat darüberhinaus den gesamten nordostsyrischen Raum durchstreift, zahllose Siedlungshügel entdeckt und beschrieben sowie ethnologische Studien über die Beduinenstämme betrieben. In Berlin gründete er zwischen den beiden Weltkriegen das Tall Halaf-Museum, das leider im zweiten Weltkrieg zusammen mit seinen Schätzen zerstört worden ist. Nach seinem Tode wurde eine Stiftung gegründet, unter deren Trägerschaft in den fünfziger Jahren Archäologen wieder in Syrien zu arbeiten begannen (s. u.).

In den Jahren 1907–1908 wurde von E. Sarre und E. Herzfeld am syrischen Euphrat und seinen Nebenflüssen systematische Feldforschung betrieben, die bis heute für viele Teilgebiete ihre Gültigkeit bewahrt hat. Die gesamten Untersuchungen, die auch Gebiete im heutigen Iraq mit einschließen, sind in einem vierbändigen Werk niedergelegt. 1912 und 1915 folgte ihnen ein tschechoslowakischer Forscher, Alois Musil, der den Ostteil Syriens intensiv bereiste.

2. Die Zeit bis zum Ende des Zweiten Weltkrieges

Die systematische Erforschung Alt-Syriens begann in der französischen Mandatszeit. Viele Gebiete wurden erstmalig einer denkmalkundlichen Aufnahme unterzogen. Diese Arbeit ist insbesondere das Verdienst französischer Forscher, aber auch englische Archäologen haben in größerem Umfang dazu beigetragen. Neue Methoden der archäologischen Geländebeobachtung wurden angewendet: A. Poidebard führte für Syrien die Luftbildarchäologie ein; er setzte sich zur Aufgabe, den Verlauf des römischen Limes zu erforschen, flog das Gelände ab und suchte bestimmte Orte nach der Auswertung der Luftbilder auf.

Durch diese Geländearbeiten erhielt die historische Topographie, das ist die Kunde über alte Siedlungsplätze, großen Auftrieb. R. Dussaud veröffentlichte 1927 sein bis heute gültiges Standardwerk über die historische Topographie des antiken und mittelalterlichen Syrien. Schon 1923 hatte E. Honigmann seine Studie über die historische Topographie Nordsyriens herausgebracht.

Französische Forscher begannen in dieser Zeit auch zahlreiche Ausgrabungen. So hat der Archäologe Claude F. A. Schaeffer 1929 die Ausgrabungen in Ras Schamra an der syrischen Mittelmeerküste begonnen. In mehreren Palästen und reichen Privathäusern des 14./13. Jahrhunderts v. Chr. (Abb. 29) fanden sich Archive in einer bis dahin unbekannten Schrift und Sprache (Nr. 150). Sie ließen es zu, den altorientalischen Ortsnamen der Stadt, nämlich Ugarit, zu bestimmen. Es stellte sich ferner heraus, daß es sich hierbei um die älteste bekannte Alphabetschrift handelt (s. S. 328); aus dieser Entdeckung ist ein neuer Zweig der Wissenschaft hervorgegangen, der sich mit dem Ugaritischen beschäftigt.

Reiche Funde zeigten überdies, daß Ugarit als Handelsplatz die Drehscheibe der damaligen politischen und kulturellen Mächte gewesen ist. Ägyptische, ägäische, anatolische und mesopotamische Importe zeugen von den vielfältigen Beziehungen.

Der Zufallsfund einer Statue führte 1933 in Tall Hariri am mittleren Euphrat, nahe der modernen Grenze zwischen

Syrien und dem Iraq, zu den bis heute andauernden Ausgrabungen unter der Leitung von A. Parrot und seit 1976 unter J. Cl. Margueron. In Tall Hariri hatte man das altorientalische Mari vor sich, wie der Fund eines altbabylonischen Archives im Palast des Königs Zimri-Lim ergab (Nr. 87, 88, 90). Dieser Palast konnte fast vollständig ausgegraben werden (Abb. 23); seine Größe und seine reichliche Ausstattung, von der sich Wandmalereien (Nr. 95, 96) fanden, wurde schon in zeitgenössischen Quellen gerühmt.
Die Ausgrabungen ergaben ferner, daß der Ort schon in der Frühdynastischen Zeit besiedelt gewesen war. Die Aufdekkung mehrerer Tempel brachte den Fund zahlreicher Beterstatuetten mit sich, die durch besondere stilistische Eigenarten gekennzeichnet sind (Nr. 61–66).
Das Archiv von Mari ermöglichte zahlreiche historische Verbindungen und gab zum ersten Mal einem Fundort auf syrischem Boden einen festen Platz in der Geschichte der ersten Hälfte des zweiten Jahrtausends v. Chr.
Nicht weniger erfolgreich, aber kurzfristiger waren die französischen Ausgrabungen in Tall Ahmar, dem altorientalischen Til Barsip und in Arslantasch, dem altorientalischen Chadatu. Tall Ahmar liegt am Euphrat, südöstlich und gegenüber von Karkemisch; Arslantasch liegt etwa 40 km direkt östlich von Karkemisch. In beiden Orten wurden aramäische Kleinfürstentümer des 1. Jahrtausends v. Chr. wiedererkannt. Die Ausgrabungen unter F. Thureau-Dangin zwischen 1928 und 1931 konnten in jedem Ort einen Palast (Abb. 34) freilegen, der in dem einen Fall mit Wandmalereien (Nr. 156, 157) und in dem anderen mit assyrischen Reliefs geschmückt war.
Die archäologische Erforschung des nordöstlichen, mesopotamischen Teils Syriens wurde von den Engländern besonders vorwärts getrieben. Sir Max Mallowan und seine Gattin, die allen Liebhabern von Kriminalromanen besser bekannte Agatha Christie, zogen den Chabur, den größten Nebenfluß des Euphrats, hinauf. Sie setzten sich schließlich im Quelldreieck jenes Flusses, nördlich der Stadt Hassaka, fest und gruben zwischen 1934 und 1939 die Siedlungen Tall Chagar Bazar und Tall Braq aus. Besonders die letztere erwies sich als ergiebig und markiert für das 4. Jahrtausend einen Stellenwert wie Mari für den Beginn des 2. Jahrtausends. Reste des berühmten „Augen-Tempels" (Abb. 9) zeugen von kulturellen Verbindungen zu der Kultur Sumers in der zweiten Hälfte des 4. Jahrtausends (Nr. 35–47); der „Naram-Sin-Palast" bezeugt die Anwesenheit und politische Herrschaft des Königs Naram-Sin von Akkade um 2350 v. Chr. Die Grabung in Tall Braq wird seit 1976 unter der Leitung von David Oates fortgesetzt.
Englische Soldaten waren es auch, die die hellenistisch-römische bis frühchristliche Stadt Dura Europos am Euphrat 1921 wiederentdeckten. Sie wurde dann seit 1928 von den Amerikanern unter der Leitung von M. Rostovtzeff ausgegraben (Nr. 193, 194).
Dem nördlichen Teil Syriens waren Ausgrabungen in Tall Nabi Mand, dem altorientalischen Qadesch, dem Ort der berühmten Schlacht zwischen Ägyptern und Hethitern (s. S. 342 ff.), gewidmet; ferner wurde Mischrifa, das altorientalische Qatna, ausgegraben. Auch diese beiden waren französische Unternehmungen.
Hama am Orontes, die Stadt mit den berühmten Wasserrädern, liegt um einen alten Siedlungshügel herum. Dieser wurde 1932–1938 von einer dänischen Expedition unter der Leitung von Harald Ingholt angegangen. Die Ausgrabung erbrachte eine durchlaufende Siedlungsabfolge vom 4. Jahrtausend v. Chr. bis in die islamische Zeit; sie stellt bis heute für viele Unternehmungen das zeitliche Rückgrat dar.
Weit zurück in die Vorzeit, nämlich in die Altsteinzeit, führte die Ausgrabung der Schutzdächer von Jabrud, die zwischen 1930 und 1933 von dem Deutschen Alfred Rust durchgeführt wurde. Der Ort liegt an den Ausläufern des Anti-Libanon-Gebirges, unweit nördlich von Damaskus.
Es war nur folgerichtig, daß diese reichhaltigen Forschungsergebnisse ihren Ausdruck in einer wissenschaftlichen Zeitschrift finden mußten, die von den Franzosen schon 1920 unter dem Titel „Syria" ins Leben gerufen wurde und bis heute ein wichtiges Organ der syrischen Altertumskunde ist.

3. Die Zeit vom Ende des Zweiten Weltkrieges bis heute

Nach dem Abzug der Franzosen bauten die Syrer in kurzer Zeit eine eigene Antikenverwaltung auf. Sie sahen sich vor schwierigen Aufgaben: die Denkmäler des Landes mußten weiter erfaßt, eigene Wissenschaftler mußten ausgebildet werden und eigene Ausgrabungen sollten zusammen mit ausländischen die Geschichte des Landes weiter erhellen. Eine maßvolle und liberale Kulturpolitik trug dazu bei, daß ausländische Expeditionen sich in zunehmender Zahl angezogen fühlten. Ein französisches Kulturinstitut und seit jüngster Zeit auch eine Zweigstelle des Deutschen Archäologischen Instituts sind dauerhaft in Damaskus angesiedelt.
Dies alles führte zu einem neuen Archäologie-Bewußtsein: man begann, Syrien in seiner kulturellen Eigenleistung besser zu würdigen, wichtige Impulse als von Syrien ausgehend zu sehen und der Jahrtausende alten Kultur endlich einen gleichwertigen Stellenwert beizumessen wie den historisch bekannteren Großmächten Ägypten oder Babylonien und Assyrien.
Dazu trugen auch weiterhin die Ausgrabungen und ihre Funde bei. Die französischen Untersuchungen in Mari und Ugarit wurden fortgesetzt und stellen zweifellos Eckpfeiler der Archäologie Syriens dar.

Neue Unternehmungen kamen hinzu. Anton Moortgat nahm im Namen der Max Freiherr von Oppenheim-Stiftung 1956 die Untersuchungen in Nordost-Syrien wieder auf. Nach kleineren Testgrabungen am Tall Fachariya und am Tall Ailun setzte er sich 1958 in Tall Chuwaira fest. Die Ergebnisse dieser Grabung werfen ein Licht auf eine Zeit, die bisher an keinem anderen Ort Syriens schichtenmäßig erfaßt worden ist, nämlich auf den Anfang des 3. Jahrtausends v. Chr. Eine Anzahl von fünf Alabaster-Statuetten gehört stilistisch in den Rahmen der sogenannten „Frühdynastisch-II-Zeit".

Eine italienische Expedition unter der Leitung von Paolo Matthiae begann 1964 die Ausgrabungen in Tall Mardich, 60 km südlich von Aleppo (Abb. 19. 20). Zehn Jahre später gelang dieser Expedition der bedeutendste Fund auf syrischem Boden nach dem Zweiten Weltkrieg: die Entdekkung eines Archivs aus dem zweiten Drittel des 3. Jahrtausends (Nr. 78–80) und die Identifizierung des Ortes mit der schon aus anderen Quellen bekannten altorientalischen Stadt Ebla. Mit diesem Fund trat Syrien nun endgültig auch für das 3. Jahrtausend ins Licht der altorientalischen Geschichte.

Syrische Ausgrabungen unter der Leitung von F. Serafi fanden seit 1956 in Tall 'Ain Dara, nördlich von Aleppo (Abb. 65), statt. Ein aramäisches Kleinfürstentum des 1. Jahrtausends v. Chr. mit besonders schön erhaltener Bauplastik und Skulptur (Nr. 170) trat hervor. Die Grabung wird seit 1976 von Ali Abou Assaf und Wahid Khayata fortgeführt (s. S. 349 ff.). In Westsyrien untersuchte Adnan Bounni 1956 die Siedlung Tall Kazal und schnitt eine spätbronzezeitliche Schicht an.

In einem ganz besonderen Ausmaß kam die Erforschung der vorgeschichtlichen Vergangenheit Syriens in Gang. Henri de Contenson untersuchte seit 1963 neolithische Fundorte in der Umgebung von Damaskus, von denen Tall Ramad der bekannteste ist (Nr. 16–19). Zusammen mit dem holländischen Diplomaten und Landwirtschaftsexperten W. J. van Liere führte er viele Geländebegehungen durch, die unter anderem auch zur Entdeckung des wichtigen Fundortes Tall Buqras am Euphrat führte. Dieser von einer holländischen Expedition seit 1976 ausgegrabene Ort hat eine neolithische Siedlung freigegeben, die nach stadtplanerischen Gesichtspunkten errichtet worden ist (Abb. 4, Nr. 5–15).

Noch weiter zurück, in das Protoneolithikum, führten die Untersuchungen von Jacques Cauvin in Tall Muraibit, dem bereits Grabungen des Holländers M. van Loon vorausgegangen waren (Abb. 3, Nr. 1–4).

Auch die Altsteinzeit fand Beachtung. Untersuchungen im Orontestal, in Latamna, wieder durch W. J. van Liere und zuletzt durch die Geomorphologen und Prähistoriker J. Besançon, P. Sanlaville, F. Hours und L. Copeland, schrauben die Geschichte Syriens bis in die Frühstufen der Menschheitsentwicklung, fünfhunderttausend Jahre vor heute, zurück.

Die Planung eines Euphrat-Staudammes führte Anfang der siebziger Jahre zu einer internationalen Rettungsaktion am Euphrat-Knie bei Maskana. Jene vorgeschichtlichen Fundorte wie Muraibit, Abu Huraira und andere gehören in diesen Bereich.

Ein sehr wichtiges Ergebnis dieser Untersuchungen war die Erkenntnis, daß eine dem Frühsumerischen verwandte Kultur hier im Norden anzutreffen ist (Nr. 20–34). Sie äußert sich in den Tempelbauten und Kleinfunden der Ausgrabungen von Habuba Kabira-Süd, Tall Qannas und Djabal Aruda. Die deutsche Ausgrabung in Habuba Kabira unter der Leitung von E. Strommenger konnte die Grundrisse einer umwehrten Stadt freilegen (Abb. 7).

Späteren historischen Perioden, vor allem der Bronzezeit, waren Ausgrabungen in Tall Salankahiya, Maskana, Tall Mumbaqat und Tall Hadidi gewidmet. Durch den Fund eines kleinen Archivs in Maskana (Nr. 152, 153) gelang den französischen Ausgräbern unter der Leitung von J. Cl. Margueron der Nachweis, daß sich hinter Maskana die altorientalische Stadt Emar verbarg. Sie und andere Siedlungen mit ihr standen in der Späten Bronzezeit offensichtlich nicht nur unter hethitischem Einfluß, sondern unter direkter Kontrolle. Ihre Anlagen waren nach hethitischer Bauweise errichtet.

An der syrischen Mittelmeerküste haben dänische Archäologen unter der Leitung von P. J. Riis seit 1958 den Tall Sukas ausgegraben und eine Siedlungsabfolge aufgedeckt, die bis ins Neolithikum zurückreicht.

Eine amerikanische Expedition unter G. und M. Buccellati nahm 1975 die Untersuchungen in Tall Aschara, dem altorientalischen Terqa, am mittleren Euphrat wieder auf.

Polnische und syrische Ausgrabungen galten über die letzten zwei Jahrzehnte hinweg der spätantiken Stadt Palmyra (s. S. 352 ff.). Auch im Süden des Landes, in Bosra am Hauran-Gebirge, wurden die spätantiken und frühislamischen Siedlungsreste durch die Franzosen weiter untersucht.

Zahlreiche kleinere Untersuchungen, Rettungsgrabungen und Geländebegehungen haben unter syrischer Leitung stattgefunden und dienten insbesondere dem Zweck, die Denkmalaufnahme zu vervollständigen. Der Fundanfall aller Untersuchungen war so groß, daß das Museum in Damaskus ihn nicht mehr bewältigen konnte. Ein schöner Museumsneubau in Aleppo verschaffte vorübergehend Luft. In den letzten Jahren mußten aber eilig eingerichtete Museen in den Bezirkshauptstädten die Last mittragen helfen. So bestehen jetzt Museen in Hama, Homs, Dair az-Zur und anderen Orten. Die Antikenverwaltung hat überall im Land örtliche Direktoren berufen, die für alle Angelegenheiten des Denkmalschutzes, der Ausgrabungen und der Restauration zuständig sind. In einer eigenen Zeitschrift berichtet die Antikenverwaltung regelmäßig über eigene und ausländische archäologische Untersuchungen im Lande; „Les Annales archéologiques arabes syriennes“ erscheinen seit 1950 und stellen das zweite große Publikationsorgan für die Syrische Altertumskunde dar. Nach den jetzt zurückliegenden 35 Jahren läßt sich insgesamt sagen, daß es der Syrischen Antikenverwaltung gelungen ist, eine große Leistung zu vollbringen.

Literatur

A. Bahnassi, Catalogue des musées et sites archéologiques en Syrie (Damas 1979); – H. Th. Bossert, Altsyrien (Tübingen 1951); – A. Christie-Mallowan, Abenteuer und Ausgrabungen mit meinem Mann in Syrien (Bergisch-Gladbach 1977); – R. Dussaud, Topographie historique de la Syrie antique et médiévale (Paris 1927); – J. Cl. Margueron (Hrsg.), Le Moyen Euphrate, zone de contacts et d’échanges: Traveaux du Centre de recherche sur le Proche-Orient et la Grèce antique 5 (Strassbourg 1980); – M. von Oppenheim, Vom Mittelmeer zum Persischen Golf. Band 1 und 2 (Berlin 1899 und 1900); – M. von Oppenheim, Der Tell Halaf. Eine neue Kultur im ältesten Mesopotamien (Leipzig 1931); – M. von Oppenheim, Die Beduinen. Band 1 und 2 (Leipzig 1939 und 1943); – A. Musil, The Middle Euphrates. A Topographical Itinerary (New York 1927); – A. Poidebard, La trace de Rome dans le désert de Syrie. 2 Bände (Paris 1934); – E. Sachau, Reise in Syrien und Mesopotamien (Leipzig 1883).

‘Ain Dara – Eine neu entdeckte Residenzstadt

Ali Abou Assaf

‘Ain Dara ist berühmt als Ausflugsort für die Stadtbevölkerung von Aleppo. Mit seinen wasserreichen, von Bäumen umstandenen Quellen bietet es ihnen schattenreiche Plätze für Picknicks. Als ein Grabungsort gewann es erst im Jahre 1954 Bedeutung, als ein Hirte den Kopf eines Basalt-Löwen in einem Fuchsbau entdeckte. Er gab der Antikenverwaltung in Aleppo Nachricht, die daraufhin eine kleine Expedition zu Schürfungen entsandte. Sie stellte fest, daß es sich um eine gut erhaltene, mächtige Torfigur handelte, die auf die Seite gefallen war.

Dieser Zufallsfund führte zur Erforschung der Ruine.[1] Sie liegt dicht am rechten Ufer des Flusses Afrin. Man kann sie von Aleppo aus über die gleichnamige Stadt oder auch über die berühmte byzantinische Ruine Qal ‘at Siman erreichen. Die ausgedehnte, etwa trapezförmige Anlage besteht aus der Wohnstadt und dem Zentrum in ihrem Südwesten, das diese um 22 m überragt (Abb. 65). Einst war die gesamte Stadt umgeben von einer aus Steinen errichteten Befestigungsmauer mit turmbewehrten Toren. Das hohe Zentrum, die „Akropolis“, mißt oben 125 auf 60 m. Es besteht aus Siedlungsschutt, der zu allen Seiten hin steil abfällt. Hier war der Löwe gefunden worden und daher konzentrierten sich die Grabungen auf diese Stelle, insbesondere auf den südlichen Sektor, wo man einen Torbau vermutete, in den der Löwe einst eingebaut war.

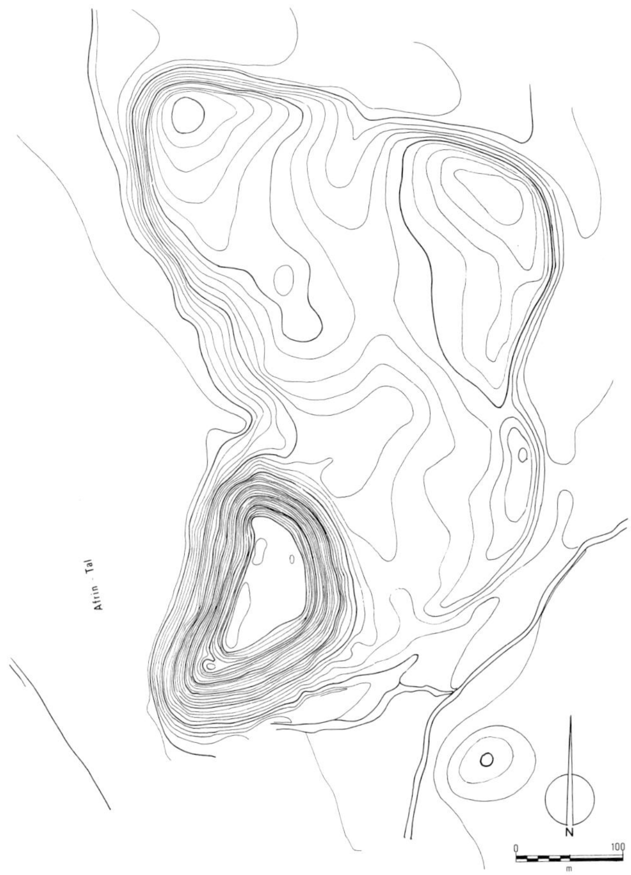

Abb. 65 Die Stadtruine ‘Ain Dara

Fünf im Vergleich zu ihm jüngere Besiedlungsschichten konnten darüber festgestellt werden. Sie waren in der Zeit vom 6. Jahrhundert v. Chr. bis zum 16. Jahrhundert n. Chr. entstanden. Ein Ausgräber, der eine solche Abfolge untersucht, beginnt mit den jüngsten Resten und dringt dann in zunehmend älter werdende Schichten vor. Denselben Weg wollen wir hier bei der zusammenfassenden Darstellung der neuen syrischen Forschungsergebnisse beschreiten.

Schicht 1 liegt unmittelbar unter der Oberfläche. Kleinfunde datieren sie in das 15./16. Jahrhundert n. Chr. Die Erosion hat ihre Baureste so weit abgetragen, daß nur noch wenige Mäuerchen erhalten blieben. Allem Anschein nach war 'Ain Dara zu dieser Zeit nur eine kleine Siedlung von geringer Bedeutung.

Schicht 2 fand ihr Ende durch eine Brandkatastrophe, deren Ursache nicht festgestellt werden konnte. Nach dem jetzigen Stand der Forschung zu urteilen, erstreckte sich die Siedlung über die gesamte Fläche der Akropolis. Das untere Stadtgebiet blieb hingegen unbesiedelt. Wir dürfen daher annehmen, daß die Zahl der Bewohner gering war. Sie lebten im Schutze einer starken Befestigungsmauer, die nicht von ihnen errichtet worden war, sondern noch aus der Zeit des Hellenismus (Schicht 3) anstand. Nur an einigen Stellen mußte diese alte Mauer wiederaufgebaut oder restauriert werden.

Die Häuser und Gehöfte waren einfach und dicht aneinandergebaut. In einem Falle konnten wir feststellen, daß ein großes Gehöft aus Wohnräumen und einem getrennten Stall bestand. Die Mauern aus Lehmziegeln waren auf Fundamenten aus Steinen errichtet. Die flachen Dächer bestanden aus einer Lage von Balken mit Gestrüpp oder Schilfmatten, abgedichtet durch gestampften Lehm. Sie ruhten auf starken Holzständern, die zumeist in der Mitte der Räume aufgerichtet waren. Flache Dächer müssen jährlich vor der Regenzeit neu mit Lehm verschmiert und abgedichtet werden. Hierzu verwendet man steinerne Walzen. Solche wurden in 'Ain Dara über den abgestürzten Dächern in den Räumen gefunden. Sie haben demnach ursprünglich auf solchen Flachdächern gelegen.

In einem durch Brand zerstörten Gehöft war das Inventar weitgehend erhalten: drei große Tonbehälter mit Linsen, Weizen und Kichererbsen, eine große Handmühle und Mörser aus Basalt, ein hölzerner Dreschschlitten, dessen Unterseite mit kleinen Steinen besetzt war, Tonwaren aller Art, darunter Teller, Schüsseln und Kochtöpfe sowie aus Eisen Pflugscharen, Sicheln, Äxte, Beile, Pferdetrensen und Steigbügel.

Diese Gerätschaften gehörten zu einem einzigen Haushalt. Daneben gab es gemeinschaftliche Einrichtungen wie Öl- und Weinpressen. Brotbacköfen fanden sich innerhalb der Häuser, aber auch auf offenen Plätzen. Sie konnten von einigen Familien gemeinsam benutzt werden. Geldmünzen wurden in kleiner Menge gefunden. Einige von ihnen sind besonders wertvoll, weil sie Hinweise auf die Datierung der Schicht in die Zeit vom 9. bis 13. Jahrhundert n. Chr. geben.

Schicht 3 gehört nach Ausweis der Kleinfunde in die Zeit der Umaiyaden und Abbasiden vom 6. bis 9. Jahrhundert n. Chr. Ihre Reste lassen die übliche bäuerische Lebensweise der Bevölkerung erkennen. Es scheint, als ob die Bewohner der folgenden Schicht 2 die Häuser der Schicht 3 renoviert oder umgebaut haben, es also zwischen den Schichten 2 und 3 keine Siedlungslücke gab. Der Ort bestand demnach wohl ununterbrochen vom 6. bis 15./16. Jahrhundert n. Chr. Zuvor hingegen, vom 1. bis 6. Jahrhundert n. Chr., in der römischen Zeit, war 'Ain Dara unbewohnt. Unter Schicht 3 liegt über ein Meter hoher Schutt, der sie von der älteren Schicht 4 trennt.

Schicht 4 gehört in die hellenistische und seleukidische Zeit (330–64 v. Chr.). Die Siedlung erstreckte sich damals über die gesamte Fläche der Akropolis und war von einer bis zu zwei Meter breiten Befestigungsmauer umgeben, die an einigen Stellen noch über zwei Meter hoch erhalten ist. Sie war mit Bastionen und Türmen bewehrt. Bis jetzt hat man die Tore dieser Befestigung nicht gefunden, weil die ausgegrabene Fläche noch zu gering ist. Deshalb konnten auch die zu vermutenden öffentlichen Bauten, wie Tempel und Paläste, nicht freigelegt werden. Die Mauerreste lassen jedoch in wenigen Fällen eine Vorstellung vom üblichen Haustyp gewinnen. In einem Fall bestand der Fußboden aus zementartigem Material. Die im Schutt gefundenen Dachziegel zeigen, daß es zumindest einige Ziegeldächer gab.

Geht man von der Tatsache aus, daß die Siedlung mächtig befestigt war, so kann man annehmen, daß sie ein Verwaltungszentrum darstellte, wie etwa die heutige Stadt Afrin. Von den wenigen Silber- und Bronzemünzen sind einige den seleukidischen Königen zuzuordnen. Die Tonware ist zum größten Teil aus der hellenistischen Welt eingeführt. Daneben gibt es eine lokal hergestellte Keramik, die für den alltäglichen Gebrauch bestimmt war. Sie besteht aus Tellern, Schüsseln, Schalen und Kochtöpfen.

Schicht 5 ist in die Zeit vom 7.–4. Jahrhundert v. Chr. zu datieren. Nur in einem Quadrat von 10 auf 10 m haben wir diese Siedlungsschicht erreicht. Die Bautechnik unterscheidet sich nicht von der Art der jüngeren Schichten, allerdings wurden jetzt Steine, darunter Teile von Skulpturen und ganze Basaltlöwen aus der älteren Schicht 6 als Baumaterial verwendet. In einem offensichtlich bedeutenden Bau bildet ein großer Löwe die Ecke von vier Räumen. Vor seinem 1,50 m breiten Eingang liegt ein Pflaster aus Kalksteinplatten. Die nach außen zu öffnende Holztür war an einem senkrechten Pfosten befestigt, dessen unteres Ende sich in einem Türangelstein drehte. In der Mitte wurde der Pfosten in einer Führung aus Kalkstein gehalten.

Schicht 6 enthielt die Reste eines Tempels, der noch nicht ganz freigelegt ist (Abb. 65). Er befindet sich im nord-

westlichen Teil der Akropolis und in der untersten Schicht, die in der Grabung bislang erreicht wurde. Sein kennzeichnender Bautypus wird in der Baugeschichte „Bit Hilani" bezeichnet. Dies ist ein Gebäude, welches eine Vorhalle mit ein, zwei oder drei Stützen an der Front aufweist, daran anschließend einen querliegenden Hauptraum mit Herdplatz, um den sich kleinere Räume gruppieren. Häufig sind die Frontwände und die Torlaibungen solcher Anlagen mit Orthostaten – reliefverzierten Sockelsteinen – und Tierskulpturen versehen, und die Stützen stehen auf figürlich geschmückten Postamenten. Es ist ferner charakteristisch, daß diese Bauten nicht willkürlich durch das Anfügen weiterer Räume vergrößert werden konnten.
Die Erforschung Nordsyriens und -mesopotamiens hat gezeigt, daß auch fast alle Palastbauten der beiden ersten Phasen der Eisenzeit (1200–700 v. Chr.) diesem Typus angehören. Die Unterschiede, die zwischen ihnen bestehen, beschränken sich auf Unbedeutendes wie Größe, das Treppenhaus und die Anzahl der Breiträume.
Da der Tempel von ʻAin Dara noch nicht ganz freigelegt ist, möchten wir seine genaue Zuordnung unterlassen. Der augenfälligste Unterschied zu den gleichzeitigen Palästen Nord-Syriens wie auch zu denen im nördlichen Mesopotamien besteht in der Ausstattung der Außenwände. Im Gegensatz zum sogenannten „Tempelpalast", dem West-Palast von Tall Halaf (Guzana, Abb. 35), den Palästen von Sendschirli (Sam' al), Tall Tayinat und Saktschagözü sind in ʻAin Dara alle Außenwände mit Tierskulpturen versehen: Löwen und Sphingen. Leider sind diese durch einen Brand teilweise zersplittert. An den beiden Fassaden, die sich in der Südecke des Tempels treffen, stehen die Löwen und Sphingen sich gegenüber und schauen jeweils nach rechts oder links.
Von der Vorhalle führt ein 3,60 m breiter und 2,60 m tiefer Durchgang, der mit Laibungslöwen geschmückt ist, in den Hauptraum. Er besitzt zwei treppenartige Schwellen aus großen Steinplatten. In sie sind riesige Fußabdrücke eingemeißelt, die zum Tempelinnern gerichtet sind: auf der ersten Stufe zwei nebeneinanderstehende auf der zweiten nur der linke Fuß. Handelt es sich etwa um eine Anweisung, wie man das Allerheiligste betreten soll, nämlich mit dem rechten Fuß? Fußabdrücke sind in anderen Kulturkreisen häufiger dargestellt worden. L. Castiglione[2] meint dazu: „Ihr ganz allgemeiner Sinn ist das Verewigen der Gegenwart einer bestimmten Person an einem bestimmten Platz ... sie repräsentieren eine Person oder eine Gottheit ... Sie gelten oft als Zeichen des Eigentums und verewigen recht häufig den Ort der Erscheinung oder des Weggehens eines mythischen Wesens". Im Kultraum, auf den die Fußabdrücke hinweisen, wurden schon 1963 Reliefs mit Berggottdarstellungen gefunden (Nr. 170).
Während der Ausgrabungskampagne 1980 fanden wir in der Südecke eines Raumes, der den Durchgang zum Kultraum an der linken Seite flankiert, ein Relief mit der Darstellung der kriegerischen Göttin Ischtar (Abb. 66). Vermutlich stand dieses Relief früher in der Westecke des Vorhofes, der sich an die Südecke dieses Raumes anschließt. Wir nehmen an, daß hier im Hof noch weitere, bisher nicht entdeckte Orthostaten mit der Darstellung eines Götterzuges standen. Seine Spitze könnte das Relief der Ischtar gebildet haben.

Abb. 66 Reliefplatte aus ʻAin Dara

Obwohl die Reliefs der Berggötter im Kultraum und die Darstellung der Ischtar gewisse Hinweise auf die Gottheiten, denen dieser Tempel geweiht war, geben mögen, so läßt sich in dieser Frage vorläufig nichts entscheiden.
ʻAin Dara, in der fruchtbaren Afrin-Ebene, gehörte während der Eisenzeit zum Bereich der Kleinfürstentümer, die sich nach der Seevölkerwelle in Nordsyrien und Südanatolien

etabliert hatten. Dies wird deutlich im Vergleich seiner Architektur mit Bauanlagen in anderen Städten dieser Gegend. Eine völlige Übereinstimmung erkennen wir in der öffentlichen Baukunst hinsichtlich des Grundrisses sowie in der Ausstattung der Wände und Eingänge mit Orthostaten und Tierskulpturen.
Gerne hätten wir erfahren, wie die Stadt im Altertum hieß. M. Dunand und F. Seirafi nahmen an, daß 'Ain Dara das alte Kunulua in sich verbirgt, das mehrfach in den neuassyrischen Annalen erwähnt ist. Die weitere Freilegung der Ruine wird neben vielen anderen Fragen auch dieses Problem klären.

Anmerkungen

1 F. Seirafi: AAAS 10 (1960) 87 ff. (arabisch); – F. Seirafi/A. Kirichian: AAAS 15 (1965) Band 2 S. 3 ff.; – A. Abu Assaf: AfO 26 (1978/79) 147 ff.
2 AAAS 21 (1971) 33.

Palmyra – Oasen- und Handelsstadt

Adnan Bounni

In einer Schlucht des Kalkrückens, der sich durch die syrische Steppe zieht, entspringt eine schwefelhaltige Quelle. Sie bildet die Lebensgrundlage der Oase von Palmyra. Hier entwickelte sich eine regelmäßig besuchte Stätte der Rast und eine Station für die Karawanen, welche zwischen Syrien und Mesopotamien verkehrten.
Schon im Unteren und Mittleren Paläolithikum besuchte der prähistorische Mensch diese Oase und ihre unmittelbaren Zugänge. Die erste Seßhaftigkeit an dieser Stelle geht bis in das Neolithikum zurück, dessen Wirtschaftsweise neben anderem durch den Beginn des Ackerbaus geprägt wird.
Die erste schriftliche Erwähnung von Palmyra unter dem Namen „Tadmur" kennen wir aus dem Beginn des 2. Jahrtausends v. Chr. durch Archive assyrischer Kaufleute in der Handelsstadt Kanisch im südlichen Zentral-Anatolien. Wenig später kommt Tadmur auch in den Texten von Mari vor und im 14./13. Jahrhundert v. Chr. auf einer Tontafel aus Maskana/Emar. Ferner erwähnen es die Jahresberichte des assyrischen Königs Tiglatpileser I. gegen 1100 v. Chr. Ursprung und Sinn des Namens „Tadmur", der im Alten Orient allgemein gebräuchlich war, sind unbekannt. In griechisch-römischer Zeit heißt die Oase „Palmyra", was sich wohl auf ihre ausgedehnten Palmenhaine bezieht.
Die Reste der älteren Ansiedlungen – also des alten Tadmur – liegen vielleicht unter dem 200 x 200 m großen freien Platz des Bel-Heiligtums (Abb. 65) verborgen. Weitgehend zerstört sind auch die Bauten der hellenistischen Stadt, die hier seit dem 4. Jahrhundert v. Chr. blühte. Sie wurden zumeist Opfer der Neubauten, welche seit dem 1. Jahrhundert n. Chr. entstanden, denn erst aus den ersten drei nachchristlichen Jahrhunderten stammen die meisten jener Anlagen, deren Ruinen heute noch auf der großen Fläche von etwa einem Dutzend Quadratkilometern sichtbar sind.
Syrien wurde im Jahre 63 v. Chr. römische Provinz. Palmyra jedoch bewahrte zunächst weiterhin seine Unabhängigkeit als arabisches Fürstentum und genoß – gemäß Plinius d. Ä.[1] – eine privilegierte Stellung zwischen den beiden großen Reichen, dem Römischen und dem Parthischen. Beide waren daran interessiert, Palmyra zu schonen.
Im Jahre 41 v. Chr. unternahm Marcus Antonius, jedoch ohne besonderen Anlaß, einen vergeblichen Vorstoß gegen die Stadt. Die Palmyrener hatten – wie Appian berichtet[2] – eine handelspolitische Schlüsselstellung gewonnen. Sie bezogen aus Persien Produkte Indiens und Arabiens, um diese an die Römer weiterzuverhandeln.
Der Zeitpunkt der Eingliederung Palmyras in das Römische Reich ist noch strittig; wahrscheinlich fand sie unter Tiberius (14–37 n. Chr.) statt. Dieses Ereignis ist als Folge einer engen Verquickung der wirtschaftlichen Interessen Palmyras mit denen des Römischen Reiches zu betrachten. Letzteres beherrschte damals ja alle Handelswege und Häfen Syriens, Ägyptens und Anatoliens.
In der zweiten Hälfte des 1. Jahrhunderts n. Chr. besaß Palmyra bereits eine römische Garnison. Es waren aber die eigenen berühmten Bogenschützen, Pferde- und Kamelreiter, welche die Stadt und die weite Steppe ihrer Umgebung sicherten. Seit der Zeit des Trajan (98–117 n. Chr.) nahmen sie auch teil an der Verteidigung der Reichsgrenzen an der Donau, in England und in Afrika.
Nach dem Fall der Stadt Petra an der Handelsstraße von Südarabien nach Syrien im Jahre 106 n. Chr. wurde Palmyra Gebieterin über die wichtigsten Routen des Orients. Es errang großen Wohlstand, der im Restaurieren alter Baudenkmäler und im Neuerrichten von Tempeln seinen Ausdruck fand. Unter Hadrian (117–138 n. Chr.) erhielt Palmyra als „Hadriana Palmyra" den Status einer freien Stadt. Von nun an setzte es die Höhe der Steuern, die es erhob,

Abb. 67 Das Bel-Heiligtum in Palmyra

Abb. 68 Das Tal der Gräber in Palmyra

selbst fest und proklamierte seine Entscheidungen im Namen von „Ratsversammlung und Volk“. Caracalla erhob Palmyra 212 n. Chr. in den Rang einer römischen Kolonie. Das Wirtschaftsleben blühte zunehmend auf, und das Stadtbild wurde immer prächtiger.
Mit der Begründung des Sassaniden-Reiches um 228 n. Chr. verlor Palmyra nach und nach die Kontrolle über die Handelswege. Angesichts dieser Situation, die sich gegen Mitte des 3. Jahrhunderts zuspitzte, suchten die Palmyrener neue Möglichkeiten, die Katastrophe aufzuhalten und ihre Wirtschaftsmacht wieder zu festigen. In den vorangegangenen Jahrhunderten hatten sie sich ja als unbestrittene Meister auf diesem Gebiet erwiesen.
Diese Aufgabe übernahm eine bekannte arabische Familie, deren Oberhaupt – Odainathos – von den Römern mit dem Titel des Kaiserlichen Statthalters in den kleinen Provinzen: „corrector totius orientis“ belohnt worden war. Er hatte 262 und 267 zwei Feldzüge gegen die Sassaniden geführt und dabei deren Hauptstadt Ktesiphon (südöstlich von Baghdad) erreicht.
Odainathos – Hoffnung Roms und Palmyras zugleich – wurde unter mysteriösen Umständen ermordet. Sein Sohn war noch zu jung, um seine Ämter zu übernehmen. Daher wurde seine Gemahlin Zenobia Regentin im Namen ihres Sohnes. Sie war hochintelligent, ehrgeizig und kenntnisreich. Die politische Situation des Orients und die Schwäche Roms waren ihr vertraut. Da das Römische Reich im Innern wie im Äußern bedroht war, zögerte Zenobia nicht, sich und ihren Sohn zum Kaiser zu proklamieren. Sie unterwarf ganz Syrien. Danach besetzte ihre Armee Ägypten und Anatolien. Kaiser Aurelian reagierte schnell. Er siegte über die Palmyrener bei Antiochia und bei Homs. Zenobia zog sich nach Palmyra zurück, und Aurelian belagerte die Stadt. Nach heftigem Widerstand fiel Palmyra schließlich in seine Hände.
Zenobia versuchte, zu den Sassaniden zu entfliehen, um deren Hilfe zu erbitten. Sie wurde jedoch gefaßt und geriet im Herbst 272 in römische Gefangenschaft. In dieser kritischen Situation eines Kampfes auf Leben und Tod erhoben sich die Palmyrener und metzelten die römische Garnison nieder. Die Vergeltung Aurelians war vernichtend.
Der wirtschaftliche Wohlstand Palmyras ließ es zu einer der bedeutendsten Städte der antiken Welt werden. Kaufleute und Leiter von Karawanen bildeten dort eine oligarchisch regierende Bevölkerungsklasse, die über beträchtliche Reichtümer verfügte. Große Vermögen häuften sich in den Truhen Palmyras an – dank weitgespannter Unternehmungen, welche diese Stadt mit vielen Handelsplätzen quer durch die antike Welt verbanden, und dank der sehr hohen Grenzzölle, die sie von durchreisenden Karawanen erhob. Die palmyrenische Aristokratie zeichnete sich durch ihr aufwendiges Leben und ihren Hang zum Luxus aus. Sie ließ Tempel, Paläste und von Säulenhallen gesäumte Straßen erbauen (Abb. 67). Entlang den Hauptverkehrsadern und auf den großen Plätzen errichtete man Statuen reicher Palmyrener, um ihnen dadurch eine Art Unsterblichkeit zu gewährleisten (Abb. 69). Die Oberschicht suchte Unterhaltung im Theater, in den Thermen und bei Banketten. Sie nahm teil an Ratsversammlungen und bewies ihre Verschwendungssucht auch bei der Errichtung ihrer Grabmonumente (Abb. 68), die mit Ornamenten und Bildwerken von höchster Schönheit versehen wurden (Nr. 173–183).
Der vornehmste Palmyrener, frei und wohlhabend, war der Kaufmann, insbesondere der Besitzer einer Karawane oder

Abb. 69 Blick auf das Damaskus-Tor in Palmyra

auch jemand, der eine solche begleitete. Der Karawanenhandel war in der Tat das Hauptelement des wirtschaftlichen Lebens, und sehr treffend hat Rostovtzeff Palmyra als „Stadt der Karawanen" bezeichnet. Nur unter dieser Perspektive kann man das palmyrenische Wirtschaftssystem, die soziale Ordnung dieser Stadt und sogar den Glauben und die Weltanschauung ihrer Bürger verstehen.

Palmyra und die berühmte Königin Zenobia zogen schon im 17. Jahrhundert die europäischen Orient-Reisenden an. Der Neapolitaner Pietro della Valle (1616–1625), der Franzose Jean-Baptiste Tavernier (1638), englische Kaufleute von Aleppo (1678 und 1691), die Franzosen Girod und Sautet (1705) und der Schwede Cornelius Loos (1710) besuchten die Stadt. Sie kehrten zurück mit Kopien von Inschriften, mit Zeichnungen der Ruine und gelegentlich mit sehr phantastischen Reiseberichten.

Der Besuch zweier Engländer, R. Wood und H. Dawkins, im Jahre 1751 war weitaus folgenreicher. Ihr Werk „The Ruins of Palmyra", das 1753 in London in englischer und französischer Sprache erschien, bezeichnet den Beginn der systematischen Erforschung Palmyras. Ein Jahr später entschlüsselten der Franzose J. J. Barthelémy und der Engländer J. Swinton das palmyrenische Alphabet. Seitdem machte sich eine zunehmende Zahl von Forschern auf den Weg dorthin: L. F. Cassas, C. F. Volney, Ch. M. de Voguëé, R. Ker Porter. Alsdann kopierte im Jahre 1861 W. H. Waddington eine große Anzahl von Inschriften[3]. 1870 brachte der Deutsche A. D. Mordtmann neue Texte heraus. E. Sachau, der die Stadt 1879 besuchte, widmete ihr mehrere Artikel.

Im Jahre 1881 entdeckte der Russe S. A. Lazarew in Palmyra das Steuergesetz der Stadt. Zehn Jahre später transportierte eine russische Forschergruppe dieses bedeutende Dokument ab, das sich heute in der Eremitage zu Leningrad befindet. Auch die Wandmalereien des großen Kammergrabens der „Drei Brüder" wurden damals untersucht.

M. Sobernheim entdeckte 1899 ein Kammergrab im „Tal

der Gräber" und machte die ersten photographischen Aufnahmen in Palmyra. Die Gesamterforschung der Stadt begann 1902 und darauf 1917 durch Deutsche unter der Leitung von Th. Wiegand. Sie widmeten sich auch einigen Einzelproblemen[4], während A. Musil 1908/1912/1915 erstmals eine Untersuchung des weiteren Umkreises der Stadt, der Palmyrene, durchführte.
Im Jahre 1914 vollendete eine französische Mission der Académie des inscriptions et des belles lettres unter A. Jaussen und R. Savignac die Kopie aller bis dahin bekannten Texte, die J. B. Chabot daraufhin veröffentlichte[5]. Nach dem Ersten Weltkrieg eröffnete H. Ingholt 1924 und 1928 die Ausgrabungstätigkeit in der West-Nekropole, und 1929 schuf A. Gabriel den ersten genauen Plan von Palmyra. 1929 begannen neue epigraphische Forschungen durch J. Cantineau[6], die bis heute durch J. Starcky 1949, durch J. Teixidor 1965 und durch A. Bounni/J. Teixidor 1975 fortgesetzt werden.
Henry Seyrig räumte 1929–31 das große Heiligtum des Bel frei (Abb. 67), indem er die dortige moderne Ansiedlung an ihren heutigen Platz umsetzte. Er war damals Direktor des syrischen und libanesischen Antikendienstes. Gemeinsam mit dem Direktor des Nationalmuseums zu Damaskus, Prinz Ja'far al-Hasani, war er in den Jahren zwischen 1934 und 1940 der wichtigste Anreger weiterer Forschungen in Palmyra. Der dort ansässige Architekt R. Amy, E. Will, M. Ecochard, R. Duru und andere unternahmen Grabungen und Wiederherstellungsarbeiten am Tempel des Bel[7], am Kammergrab des Jarhai, das jetzt im Nationalmuseum zu Damaskus ausgestellt ist, an der Agora, in der „Villa Kassiopeia" und im „Tal der Gräber". D. Schlumberger erforschte die Umgebung Palmyras[8], und J. Starcky veröffentlichte die erste zusammenfassende Darstellung der Forschungsergebnisse von Palmyra[9].
Einen Auftrieb erlebte die nationale Forschung in Palmyra, nachdem Syrien 1946 seine Unabhängigkeit erlangt hatte. Selim Abdulhak grub 1952 zusammen mit Obeid Taha und Nazmi Kheir in der Südostnekropole. Ab 1957 leitete Adnan Bounni, Direktor der archäologischen Ausgrabungen in Syrien, durch etwa zwanzig Jahre die Arbeiten in dieser Stadt. Beteiligt waren daran hauptsächlich Nassib Saliby, Obeid Taha und Khaled As'ad. Die Untersuchungen erstreckten sich auf das „Tal der Gräber", die Hauptstraße, den Tempel des Nabu, den Anbau der Agora, die Nyphäen A und B und die Straße des Baalschamin[10]. Wichtigste Restaurierungsmaßnahmen wurden vorgenommen in den Heiligtümern des Bel, des Baalschamin und des Nabu, an der Hauptstraße, dem Tetrapylon, dem „Grabtempel" sowie den Nord- und West-Nekropolen. Sie wurden von den Architekten W. Hariri, N. Kheir, A. Moufti, R. Douhman, Y. Jabali, A. Ostrasz und J. Seigne durchgeführt – alles Technische erledigte der excellente Maurermeister Saleh Taha.
In den letzten Jahren leitete Khaled As'ad, Direktor der Altertümer und des Museums von Palmyra in Zusammenarbeit mit Ali Taha und Ahmed Taha die Grabungs- und Restaurierungsmaßnahmen, insbesondere an der nördlichen Befestigung, in der Hauptstraße und in dem Heiligtum des Arsu. Ausländische Missionen, die von den syrischen Behörden autorisiert waren, nahmen an der Freilegung einiger Monumente teil: P. Collart arbeitete mit seiner Schweizer Gruppe 1954–56 im Heiligtum des Baalschamin[11], K. Michalowski legte mit seinen polnischen Kollegen – zeitweise geleitet von A. Sadurska und jetzt von M. Gawlikowski – seit 1959 das Gebiet des Diokletianslagers frei[12]. Du Mesnil du Buisson führte 1966–67 kleinere Grabungen im Hof des Bel-Tempels durch und grub auf dem Gipfel des Djabal al-Muntar den Tempel des Belhamon und des Manut aus.

Anmerkungen

1 Naturalis historiae V, 25 § 88.

2 Romaica, Die römischen Bürgerkriege V, 9.

3 Ch. M. de Voguëé, Syrie Centrale. Inscriptions sémitiques – I (Paris 1868).

4 Th. Wiegand (Hrsg.), Palmyra. Ergebnisse der Expeditionen von 1902–1917 (Berlin 1932).

5 Corpus inscriptionum semiticarum, pars secunda.

6 Reihe: Inventaire des inscriptions de Palmyre I–X (Beyrouth/Damas 1930–1949).

7 H. Seyrig/R. Amy/E. Will, Le temple de Bel à Palmyre (Paris 1975).

8 D. Schlumberger, La Palmyrène du nord-ouest (Paris 1951).

9 J. Starcky, Palmyre (Paris 1952).

10 Berichte in: AAAS 2 (1952)–21 (1971); – Archeologia 16 (1967); – A. Bounni, Le Sanctuaire de Nabu (erscheint 1982).

11 P. Collart/J. Vicari, Le Sanctuaire de Baalshamin à Palmyre I–VI (Neuchâtel 1969–75).

12 K. Michalowski u. a., Palmyre. Fouilles Polonaises I–VII (Warszawa 1960–1977).

servierung der Mauern ist nur bedingt und bestenfalls in kleinem Umfange möglich.
In der spätantiken, byzantinischen und frühislamischen Archäologie ist Sergiupolis-Rusafa in der Diskussion etwa des Wehrbaues, der Kirchenarchitektur, der Bauplastik, des Pilgerwesens weit über Syrien hinaus seit langem ein fester Begriff geworden. Wenn auch zahlreiche Fragen noch offengeblieben sind, wie etwa der Nachweis frühester Besiedlung, die Stelle des ursprünglichen Grabes des Sergios, das Vorhandensein von Kirchenbauten vor dem 6. Jahrhundert, die eigentliche städtebauliche Konzeption, so konnten doch die vergangenen und laufenden Forschungsaktivitäten manche Lücke in unserem Kenntnisstand über eine der interessantesten spätantiken Städte schließen.

1 Procopius, de aedificiis II 9, 3–8, Übersetzung O. Veh.

Literatur

Vorberichte zu den älteren Grabungen: J. Kollwitz: AA 1954, 119 ff.; – AA 1957, 141 ff.; – AA 1963, 328 ff.; – Zur Stadtmauer: W. Karnapp, Die Stadtmauer von Rusafa in Syrien (Berlin 1976); – Zu den neuen Grabungen: T. Ulbert: AA 1977, 563 ff.; – JbAC Ergänzungsband 8 (1980) 559 ff. – Die abschließende Publikation über die Kathedrale ist in Vorbereitung.

Damaskus – Die antike und islamische Stadt

Dorothée Sack

„Damaskus, Perle des Morgenlandes, Halsband der Schönheit, Blume des Paradieses, Auge der Wüste, Gefilde der himmlischen Pfauen, Muttermal auf der Wange der Welt, Rose mit eisernen Dornen, Auge des Orients" – so blumenreich begrüßt Paul Wilhelm von Keppler, Bischof von Rottenburg, 1892 auf seiner Wallfahrt die viertheiligste Stadt der islamischen Welt.
Die Sprache des ausgehenden 19. Jahrhunderts klingt fremd, und dennoch gibt uns diese Lobrede eine Vorstellung von der Hauptstadt Syriens. Der alte semitische Name von Damaskus, „Dimaschqa", lebt in der heutigen Bezeichnung Dimaschq asch-Scham weiter, wobei asch-Scham auch das ganze Land Syrien bedeutet.
Die Stadt liegt in einer Senke, deren nordwestlicher Abschluß vom Qasyun-Berg gebildet wird, einem Ausläufer des Anti-Libanon-Gebirges. Am Abhang dieses Berges liegt as-Salihiya, ein ehemals von der Stadt getrenntes, eigenständiges religiöses Zentrum, das im 12. Jahrhundert von Flüchtlingen aus Palästina gegründet wurde. Heute ist as-Salihiya ebenso wie der kleine, weiter östlich gelegene Ort Barza, wo Abraham geboren sein soll, ein Teil der sich ständig ausdehnenden Großstadt. Im Süden trennt eine kleine Bergkette vulkanischen Ursprungs die Stadt vom Hauran, der Kornkammer Süd-Syriens. Nach Osten geht die Hochebene in die sogenannte „Syrische Wüste", eine Wüstensteppe über. Die so umschlossene Senke wird vom Barada gespeist, einem kleinen Fluß, der im Anti-Libanon entspringt und mit seinen sieben Armen die Stadt und die sie umgebende Oase („Ghuta") bewässert. Diese wasserreiche Flußaue ist so fruchtbar, daß im Jahr bis zu drei Ernten eingebracht werden können. Erst in jüngster Zeit sind die Stadt und die Industrieanlagen weit in diesen Grüngürtel hineingewachsen. Dennoch läßt sich vom Qasyun-Berg aus erkennen, wie die Stadt, deren Mauerring sich immer noch deutlich abzeichnet, in das oft als Paradies gepriesene Fruchtland eingebettet war. Der schon im Mittelalter über die Mauer hinausgewachsene historische Kern der Stadt, heute umwuchert von neuen und neuesten Wohnquartieren, liegt am Flußlauf des Barada.
Hier in der Flußniederung ist der Vorläufer der Stadt zu suchen, eine Siedlung, deren Ursprung und Lage bis heute nicht nachgewiesen werden konnte. In der Amarna-Zeit (14. Jahrhundert v. Chr.) war Damaskus noch unbedeutend, etwa drei Jahrhunderte später dann Hauptstadt eines Aramäer-Staates (s. S. 161 ff.). In dieser frühen Siedlung vermuten wir auch einen dem Wettergott Hadad geweihten Tempel. Selbst wenn wir die Ausdehnung dieses Kultplatzes nicht kennen, beweist die Tatsache, daß Alexander der Große Ende des 4. Jahrhunderts v. Chr. in Damaskus Münzen prägen ließ, die damalige Bedeutung der Stadt. Die Tempelanlage wird also sicher ununterbrochen seit aramäischer Zeit bestanden haben, denn im griechisch-römischen Westen ist Hadad als Zeus oder Jupiter Optimus Maximus seit dem 3. Jahrhundert v. Chr. bekannt und wurde hier später als Jupiter Damascenus verehrt.
Wann die erste Kolonnadenstraße gebaut wurde, die den Tempel nach Osten hin mit der im Quartier Qaimariya vermuteten Agora (=Markt) verband, läßt sich nicht klären. Die Trasse dieser ersten großen Straße zeichnet sich im

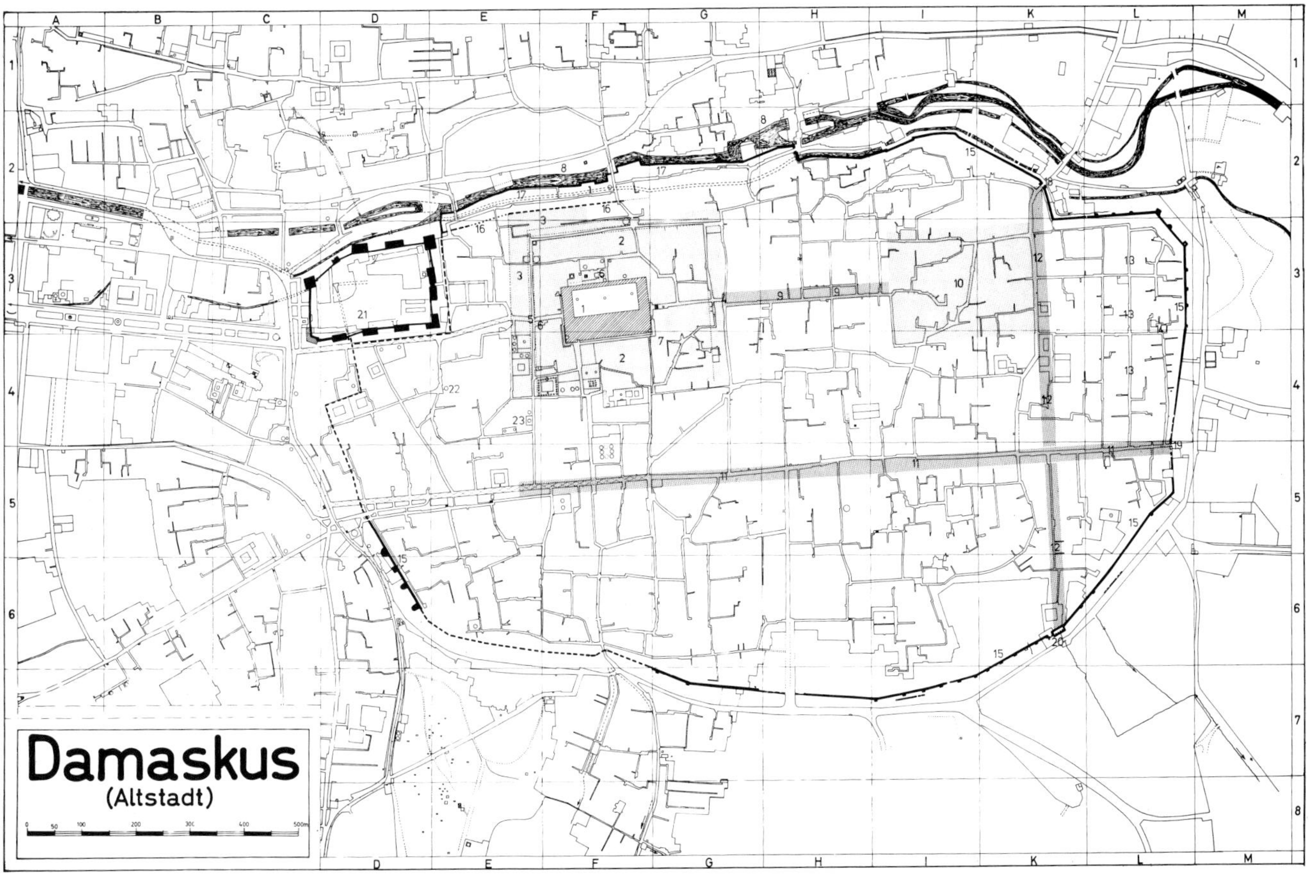

1 Moschee, Kirche, Tempel 2 Marktbezirk 3 Ladenzeile 4 Ostpropylon 5 Westpropylon 6 byzantinische Kolonnaden 7 byzantinischer Palast?, Palast des Moawiya? 8 Barada 9 1. Kolonnadenstraße (Qaimariya-Straße) 10 Agora? (Quartier Qaimariya) 11 Decumanus (›Gerade Straße‹) 12 Cardo 13 Nabatäer-Viertel? (Quartier Bab Tuma) 14 Ananias-Kapelle 15 Stadtmauer (mittelalterlich, teilweise römisch) 16 römische Stadtmauer 17 Stadtmauer (Stadterweiterung) Nur ad-Dins 18 Thomas-Tor (Bab Tuma) 19 römisches Osttor (Bab Scharqi) 20 Paulus-Tor (Bab Qaisan) 21 Zitadelle 22 Maristan Nur ad-Din 23 Madrasa Nuriya
Plan nach Wulzinger/Watzinger 1924, Bestand weitgehend unverändert

Abb. 73 Die Altstadt von Damaskus

Stadtgrundriß deutlich ab (Abb. 73); die in den Hauswänden verbauten Säulen sind in der Qaimariya-Straße noch sichtbar. Die Tatsache, daß die 85 v. Chr. von den Damaszenern zur Hilfe gerufenen Nabatäer, das arabische Volk aus Petra, sich im Osten dieser Straße, im heutigen Quartier am Thomas-Tor (Bab Tuma) ansiedelten, läßt vermuten, daß die Wohnung dieser Fremden damals jenseits der Bebauung, vielleicht jenseits der Agora lag.
Klarer wird die Geschichte und Entwicklung der Stadt erst mit dem Jahr 66 v. Chr., als die römischen Legaten Lollius und Metellus die Stadt einnahmen. 64 v. Chr. hielt der römische Oberbefehlshaber für Asien, Pompeius selbst Einzug in Damaskus. Um die Stadt verteidigungsfähig zu machen, wurde zunächst mit dem Ausbau der Mauer begonnen. Auch wenn der heute vorhandene Mauerzug fast durchweg mittelalterlich ist, kann man an manchen Stellen noch Quaderwerk aus dem ersten vorchristlichen Jahrhundert sehen. Gemäß römischen Planungsmodellen wurde der „Decumanus“, eine von Ost nach West verlaufende Straße, parallel zur ersten Kolonnadenstraße angelegt. Der östliche

Abschluß dieser „Geraden Straße“, das Osttor (Bab Scharqi) ist heute noch vorhanden. Die dreitorige Anlage ist nach neueren Restaurierungsarbeiten wieder ganz geöffnet. Gleichzeitig wurden mehrere „Cardines“ – in Nord-Süd-Richtung verlaufende Straßen – gebaut, von denen eine das Thomas-Tor mit dem Qaisan- oder Paulus-Tor (Bab Qaisan) verband.
38 v. Chr. wurde Damaskus für einige Zeit dem Ptolemäer-Reich angegliedert, als Antonius einen Teil von Coelesyrien (Libanon/Anti-Libanon-Gebiet) an Königin Kleopatra übergab, die selbst die Stadt besuchte und dort Münzen prägen ließ.
In der ersten Hälfte des 1. Jahrhunderts n. Chr. war Damaskus abermals im Besitz der Nabatäer und stand unter einem Ethnarchen (Volksführer) von König Aretas IV. In dieser Zeit war Saulus/Paulus zu Gast bei den Juden der Stadt, die hier eine große örtliche Kolonie unterhielten. Der jüdische Christ Ananias, der Paulus taufte, soll ein Haus an der „Geraden Straße“ gehabt haben. Die Stelle, die heute als Ananias-Kapelle verehrt wird, liegt nördlich der „Geraden Straße“, im bis heute noch vorwiegend von Christen bewohnten Stadtteil am Thomas-Tor. Nach seiner Taufe mußte Paulus vor den aufgebrachten Juden fliehen und wurde in einem Korb an der Stadtmauer hinabgelassen. Das Grab des Hl. Georg, des Torhüters, der diese Flucht ermöglicht hatte, liegt in der Nähe der Ananias-Kapelle.
Anfang des 3. Jahrhunderts ließ der römische Kaiser Septimius Severus, der mit der Syrerin Julia Domna verheiratet war und sich der Stadt besonders verbunden fühlte, den Tempel und den Marktbezirk neu gestalten. Um die innere Tempelanlage, deren Umfassungsmauer im Westen und Süden heute noch einen Teil der Außenwand der Großen Moschee bildet, wurde ein weiterer Mauerring gelegt, an dessen Innenseite Läden aufgereiht waren, die den Marktbereich nach außen abschlossen. Eine zweite, nach außen orientierte Ladenzeile in Nordwesten, war in einer den orientalischen Bazar-Anlagen (Suq) ähnlichen Konzeption angelegt.
Wo die von Kaiser Diocletian gegründete, viel gerühmte Waffenschmiede lag, wissen wir nicht. Damaszener Klingen wurden in der Tradition dieser Handwerkskunst bis ins 19. Jahrhundert in der Stadt hergestellt. 391 wurde durch den Theodosianischen Beschluß das Christentum als Staatsreligion eingeführt. Der Tempel des Jupiter Damascenus wurde in eine Kirche umgewandelt und Johannes dem Täufer geweiht, dessen Haupt – in einem prunkvollen Reliquienschrein aufbewahrt – von Christen und Muslimen heute noch in der Großen Moschee verehrt wird.
Früh schon war Damaskus Sitz eines Bischofs, der dem Patriarchen von Antiochia im Rang unmittelbar folgte. In dieser Zeit, im 5. und 6. Jahrhundert, veränderte die Stadt allmählich ihr Gesicht. Das klare römische Straßennetz wurde überformt und verändert. Die offene Marktanlage wurde nach und nach zugebaut, wie die Kolonnaden im Westen, die Verbindung zwischen dem römischen Propylon (Säulenvorhalle) und dem Westeingang des Tempels bzw. der Kirche, heute ein Teil des Suq Hamidiya, und die Säulenreihe vor dem Nordeingang zeigen. Hier im Markt, im Südosten der Kirche entstand auch ein byzantinischer Palast.
634 wurde Damaskus erstmals von den Muslimen bedroht und im darauffolgenden Jahr schlug Chalid ibn al-Walid sein Feldlager an der Stelle des heutigen Friedhofs Schaich Raslan auf. Die seit langem mit der byzantinischen Herrschaft unzufriedenen Damaszener kapitulierten schließlich, um eine gewaltsame Einnahme der Stadt abzuwenden. Die Muslime garantierten daraufhin den Christen ihren Land- und Hausbesitz und ließen ihnen ihre Kirchen, verpflichteten sie aber zur Zahlung einer sehr hohen Kopfsteuer. Zunächst wurde die Stadt von Gouverneuren der Kalifen regiert. Erst Moawiya verlegte 656 den Sitz des Kalifats nach Damaskus, das bis zum Ende der Umaiyaden-Herrschaft (750), ein Jahrhundert lang Hauptstadt des Reiches blieb. Moawiya hielt Hof im „Grünen Palast“ (al-Chadra), einer Anlage, die an der Stelle der ehemaligen byzantinischen Residenz gelegen haben muß.
705 ließ der Kalif al-Walid I. die Kirche und die Reste der inneren Tempelanlage abreißen. Unter Verwendung eines Teils der westlichen und südlichen Mauer des Tempelbezirkes wurde in zehnjähriger Bauzeit die Große Moschee der Umaiyaden errichtet (s. Nr. 262). Hier formulierten sich die Ansätze einer eigenständigen muslimischen Baukunst, die noch ganz in der Tradition der byzantinischen Kunst stand. Die Mosaiken auf der Fassade des Transepts (Querschiffs) und im westlichen Hofumgang und das quadratische Minaret (Leuchtturm) in der Mitte der nördlichen Umfassungsmauer geben dafür trotz aller späteren Zerstörungen und Brände ein beredtes Beispiel.
750 wurde Damaskus von den Abbasiden eingenommen und verwüstet. Die Residenz wurde nach Baghdad verlegt und Damaskus sank zur unbedeutenden Provinzstadt herab.
Erst 1154, als Nur ad-Din, der schon Herr über Aleppo geworden war, die Stadt einnahm, wurde Damaskus erneut die Hauptstadt eines unabhängigen muslimischen Staates und bekam seine militärische und kulturelle Bedeutung zurück. Die Verteidigungsanlagen wurden instandgesetzt, und Nur ad-Din ließ am Südufer des Barada, der römischen Stadtmauer vorgelagert, einen neuen Mauerzug errichten. Die Wehrbauten und auch seine Grablege (Madrasa Nuriya) im Westen der Großen Moschee und das Krankenhaus (Maristan Nur ad-Din), eine religiöse Stiftung, geben einen unverfälschten Eindruck seiner regen Bautätigkeit. Unter seinem Nachfolger Salah ad-Din Aiyubi, auch Saladin genannt, dem Begründer der Aiyubiden-Dynastie und starken Gegner der Kreuzfahrer, erlebte die Stadt nochmals

eine sehr unruhige und kampfreiche Zeit. Dennoch ist die Herrschaft Nur ad-Dins und der Aiyubiden eine Glanzzeit in der Geschichte der Stadt, die sich ihrer Koran-Schulen und religiösen Stiftungen rühmen konnte. Viele dieser Bauwerke sind heute noch vorhanden.
1260 verwüsteten die Mongolen unter Hulagu Damaskus und bereiteten der friedlichen Entwicklung ein jähes Ende. In den folgenden Jahrhunderten wurde Damaskus zunächst ein Teil des Mamluken-Reiches und ab 1516 dem Osmanischen Großreich angegliedert. Die Stadt erlebte zwar noch glanzvolle Zeiten, und viele Reisende rühmten ihre Schönheit, aber bis zur Syrischen Unabhängigkeit wurde sie nie mehr Hauptstadt eines selbständigen Staates.

Literatur

J. Benzinger, Damaskus: Pauly-Wissowa, Realencyclopädie der Classischen Altertumswissenschaft – IV (Stuttgart 1901) Sp. 2042 ff.; – K. Dettmann: Geographische Rundschau 21 (Braunschweig 1969) 64 ff.; – N. Eliséeff, Dimashk: Encyclopédie de l'Islam (Leiden 1965) 286 ff.; – R. Hartmann, Damaskus: Encyclopädie des Islam (Leiden/Leipzig 1913) 941 ff.; – J. Sauvaget, Les monuments historiques de Damas (Beyrouth 1932); – J. Sauvaget: Syria 26 (1949) 314 ff.; – C. Watzinger/K. Wulzinger, Damaskus die antike Stadt (Berlin/Leipzig 1921); – K. Wulzinger/C. Watzinger, Damaskus die islamische Stadt (Berlin/Leipzig 1924).

Die Stadt Raqqa und ihre historischen Bauten

Kassem Toueir

Die moderne Stadt Raqqa, am linken Ufer des Euphrat unweit der Mündung des Balich gelegen, steht auf historischem Boden. In griechisch-römischer und byzantinischer Zeit (3. Jahrhundert v. Chr. bis 7. Jahrhundert n. Chr.) trug sie verschiedene Namen: Nikephorium, Calinicum und Leontopolis. Die Überreste aus dieser Epoche beschränken sich auf Architekturteile (Säulen, Kapitelle u. a.), die in späteren islamischen Bauten wiederverwendet wurden.
Im Jahre 639/40 geriet die Stadt unter die Herrschaft der muslimischen Araber. Sie gaben ihr den Namen Raqqa, der „flaches, ebenes Land“ bedeutet. Mittelalterliche Quellen berichten davon, daß der berühmte umaiyadische Kalif von Damaskus, Hischam ibn Abd al-Malik hier zwei Paläste besaß.
Eine völlige Neugestaltung erfuhr Raqqa durch den abbasidischen Kalifen al-Mansur (772). Er baute westlich von ihr die Stadt Rafiqa nach dem Vorbild der Residenz dieses Herrschers, der berühmten runden Stadt Baghdad. Rafiqa wurde hufeisenförmig angelegt. Das damalige Baghdad kennen wir nur aus zeitgenössischen Berichten; erhalten blieben allenfalls die Grundmauern, die noch im Boden verborgen sind. In Raqqa dagegen stehen heute eindrucksvolle Reste aus der Glanzzeit von Rafiqa an. Mehr als die Hälfte des Stadtmauerzuges ist erhalten, nur der südliche Abschnitt entlang des Flußufers ist ganz verschwunden (s. auch S. 262).
Als dann von 796 bis 803 der Kalif von Baghdad, Harun ar-Raschid, Rafiqa zu seiner Residenz machte, dehnte sich die Stadt im Osten und im Norden weit jenseits des Mauerringes aus. Im 9. und 10. Jahrhundert erlebte sie ein „Goldenes Zeitalter“.
Später litt Rafiqa sehr unter den Streitigkeiten der verschiedenen islamischen Dynastien. Aber im Jahre 1166 erneuerte der spätere Sultan von Damaskus, Nur ad-Din Zangi, die Gebetshallenfassade der Großen Moschee. 1182/3 kam Rafiqa unter die Kontrolle des Aiyubiden-Herrschers Salah ad-Din (Saladin). In seiner Zeit wurde die berühmte glasierte Keramik, die „Raqqa-Ware“ hergestellt.
Nach dem Eindringen der Mongolen und dem Fall von Baghdad im Jahre 1258 verlor Rafiqa an Bedeutung, bis es schließlich völlig verlassen wurde. Dies erfahren wir durch den arabischen Historiker Abu al-Fida, der aus dem Jahre 1321 berichtet, die Stadt sei eine Ruine und niemand lebe mehr in ihr.
So blieb es bis zum späten 19. Jahrhundert, als arabische Nomaden und tscherkessische Zuwanderer ein kleines Dorf mit dem alten Namen Raqqa in der südwestlichen Ecke des früheren Rafiqa gründeten, sowohl innerhalb als auch außerhalb der Stadtmauer. Dessen Einwohner begannen die Backsteine der alten Bauwerke abzutragen und auszugraben, um damit ihre Häuser zu errichten. Zugleich suchten sie auch nach Gefäßen der „Raqqa-Ware“, die auf dem europäischen Kunstmarkt hohe Preise erzielten. Auf diese Art wurden die Backsteinschalen der Stadtmauer und der Großen Moschee fast vollständig entfernt. Nur ihr Kern aus Lehmziegeln blieb erhalten – der Erosion durch Regen und Wind ausgesetzt.
Nach 1960 wuchs die Bevölkerungszahl von Raqqa durch Zuwanderung von Nomaden, Bauern und Leuten aus anderen syrischen Städten schnell an, da hier bedeutende landwirtschaftliche und industrielle Projekte begonnen wurden. Heute ist Raqqa mit etwa 200 000 Einwohnern eine der gro-

schen Kaiser Nikophorus besiegte. Dieses Ereignis schmückten die genannten Historiker mit der folgenden Geschichte aus: Harun ar-Raschid habe unter den Gefangenen aus Heraklion ein schönes Mädchen gesehen und für sich genommen. Er habe ihm zwischen Raqqa und Balis (Maskana) eine Burg erbaut, welche er in Erinnerung an die Heimatstadt des Mädchens Heraqla nannte. Wie wir sogleich sehen werden, war die Bauanlage von Heraqla eher ein Symbol des Sieges als ein Lustschloß.

Es handelt sich um eine Terrasse mit quadratischen Ecktürmen und den ungleichen Seitenlängen 100, 102, 104 und 106 m. Sie ist aus großen Hausteinen mit Gipsmörtel errichtet und hatte eine Schale aus sorgfältig zugearbeiteten Blökken aus weichem Kalkstein (120 x 40 x 50 cm groß). In ihrem Inneren gibt es kasemattenartige, mit Erde und Kies gefüllte Räume, die wohl der Stabilität des Bauwerks dienten, in dem sie den Seitendruck des Massivs verringerten. In der Mitte jeder Seite ist in dieser Terrasse eine große rechteckige Halle (Iwan) angelegt, die sich nach außen öffnet. Auf jeder Seite führen zwei Außentreppen auf die Terrasse, die eine von der linken Seite des Iwans bis zum linken Eckturm, die andere vom rechten Eckturm zum oberen Abschluß des Iwans.

Die Terrasse steht inmitten eines turmbewehrten Mauerringes von 500 m Durchmesser, gebaut aus Gipsstein. Sie hat vier Tore nach den Haupthimmelsrichtungen. Diese sind in ihrem Inneren verschieden gestaltet. Der nördliche Torraum ist rund, der südliche quadratisch, der westliche sechseckig und der östliche achteckig.

Hinweis auf die Datierung der Terrasse in nachbyzantinische Zeit gibt ein in ihrem Inneren vermauerter Haustein mit eingemeißeltem Kreuz. Er ist einem älteren byzantinischen Bau entnommen worden. Auf einem Stein des südlichen Tores fanden wir den arabischen Namen des Steinmetzen „Hudhail". Die Vermutung von Herzfeld hat durch unsere Untersuchungen eine gewisse Bestätigung gefunden. Die Art des Terrrassenbaus, seine Lage außerhalb der Stadt, ihr dauerhaftes Baumaterial, deuten am ehesten auf ein Siegesmonument hin, und dieses besondere Ereignis kann sehr wohl der Triumph des Harun ar-Raschid über den Kaiser von Byzanz gewesen sein.

Auffallend sind vor allem auch die geometrischen Symbole in dieser Architektur (Quadrat, Kreis, Sechseck, Achteck). Darüber hinaus ist zu bemerken, daß die bauliche Anlage des Harun ar-Raschid in Heraqla zur Zeit die einzige bekannte des uns aus dem Märchen von 1001 Nacht und als Freund Karls des Großen so vertrauten Herrschers ist.

Anmerkungen

1 F. Sarre/E. Herzfeld, Archäologische Reise im Euphrat- und Tigris-Gebiet-II (Berlin 1920) 349 ff.

2 N. Saliby: AAAS 4/5 (1954/55) 205 ff.; AAAS 6 (1956) arab. Teil 25 ff.

3 K. A. C. Cresswell, Early Muslim Architecture (Pelican Books A 407, 1958) 183 f.

4 Sarre/Herzfeld, Archäologische Reise im Euphrat- und Tigris-Gebiet-I (Berlin 1911) 158.

5 E. Sachau, Reise in Syrien und Mesopotamien (Leipzig 1883) 244 ff.

6 Sarre/Herzfeld, Archäologische Reise im Euphrat- und Tigris-Gebiet-I (Berlin 1911) 162.

Rettung und Restaurierung islamischer Baudenkmäler im Euphrattal

Assad Mahmoud

Ein allenthalben sichtbarer Reichtum unseres kulturellen Erbes ist die traditionelle islamische Architektur. Ihre Erhaltung bedarf sachkundiger Pflege und der syrische Antikendienst setzt dafür bedeutende finanzielle und personelle Mittel ein. Die Bemühungen richten sich nicht nur auf die weltbekannten Hauptstädte Damaskus und Aleppo, sondern auch auf historische Monumente anderer Regionen wie z. B. in den Bezirken von Raqqa (s. S. 363 ff.) und Dair az-Zur. So ist der Verfasser dieser Zeilen unter anderem in Mayadin 45 km südöstlich von Dair az-Zur tätig, wo

Abb. 76 Qal'at ar-Rahba

Abb. 77 Qal'at Dja'bar

die arabische Burg Qal'at ar-Rahba restauriert wird. Sie steht auf einer Felsnase sehr eindrucksvoll am Rande des Euphrat-Tals (Abb. 76). Ihr schön gefügtes Quadermauerwerk aus Basalt stammt aus dem 13. Jahrhundert, der großen Zeit syrischer Burgenbauer. Bald darauf erlitt sie bei den harten Kämpfen zwischen Muslimen und Tartaren beträchtliche Schäden.
Nicht selten gefährden Maßnahmen zur industriellen Entwicklung unseres Landes die historischen Monumente. In solchen Fällen werden besondere Vorkehrungen für ihren Schutz getroffen. Das größte Projekt der jüngeren Vergangenheit war der Bau eines Staudammes am Euphrat bei dem kleinen Ort Tabqa, der heutigen Stadt ath-Thaura. Seit 1948 hatte man eine solche Anlage geplant, erst 1957 wurde ihr genauer Standort beschlossen und die Anzahl der durch ihn mit Zerstörung bedrohten historischen Plätze abschätzbar. Nach dem syrisch-sowjetischen Kooperationsvertrag von 1966 wurde das Gemeinschaftswerk 1974 vollendet: ein 4500 m langer Damm, der an seiner Basis 512 m breit und insgesamt 60 m hoch ist. Er staut einen See von 80 km Länge und 640 000 ha Fläche auf. Syrien erzeugt durch ihn so viel Elektrizität, daß ein Teil für den Export übrig ist. Es können zudem weite landwirtschaftliche Flächen bewässert und zugleich Überschwemmungskatastrophen verhindert werden.
In dem Gebiet dieses Stausees stellte man 56 archäologisch-historisch bedeutende Orte fest. Zumeist handelt es sich um sogenannte „Bodenaltertümer", die durch Ausgrabungen zu erforschen waren. Es gab aber auch einige gut erhaltene historische Bauten aus islamischer Zeit. Mit Hilfe der UNESCO und zahlreicher Forschergruppen aus vielen Ländern wurde so viel gerettet, wie es die verfügbare Zeit zuließ. Die wissenschaftlichen Ergebnisse entsprachen der historischen Bedeutung des Euphrat-Tales. Eine Fülle interessanter Fundstücke zeigt auch unsere Ausstellung.
Die wichtigsten islamischen Baumonumente wurden vom syrischen Antikendienst restauriert und gerettet. Dabei waren gelegentlich sehr aufwendige Maßnahmen erforderlich. Drei von ihnen seien hier vorgestellt:
Auf einem Kalksteinfelsen am linken Euphratufer liegt die Burg Qal'at Dja'bar (Abb. 77). Ihre Gründung geht wohl auf das 5. Jahrhundert n. Chr. zurück; die noch erhaltene Anlage entstand jedoch erst in mamlukischer Zeit (14. Jahrhundert). Sie ist aus gebrannten Ziegeln erbaut und hat einen elliptischen Grundriß von 230 x 160 m Größe. Ihre beiden Befestigungsmauern waren mit 35 Türmen unterschiedlicher Gestalt und Höhe bewehrt. Im Zentrum der Burg ist das zylindrische Minarett der Moschee noch 28 m hoch erhalten. Qal'at Dja'bar ragt heute als Insel weit in den Stausee hinein, ist jedoch durch einen Damm vom Festland zu erreichen. Es war notwendig, den Kalksteinfelsen gegen das Wasser zu schützen. Gleichzeitig wurden die Türme, Gänge und Mauern des Befestigungswerkes restauriert. In einem Turm wird ein Museum eingerichtet, dessen Hauptwerk zur Zeit das reich skulptierte römische Grab von 'Anab as-Safina im Stauseegebiet ist.
Auf der rechten Seite des Euphrat liegt Maskana, die Ruine der alten Stadt Balis, eines einst berühmten Handelsplatzes und Euphrat-Hafens. Hier waren einige byzantinische und islamische Baureste sehr gut erhalten, vor allem das Minarett einer großen Moschee. Es ist mit gebrannten Ziegeln achteckig auf quadratischem Sockel erbaut und noch 27 m hoch. Den oberen Teil schmücken kunstvolle Dekorationen und eine arabische Inschrift, welche uns mitteilt, daß Abu Bakr, Bruder des Saladin, die Moschee restauriert hat. Das war im frühen 13. Jahrhundert. Da der Ruinenhügel von Maskana ganz im Stausee versinkt, wurde das Minarett auf eine Anhöhe oberhalb der alten Stadt versetzt. Dazu zersägte man es in einer mühevollen Aktion in viele Scheiben, die transportiert und wieder zusammengefügt wurden.
Etwas weiter flußabwärts von Maskana lag Abu Huraira, dessen Gründung auf spätrömische Zeit zurückgeht. Sein Minarett aus dem 15. Jahrhundert wurde ebenfalls umgesetzt und zwar zur neuen Staudammstadt ath-Thaura, wo es jetzt als Symbol für die kulturellen Leistungen der Vergangenheit gilt.

Chronologische Übersicht

SYRIEN	NORDMESOPOTAMIEN	
	Vorgeschichte	
	8500-7800 Seßhafte Jäger und Sammler in Muraibit	
	7800–6900 Ackerbau in Muraibit	
6250–5500 Große Siedlung in Ramad	6400–5900 Große Siedlung in Buqras	
	Frühgeschichte	Ab 3500 Einfluß von Uruk und Susa
Ab 3500 Austrahlung der Hochkultur von Uruk (Sumer) und Susa (Elam) bis Hama und Ebene von Antiochien	3500–3300 Städtische Kultur mit Heiligtümern, Befestigungen und Tontafelschrift in Djabal Aruda, Habuba/Qannas und Braq – Einfluß von Uruk (Sumer) und Susa (Elam)	
	Frühdynastische Zeit	
Seit etwa 2650 Stadt Ebla: Palast und Tontafelarchiv	Seit etwa 3000 Stadt Mari: Heiligtümer, Beterstatuetten und Keilschrifttexte	
		2469–2414 Scharrum-kin 2389–2353 Naram-Sin zwei Herrscher von Akkade unternehmen Eroberungszüge nach Syrien
	Seit Mitte 23. Jahrhundert Mari unter Oberherrschaft der III. Dynastie von Ur	

	SYRIEN	NORDMESOPOTAMIEN	
		Altsyrische Zeit	
		20. Jahrhundert Herrscher von Mari 1948 Jaggid-Lim 1945 Jachdun-Lim	
		1935 Jasmach-Adad, Sohn ← des Schamschi-Adad	Schamschi-Adad von Assur (1953– 1921) erobert Mari. Sein Sohn wird Statthalter
	Um 1930 In Halap herrscht Jarim-Lim		
		1916–1897 Zimri-Lim ←	Hammurapi von Babylon (1930–1888) erobert Mari
	Um 1900 Hurritische Königreiche: Urschu, Haschschu		
Um 1750 Hattusili I. von Hatti erobert Alalach in der Ebene von Antiochia			
Um 1745/40 Sein Nachfolger Mursili I. erobert Halap und Babylon →	→		→
		‚Dunkles Zeitalter'	
		Mittelsyrische Zeit	
	Um 1530 Königreich von Mitanni herrscht über N-Syrien		
Um 1500 Thutmosis I. erobert Syrien →			
Um 1480/40 Thutmosis III. erobert Syrien →			Seit 1385 Mittelassyrisches Reich
Um 1360 Suppiluliuma von Hatti schlägt Mitanni, seine Söhne herrschen in Halap und Karkemisch →	→	→	
Um 1330 Mursili II. baut Grenzfestung am Euphratbogen →	→		

1285
Schlacht bei Qadesch (Ramsis II.
und Muwatalli von Hatti)

12. Jahrhundert Vorstoß der Seevölker (Bericht Ramsis III.)

Neusyrische Zeit

Syrien	Nordmesopotamien	
		Seit 1045 Neuassyrisches Reich
Ab 1000 Aramäerstaaten	Ab 1000 Aramäerstaaten	
	Seit 856 Til Barsip (Achmar) assyrisch	
	Seit 808 Guzana (Halaf) assyrisch	
601 Provinz des Spätbabylonischen Reiches	609 ‚Asura' Provinz des Medischen Reiches	
539–333 Provinz des Persischen Reiches	539–331 Provinz des Persischen Reiches	

Eroberung durch Alexander den Großen ——————▷

– – – – – – – – – – – – – – – –

Reich der Seleukiden bis 64 v. Chr.

395 n. Chr. Teilung des Römischen Reiches, Syrien wird Byzanz unterstellt

636 Eroberung Syriens durch den islamischen Feldherrn Chalid ibn al-Walid

Verzeichnis der Abkürzungen

AA	Archäologischer Anzeiger im Jahrbuch des Deutschen Archäologischen Instituts (Berlin)
ÄA	Ägyptologische Abhandlungen (Wiesbaden)
AAAS	Annales archéologiques arabes syriennes (Damas)
AASOR	The Annual of the American Schools of Oriental Research (New Haven, Conn.)
Abdul-Hak, Cat. (1951)	A. und S. Abdul-Hak, Catalogue illustré du Départment des antiquités Gréco-Romaines au Musée de Damas (1951)
AEPHE	Annuaire École Pratique des Hautes Études (Paris)
AfO	Archiv für Orientforschung. Internationale Zeitschrift für Wissenschaft vom Vorderen Orient (Berlin/Graz)
AJA	American Journal of Archaeology. The Journal of the American Institute of Archaeology (Princeton, N.J.)
Akkadica	Akkadica. Périodique bimestriel de la Fondation Assyriologique Georges Dossin (Bruxelles)
Das Altertum	Das Altertum. Sektion für Altertumskunde bei der Deutschen Akademie der Wissenschaften zu Berlin (Berlin)
Antiquités de l'Euphrate	Antiquités de l'Euphrate. Exposition de la campagne internationale de sauvegarde des antiquités de l'Euphrate (Aleppo 1974)
APA	Acta Praehistorica et Archaeologica (Berlin)
AOAT	Alter Orient und Altes Testament. Veröffentlichungen zur Kultur und Geschichte des Alten Orients und des Alten Testaments (Neukirchen/Vluyn)
Archeologia	Archeologia Warszawa. Rocznik Instytutu Historii Kultury Materialnej Polskiej Akademii Nauk. (Warszawa/Wrocław)
Archaeology	Archaeology. A Magazine Dealing with the Antiquity of the World. American Institute of Archaeology (New York)
Ars Islamica	Ars Islamica. University of Michigan. Department of Fine Arts (Ann Arbor)
Ars Orientalis	Ars Orientalis. The Arts of Islam and the East. Smithsonian Institution. Fine Arts Department. University of Michigan (Baltimore, Md.)
ARM	Archives royales de Mari (Paris 1950–)
BAH	Bibliothèque archéologique et historique. Institut français d'archéologie de Beyrouth (Paris)
BaM	Baghdader Mitteilungen. Deutsches Archäologisches Institut. Abteilung Baghdad (Berlin)
Berytus.	Berytus. Archaeological Studies (Copenhagen)
BiblArch	The Biblical Archaeologist. The American Schools of Oriental Research (New Haven, Conn./Cambridge, Mass.)
Braun-Holzinger, Beterstatuetten	E. A. Braun-Holzinger, Frühdynastische Beterstatuetten: Abhandlungen der Deutschen Orient-Gesellschaft 19 (Berlin 1977)
BJ	Bonner Jahrbücher des Rheinischen Landesmuseums in Bonn und des Vereins von Altertumsfreunden im Rheinlande (Köln/Graz/Kevelaer)
BJV	Berliner Jahrbuch für Vor- und Frühgeschichte, Museum für Vor- und Frühgeschichte (Berlin)
Byzantion	Byzantion. Revue internationale des études byzantines (Bruxelles)
Catalogue (1969)	M. A. al-'Usch/A. Djoundi/B. Zouhdi, Catalogue du Musée National de Damas (Damaskus 1969)
Cauvin, Les premiers villages	J. Cauvin, Les premiers villages de Syrie-Palestine du IXème aux VIIème millénaire avant J.C. (Lyon 1978)

CRAI	Compte rendu de la Rencontre Assyriologique Internationale
Gawlikowski, Recueil	M. Gawlikowski, Recueil d'inscriptions palmyréniennes provenant de fouilles syriennes et polonaises récentes à Palmyre: Mémoires présentés par divers savants à l'Académie des Inscriptions et Belles Lettres 16 (Paris 1974)
GLECS	Comptes rendus des séances. Groupe linguistique d'études chamito-sémitiques (Paris)
Guide (1980)	M. A. al-'Usch/A. Djoundi/B. Zouhdi, A Concise Guide to the National Museum of Damascus (Damaskus 1980)
Hama 4/2	P.J. Riis/V. Poulsen, Hama. Fouilles et recherches 1931–38, Band 4/2: Les verreries et poteries médiévales: Nationalmuseets Skrifter, Større Beretninger 3 (Kopenhagen 1957)
Iraq	Iraq. Subzidized by the British Academy. British School of Archaeology in Iraq (London)
IRSA	E. Sollberger/J.-R. Kupper, Inscriptions royales sumeriennes et akkadiennes: Littératures anciennes du Proche-Orient 3 (1971)
JANES	The Journal of the Ancient Near Eastern Society of Columbia University (New York)
JbAC	Jahrbuch für Antike und Christentum. F.J. Dölger-Institut an der Universität Bonn (Münster)
JdI	Jahrbuch des Deutschen Archäologischen Instituts (mit Beiblatt) (und) Archäologischer Anzeiger (Berlin)
JNES	Journal of Near Eastern Studies. Continuing the American Journal of Semitic Languages and Literatures (Chicago)
Katalog Aleppo (1974)	Liste de vitrines de l'exposition des découvertes de la campagne internationale de sauvegardes des antiquités de la vallée de l'Euphrate au Musée d'Alep, 16. XI. 1974
Katalog Düsseldorf (1973)	Islamische Keramik, Hetjens-Museum, Düsseldorf (Düsseldorf 1973)
Katalog London (1976)	The Arts of Islam, Hayward Gallery, 8 April – 4 July 1976 (London 1976)
Klengel, GS II	H. Klengel, Geschichte Syriens im 2. Jahrtausend v. u. Z., Teil 2. Mittel- und Südsyrien: Deutsche Akademie der Wissenschaften zu Berlin, Institut für Orient-Forschung, Veröffentlichung Nr. 70 (Berlin 1969)
Levant	Levant. Journal of the British School of Archaeology in Jerusalem (London)
MAIS 1964	A. Davico und andere, Missione archaeologica italiana in Siria. Rapporto prelim. della campagna 1964: Università di Roma, Centro di studi semitici, Serie archaeologica 8 (Rom 1965)
MAIS 1965	G. Castellino und andere, ... campagna 1965 (Tell Mardikh), ... Serie archaeologica 10 (Rom 1966)
MAIS 1966	A. Davico und andere, ... campagna 1966 (Tell Mardikh), ... Serie archaeologica 13 (Rom 1967)
MAM I-IV	A. Parrot, Mission archéologique de Mari I. Serie archéologique: I. Le temple d'Ishtar (1956); – II. Le palais, 1. Architecture (1958); – 2. Peintures murales (1958); – 3. Documents et monuments (1959); – III. Les temples d'Ishtarat et de Ninni-zaza (1967); – IV. Le trésor d'Ur (1968)
Margueron (Hrsg.), Le Moyen Euphrate	J. Cl. Margueron (Hrsg.), Le Moyen Euphrate, Zones de contacts et d'échanges: Traveaux du Centre de Recherche sur le Proche-Orient et la Grèce Antiques 5 (Strasbourg [1980])
Matthiae, Ebla	P. Matthiae, Ebla. Un impero ritrovato (Torino 1977)
Matthiae, Ars Syra	P. Matthiae, Ars Syra. Contributi alla storia dell'arte figurativa siriana nelle età del medio e tardo bronzo: Università di Roma, Centro di studi semitici, Serie archeologica 4 (Rom 1962)
Matthiae, MonANE 1/6	P. Matthiae, Ebla in the Period of the Amorite Dynasties and the Dynastie of Akkade: Sources and Monographs, Monographs on the Ancient Near East 1/6 (1979)
MDOG	Mitteilungen der Deutschen Orient-Gesellschaft zu Berlin (Berlin)
Mellaart, Çatal Hüyük	J. Mellaart, Çatal Hüyük. Stadt aus der Steinzeit (Bergisch-Gladbach 1967)
OLZ	Orientalistische Literaturzeitung.

	Monatsschrift für die Wissenschaft vom ganzen Orient und seinen Beziehungen zu den angrenzenden Kulturkreisen. Deutsche Akademie der Wissenschaften zu Berlin (Berlin)
Palais Royal d'Ugarit	Le palais royal d'Ugarit: Mission de Ras Shamra (Paris)
Parrot, Mari	A. Parrot, Mari. Capitale fabuleuse (Paris 1974)
Pettinato, Catalogo	G. Pettinato, Catalogo dei testi cuneiformi di Tell Mardikh-Ebla: Materiali epigrafici di Ebla – 1: Istituto universario orientale di Napoli, Seminario di studi asiatici, Series maior I (Napoli 1979)
Phoenix	Phoenix. Vooraziatisch-Egyptisch Genootschap Ex Oriente Lux (Leiden)
Prop. Kunstgesch. 14	W. Orthmann (Hrsg.), Der alte Orient: Propyläen-Kunstgeschichte Band 14 (Berlin 1975)
RA	Revue d'assyriologie et d'archéologie orientale (Paris)
RCEA	E. Combe/J. Sauvaget/G. Wiet (Hrsg.), Répertoire chronologique d'épigraphie arabe 1–16 (Kairo 1931–1964)
RLA	Reallexikon der Assyriologie und Vorderasiatischen Archäologie (Berlin/Leipzig; Berlin/New York)
RM	Mitteilungen des Deutschen Archäologischen Instituts. Römische Abteilung (Heidelberg)
Ross, Catalogue I	M.C. Ross, Catalogue of the Byzantine and Early Mediaeval Antiquities in the Dumbarton Oaks Collection – I (Washington 1962)
Saadé, Ougarit	G. Saadé, Ougarit. Metropole cananéenne (Beirut 1979)
Saeculum	Saeculum. Jahrbuch für Universalgeschichte (Freiburg/München)
SEb	Studi Eblaiti. Missione archaeologia italiana in Siria (Roma)
SMS	Syro-Mesopotamian Studies (Malibu, Cal.)
Spycket, La statuaire	A. Spycket, La statuaire du Proche-Orient Ancien: Handbuch der Orientalistik, Siebente Abteilung, I. Band, 2. Abschnitt B, Lieferung 2 (Leiden/Köln 1981)
Strommenger, Habuba Kabira	E. Strommenger, Habuba Kabira. Eine Stadt vor 5000 Jahren (Mainz 1980)
Strommenger/Hirmer Mesopotamien	E. Strommenger/M. Hirmer, Fünf Jahrtausende Mesopotamien (München 1962)
Studi Semitici	Studi Semitici. Università di Roma, Centro di studi semitici (Roma)
Sumer	Sumer. A Journal of Archaeology in Iraq. The Republic of Iraq. Directorate General of Antiquities (Baghdad)
Syria	Syria. Revue d'art oriental et d'archéologie. Institut français d'archéologie de Beyrouth (Paris)
Thimme, Phönizische Elfenbeine	J. Thimme, Phönizische Elfenbeine. Möbelverzierungen des 9. Jahrhunderts v. Chr.: Bildhefte des Badischen Landesmuseums Karlsruhe (Karlsruhe 1973)
Thureau-Dangin, Arslan-Tash	F. Thureau-Dangin, Arslan-Tash (Paris 1931)
UAVA	Untersuchungen zur Assyriologie und Vorderasiatischen Archäologie: Ergänzungsbände zur Zeitschrift für Assyriologie und Vorderasiatische Archäologie. (Neue Folge Berlin)
Ugaritica	C.F.A. Schaeffer, Ugaritica: Mission de Ras Shamra III: BAH XXXI (Paris 1939)
Ugaritica II	C.F.A. Schaeffer, Ugaritica II: Mission de Ras Shamra V: BAH XLVII (Paris 1949)
Ugaritica III	C.F.A. Schaeffer, Ugaritica III: Mission de Ras Shamra VIII: BAH LXIV (Paris 1956)
Ugaritica IV	C.F.A. Schaeffer, Ugaritica IV: Mission de Ras Shamra XV: BAH LXXIV (Paris 1962)
Ugaritica V	E. Laroche und andere, Ugaritica V: Mission de Ras Shamra XVI: BAH LXXX (Paris 1968)
Ugaritica VI	C.F.A. Schaeffer (Hrsg.), Ugaritica VI: Mission de Ras Shamra XVII: BAH LXXXI (Paris 1969)
Ugaritica VII	C.F.A. Schaeffer (Hrsg.), Ugaritica VII: Mission de Ras Shamra XVIII: BAH XCIX (Paris 1978)
Ugarit-Forschungen	Ugarit-Forschungen. Internationales Jahrbuch für die Altertumskunde Syrien-Palästinas (Neukirchen-Vluyn)
Tokyo Exhib.	N. Egami/J. Sugiyama/T. Sugimura, The Exhibition of Treasures of Syrian Antiquity Japan 1977 (Tokyo 1977)

Wulff, Bildwerke I	O. Wulff, Altchristliche und mittelalterliche byzantinische und italienische Bildwerke, Teil I (2. Auflg. 1909)
Wulff, Bildwerke II	O. Wulff, Altchristliche und mittelalterliche byzantinische und italienische Bildwerke, Teil II (2. Auflg. 1911)
ZA	Zeitschrift für Assyriologie und Vorderasiatische Archäologie (Leipzig/Berlin)
ZÄS	Zeitschrift für Ägyptische Sprache und Altertumskunde (Leipzig/Berlin)
ZDPV	Zeitschrift des Deutschen Palästina-Vereins. Zugleich Organ des Deutschen Evangelischen Instituts für Altertumswissenschaft des Heiligen Landes. Deutscher Verein zur Erforschung Palästinas (Leipzig, Stuttgart, Wiesbaden)
Zouhdi, Guide (1976)	B. Zouhdi, Départment des antiquités syriennes aux époques grecque, romaine et byzantine: Catalogue du Musée National de Damas (Damaskus 1976) 65 ff.

Verzeichnis der Abbildungen

Karte von Syrien

1 Sendschirli
2 Cyrrhus
3 'Ain Dara
4 Arpad
5 Qal'at Siman
6 Halap
7 Ebla
8 Qalbloze
9 Alalach
10 Antiochia
11 Djabal al-'Aqra
12 Ras al-Basit
13 Ugarit
14 Lattaqiya
15 Apamea
16 Sukas
17 Banyas
18 Hama
19 Qasr ibn Wardan
20 Salamiya
21 Qatna
22 Homs
23 Tartus
24 Amrit
25 Safita
26 Krak des Chevaliers
27 Qadesch
28 Qara
29 Jabrud
30 Damaskus
31 Ramad
32 Djabal Sais
33 Schahba
34 Suwaida
35 Bosra
36 Amman
37 Qaryatain
38 Qasr al-Hair al-Gharbi
39 Palmyra
40 Qasr al-Hair asch-Scharqi
41 Rusafa
42 Bi'a
43 Raqqa
44 Tabqa
45 Qal'at Dja'bar
46 Abu Huraira
47 Maskana
48 Muraibit
49 Halawa
50 Mumbaqat u. Anab as-Safina
51 Habuba Kabira/Qannas/Aruda
52 Hadidi
53 Mambidj
54 Achmar
55 Karkemisch
56 Arslantasch
57 Harran
58 Chuwaira
59 Halaf
60 Hassaka
61 Chagar Bazar
62 Amuda
63 Nisibis
64 Lailan
65 Braq
66 Schaich Hamad
67 Dair az-Zur
68 Buqras
69 Qal'at ar-Rahba
70 Terqa
71 Dura Europos
72 Mari

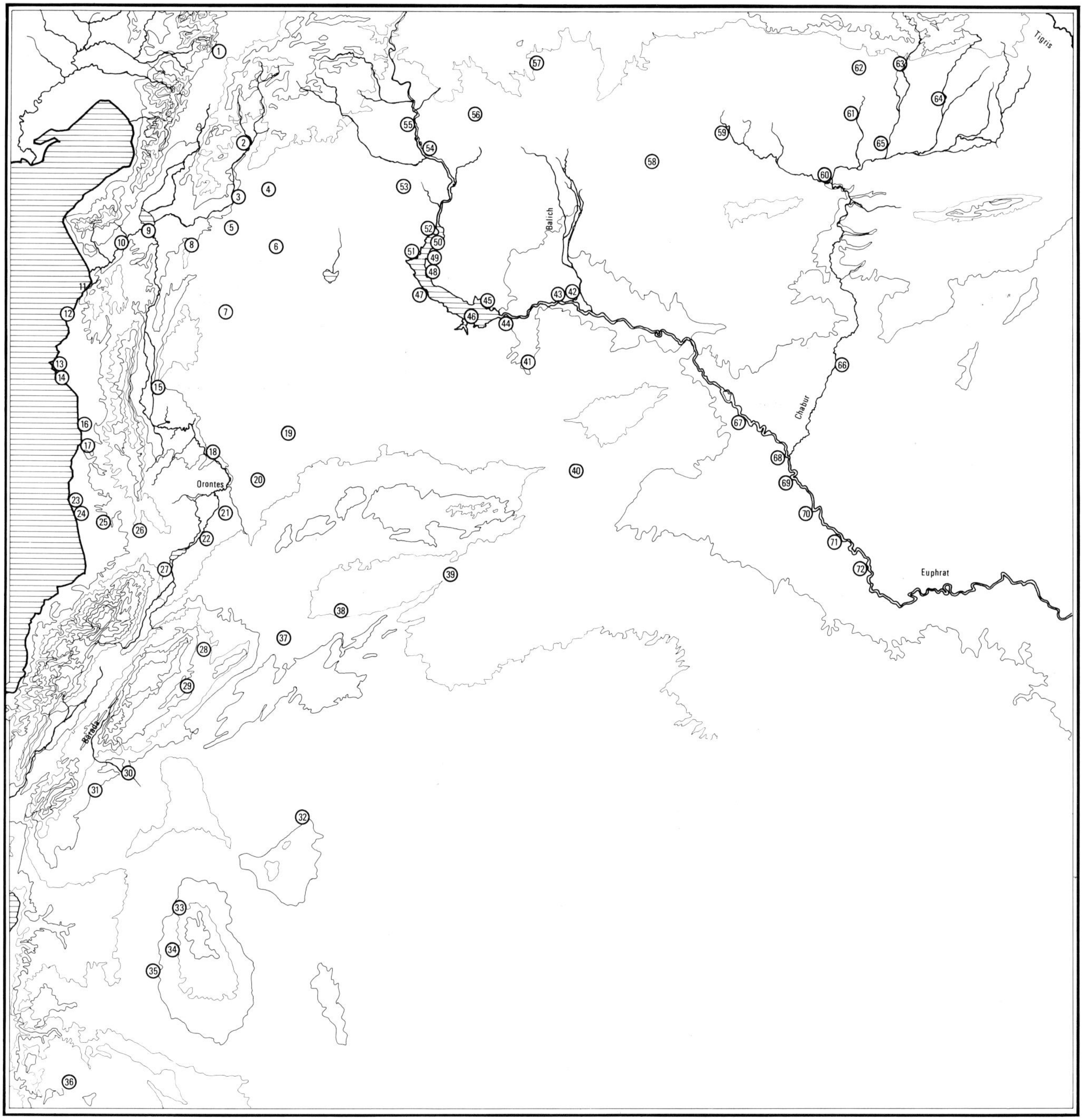

Abb. 78 Fundorte in Syrien

Lieferbare Ausstellungskataloge

München · Berlin · Hildesheim 1976
NOFRETETE – ECHNATON
Format 21 × 23 cm; 178 Seiten mit 89 Textabb.; 43 einfarbigen und 34 farbigen Tafeln; gebunden; 20,– DM
ISBN 3-8053-0168-5

Hamburg 1977
KUNST DER ANTIKE
Schätze aus norddeutschem Privatbesitz
Format 19 × 23,5 cm; 4 Farbtafeln, 727 Schwarzweiß-Abbildungen; 556 Seiten; gebunden; 40,– DM
ISBN 3-8053-0177-4

Ägyptisches Institut Tübingen
DIE ALTÄGYPTISCHE GRABKAMMER SESCHEMNOFERS III. AUS GISA
Format 21 × 27 cm; 34 Seiten deutscher Text mit 2 Abbildungen; 4 Beilagen; 6 Farbtafeln; 28 Tafeln; Broschur; 25,– DM ISBN 3-8053-0319-X

Genf · Hildesheim · Berlin · Hamburg · Aachen · München · Linz · Schallaburg · Frankfurt 1977–81
SUMER ASSUR BABYLON
7 Jahrtausende Kunst und Kultur an Euphrat und Tigris
Format 21 × 23 cm; 206 Seiten; 14 Farbtafeln; 186 Schwarzweiß-Abbildungen; gebunden; 24,– DM; nur noch französische Ausgabe lieferbar ISBN 3-8053-0328-9

Düsseldorf · Darmstadt 1979
DIE DÜSSELDORFER MALERSCHULE
Format 21 × 23 cm; 512 Seiten mit 24 Farbtafeln und 414 Schwarzweiß-Abbildungen; gebunden; 48,– DM
ISBN 3-8053-0409-9

Essen · München · Rotterdam · Hildesheim 1978/79
GÖTTER · PHARAONEN
Format 21 × 23 cm; 332 Seiten deutscher Text mit 168 Schwarzweiß- und 47 Farbabbildungen; gebunden; 25,– DM
ISBN 3-8053-0422-6

Berlin · Essen · Stuttgart · München · Trier · Hildesheim 1978/79
DAS LAND AM NIL
Bildteppiche aus Harrania aus der Wissa-Wassef-Schule
Format 21 × 23 cm; 62 Seiten mit 6 einfarbigen und 52 farbigen Abb.; gebunden; 15,– DM ISBN 3-8053-0423-4

DAS MUSEUM FÜR ALTÄGYPTISCHE KUNST ZU LUXOR
Format 21,5 × 27,5 cm; 220 Seiten; 16 Farb- und 169 Schwarzweiß-Abbildungen; 4 Pläne; gebunden; 58,– DM
ISBN 3-8053-0428-5

Köln · München · Hildesheim · Genf 1979/80
GOLD DER THRAKER
Archäologische Schätze aus Bulgarien
Format 21 × 23 cm; 240 Seiten mit 51 Farb- und 205 Schwarzweiß-Abbildungen; gebunden; 22,– DM
ISBN 3-8053-0435-8

Berlin · Köln · München · Hannover · Hamburg 1980/81
TUTANCHAMUN
Format 21 × 23 cm; 169 Seiten; 71 Farb- und 9 Schwarzweiß-Abbildungen; 24,– DM ISBN 3-8053-0438-2

München · Krefeld · Münster 1980/81
HABUBA KABIRA
Eine Stadt vor 5000 Jahren
Format 21 × 23 cm; 86 Seiten mit 6 farbigen Tafeln und 81 Schwarzweiß-Abbildungen; gebunden; 12,– DM
ISBN 3-8053-0449-8

Los Angeles · Hamburg · Jerusalem 1981
GLAS VON DER ANTIKE BIS ZUM JUGENDSTIL
Sammlung Hans Cohn / Los Angeles, USA
Format 21 × 23 cm; 288 Seiten mit 326 Schwarzweiß-Abbildungen, 61 farbige Abbildungen; gebunden; 28,– DM
ISBN 3-8053-0454-4

Stuttgart · Essen · München 1980/81
ALTE KUNST AUS JAVA UND BALI
Format 21 × 23 cm; 292 Seiten mit 24 Farb- und 275 Schwarzweiß-Abbildungen; gebunden; 24,– DM
ISBN 3-8053 -0455-2

Köln 1980 · Wien 1981
DIE DAKER
Format 21 × 23 cm; 224 Seiten; 142 Schwarzweiß- und 44 Farbabbildungen; gebunden; 28,– DM
ISBN 3-8053-0457-9

München 1980
NANCY 1900 · Jugendstil in Lothringen
Format 21 × 23 cm; 454 Seiten mit 101 Farb- und 312 Schwarzweiß-Abbildungen; gebunden; 40,— DM
ISBN 3-8053-0460-9

Hamburg 1980
AUS GRÄBERN UND HEILIGTÜMERN
Die Antikensammlung Walter Kropatschek
Format 19 × 23 cm; XII, 280 Seiten mit 8 Farbtafeln und 314 Schwarzweiß-Abbildungen; gebunden; 30,— DM
ISBN 3-8053-0461-7

München · Berlin 1980/82
BEDUINEN IM NEGEV
Format 17 × 21 cm; 144 Seiten mit 16 Farbtafeln und 71 Schwarzweiß-Abbildungen; gebunden; 13,— DM
ISBN 3-8053-0462-5

Mainz 1980
RABANUS MAURUS IN SEINER ZEIT
780—1980
Format 21 × 23 cm; 120 Seiten mit 63 Schwarzweiß-Abbildungen, 4 Farbtafeln; gebunden; 28,— DM
ISBN 3-8053-0478-1

Mainz · Paris 1980/81
GALLIEN IN DER SPÄTANTIKE
Von Constantin dem Großen zum Frankenkönig Childerich
Format 21 × 23 cm; 259 Seiten mit 36 Farbtafeln; 170 Schwarzweiß-Abbildungen; gebunden; 30,— DM
ISBN 3-8053-0485-4

München
FÜNF JAHRE NEUERWERBUNGEN
DER STAATLICHEN SAMMLUNG
ÄGYPTISCHER KUNST
MÜNCHEN 1976—1980
Format 19,5 × 21 cm; 42 Seiten mit 14 Farb- und 16 Schwarzweiß-Abbildungen; gebunden; 12,— DM
ISBN 3-8053-0493-5

Berlin · Aachen · Tübingen · Frankfurt · München 1982/83
LAND DES BAAL
Syrien — Forum der Völker und Kulturen
Format 21 × 23 cm; 380 Seiten mit 76 Farb- und 275 Schwarzweiß-Abbildungen, gebunden; 25,— DM
ISBN 3-8053-0576-1

Köln · München 1981
LEPENSKI VIR
Menschenbilder einer frühen europäischen Kultur
Format 21 × 23 cm; 98 Seiten, 14 Farb- und 53 Schwarzweiß-Abbildungen; gebunden; 16,— DM
ISBN 3-8053-0494-3

Essen 1981
KUNSTMUSEUM DÜSSELDORF
DIE GEMÄLDE DES 19. JAHRHUNDERTS
Format 17,5 × 24,5 cm; 296 Seiten, 32 Farbtafeln und 222 Schwarzweiß-Abbildungen; gebunden; 28,— DM
ISBN 3-8053-0521-4

München · Krefeld · Münster · Hamburg · Hildesheim 1981—83
ÄGYPTEN VOR DEN PYRAMIDEN
Format 21 × 23 cm; 48 Seiten; 12 Farbtafeln und 34 Schwarzweiß-Abbildungen; gebunden; 12,— DM, nach Ausstellungsende 16,— DM ISBN 3-8053-0523-0

Hildesheim 1981
CHINESISCHES PORZELLAN
Format 21 × 23 cm; 243 Seiten; 46 Farb- und 136 Schwarzweiß-Abbildungen; fester Einband; 30,— DM
ISBN 3-8053-0526-5

Frankfurt · München · Hamburg 1981/82
LÄNDER DER BIBEL
Format 21 × 23 cm; 360 Seiten; 24 Farbtafeln, 493 Schwarzweiß-Abbildungen; gebunden; 26,— DM, nach Ausstellungsende 30,— DM ISBN 3-8053-0528-1

München · Zürich 1981/82
DIE WELT AUS BLECH
Mechanisches Spielzeug aus zwei Jahrhunderten
Format 21 × 23 cm; 156 Seiten; 54 Farbtafeln, 30 Schwarzweißtafeln, 49 Abbildungen; gebunden; 28,— DM
ISBN 3-8053-0529-X

Köln 1981/82
RUSSISCHE SCHATZKUNST AUS DEM MOSKAUER KREML UND DER LENINGRADER EREMITAGE
Format 21 × 23 cm; 120 Seiten mit 98 Abb. auf 60 Farbtafeln; gebunden; 25,— DM ISBN 3-8053-0569-9

VERLAG PHILIPP VON ZABERN · MAINZ AM RHEIN